선박안전관리사를 위한

선박관계법규

Maritime Laws and Regulations & International Maritime Conventions

전해동 · 홍성화 · 박성호 · 민영훈 지음

GS인터비전

머 리 말

2024년 1월 5일 이후 선박소유자는 선박 및 사업장의 안전관리 업무를 수행하기 위한 안전관리책임자와 안전관리자를 선임할 때 선박안전관리사 자격을 가진 사람 중에서 선임하여야 한다. 이러한 선박안전관리사 자격증은 해양수산부에서 주관하는 국가전문자격으로, 선박의 안전운항을 위한 안전관리체계 확립을 도모하고 전문성을 강화하기 위해 법률 제정에 따라 새로 도입된 자격시험이다. 선박안전관리사 자격증은 1~3급으로 구분되며, 1급과 2급은 경력 및 자격증 등 응시제한이 있지만 3급의 경우 제한없이 누구나 응시가 가능하다. 시험과목은 선박관계법규, 해사안전관리론, 해사안전경영론, 선박자원관리론이 필수과목이며, 항해, 기관, 산업안전관리 중 한 과목을 선택하여 총 5과목에 응시하게 된다. 선택과목의 경우 유사 자격인 해기사면허나 산업안전지도사 자격을 보유한 경우 면제받을 수 있다.

선박관계법규는 선박안전관리사 자격취득시험에 필수과목으로 지정되어 있다. 이에 본 교재를 발간함에 있어 선박안전관리사 자격제도의 취지와 목적에 부합됨은 물론 실무 중심의 이해하기 쉬운 교재를 제작하기 위하여 여러 선박관계법규 분야 전문가의 참여와 관련 법령 및 국제협약 자료를 활용하여 내용을 구성하여 교재를 만들고자 하였다. 이를 위해 선박의 입항 및 출항 등에 관한 법률, 선원법, 선박직원법, 선박안전법, 해양사고의 조사 및 심판에 관한 법률, 해운법, 해사안전기본법 및 해상교통안전법, 국제항해선박 및 항만시설의 보안에 관한 법률의 8개 국내법과 SOLAS, MARPOL, STCW, LOADLINES, TONNAGE, MLC의 6개 국제협약이라는 방대한 범위 중에서 선박안전관리사 취지에 부합하는 내용을 중심으로 선박관계법규를 다소 간결하고 좀 더 쉽게 이해할 수 있도록 구성하였다.

대표적인 선박관계법규 전문교재를 만들기 위하여 최선을 다하였으나, 다소 미흡한 점이 있다면 추후 개정판을 통해 지속적으로 보완해 나갈 예정이다. 본 교재를 통해 선박안전관리사가 되고자 하는 독자분들이 선박관계법규에 관한 지식과 실무능력을 향상시켜 안전관리업무 수행에 대한 전문성을 확보하고 정착시킬 수 있도록 선도적 역할을 해주기를 바란다. 끝으로 본 교재가 선박안전관리사를 희망하시는 모든 분들의 훌륭한 참고서가 되길 기대한다.

2023년 8월 15일

저자 일동

Contents

제1편 국내법

제1장 선박의 입항 및 출항 등에 관한 법률

제2장 선원법

제3장 선박직원법

제4장 선박안전법

Contents

제2편 국제협약

제1장 SOLAS

제2장 MARPOL

제3장 STCW

제4장 LOADLINES

제5장 TONNAGE

제6장 MLC

제 1 편

국내법

제 1 장

선박의 입항 및 출항 등에 관한 법률

1. 의의
2. 선박의 입항·출항 및 정박
3. 항로와 항법
4. 위험물의 관리
5. 수로의 보전

제1장 선박의 입항 및 출항 등에 관한 법률

1. 의의

우리나라는 구 개항질서법을 1961. 12. 30 법률 제918호로 입법하여 약 30년간 항만교통의 기본법으로 운용하였다. 그러나 해상교통량이 급격하게 증가되고 이로 말미암아 항만 교통량이 비례하여 증가함에 따라 개항질서법의 개정 필요성이 대두되었다. 더구나 이 법은 1945년 전의 일본 구 개항질서법(현 港則法)을 근거로 하여 입법된 것이므로 전문용어가 어려운 것이 특색이었다. 그래서 해운항만청은 1991. 3. 8. 법률 제4,359호로서 이 법을 전면 개정한 것이 구 개항질서법의 근간이 되었다.

그 이후에 시대적 상황 변화에 따라 여러 차례에 걸쳐 일부 개정하였으며, 특히 2011년 6월 개정에서는 개항의 항계 안뿐만 아니라 항계 밖의 수역시설에 대해서도 선박교통의 안전 및 해상질서의 유지를 도모할 수 있도록 이 법의 적용범위를 개항의 항계 안과 해양수산부장관이 지정·고시한 항계 밖의 수역시설로 확대하고, 위험물 운송선박에 대한 안전사고 예방을 강화하기 위하여 선박 수리 시 허가대상을 위험물을 하역한 선박도 포함하는 한편, 개항이나 개항의 항계 부근에서 장애물 등을 신속히 제거할 수 있도록 하는 등 제도의 운영상 나타난 일부 미비점을 개선·보완하였다.

그리고 2009년 개정의 경우에는 개항에 입출항하는 선박의 대폭적인 증가와 대형화, 화물종류의 다양화 등으로 인한 항만여건의 변화에 대처하기 위하여, 항로지정, 항만 관제 및 항계 밖의 해역에 있어서 항로지정에 관한 사항을 정하고, 위험물의 취급 시에 안전장치를 강화하여, 개항의 질서유지의 업무에 종사하는 공무원으로 하여금 법규위반의 선박에 출입하여 서류와 물건 등을 검사 확인할 수 있도록 하여 개항의 교통질서를 강화하고자 일부 개정하였으며, 내용상에 있어서도 해상교통치안을 적극적으로 유지하기 위해서 질서유지의 규정 및 위반자의 처벌규정을 크게 강화한바 있다.

2015년에는 구 개항질서법을 전면 개정하여, 즉 개항질서법과 항만법에 분산되어 있는 선박의 입항 및 출항 등에 관한 규정을 통합하여 「선박의 입항 및 출항 등에 관한 법률」(이하 '선박입출항법'이라 함)을 제정하여 국민들에게 법령 이해의 편의를 제공하고, 운항선박의 대형화 및 수상레저활동 증가 등 선박의 입항 및 출항 환경변화에 따른 신규수요를 반영하며, 항만관제 및 선박에 대한 통제를 강화하여 선박의 안전운항 여건 확보 및 안보 위해 요소의 제거를 도모하고, 위험물 운송선박의 부두 이·접안 시 위험물 안전관리자를 현장에 배치하도록 하는 등 효율적이고 안전한 선박의 입항 및 출항을 도모하고자 하였다.

그러나 2014년 세월호 사고와 더불어, 해양수산부와 해양경찰청으로 이원화되어 관리되던 선박교통관제 업무가 해양경찰청으로 통합되면서, 선박입출항법 제4장 선박교통관제 부분이 2019년 「선박교통관제에 관한 법률」(이하, '선박교통관제법'이라 함)로 이전되었다. 선박교통관제는 「해사안전법」과 「선박입출항법」에서 최소사항만을 규정하고 세부 운영규정은 하위법령에 위임되어 있었으며, 그 업무도 해양수산부와 해양경찰청으로 이원화되어 있었던 바, 법체계를 간소화하고 업무를 담당하는 기관을 일원화할 필요성이 제기되었다. 이는 선박교통관제에서 제공하는 안전에 관한 정보 및 항만운영정보의 중요성을 인식하고 선박교통의 안전과 항만운영의 효율성을 높이고 해양환경을 보호하는데, 이바지하려는 것으로 「해사안전법」과 「선박입출항법」으로 분산되어 있는 선박교통관제 관련 사항을 하나의 법으로 통합하여 규정하도록 한 것이다.

2. 선박의 입항 · 출항 및 정박

2.1 출입 신고

무역항의 수상구역 등에 출입하려는 선박의 선장은 대통령령으로 정하는 바에 따라 해양수산부장관에게 신고하여야 한다. 다만, 다음 각 호의 선박은 출입 신고를 하지 아니할 수 있다.

① 총톤수 5톤 미만의 선박
② 해양사고구조에 사용되는 선박
③ 「수상레저안전법」 제2조 제3호에 따른 수상레저기구 중 국내항 간을 운항하는 모터보트 및 동력요트
④ 그 밖에 공공목적이나 항만 운영의 효율성을 위하여 해양수산부령으로 정하는 선박

1) 의의

모든 선박은 무역항의 수상구역 등을 출입하는 때에는 신고주의를 원칙으로 함으로써 자유로운 입항 및 출항권을 보장하고 있다. 그리고 이러한 신고를 받은 경우 그 내용을 검토하여 적합하면 신고를 수리하여야 한다(법 제4조 제2항). 그러나 평화시가 아니고 전쟁, 사변 등과 같이 비상 · 긴급 상황이 발생한 경우에는 해양수산부장관의 허가를 받고서 출입항이 인정되는 허가주의를 채택하고 있다(같은 조 제3항).

2) 신고방법

출입 신고는 다음과 같이 행하지만, 내항어선(국내항 사이만을 항행하는 「어선법」 제2조제1호에 따른 어선을 말한다)의 출입 신고는 해양수산부령으로 정하는 바에 따른다(시행령 제2조 전단).

가) 내항선

내항선(국내에서만 운항하는 선박을 말한다)이 무역항의 수상구역 등의 안으로 입항하는 경우에는 입항 전에, 무역항의 수상구역 등의 밖으로 출항하려는 경우에는 출항 전

에 해양수산부령으로 정하는 바에 따라 내항선 출입 신고서를 관리청(이 법에서 관리청은 당해 지방해양수산청을 의미한다)에 제출할 것(시행령 제2조 제1호).

나) 외항선

외항선(국내항과 외국항 사이를 운항하는 선박을 말한다)이 무역항의 수상구역 등의 안으로 입항하는 경우에는 입항 전에, 무역항의 수상구역 등의 밖으로 출항하려는 경우에는 출항 전에 해양수산부령으로 정하는 바에 따라 외항선 출입 신고서를 관리청에 제출할 것(시행령 제2조 제2호).

다) 출항선의 긴급 입항신고

무역항을 출항한 선박이 피난, 수리 또는 그 밖의 사유로 출항 후 12시간 이내에 출항한 무역항으로 귀항하는 경우에는 그 사실을 적어 서면 또는 전자적 방법으로 관리청에 제출할 것(시행령 제2조 제3호).

라) 긴급 출입항 신고

선박이 해양사고를 피하기 위한 경우나 그 밖의 부득이한 사유로 무역항의 수상구역 등의 안으로 입항하거나 무역항의 수상구역 등의 밖으로 출항하는 경우에는 그 사실을 적어 서면 또는 전자적 방법으로 관리청에 제출할 것(시행령 제2조 제4호).

여기서 말하는 선박의 피난 기타의 부득이한 사유란 태풍 또는 폭풍우를 피하기 위하여 피난 정박지로 이동하거나, 또는 선박화재를 진압하거나 혹은 육상화재로부터 탈출하기 위한 조치를 말한다. 그리고 선박의 충돌, 좌초 또는 화물의 이동 혹은 부패, 기름의 유출 등에 의하여 선박을 긴급하게 이동시켜야 할 경우도 포함된다고 하겠다.

3) 국가 비상시의 출입 허가

가) 선박 출입의 제한

전시 · 사변이나 그에 준하는 국가비상사태 또는 국가안전보장에 필요한 경우에는 선장은 대통령령으로 정하는 바에 따라 관리청의 허가를 받아야 한다(법 제4조 제3항). 이러한 경우 관리청의 출입 허가를 받아야 하는 선박은 다음과 같다(시행령 제3조).

① 외국 국적의 선박으로서 무역항을 출항한 후 바로 다음 기항 예정지가 북한인 선박
② 외국 국적의 선박으로서 북한에 기항한 후 1년 이내에 무역항에 최초로 입항하는 선박
③ 「국제항해선박 및 항만시설의 보안에 관한 법률」 제33조제1항제3호에 따른 행위를 한 외국인 선원이 승무하였던 국제항해선박(같은 법 제2조제1호에 따른 국제항해선박을 말한다)으로서 해양수산부장관이 국가안전보장을 위하여 무역항 출입에 특별한 관리가 필요하다고 인정하는 선박
④ 전시·사변이나 이에 준하는 국가비상사태 또는 국가안전보장에 필요한 경우로서 관계 중앙행정기관의 장이나 「국제항해선박 및 항만시설의 보안에 관한 법률」 제2조 제9호에 따른 국가보안기관의 장(이하 "국가보안기관의 장"이라 한다)이 무역항 출입에 특별한 관리가 필요하다고 인정하는 선박

나) 일반선박의 출입 허가 신청서류

출입 허가를 받으려는 선박은 출입 허가신청서를 입항하거나 출항하기 전에 관리청에 제출하여야 하며, 출입 허가신청서에는 승무원 명부 및 승객 명부를 첨부하여야 한다(시행령 제4조 제1호 및 제2호).

다) 남북교류 선박

「남북교류협력에 관한 법률 시행령」 제33조에 따라 수송장비 운행의 승인을 받은 서류(「남북교류협력에 관한 법률」 제20조제1항에 따라 통일부장관의 승인을 받아 남한과 북한 사이를 항행하는 선박만 해당한다)를 첨부하여야 한다(시행령 제4조 제3호).

라) 출입 허가의 절차

관리청이 출입 허가를 하려는 경우에는 관계 국가보안기관의 장 및 출입국관리사무소장과 미리 협의하여야 한다. 그리고 관리청은 출입 허가를 신청한 선박의 출입 허가 신청서 내용의 사실 여부를 확인하기 위하여 필요한 경우 관계 국가보안기관의 장과 협조하여 관계 공무원으로 하여금 해당 선박에 승선하여 항행 관련 사항을 확인하게 할 수 있다. 다만, 「남북교류협력에 관한 법률」 제20조 제1항에 따라 통일부장관의 승인을 받아 남한과 북한 사이를 항행하는 선박은 제외한다(시행령 제5조).

2.2 정박의 제한 및 방법

1) 정박의 제한

선박은 무역항의 수상구역 등에서 다음의 장소에는 정박하거나 정류하지 못한다(법 제6조 제1항).

① 부두 · 잔교(棧橋) · 안벽(岸壁) · 계선부표 · 돌핀 및 선거(船渠)의 부근 수역
② 하천, 운하 및 그 밖의 좁은 수로와 계류장(繫留場) 입구의 부근 수역

그러나 「해양사고의 조사 및 심판에 관한 법률」 제2조 제1호에 따른 해양사고를 피하기 위한 경우, 선박의 고장이나 그 밖의 사유로 선박을 조종할 수 없는 경우, 인명을 구조하거나 급박한 위험이 있는 선박을 구조하는 경우 및 허가를 받은 공사 또는 작업에 사용하는 경우에는 정박하거나 정류할 수 있다.

2) 정박의 방법

선박의 정박 또는 정류의 제한 외에 무역항별 무역항의 수상구역 등에서의 정박 또는 정류 제한에 관한 구체적인 내용은 관리청이 정하여 고시한다(법 제6조 제3항).

가) 닻 사용과 기관 사용준비

무역항의 수상구역 등에 정박하는 선박은 지체 없이 예비용 닻을 내릴 수 있도록 닻 고정장치를 해제하고, 동력선은 즉시 운항할 수 있도록 기관의 상태를 유지하는 등 안전에 필요한 조치를 하여야 한다.

나) 정박방법의 변경

관리청은 정박하는 선박의 안전을 위하여 필요하다고 인정하는 경우에는 무역항의 수상구역 등에 정박하는 선박에 대하여 정박 장소 또는 방법을 변경할 것을 명할 수 있다.

3. 항로와 항법

3.1 항로 지정 및 준수

1) 의의

우선피항선 외의 선박은 무역항의 수상구역 등에 출입하는 경우 또는 무역항의 수상구역 등을 통과하는 경우에는 관리청이 지정 · 고시한 항로를 따라 항행하여야 한다. 다만, 해양사고를 피하기 위한 경우나 그 밖의 부득이한 사유가 있는 경우에는 그러하지 아니하며 관리청은 무역항의 수상구역 등에 출입하는 선박의 안전을 확보하기 위하여 특히 필요한 경우에는 항계 밖의 수로를 항로로 지정 · 고시할 수 있다(법 제10조).

2) 항로 항행의무

가) 적용선박

우선피항선 이외의 모든 선박은 지정항로를 따라서 항행해야 한다. 이것은 우선피항선으로 하여금 항계내의 지정항로만을 항행해야 하는 대형선박의 진로권을 보장토록 하는데 있다.

나) 항로 준수의 예외

무역항 항계 내에 항로가 지정되어 있어도 다음과 같은 사유가 있는 경우에는 항로 항행의 의무를 면제된다(법 제10조 제2항, 시행규칙 제8조).

① 「해양사고의 조사 및 심판에 관한 법률」 제2조 제1호에 따른 해양사고를 피하기 위한 경우
② 선박의 고장이나 그 밖의 사유로 선박을 조종할 수 없는 경우
③ 인명을 구조하거나 급박한 위험이 있는 선박을 구조하는 경우
④ 해양오염 등의 발생 또는 확산을 방지하기 위한 경우
⑤ 그 밖에 선박의 안전운항을 위하여 지방해양수산청장 또는 시 · 도지사가 필요하다고 인정하는 경우

3.2 항로에서의 정박 등 금지

1) 의의

무역항의 항계 내에 설정된 지정항로는 흘수가 큰 선박만이 주로 이용하는 항로이기 때문에 이 항로는 혼잡한 선박교통으로부터 질서를 유지하고 통항의 안전성을 보장시킬 필요가 있다. 이를 위한 실질적인 방법으로서 항로 안의 정박과 정류, 예인선과 부유물체의 방치를 금지하도록 규정하여 항로 내 항행선박에게 안전성을 지켜주고 있다.

2) 항로에서의 금지사항

가) 정박 · 정류 금지

닻을 내리면서 정박하거나 또는 항로 부근에 닻 정박중인 다른 선박에 접현 정박하여 항로를 침범하는 경우가 있고, 이 때문에 항로 항행선박의 진로권을 방해할 위험성이 있다. 이를 사전에 예방하기 위하여 정박 · 정류를 금지시키는 것이다.

나) 예인되는 선박 또는 부유물체의 방치금지

예선은 자항능력이 없는 선박 또는 해양구조물을 예항하기 때문에 예선단뿐만 아니라 예인되는 선박, 즉 피예인선도 자항적 조종성능이 좋지 못하다. 그러므로 항로 항행선박의 우선적 통항권을 보장하기 위하여 예선단의 방치를 금지하는 것이다. 또한 유사한 사유로 부유물체를 방치하지 못하도록 규정하고 있다.

3) 항로 내 정박의 허용

이 법에서 무역항의 수상구역 등의 항로에서 선장은 항로에 선박을 정박 또는 정류시키거나 예인되는 선박 또는 부유물을 방치하여서는 아니 되나, 다음의 경우에는 이를 허용할 수가 있다.

① 「해양사고의 조사 및 심판에 관한 법률」 제2조 제1호에 따른 해양사고를 피하기 위한 경우
② 선박의 고장이나 그 밖의 사유로 선박 조종이 불가능한 경우

③ 인명을 구조하거나 급박한 위험이 있는 선박을 구조하는 경우

④ 관리청의 허가를 받은 공사 또는 작업에 종사하는 경우

다만, 위의 ①~③ 항목의 사유로 선박을 항로에 정박시키거나 정류시키려는 자는 그 사실을 관리청에게 신고하여야 하며, 이 경우 ②에 해당하는 선박의 선장은 「해사안전법」 제85조 제1항에 따른 조종불능선 표시를 하여야 한다.

이러한 경우가 발생한 때는 하나의 긴급상황이 전개된 때이므로 정박 등을 하기 위해서 사전에 신고하거나 또는 허가를 받을 필요는 없다. 다만 적절한 조치를 실행하고 난 후에는 항만 내에서의 선박교통의 안전과 항로의 질서를 유지하기 위해서 또한 조종성능의 회복 혹은 구조행위를 지원하기 위해서 지방해양수산청장에게 통보를 할 필요가 있다.

3.3 항로에서의 항법

1) 의의

이 조항은 무역항의 수상구역 등의 항로에서 설정된 지정항로에 있어서 항행방법을 구체적으로 정형화시킨 규정이다. 더구나 이 조항에서 명시한 항행법은 무역항의 수상구역 등의 수역이라는 특수성을 고려하여 해상교통을 규제하는 일반법적인 성질을 가진 국제규칙에 우선한다. 그러나 이 조항은 무역항의 수상구역 안에서 필요한 일반적인 항행규칙이다. 이 법에서는 제12조에서 규정한 항법 이외에도 별도의 특별한 항행규칙을 두고 있음에 유의할 필요가 있다.

2) 항로 항행법칙 (법 제12조)

가) 항로 항행선의 우선주의

지정항로 안에서 항행 중인 선박에 대하여 항로로 진입하거나 또는 항로에서 항로 밖으로 나가는 선박 혹은 항로 밖에서 항행 중인 선박은 피항의무를 부담하고 있다. 그 반면에 항로 안에서 항행 중인 선박은 유지선으로서 특정된 항행법에 따라서 속력과 침로를 일정하게 유지할 주의의무가 있다.

나) 항로 안에서 나란히 항행의 금지원칙

일반적으로 개항의 항계 내에 설정된 지정항로는 항만수역의 효율적인 기능을 위하여 그 폭이 제한되고 있다. 또한 들어오고 나가는 선박은 항로 안에서 오른쪽으로만 통항하여야 한다. 이러한 이유 때문에 항로 안에서 두 척 이상의 선박이 나란히 항행하는 것을 금지하고 있다.

다) 마주칠 때 오른쪽 항행원칙

지정 항로는 그 폭이 매우 좁기 때문에 항로 안에서 각 선박이 서로 마주치는 경우에는 항로의 오른쪽을 따라서 통항하여야 한다. 이때에 선박사이의 간섭효과를 배제하기 위하여 저속으로 보침통항하여야 한다. 이 항법은 국제규칙의 좁은 수로의 항법원칙과 같은 것이다.

라) 항로 안에서 추월의 제한

무역항의 항계 안에 설정된 항로는 그 항로만을 항행하여야 하는 선박에게 안전항로로 사용할 수 있도록 하는데 입법목적이 있다.

그리고 항로폭은 일정하게 제한되어 있으므로 두 척 이상이 항행하기에는 충돌 또는 좌초의 위험성을 가지고 있다. 그러므로 항로는 좁은 수로와 같이 보고서 추월을 금지한 것이다. 그러나 안전하게 추월할 수 있다고 판단되는 경우 추월을 허용함으로써 국제규칙의 좁은 수로에서의 추월 허용원칙을 일부 수용했다고 하겠다.

마) 흘수제약선·위험물 운송선박 우선원칙

흘수제약선의 개념은 국제규칙 및 해사안전법과 동일하다. 좁은 항로에서만 안전하게 통항이 가능하기 때문에 우선통항을 인정한 것이다. 그리고 위험물 운송선박(급유선 제외)의 경우에 충돌이 발생하면 폭발·오염 등의 위험이 매우 커지므로 이를 예방하기 위하여 취해진 조치이다.

바) 범선

범선(帆船)은 무역항의 수상구역 등에서 항로를 지그재그로 항행하여서는 아니 된다. 즉 범선의 항행시 지그재그로 항행함으로써 무역항의 수상구역 등에서 항해하는 타 선박으로 하여금 혼란을 주어서는 아니 된다.

3) 항로 밖에서 항법 - 국제규칙 · 해사안전법 적용

이 법에서는 무역항의 수상구역 등의 수역에 있어서의 항행규정을 명시하지 않고, 위에서 설명한 바의 항로 내에서의 항행원칙만을 정하여 두고 있다. 바꾸어 말하면 무역항의 수상구역 등에 설정된 지정항로 이외의 수역에 있어서는 항행방법이 명시되어 있지 않다는 것이다. 그러므로 우리나라의 무역항의 항계 내의 수역에서 항행하는 선박은 항로 밖에서는 해사안전법 또는 국제규칙인 국제해상충돌방지규칙의 항행규정을 준수하여야 한다.

4. 위험물의 관리

4.1 위험물의 반입

1) 의의

이 조항은 화물로서 폭발물 기타의 위험물을 적재 운송하는 선박이 입항할 때에는 해양수산부장관의 지시를 받도록 규정하는 것이다. 일반적으로 위험화물(dangerous cargo)이라고 부르는 화물은 입항, 정박, 하역 및 출항의 전 기간에 걸쳐 매우 주의하여 처리하여야 하기 때문에 이러한 화물을 적재한 선박의 운항의 직접적으로 관리하기 위하여 해양수산부장관에게 안전운항의 지시권과 감독권을 명시한 것이다.

2) 위험화물의 운송규정

가) 국내법

선박안전법의 규정에 의하여 위험물의 운송 및 저장과 상용 위험물의 취급에 관한 사항을 정한 「위험물 선박운송 및 저장규칙」 제2조 제1호에 따른 위험물 및 같은 조 제2호에 따른 산적액체위험물(이하 "산적액체위험물"이라 한다)을 말한다(시행규칙 제2조).

나) 국제해상인명안전협약

국제해상인명안전협약(SOLAS) 제7장에서 규정한 위험물 규정을 따라도 좋다.

다) 국제해상위험물규정

IMO에서 제정하여 국제적으로 사용하고 있는 국제해상위험물규정(International Maritime Dangerous Goods Code - IMDG Code)에 의하여 위험화물을 운송 저장하는 것도 인정되고 있다.

3) 위험물의 반입

위험물을 무역항의 수상구역 등으로 들여오려는 자는 입항 전에 해양수산부령으로 정하는 바에 따라 관리청에 신고하여야 하며, 신고를 받은 경우 그 내용을 검토하여 이 법에 적합하면 신고를 수리하여야 한다(법 제32조 제1항, 제2항).

해양수산부장관은 신고를 받았을 때에는 무역항 및 무역항의 수상구역 등의 안전, 오염방지 및 저장능력을 고려하여 해양수산부령으로 정하는 바에 따라 들여올 수 있는 위험물의 종류 및 수량을 제한하거나 안전에 필요한 조치를 할 것을 명할 수 있다(법 제32조 제3항).

그리고 다음에 해당하는 자는 신고를 하려는 자에게 해양수산부령으로 정하는 바에 따라 위험물을 통지하여야 한다.

① 「해운법」 제24조에 따라 해상화물운송사업을 등록한 자
② 「물류정책기본법」 제43조에 따라 국제물류주선업을 등록한 자
③ 「해운법」 제33조에 따라 해운대리점업을 등록한 자
④ 「관세법」 제241조제1항에 따른 수출 · 수입 신고 대상 물품의 화주

이렇게 해상화물운송사업자, 국제물류주선업자, 해운대리업사업자 등은 위험물의 반입을 신고하려는 자에게 위험물을 통지하여야 하고, 이를 위반하여 위험물을 통지하지 아니하거나 거짓으로 통지한 자는 300만원 이하의 과태료를 부과하도록 하여 잘못된 위험물 정보의 제공을 방지하고 안전을 확보하기 위한 조치를 취하고 있다.

4) 위험물 반입의 제한

지방해양수산청장 또는 시 · 도지사는 다음의 어느 하나에 해당하는 위험물에 대해서는 그 반입을 제한할 수 있다(시행규칙 제15조 제1항).

① 「위험물 선박운송 및 저장규칙」 제3조 제1호 가목 · 나목 · 다목에 따른 화약류[1]
② 「위험물 선박운송 및 저장규칙」 제3조 제6호 나목에 따른 독물류[2]
③ 「위험물 선박운송 및 저장규칙」 제3조 제7호에 따른 방사성물질

1) 제1급 화약류로
가. 등급 1.1: 대폭발위험성이 있는 폭발성 물질 및 폭발성 제품
나. 등급 1.2: 대폭발위험성은 없으나 분사위험성이 있는 폭발성 물질 및 폭발성 제품
다. 등급 1.3: 대폭발위험성은 없으나 화재위험성 · 폭발위험성 또는 분사위험성이 있는 폭발성 물질 및 폭발성 제품

2) 제6급 독물류로
나. 제6.2급: 병독을 옮기기 쉬운 물질

4.2 위험물의 하역

1) 의의

무역항의 수상구역 등에서 정박 하역하는 위험물 적재선은 항상 폭발·화재의 위험이 매우 높다. 그러므로 관리청은 무역항의 수상구역 등에서 위험물 하역에 대한 안정성을 확보하기 위한 예방적 조치를 취해야 한다. 이 조항에서는 관리청에게 예방적 조치의 단계로서 허가권을 부여하고 있다.

2) 위험물 하역의 승인 사항 등

무역항의 수상구역 등에서 위험물을 하역하려는 자는 대통령령으로 정하는 바에 따라 자체안전관리계획을 수립하여 관리청의 승인을 받아야 한다. 승인받은 사항 중 대통령령으로 정하는 사항을 변경하려는 경우에도 또한 같다.

관리청은 항만의 안전을 위하여 필요하다고 인정할 때에는 자체안전관리계획을 변경할 것을 명할 수 있다(법 제34조 제2항).

3) 자체안전관리계획서

가) 의의

자체안전관리계획서 승인제도는 선박입출항법에 의하여 규정된 안전관리를 위한 1차적 책임을 부담하고 있는 소유자에 대하여 안전관리계획을 수립할 의무를 부과하고 이에 대한 적정성을 해양수산부의 지방해양수산청이 승인하는 제도이다. 즉, 무역항의 수상구역 등에서 위험물을 취급하는 시설물 소유자는 자체안전관리계획을 수립하고 이에 따른 자체안전관리계획서를 승인받고 위험물을 취급하여야 한다.

나) 내용

자체안전관리계획의 수립에 포함되어야 할 사항은 ① 최고경영책임자의 안전 및 환경보호 방침에 관한 사항, ② 위험물 취급 안전관리 전담조직의 운영 및 업무에 관한 사항, ③ 위험물 안전관리자의 선임 및 임무에 관한 사항, ④ 위험물 하역시설(급유선을 포함한다)의 명칭, 규격, 수량 등의 명세에 관한 사항, ⑤ 위험물취급자에 대한 안전교육 및 훈련에 관한 사항, ⑥ 소방시설, 안전장비 및 오염방제장비 등 안전시설에 관한 사항, ⑦ 위험물 취급 작업기준 및 안전작업 요령에 관한 사항, ⑧ 부두 및 선박에 대한 안전점검계획 및 안전점검 실시에 관한 사항, ⑨ 종합적인 비상대응훈련의 내용 및 실시 방법에 관한 사항, ⑩ 비상사태 발생 시 지휘체계 및 비상조치계획에 관한 사항, ⑪ 불안전 요소 발견 시 보고체계 및 처리 방법에 관한 사항, ⑫ 그 밖에 위험물 취급의 안전을 위하여 필요하다고 인정하여 관리청이 고시하는 사항이다(시행령 제14조 제1항).

다) 유효기간 및 갱신

자체안전관리계획의 유효기간은 자체안전관리계획의 승인 또는 변경승인을 받은 날부터 5년으로 하며, 자체안전관리계획의 승인을 받은 자는 자체안전관리계획의 유효기간 만료일 3개월 전부터 1개월 전까지 자체안전관리계획의 갱신을 신청할 수 있다.

4) 위험물 하역의 제한

해양수산부장관은 기상 악화 등의 사유로 무역항의 수상구역 등에서 위험물을 하역하는 것이 부적당하다고 인정하는 경우에는 승인을 받은 자에 대하여 해양수산부령으로 정하는 바에 따라 그 하역을 금지 또는 중지하게 하거나 항계 밖의 일정한 장소를 지정하여 하역하게 할 수 있다(법 제34조 제3항).

지방해양수산청장 또는 시 · 도지사가 위험물의 하역을 금지 또는 중지하게 하거나 무역항의 수상구역 등 이외의 장소를 지정하여 하역하게 하는 경우에는 그 사유 등을 명시한 서면으로 통보하여야 한다. 다만, 긴급한 경우에는 구두(口頭)로 통보할 수 있다(시행규칙 제17조).

이러한 경우 무역항의 수상구역 등의 밖의 지정된 장소에서 위험물을 하역하는 선박은 무역항의 수상구역 등에 있는 선박으로 본다(법 제34조 제4항). 여기에서 "해양수산부령으로 정하는 장소"란 총톤수 1천톤 이상의 위험물 운송선박이 접안할 수 있는 부두시설 및 위험물 하역작업에 필요한 시설을 갖추고, 산적액체위험물을 취급하는 장소를 말한다. 즉, 무역항의 수상구역 등에 시설이 있다고 하더라도 위험물의 취급에 있어 무역항의 수상구역 등에 있는 것으로 간주하여 법 적용을 행한다. 특히 일정 규모 이상의 산적액체위험물을 취급하는 곳은 무역항의 수상구역 등의 바깥해역에 위치하고 있더라도 이 규정의 적용대상이 된다.

4.3 위험물 취급시의 안전조치

1) 의의

무역항은 하역기계, 창고, 육상 저유시설·부두 등의 복합적인 항만 시설을 설치 운영하고 있다. 이러한 시설물은 화재에는 거의 무방비 상태로 노출되어 위험이 상존하고 있다. 위험물의 취급은 하역 자체뿐만 아니라, 위험물이 외부의 충격, 자연발화 등에 의하여 폭발·화재를 발생시킬 수 있다. 그러므로 위험물취급자인 하역회사, 수하인은 위험물의 안전관리에 최선의 노력을 다하여야 할 것이다.

2) 안전조치의 내용

무역항의 수상구역 등에서 위험물취급자는 소화장비를 갖춰 두고 안전관리자를 배치하는 등 안전에 필요한 조치를 하여야 하며, 해양수산부장관은 이러한 안전조치를 하지 아니한 자에 대하여는 시설, 인원, 장비 등의 보강 또는 개선을 명할 수 있다.

위험물을 취급하는 자는 다음의 안전조치를 하여야 한다(법 제35조 제1항).

① 위험물 취급에 관한 안전관리자의 확보 및 배치. 다만, 안전관리자를 보유한 안전관리 전문업체로 하여금 안전관리 업무를 대행하게 한 경우에는 그러하지 아니하다. 이렇게 위험물 안전관리 업무를 대행하게 하는 경우 안전관리 전문업체는 원래의 위험물취급자를 기준으로 위험물 안전관리자의 자격 및 보유기준에 적합하게 위험물 안전관리자를 확보하여야 하고, 위험물 안전관리자마다 위험물취급자를 지정하여 해당 위험물취급자의 안전관리 업무를 전담하게 하여야 한다(시행규칙 제19조 제1항).

② 해양수산부령으로 정하는 "총톤수 1천톤 이상의 산적액체위험물을 운송하는 선박"을 위험물 운송선박의 부두 이안·접안 시 위험물 안전관리자의 현장 배치

③ 위험물의 특성에 맞는 소화장비의 비치

④ 위험표지 및 차단시설의 설치

⑤ 선박과 육상 간의 통신수단 확보

⑥ 작업자에 대한 안전교육과 그 밖에 안전에 필요한 조치, 여기에서 말하는 안전에 필요한 조치란 첫째, 지방해양수산청장 또는 시·도지사가 승인한 자체안전관리계획서의 현장 비치, 둘째, 안전점검 사실을 확인할 수 있는 서류의 작성 및 현장

비치, 셋째, 그 밖에 지방해양수산청장 또는 시·도지사가 정하여 고시하는 사항을 말한다.

3) 위험물 안전관리자의 교육 및 비용 부담

위험물 안전관리자는 해양수산부령으로 정하는 바에 따라 안전관리에 관한 교육을 받아야 하며, 위험물취급자는 위험물 안전관리자를 고용한 때에는 그 해당자에게 안전관리에 관한 교육을 받게 하여야 한다. 이 경우 위험물취급자는 교육에 드는 경비를 부담하여야 한다(시행규칙 제19조의2 참조).

4) 위험물 취급자에 대한 감독

관리청은 필요한 안전조치를 하지 아니한 위험물취급자에게 시설·인원·장비 등의 보강 또는 개선을 명할 수 있다.

5) 교육기관의 지정 및 취소 등

해양수산부장관은 위험물 안전관리자의 교육을 위하여 교육기관을 지정·고시할 수 있으며, 교육기관의 지정기준 및 교육내용 등 교육기관 지정·운영에 필요한 사항은 해양수산부령으로 규정하고 있다(시행규칙 제20조 참조).

4.4 선박수리의 허가

1) 허가사항

가) 허가 신청

선장은 무역항의 수상구역 등에서 다음의 선박을 불꽃이나 열이 발생하는 용접 등의 방법으로 수리하려는 경우 관리청의 허가를 받아야 한다(법 제37조 제1항).

① 위험물을 저장·운송하는 선박과 위험물을 하역한 후에도 인화성 물질 또는 폭발성 가스가 남아있어 화재 또는 폭발의 위험이 있는 선박(이하 "위험물운송선박"이라 한다) : 원유, 중질유, 정제유와 같이 폭발의 위험이 있는 화물을 싣고 있는 선

박뿐만 아니라 위험물을 하역한 선박 중 인화성 물질 등이 남아 있어 폭발의 위험이 있는 선박은 용접 또는 불꽃 작업을 실시하기 전에 가스 프리를 실시하고서 불꽃 또는 발열작업의 허가를 신청해야 한다.

② 총톤수 20톤 이상의 선박(위험물운송선박 제외) : 총톤수 20톤 이상의 일반 선박은 기관실, 연료탱크, 윤활유탱크, 쿠퍼댐, 공소(空所), 축전지실, 페인트창고, 가연성 액체를 보관하는 창고 및 폐위(閉圍)된 차량구역 등 선박 내 위험구역에서 수리작업을 하는 경우에만 허가를 받는다.

나) 신청의 허가

관리청은 허가 신청을 받았을 때에는 신청 내용이 다음의 어느 하나에 해당하는 경우를 제외하고는 허가하여야 한다.

① 화재·폭발 등을 일으킬 우려가 있는 방식으로 수리하려는 경우
② 용접공 등 수리작업을 할 사람의 자격이 부적절한 경우
③ 화재·폭발 등의 사고 예방에 필요한 조치가 미흡한 것으로 판단되는 경우
④ 선박수리로 인하여 인근의 선박 및 항만시설의 안전에 지장을 초래할 우려가 있다고 판단되는 경우
⑤ 수리장소 및 수리시기 등이 항만운영에 지장을 줄 우려가 있다고 판단되는 경우
⑥ 위험물운송선박의 경우 수리하려는 구역에 인화성 물질 또는 폭발성 가스가 없다는 것을 증명하지 못하는 경우

2) 신고사항

총톤수 20톤 이상의 선박을 기관실, 연료탱크, 윤활유탱크, 쿠퍼댐, 공소(空所), 축전지실, 페인트창고, 가연성 액체를 보관하는 창고 및 폐위(閉圍)된 차량구역 등 선박 내 위험구역 밖에서 불꽃이나 열이 발생하는 용접 등의 방법으로 수리하려는 자는 관리청에게 신고만으로 충분하다. 이러한 신고의 경우란 선내 위성설비·거주설비의 수리, 하역 로우프 교환, 페인팅 작업 등을 의미한다(법 제37조 제3항, 시행규칙 제21조 제3항). 관리청은 신고를 받은 경우 그 내용을 검토하여 이 법에 적합하면 신고를 수리하여야 한다.

3) 선박수리자의 의무 및 감독기관의 권한

선박을 수리하려는 자는 그 선박을 관리청이 지정한 장소에 정박하거나 계류하여야 할 의무를 부담하며, 관리청은 수리 중인 선박의 안전을 위하여 필요하다고 인정하는 경우에는 그 선박의 소유자나 임차인에게 해양수산부령으로 정하는 바에 따라 안전에 필요한 조치를 할 것을 명할 수 있다.

이에 따라 지방해양수산청장 또는 시·도지사가 명할 수 있는 안전에 필요한 조치는 다음과 같다.

① 안전시설 및 인원의 보강
② 작업시간의 조정
③ 수리장소의 일시적 변경
④ 그 밖에 선박안전을 위하여 필요한 사항

5. 수로의 보전

5.1 폐기물의 투기 금지

1) 의의

이 조항의 항계 내의 수역의 수로를 보전하기 위하여 폐기물의 선외 투기를 금지하고, 이러한 폐기물은 지정 장소에 버려야 한다. 하역 중에 이러한 물건이 떨어지지 않게 방지 장치를 설치해야 하고, 또한 물건을 떨어뜨린 자에게 제거 명령을 할 수 있게 규정하고 있다. 바꾸어 말하면 하역 중인 선박은 폐기물 등의 선외 배출 탈락을 방지할 의무와 제거의무를 지고 있음을 규정한 것이다.

2) 폐기물 투기금지 수역

누구든지 무역항의 수상구역 등이나 무역항의 수상구역 밖 10킬로미터 이내의 수면에 선박의 안전운항을 해칠 우려가 있는 흙·돌·나무·어구(漁具) 등 폐기물을 버려서는 아니 된다(법 제38조 제1항).

3) 투기금지의 객체 및 제거 책임

가) 투기 금지의 객체

무역항의 수상구역 밖 10킬로미터 이내의 수면에 버리거나 투기가 금지된 폐기물의 종류는 다음과 같다.

① 동물의 사체　② 밸러스트, 유류　③ 회진 - 잿가루
④ 석탄　⑤ 폐유　⑥ 기타 폐기물

나) 탈락방지 장치

무역항의 수상구역 등이나 무역항의 수상구역 부근에서 석탄·돌·벽돌 등 흩어지기 쉬운 물건을 하역하는 자는 그 물건이 수면에 떨어지는 것을 방지하기 위하여 대통령령으로 정하는 바에 따라 필요한 조치를 하여야 한다(법 제38조 제2항).

흩어지기 쉬운 물건을 하역하는 자는 덮개를 사용하거나 물건의 추락을 방지하기 위한 시설을 설치하고, 수면에 떨어진 물건이 떠돌아다니거나 흩어지는 것을 방지하기 위한 시설을 설치하여야 한다(시행령 제15조).

4) 투기금지 위반 및 투기물 제거 책임

관리청은 규정을 위반하여 폐기물을 버리거나 흩어지기 쉬운 물건을 수면에 떨어뜨린 자에게 그 폐기물 또는 물건을 제거할 것을 명할 수 있다(법 제38조 제3항).

5.2 해양사고 등이 발생한 경우의 조치

1) 의의

이 조항은 무역항의 수상구역 등이나 또는 무역항의 수상구역 부근에서 해양사고, 화재, 기타 재난이 생긴 선박의 선장에게 조난 표지와 예방 조치의 실시를 법정 의무로 규정하고 신고사항으로 규정하고 있다. 그리고 선장이 조난 표시를 할 수 없는 경우에, 해양수산부장관에게 선장의 요구에 따라서 조난표지를 설치한 때에는 그 사용료를 선박소유자에게 청구할 수 있게 하여 유상사용을 제도화 한 것이다.

2) 선장의 조치

가) 적용수역

이 조항의 적용수역은 제1조의 목적조항에서 규정한 적용수역을 초과하여 무역항의 수상구역 등이나 또는 무역항의 수상구역 부근으로 하고 있다. 무역항의 수상구역 부근에 대해서 구체적 언급이 없지만 그 범위를 관념적 범위인 상당한 수역과 폐기물 투기금지수역인 무역항의 수상구역 밖으로 10㎞ 수역으로 나누어 볼 수 있다. 여기에서 적용수역은 해양사고구조의 필연성으로 보아 10㎞의 실체적 수역까지로 해석하는 것이 타당하다고 본다.

나) 조치

무역항의 수상구역 등이나 무역항의 수상구역 부근에서 해양사고·화재 등의 재난으로 인하여 다른 선박의 항행이나 무역항의 안전을 해칠 우려가 있는 조난선(遭難船)의 선장은 즉시 「항로표지법」 제2조 제1호에 따른 항로표지를 설치하는 등 필요한 조치를 하여야 한다(법 제39조 제1항).

조난선의 선장이 이러한 조치를 할 수 없을 때에는 해양수산부령으로 정하는 바에 따라 해양수산부장관에게 필요한 조치를 요청할 수 있으며(법 제39조 제2항), 조난선(遭難船)의 선장이 「항로표지법」에 따른 항로표지의 설치나 그 밖에 다른 선박에 대한 위험을 예방하기 위하여 필요한 조치를 요청하는 경우에는 위험 예방조치 요청서를 지방해양수산청장 또는 시·도지사에게 제출하여야 한다. 다만, 긴급한 경우에는 구두로 요청할 수 있다(시행규칙 제22조 제1항).

3) 해양사고표지의 유상사용

해양수산부장관이 이러한 조치를 하였을 때에는 그 선박의 소유자 또는 임차인은 그 조치에 들어간 비용을 해양수산부장관에게 내야 한다(법 제39조 제3항).

그리고 선박의 소유자 또는 임차인은 산정된 위험 예방조치 비용을 항로표지의 설치 등 위험 예방조치가 종료된 날부터 5일 이내에 지방해양수산청장 또는 시·도지사에게 납부하여야 한다(시행규칙 제23조 제2항).

5.3 장애물의 제거

1) 제거명령 요건

가) 무역항의 수상구역 등이나 또는 무역항의 수상구역 부근의 수역일 것

무역항의 수상구역 등이나 또는 무역항의 수상구역 부근의 수역에 장애물이 있어야 한다. 항만의 기능과 역할을 고려하여 보면 무역항의 수상구역 부근의 수역은 항계로부터 10㎞까지의 수역으로 해석하는 것이 옳다고 본다.

나) 선박의 항행을 방해하는 등의 문제가 있을 것

무역항의 수상구역 등이나 또는 무역항의 수상구역 부근 수역에 장애물이 있어서 이곳을 통항하거나 정박하는 선박에게 항행을 방해하거나 또는 항행에 위험을 줄 우려가 있어야 한다. 여기서 항행 방해와 위험의 우려성은 그 수역에 있어서 실질적으로 위험성(risk)이 있음을 뜻하는 것이다. 그러므로 이러한 수역에 호안 또는 해안가에 얹혀 있는 선박 또는 표류 정착한 장애물 혹은 수심이 낮은 곳에 침몰된 선박은 항행을 방해하거나 위험을 주는 것으로 보지 아니한다.

다) 실질적으로 장애물이 있을 것

항행 방해와 위험을 줄 우려성이 있는 장애물은 표류물, 침몰물 기타 이와 비슷한 물건으로서 선박, 나무, 철재 부유물, 기회 또는 어망과 같이 선박의 항행을 실제로 저해할 수 있는 것을 말한다.

2) 소유자부담 원칙

무역항의 수상구역 내외의 수역은 항만의 이해 관계자 및 물류의 수송원점으로서 공공의 목적을 위하여 사용하는 공공수역(public waters)이다. 이곳을 이용하는 사람은 본인뿐만 아니라 다른 사용자를 위해서도 부당하게 또는 불법적으로 사용하지 못한다. 만일 사용자가 고의 또는 과실에 의하여 이 수역에 항행을 방해하거나 또는 항행의 안전에 위험을 줄 수 있는 표류물, 침몰선 또는 기타 장애물을 방치한 때에는 자기의 비용으로 이를 제거해야 한다. 이를 장애자 부담원칙이라 하고, 이 법에서는 이 원칙을 강행규정으로 입법하였다. 이를 적극적으로 집행하기 위해서 관리청에게 제거 명령권과 제거 대집행권(代執行權)이 주어져 있다.

3) 제거 대집행의 절차

가) 행정대집행법

관리청은 제거명령을 이행하지 않거나, 장애물 등의 소유자 또는 점유자를 알 수 없는 경우, 수역시설을 반복적, 상습적으로 불법 점용하는 경우, 그밖에 신속하게 장애물 등을 제거하여야 할 필요가 있는 경우에 「행정대집행법」 제3조 제1항과 제2항에 따른 절차에 따르면 그 목적을 달성하기 곤란한 경우에는 그 절차를 거치지 아니하고 장애물 등을 제거하는 등 필요한 조치를 취할 수 있다. 이러한 경우는 ① 장애물의 소유자 또는 점유자를 알 수 없는 경우, ② 수역시설을 반복적, 상습적으로 불법 점용하는 경우, ③ 그 밖에 선박의 항행을 방해하거나 방해할 우려가 있어 신속하게 장애물을 제거하여야 할 필요가 있는 경우에 해당한다(법 제40조 제2항, 제3항).

이 경우 제거에 들어간 비용은 그 물건의 소유자 또는 점유자의 부담으로 하되, 그 물건의 소유자 또는 점유자를 알 수 없는 경우에는 대통령령으로 정하는 바에 따라 그 물건을 처분하여 비용에 충당한다(법 제40조 제4항).

나) 행정대집행법의 준용

지방해양수산청장은 표류물·침몰물이나 그 밖의 물건을 제거를 대집행하고자 할 때에는 행정대집행법에서 규정한 대집행의 절차(집행법 제3조), 비용납부명령서(집행법 제5조), 비용징수(집행법 제6조)의 같은 법 시행령 제1조·제3조·제4조·제5조를 준용한다.

다) 공매

관리청은 제거된 장애물을 보관 및 처리하여야 한다. 이 경우 전문지식이 필요하거나 그 밖에 특수한 사정이 있어 직접 처리하기에 적당하지 아니하다고 인정할 때에는 대통령령으로 정하는 바에 따라 「한국자산관리공사 설립 등에 관한 법률」에 따라 설립된 한국자산관리공사에게 장애물의 처리를 대행하도록 할 수 있다(법 제40조 제6항).

관리청은 무역항의 수상구역 등이나 무역항의 수상구역 부근에서 선박의 항행을 방해하거나 방해할 우려가 있는 물건을 처분하려는 경우에는 공매(公賣)로 처분한다. 다만, 그 물건의 가액(價額)이 공매비용에 미치지 못할 우려가 있는 경으에는 공매 외의 방법으로 처분할 수 있다(시행령 제16조 제1항).

관리청이 공매를 하려는 경우에는 다음의 사항을 공고하여야 한다.

① 공매할 물건의 명칭 및 내용
② 공매의 장소 및 일시
③ 입찰보증금을 받는 경우에는 그 금액

관리청은 공매로 취득한 금액 중에서 해당 물건의 제거와 공매 등에 든 비용을 제외하고 남은 금액이 있는 경우에는 「공탁법」에 따라 공탁하여야 한다.

제 2 장

선원법

1. 의의
2. 선내 질서의 유지
3. 선원근로계약 및 임금
4. 근로시간 및 승무정원, 유급휴가
5. 선내 급식과 안전 및 보건
6. 선원재해보상, 선원의 복지와 직업안정 및 교육훈련
7. 취업규칙 및 감독 등
8. 해사노동적합증서와 해사노동적합선언서

제2장 선원법

1. 의의

선원법은 선내질서를 유지하고, 선원의 기본적 생활을 보장·향상시키며 선원의 자질향상을 도모함을 목적으로 하는 법률로서, 이와 같은 목적을 위하여 선장의 직무와 권한, 선내규율과 징계 그리고 쟁의행위의 제한 등 질서법적 규정과 근로계약, 임금, 근로시간과 휴식시간, 휴일·유급휴가, 재해보상, 취업규칙 등 노동보호법적 규정을 함께 규정하고 있다.

근로조건의 기준을 정하는 일반법으로는 「근로기준법」이 있다. 그러나 해상근로자인 선원에게는 육상의 일반근로자에게 적용하는 근로기준법을 적용하지 아니하고 원칙적으로 선원법이 적용된다. 선원법 중 근로조건의 기준에 관한 규정은 해상노동의 특수성을 감안하여 특별히 제정된 선원 「근로기준법」에 해당하기 때문이다.

그러나 선원법은 선원의 근로조건 이외에 근로기준법에서 찾아 볼 수 없는 성질을 가진 선장의 직무·권한과 선내질서의 유지, 선원의 직업안정 및 교육훈련 등에 관한 중요한 사항을 규정하고 있다. 그러므로 선원에 관한 근로기준을 규율하는 해상노동보호법으로서의 성격 이외에 해상교통안전법으로서의 성격도 가진다.

선원의 작업과 생활이 선내에서 이루어지고, 해상위험에 노출되어 있는 선박·선원의 공동안전이 도모될 필요가 있다는 점 등 해상노동의 특수성에 의해 해상노동보호법인 선원법에 이러한 사회질서법적 규정들이 포함되는 것은 타당성을 가진다. 그러나 이러한 규정들은 선원의 관점에서 볼 때 부분적으로 규제적인 성격을 가지기 때문에, 그 근거가 되고 있는 해상안전확보 및 선내규율유지 필요성은 선원노동현실에 적합한 범위로 한정되어야 할 것이다.

2. 선내 질서의 유지

2.1 해원의 징계

1) 징계사유

선장은 선내질서의 유지를 위하여 다음의 경우에는 해원을 징계할 수 있는 권한을 보유하고 있다.(법 제22조 제1항).

① 상급자의 직무상 명령에 따르지 아니하였을 경우
② 선장의 허가 없이 선박을 떠났을 경우
③ 선장의 허가 없이 흉기나 「마약류 불법거래방지에 관한 특례법」 제2조 제1항에 따른 마약류를 선박에 들여왔을 경우
④ 선내에서 싸움·폭행·음주·소란행위를 하거나 고의로 시설물을 파손하였을 경우
⑤ 직무를 게을리하거나 다른 해원의 직무수행을 방해하였을 경우
⑥ 정당한 사유 없이 선장이 지정한 시간까지 선박에 승선하지 아니하였을 경우
⑦ 그 밖에 선내질서를 어지럽게 하는 행위로서 단체협약·취업규칙 또는 선원근로계약에서 금지하는 행위를 하였을 경우

2) 징계의 종류 및 절차

징계는 훈계·상륙금지 및 하선으로 하며, 상륙금지는 정박 중에 10일 이내로 한다. 그 가운데 특히 하선의 징계는 해원이 폭력행위 등으로 선내질서를 어지럽히거나 고의로 선박운항에 현저한 지장을 준 행위가 명백한 경우에 한하여 실시하며, 하선의 징계를 행하는 경우에 선장은 지체 없이 선박소유자에게 하선의 징계를 한 사실을 알리도록 하고 있다(법 제22조 제2항, 제3항).

선장이 해원을 징계하고자 하는 경우에는 미리 5인(해원수가 10인 이내인 경우에는 3인) 이상의 해원으로 구성되는 징계위원회의 의결을 거쳐야 한다(법 제22조 제4항, 시행규칙 제16조).

가) 징계위원회의 구성

징계위원회는 기관장, 운항장, 1등항해사, 1등기관사, 1등운항사, 통신장, 징계대상자

의 소속 부원 중 최상위 직책을 가진 사람의 순위로 구성하되, 이들에 의한 징계위원회의 구성이 불가능한 경우에는 선장이 정하는 사람으로 구성한다.

나) 징계위원회의 소집

징계위원회는 선장의 요구에 의하여 소집된다.

다) 징계대상 해원의 출석 · 진술

징계위원회는 징계대상 해원을 출석시켜 진술할 기회를 주어야 하며, 필요한 경우에는 다른 해원을 출석시켜 그의 진술을 들을 수 있다.

라) 징계심사서류 및 회의록작성

징계위원회가 해원에 대한 징계사항을 심사한 때에는 징계위원회의 위원이 날인한 징계심사서류 및 회의록을 작성하여야 한다.

2.2 위험물 등에 대한 조치

1) 위험물 등에 대한 신고의무

흉기, 폭발하거나 불붙기 쉬운 물건, 「화학물질관리법」에 따른 유독물질과 그 밖의 위험한 물건을 가지고 승선한 사람은 즉시 선장에게 신고하도록 규정하고 있다(법 제23조 제1항).

2) 선장의 대물 위험방지조치(대물강제권)

선장은 위험물 등에 관하여 신고된 물건에 대하여 보관 · 폐기 등 필요한 조치를 취할 수 있다(법 제23조 제2항).

3) 선장의 대인 위해방지조치(대인강제권)

선장은 해원이나 그 밖에 선박에 있는 사람이 인명이나 선박에 위해(危害)를 줄 우려가 있는 행위를 하려고 할 때에는 그 위해를 방지하는 데 필요한 조치를 할 수 있다(법 제23조 제3항).

2.3 쟁의행위의 제한

1) 쟁의행위 제한사유

선원법상에서 선원근로관계에 관한 쟁의행위 제한사유는 다음과 같다(법 제25조).

① 선박이 외국의 항구에 있는 경우
② 여객선이 승객을 태우고 항행 중인 경우
③ 위험물운송을 전용으로 하는 선박이 항행 중인 경우로서 위험물의 종류별로 해양수산부령이 정하는 경우
④ 법 제9조에 따라 선장 등이 선박의 조종을 지휘하여 항해 중인 경우
⑤ 어선이 어장에서 어구를 내릴 때부터 냉동처리 등을 마칠 때까지의 일련의 어획작업 중인 경우
⑥ 그 밖에 선원근로관계에 관한 쟁의행위로 인명이나 선박의 안전에 현저한 위해를 줄 우려가 있는 경우

이러한 선원의 쟁의행위 제한사유는 「노동조합 및 노동관계조정법」 제41조에서 규정하고 있는 쟁의행위의 제한사유, 즉 사업장 안전보호시설의 정상적인 유지 · 운영을 정지 · 폐지 또는 방해하는 행위를 금지시키는 것과 동일한 취지라 할 수 있다.

2) 쟁의행위위반에 대한 처벌

쟁의행위에 위반한 사람에 대해서는 다음과 같이 구별하여 처벌한다(법 제165조 제2항).

① 쟁의행위를 지휘하거나 지도적 임무에 종사한 사람은 3년 이하의 징역
② 쟁의행위의 모의에 적극적으로 참여하거나 선동한 사람은 1년 이하의 징역 또는 1천만원 이하의 벌금

다만, 쟁의행위를 지휘하거나 지도적 임무에 종사한 경우, 쟁의행위의 모의나 선동한 경우, 그 쟁의행위가 그 대리인을 포함한 선박소유자가 선원의 이익에 반하여 법령을 위반하거나 정당한 사유 없이 선원근로계약을 위반한 것을 이유로 한 경우에는 예외적으로 처벌하지 않도록 하고 있다(법 제165조 제3항).

3. 선원근로계약 및 임금

3.1 선원근로계약 일반

1) 의의

선원근로계약이란 선원이 승선하여 선박소유자에게 근로를 제공하고 선박소유자는 근로에 대하여 임금을 지급하는 것을 목적으로 체결된 계약을 말한다(법 제2조 제9호).

선원근로계약은 그 적용대상이 '선원'이며, '사용자'라는 용어 대신에 국제해운의 관행에 따라 '선박소유자'를 사용하고 있다는 점과 근로장소를 "선박(승선하여)"으로 규정하고 있는 점을 제외하고는 「근로기준법」 제2조 제1항 제4호의 근로계약의 정의와 유사하므로 선원근로계약의 법적 성질은 근로계약과 동일하다 할 것이다.[3]

2) 효력

선원법은 선원의 최저근로기준을 정하는 것이므로 강행규정으로서의 효력을 가지고 있다. 그러므로 선원법에서 정한 임금·근로시간 그 밖의 근로조건의 기준에 미치지 못하는 근로조건을 정한 선원근로계약은 그 부분에 한하여 무효로 하되 당해 무효부분은 선원법에서 규정하고 있는 기준에 따르도록 하고 있다(법 제26조).

민법의 일반원칙에 의하면 계약의 주된 내용이 무효인 경우에는 계약전체가 무효로 되며, 계약의 일부가 무효인 경우에는 그 무효로 된 부분만이 공백으로 되기 때문에(민법 제137조), 선원법에서는 무효부분에 대한 보충적 규정을 둠으로써 위법한 계약에 의하여 근로조건이 불명확하게 되는 것을 입법적으로 해결하고 있다.

3) 성립

선원근로계약의 성립에 있어 당사자는 사용자인 선박소유자와 근로자인 선원이다. 그리고 선원근로계약은 선장이 선박소유자를 대리하여 선원근로계약을 체결할 수 있다(상법 제773조).[4]

3) 류명윤, "선원근로계약의 특징과 선원의 정리해고", 「법학연구」 제4호, 한국해사법학회(1992. 12), 189쪽.

선원법은 미성년자가 선원근로계약을 체결하는 경우에 관하여는 특별규정을 두고 있다. 즉, 선원법 제90조 제1항에서 미성년자가 선원이 되고자 하는 경우에는 법정대리인(친권자 또는 후견인)의 동의를 얻도록 규정하고 있다. 그러나 일단 선원이 되는데 대한 법정대리인의 동의를 얻은 미성년자는 구체적인 계약내용의 합의 등 선원근로계약에 관하여는 성년자와 동일한 능력이 인정된다(법 제90조 제2항).

4) 주요 내용

선원근로계약은 선원의 최저근로기준을 정하는 선원법상 규정된 선원에 대한 근로계약이므로 경제적 약자인 선원을 보호하기 위한 강행규정 등을 포함하고 있다. 그러므로 선원근로계약의 내용상에는 선원을 보호하기 위한 최소요건 등을 포함하고 있는 것이며, 이를 위반할 시에는 선원근로계약을 해지하고 근로조건의 위반으로 인한 손해배상 청구권을 부여하고 있다(법 제28조 제1항).

가) 근로조건의 명시 등

선박소유자는 선원근로계약을 체결함에 있어서 선원에 대하여 임금·근로시간, 그 밖의 근로조건을 명시하도록 하고 있으며, 선원근로계약을 변경하는 경우에도 마찬가지이다. 또한 선박소유자는 선원근로계약을 체결할 때 선원이 원하는 경우에는 선원근로계약의 내용에 대하여 검토하고 자문을 받을 수 있는 기회를 주어야 한다. 선원근로계약을 변경하는 경우에도 또한 같다(법 제27조). 명시할 내용에 관한 규정은 없으나 근로계약기간·직무에 관한 사항·임금·근로시간·휴가·퇴직·해고·예비원제도 등 이미 구체적인 내용을 알 수 있도록 하여야 할 것이다.

또한 「선원법」은 이와 관련하여 선박소유자로 하여금 「선원법」, 「선원법 시행령」 및 「선원법 시행규칙」, 단체협약과 취업규칙을 기재한 서류를 배 안의 보기 쉬운 곳에 걸어 두거나 비치하도록 함으로써 자신의 근로조건을 쉽게 파악할 수 있도록 하고 있다(법 제151조).

4) 이는 어선의 경우에 해당되는 사항이고 상선의 경우에는 선장이 해원과 선원근로계약을 체결하는 경우는 드물다. 왜냐하면 해상기업의 육상조직이 발전·강화되어 실제로 육상의 해무 또는 선원담당부서에서 선원을 접촉하여 선원근로계약을 체결하고 있기 때문이다.

나) 위약금 등의 예정금지

선박소유자는 선원근로계약의 불이행에 대한 위약금이나 손해배상액을 미리 정하는 계약을 체결하지 못한다(법 제29조). 이는 선원이 자기의 의사에 반하여 근로를 강제당하거나 선박소유자에게 예속 당하는 사태를 미연에 방지하기 위한 규정이다.

다) 강제저축 등의 금지

선박소유자는 선원근로계약에 부수하여 강제저축 또는 저축금의 관리를 약정하는 계약을 체결하지 못하도록 하고 있다(법 제30조).

강제저축은 선원의 저축의 장려, 낭비의 방지 등을 위하여 행하여진다고 하더라도 한편으로는 선원의 직장이동을 어렵게 하고 또한 선박소유자가 저축금을 사업에 유용하여 그 반환을 어렵게 하거나 불가능하게 하는 등의 위험이 있으므로 원칙적으로 이를 금지하고 있다.

라) 전차금 상계의 금지

상계(相計)란 채권자와 채무자가 서로 동종의 채권·채무를 가지는 경우에 그 채권과 채무를 대등액에 있어서 소멸케 하는 일방적 의사표시를 말하고 있다(민법 제492조). 2019년 선원법을 개정하면서 근로기준법의 내용[5]을 도입하여 선박소유자로 하여금 선원에 대한 전차금이나 그 밖에 근로할 것을 조건으로 하는 전대(前貸)채권과 임금을 상계하지 못하도록 하였다.

3.2 선원근로계약의 해지 및 존속

1) 선원근로계약의 해지

가) 해지사유의 제한

선박소유자는 정당한 사유 없이 선원근로계약을 해지하거나 휴직·정직·감봉 기타 징벌을 하지 못한다(법 제32조 제1항).

5) 근로기준법 제21조(전차금 상계의 금지) 사용자는 전차금(前借金)이나 그 밖에 근로할 것을 조건으로 하는 전대(前貸)채권과 임금을 상계하지 못한다.

판례상 해지의 정당한 사유가 인정된 것으로는 선원이 업무상 재해로 인하여 시력이 약화되어 선원 및 항해사의 자격을 상실한 결과 더 이상 동일 직종에 근무할 수 없음이 명백한 경우,[6] 선장이 「선원법」 제9조 소정의 선박의 직접지휘의무를 위반하여 지나치게 직무를 게을리 하거나 직무에 관하여 중대한 과실이 있는 경우,[7] 외국의 항구에서 선장의 직무에 관한 정당한 명령을 거부하여 쟁의행위를 한 경우[8] 등이 있다.

나) 해지기간의 제한

선박소유자는 ① 선원이 직무상 부상의 치료 또는 질병의 요양을 위하여 직무에 종사하지 아니한 기간과 그 후 30일간, ② 산전·산후의 여성선원이 「근로기준법」 제74조(임산부의 보호)에 따라 작업에 종사하지 아니한 기간과 그 후 30일간의 기간 동안에는 선원근로계약을 해지하지 못한다. 다만, 천재지변이나 그 밖의 부득이한 사유로 인하여 사업을 계속할 수 없는 경우로서 선원노동위원회의 인정을 받았을 때와 선박소유자가 법 제98조에 따른 일시보상을 하였을 때에 한하여 선원근로계약의 해지가 인정된다(법 제32조 제2항).

이와 같이 선원근로계약의 해지를 제한하는 취지는 선원이 업무상의 재해로 인하여 노동력을 상실하고 있는 기간과 노동력을 회복하기에 상당한 그 후의 30일간은 선원을 실직의 위협으로부터 절대적으로 보호하기 위한 조치이기 때문에 선박소유자가 이에 위반하여 선원을 해고한 경우에는 위법한 해고로서 무효라고 할 것이다.[9]

다) 해지의 예고

선박소유자는 선원근로계약을 해지하려면 30일 이상의 예고기간을 두고 서면으로 그 선원에게 알려야 하며, 알리지 아니하였을 때에는 30일분 이상의 통상임금을 지급하여야 한다. 다만, 다음과 같은 경우에는 예외적으로 해지의 예고를 하지 아니하여도 무방하다(법 제33조 제1항).

6) 서울고법 2001. 1. 12. 선고 2000나35032 판결.
7) 부산고법 1998. 2. 13. 선고 97나1372 판결.
8) 부산지법 1995. 4. 25. 선고 94가합14189 판결.
9) 대법원 2001. 6. 12. 선고 2001다13044 판결(이에 대한 원심판결은 서울고법 2001. 1. 12. 선고 2000나35032 판결임).

① 선박소유자가 천재지변, 선박의 침몰·멸실 그 밖의 부득이한 사유로 사업을 계속 할 수 없는 경우로서 선원노동위원회의 인정을 받은 경우
② 선원이 정당한 사유 없이 하선한 경우
③ 선원이 법 제22조 제3항에 따라 하선 징계를 받은 경우

이는 「근로기준법」상 규정되어 있는 해고의 예고제도를 수용한 것으로 선원의 생활안정을 기하려는 것이다.

이와는 반대로 선원이 선원근로계약을 해지하려면 30일의 범위에서 단체협약·취업규칙 또는 선원근로계약에서 정한 예고기간을 두고 선박소유자에게 알리도록 함으로써(법 제33조 제2항) 선박소유자의 선원수급의 어려움과 해상근로의 특수성을 고려한 것이다.

라) 정당한 사유 없는 해지의 구제신청

선박소유자가 선원근로계약 해지제한에 관한 규정을 위반하여 선원에 대하여 정당한 사유 없이 선원근로계약을 해지하거나 휴직·정직·감봉 그 밖의 징벌을 하였을 경우에는 그 선원으로 하여금 선원노동위원회에 그 구제를 신청할 수 있도록 하고 있다(법 제34조 제1항). 이는 정당한 사유 없이 선원근로계약의 해지를 당한 선원으로 하여금 선원의 권익을 확보하기 위한 의미에서 선원노동위원회에 구제신청을 할 수 있는 제도적 절차를 마련한 것이다.

구제신청에 관한 절차에 대해서는 「노동조합 및 노동관계조정법」상의 구제신청심사절차 등을 준용하도록 하고 있다(법 제34조 제2항).

2) 선원근로계약의 존속 및 종료의 특례

가) 선원근로계약 존속의 특례

선원근로계약이 선박의 항행 중에 종료할 경우에는 그 계약은 선박이 다음 항구에 입항하여 그 항구에서 부릴 화물을 모두 부리거나 내릴 여객이 다 내릴 때까지 존속하는 것으로 본다(법 제35조 제1항).

선박소유자는 선원근로계약이 선원의 승선·하선 교대에 적당하지 아니한 항구에서 선원근로계약이 종료할 경우에는 30일을 넘지 아니하는 범위에서 승선·하선 교대에 적당한 항구에 도착하여 그 항구에서 부릴 화물을 모두 부리거나 내릴 여객이 다 내릴 때까지 선원근로계약을 존속시킬 수 있다(법 제35조 제2항).

나) 선원근로계약의 종료의 특례

상속 등 포괄승계[10]에 의한 경우를 제외하고 선박소유자가 변경된 경우에는 옛 선박소유자와 체결한 선원근로계약은 종료하며, 그때부터 새로운 선박소유자와 선원 간에 종전의 선원근로계약과 같은 조건의 새로운 선원근로계약이 체결된 것으로 본다. 이 경우 새로운 선박소유자나 선원은 72시간 이상의 예고기간을 두고 서면으로 알림으로써 선원근로계약을 해지할 수 있다(법 제37조 제3항).

3.3 실업수당

선박소유자는 ① 선박소유자가 선원에게 책임을 돌릴 사유가 없음에도 불구하고 선원근로계약을 해지한 경우, ② 선원근로계약에서 정한 근로조건이 사실과 달라 선원이 선원근로계약을 해지한 경우, ③ 선박의 침몰·멸실 그 밖의 부득이한 사유로 사업을 계속할 수 없어 선원근로계약을 해지한 경우에는 선원에게 퇴직금 이외에 통상임금의 2월분에 상당하는 금액을 실업수당으로 지급하여야 한다(법 제37조).

선원은 선원근로계약에 명시된 근로조건이 사실과 다른 경우에는 선원근로계약을 해지하는 외에 근로조건의 위반으로 인한 손해의 배상을 선박소유자에게 청구할 수 있으며(법 제28조 제1항), 손해의 배상을 청구하고자 하는 선원은 선원노동위원회에 신청하여 근로조건의 위반여부에 대하여 선원노동위원회의 인정을 받을 수 있다(법 제28조 제2항).

3.4 송환

1) 송환의무

송환(repatriation)이란 선원이 선원근로계약의 종료 등으로 인하여 하선한 경우 선원의 거주지 또는 선원근로계약 체결지 등 송환목적지까지 귀향시키는 조치를 말한다. 선박소유자는 선원이 거주지 또는 선원근로계약의 체결지가 아닌 항구에서 하선하는 경우에는 선박소유자의 비용과 책임으로 선원의 거주지 또는 선원근로계약의 체결지 중

10) 하나의 취득원인에 의해 다수의 권리가 일괄해서 취득되는 경우로서 상속, 유증, 합병 등이 이에 해당한다.

선원이 원하는 곳까지 지체 없이 송환하도록 규정하고 있는 것이다. 다만, 선원의 요청에 의하여 송환에 필요한 비용을 선원에게 지급하는 경우에는 그러하지 아니하다(법 제38조 제1항).

그러나 선박소유자는 ① 선원이 정당한 사유 없이 임의로 하선한 경우, ② 선원이 법 제22조 제3항에 따라 하선 징계를 받고 하선한 경우, ③ 단체협약·취업규칙 또는 선원근로계약으로 정하는 사유에 해당하는 경우에는 송환에 든 비용을 선원에게 청구할 수 있도록 하고 있다. 다만, 선박소유자는 6월 이상 승무하고 송환된 선원에 대하여는 송환에 든 비용의 100분의 50에 상당하는 금액 이상을 청구할 수 없다(법 제38조 제2항).

선박소유자가 부담할 비용은 ① 송환 중의 교통비, ② 숙박비, ③ 식비, ④ 선원이 보유한 30킬로그램 이하의 화물에 대한 운송비용, ⑤ 선원의 부상 또는 질병에 따른 의료관리에 필요한 비용으로 한다(법 제38조 제3항, 시행규칙 제19조).

2) 송환수당

선박소유자는 법 제38조 제2항에 규정된 선원의 귀책사유가 있는 경우를 제외하고는 하선한 선원에게 송환에 걸린 일수에 따라 그 선원의 통상임금에 상당하는 금액을 송환수당으로 지급하여야 한다. 송환에 갈음하여 그 비용을 지급하는 경우에도 또한 같다(법 제39조).

3) 선원 송환을 위한 조치 등

해양수산부장관은 선박소유자가 송환의무를 이행하지 아니하여 선원이 송환을 요청하는 경우에는 그 선원을 송환하여야 한다. 이 경우 송환에 든 비용은 그 선박소유자에게 구상할 수 있다(법 제42조 제1항). 또한 해양수산부장관은 외국선박에 승선하는 외국인 선원이 국내에 유기되어 해당 선원이 송환을 요청하는 경우에는 해당 선원을 자기나라로 송환하여야 한다. 이 경우 송환에 든 비용은 해당 외국선박의 기국에 구상할 수 있다(법 제42조 제2항).

해양수산부장관은 송환조치에 든 비용을 선원에게 부담시켜서는 아니 되며, 송환조치에 든 비용이 변제될 때까지 해당 선박의 출항정지를 명하거나 출항을 정지시킬 수 있다(법 제42조 제3항, 제4항).

3.5 유기구제보험 또는 공제의 가입의무

1) 유기구제보험 또는 공제의 가입

국제항해에 종사하는 선박의 선박소유자는 다음의 어느 하나에 해당하는 사유로 유기된 선원을 구제하기 위하여 대통령령으로 정하는 보험 또는 공제(이하 "유기구제보험등"이라 한다)에 가입하여야 한다(법 제42조의2 제1항, 시행령 제5조 제1항).

① 선박소유자가 제38조 제1항 본문에 따라 선원을 송환하지 아니하거나 같은 항 단서에 따라 송환에 필요한 비용을 선원에게 지급하지 아니한 경우
② 선박소유자가 제52조에 따른 임금을 2개월 이상 지급하지 아니하고 선원과의 연락을 두절하는 등 근로관계를 일방적으로 단절한 경우
③ 선박소유자가 「선원법」 또는 선원근로계약에 따라 선원에게 제공하여야 하는 식료품, 물, 생존을 위하여 필요한 연료 및 의료지원 등 선상생활에 필요한 재화나 서비스를 제공하지 아니한 경우

여기서 "대통령령으로 정하는 보험 또는 공제"란 다음의 어느 하나에 해당하는 것을 말한다(시행령 제5조 제2항).

① 선주상호보험조합법 제2조에 따른 선주상호보험조합(이하 "선주상호보험조합"이라 한다)가 운영하는 손해보험
② 보험업법 제2조 제6호 및 제8호에 따른 보험회사 및 외국보험회사가 법 제42조의2 제2항에 따른 선원의 유기 구제비용(이하 "유기 구제비용"이라 한다) 보장을 목적으로 운영하는 보험업법 제2조 제1호 나목에 따른 손해보험
③ 선박소유자 단체가 유기 구제비용 보장을 목적으로 한국해운조합법 제6조, 수산업협동조합법 제60조 또는 원양산업발전법 제28조에 따른 정관에 따라 소속업체 등으로부터 부담금을 징수하여 운영하는 공제
④ 민법 제32조에 따라 주무관청의 허가를 받아 설립된 사단법인이 유기 구제비용 보장을 목적으로 같은 법 제40조에 따른 정관에 따라 소속업체 등으로부터 부담금을 징수하여 운영하는 공제
⑤ 국제적인 공제 업무를 운영하는 자의 공제로서 유기 구제비용을 보증할 능력이 있다고 해양수산부장관이 인정하여 고시하는 공제

2) 유기구제비용의 지급보장

유기구제보험등은 다음의 비용(이하 "유기구제비용"이라 한다)의 지급을 보장하여야 한다(법 제42조의2 제2항).

① 법 제38조에 따른 송환비용
② 법 제39조에 따른 송환수당
③ 법 제42조의2 제1항 제3호에 따른 식료품, 물, 생존을 위하여 필요한 연료 및 의료지원 등 선상생활에 필요한 재화나 서비스를 제공하는 데 드는 비용

3) 보험금의 직접청구

유기구제보험등에 가입하는 선박소유자는 선원이 유기구제보험등을 운영하는 사업자(이하 "유기구제보험사업자등"이라 한다)에게 보험금을 직접 청구할 수 있도록 선원을 피보험자로 지정하여야 한다(법 제42조의2 제3항).

4) 유기구제비용의 지급

유기구제보험사업자등은 선원 또는 선원이 지정한 대통령령으로 정하는 대리인(이하 "지정대리인[11]"이라 한다)가 유기구제비용을 청구하는 경우에는 「민법」 제469조에도 불구하고 선박소유자를 대신하여 유기구제비용의 청구를 받은 날로부터 10일 이내에 유기구제비용을 지급하여야 한다(법 제42조의2 제4항, 시행령 제5조의2).

5) 유기사실인정 신청

유기구제비용을 청구하려는 선원 또는 지정대리인은 지방해양항만관청에 법 제42조의2 제1항 각 호의 어느 하나에 해당한다는 사실의 인정(이하 "유기사실인정"이라 한다)를 신청할 수 있다(시행령 제5조의3 제1항). 이때 유기사실인정을 신청하려는 선원 또는 지정대리인은 유기사실인정 신청서에 법 제42조의2 제1항 각 호의 어느 하나에 해당한다는 사실을 적거나 해당 사실을 증명하는 서류(해당 사실의 기재나 증명이 가능한

11) 1. 선원의 가족(「민법」 제779조에 따른 가족을 말한다.)
2. 「변호사법」에 따른 변호사
3. 「공인노무사법」에 따른 공인노무사

경우로 한정한다.)를 첨부하여 지방해양항만관청에 제출하여야 한다(시행규칙 제19조의2 제1항). 한편 동일 사업 또는 사업장에서 유기된 선원이 2명 이상인 경우로서 그 중 1명의 선원이 유기사실인정 신청서를 제출한 경우에는 다른 유기된 선원은 이를 제출하지 아니할 수 있다(시행규칙 제19조의2 제2항).

유기사실인정의 신청을 받은 지방해양항만관청은 유기사실인정의 여부를 결정한 때에는 지체 없이 유기사실인정(불인정) 통지서에 따라 신청인에게 그 내용을 통지하여야 한다(시행규칙 제19조의2 제2항).

6) 다른 급여와의 관계

선박소유자는 선원이 민법이나 그 밖의 법령에 따라 유기 구제비용에 대한 보상을 받으면 보상받은 금액의 범위에서 선원에 대하여 유기 구제비용의 보상에 대한 책임을 지지 아니한다(법 제42조의3).

7) 유기구제보험 또는 공제의 해지 제한

유기구제보험사업자등은 법률 또는 보험계약에 따라 유기구제보험등의 계약기간이 끝나기 전에 보험계약을 해지하려는 경우에는 해양수산부장관에게 유기구제보험등의 해지 예정일의 30일 전까지 계약이 해지된다는 사실을 통지하지 아니하면 해당 유기구제보험등을 해지할 수 없다(법 제42조의4 제1항).

유기구제보험사업자등은 선박소유자가 다음의 어느 하나에 해당하면 그 사실을 해양수산부령으로 정하는 기간[12] 내에 해양수산부장관에게 알려야 한다(법 제42조의4 제2항, 시행규칙 제19조의3).

12) 유기구제보험 또는 공제계약 체결사실 등의 통지기간

구 분	통지 시기
가. 법 제42조의4 제2항 제1호에 따른 유기구제보험등 계약의 체결 사실	계약의 효력발생일부터 14일 이내
나. 법 제42조의4 제2항 제2호에 따른 유기구제보험등 계약의 해지 사실	계약의 효력소멸일부터 7일 이내
다. 법 제42조의4 제2항 제3호에 따른 유기구제보험등 계약의 미체결 사실	
1) 매월 1일부터 10일까지의 기간에 유기구제보험등의 계약이 끝난 경우	같은 달 30일까지
2) 매월 11일부터 20일까지의 기간에 유기구제보험등의 계약이 끝난 경우	다음 달 10일까지
3) 매월 21일부터 말일까지의 기간에 유기구제보험등의 계약이 끝난 경우	다음 달 20일까지

① 자기와 유기구제보험등의 계약을 체결한 경우
② 자기와 유기구제보험등의 계약을 체결한 후 계약기간이 끝나기 전에 사전통지절차를 거친 후 그 계약을 해지한 경우
③ 자기와 유기구제보험등의 계약을 체결한 자가 그 계약기간이 끝난 후 자기와 다시 계약을 체결하지 아니한 경우

해양수산부장관은 위의 통지를 받으면 그 사실을 지체 없이 해당 유기구제보험등의 피보험자인 선원에게 알려야 한다(법 제42조의4 제3항).

3.6 임금의 지급

1) 임금의 의의

임금이란 선박소유자가 근로의 대가로 선원에게 임금·봉급 그 밖에 어떠한 명칭으로든 지급하는 일체의 금전을 말한다(법 제2조 제10호). 이와 같이 「선원법」에서 임금은 「근로기준법」에서의 "일체의 금품"이 아니고 "일체의 금전"으로 규정함으로써 현물급여를 지양하고 '현금' 즉 통용 화폐임을 분명히 밝히고 있다.

「선원법」에서는 임금의 정의를 ① 선박소유자가 지급하는 것으로서, ② 근로의 대가이면, ③ 어떠한 명칭이건 불문한다고 하여, 매우 추상적인 규정방식을 취하고 있다.

따라서 해상근로자인 선원에게 지급되는 것이 임금인지의 여부는 그것이 위의 세 가지 요건을 구체적으로 충족하고 있는가에 따라서 결정하여야 할 것이다.

2) 임금의 종류

가) 통상임금

통상임금이란 선원에게 정기적·일률적으로 일정한 근로 또는 총근로에 대하여 지급하기로 정하여진 시간급금액·일급금액·주급금액·월급금액 또는 도급금액을 말한다(법 제2조 제11호).

통상임금은 실업수당, 송환수당, 승무원의 상병 중의 임금, 시간외근로수당, 예비원수당, 유급휴가급, 상병보상, 행방불명보상, 소지품유실보상의 산정에 기준이 되며, 통상임금을 시간급금액으로 산정할 때에는 다음의 방법에 의한다(시행령 제3조의2 제1항).

① 시간급금액으로 정하여진 임금에 대하여는 그 금액

② 일급금액으로 정하여진 임금에 대하여는 그 금액을 1일의 소정근로시간수로 나눈 금액

③ 주급금액으로 정하여진 임금에 대하여는 그 금액을 주의 소정근로시간수로 나눈 금액

④ 월급금액으로 정하여진 임금에 대하여는 그 금액을 월의 소정근로시간수로 나눈 금액

⑤ 일 · 주 · 월 외의 일정한 기간으로 정하여진 임금에 대하여는 위의 ②부터 ④까지의 방법에 준하여 산정된 금액

⑥ 도급제에 의하여 정하여진 임금에 대하여는 그 임금산정기간에 있어서 도급제에 의하여 계산된 임금의 총액을 당해 임금산정기간(임금마감일이 있는 경우에는 임금마감 기간을 말한다.)을 총근로시간수로 나눈 금액

⑦ 임금이 위의 ①부터 ⑥까지에서 정한 2이상의 임금으로 되어 있는 경우에는 그 부분에 대하여 ①부터 ⑥까지의 방법에 의하여 각각 산정된 금액의 합산액

여기에서 「1일의 소정근로시간」 또는 「주의 소정근로시간」이란 법 제60조(근로시간 및 휴식시간)에 따른 근로시간의 범위 내에서 단체협약 또는 선원과 선박소유자 간에 정한 근로시간을 말하며, 「월의 소정근로시간」이란 월의 소정근로일수에 1일의 소정근로시간을 곱한 시간을 말한다. 다만, 임금체계가 근로시간에 관계없이 책정되어 있는 경우에는 항해 중인 항해당직자의 소정근로시간은 항해 중인 항해당직자 이외의 선원의 소정근로시간과 같아야 한다(시행령 제3조의2 제2항).

3) 승선평균임금

승선평균임금이란 산정하여야 할 사유가 발생한 날 이전 승선기간(3개월을 초과하는 경우에는 최근 3개월로 한다.)에 그 선원에게 지급된 임금 총액을 그 승선기간의 총일수로 나눈 금액을 말한다. 다만, 승선평균임금이 통상임금보다 적은 경우에는 통상임금을 승선평균임금으로 본다(법 제2조 제12호). 승선평균임금은 퇴직금, 장해보상, 일시보상, 유족보상, 장제비, 행방불명보상을 산정하는 기준이 된다.

승선평균임금의 산정방법은 다음과 같다(시행령 제3조의3).

① 먼저 승선평균임금을 산정하여야 할 사유가 발생한 날 이전 승선기간(법 제2조 제12호에 규정된 승선기간) 중에 다음과 같은 기간이 있는 경우에는 그 일수와 그 기간 중에 지급된 임금은 당해 기간 및 임금의 총액에서 이를 공제한다.

㉠ 법 제54조에 따른 부상 또는 질병으로 직무에 종사하지 못한 기간

㉡ 선원이 될 목적으로 실습을 위하여 승선하는 기간

② 승선평균임금을 산정하는 경우의 임금의 총액(법 제2조 제12호에서 규정한 임금의 총액)에는 임시로 지급된 임금 또는 수당으로서 해양수산부장관이 정하는 것에 한하여 이를 임금의 총액에 산입한다.

③ 일용선원에 대하여는 해양수산부장관이 업종별로 정하는 금액을 승선평균임금으로 한다.

④ 승선평균임금에 관한 법의 규정(법 제2조 제12호)과 위의 ① 및 ②의 규정에 따라 승선평균임금을 산정할 수 없는 경우에는 해양수산부장관이 정하는 바에 의한다.

4) 임금의 지급방법

가) 매월 1회 이상 통화지급

임금은 통화로 직접 선원에게 그 전액을 지급하여야 한다. 다만, 법령이나 단체협약에 특별한 규정이 있는 경우에는 임금의 일부를 공제하거나 통화 외의 것으로 지급할 수 있다(법 제52조 제1항).

임금은 법령에 따라서 따로 정한 경우를 제외하고 원칙적으로 선원에게 직접 지급하여야 하는 것으로 본다. 법령이나 단체협약에 특별한 정함이 있는 경우에는 통화 이외의 현물로 지급하는 것이 허용된다.

임금은 매월 1회 이상 일정한 날짜를 정하여 지급하여야 한다. 다만, 임시로 지급하는 임금·수당 그 밖에 이에 준하는 것 또는 대통령령이 정하는 임금에 대하여는 그러하지 아니하다(법 제52조 제2항).

월 2회 이상(예컨대 주급 등)의 지급은 상관없으나 한 달씩 걸려서 2월분에 임금을 지급하는 것 등은 이 원칙에 위반된다. 여기서 통화란 강제통용력이 있는 화폐를 말한다. 「선원법」은 주로 현물급여를 금지하여 통화로 지급토록 함으로써 선원생활의 자유를 확보하게 하려는 것이다.

선원의 임금은 보통 월급제로 되어 있기 때문에 임금을 날짜로 갈라서 계산하는 경우에는 30일을 1개월로 본다. 그러므로 월임금의 30분의 1을 임금의 일액으로 본다(법 제52조 제5항).

나) 가족 등 지정인에 대한 지급

선박소유자는 선원이 청구하거나 법령이나 단체협약에 특별한 규정이 있는 경우에는 임금의 전부 또는 일부를 그가 지정하는 가족이나 그 밖의 사람에게 통화로 지급하거나 금융회사 등에 예금하는 등의 방법으로 지급하여야 한다(법 제52조 제3항).

선원은 가정을 떠나 장기항해에 종사하는 것이 보통이므로 그가 지정하는 가족 기타의 자도 선원의 임금을 수령할 수 있도록 규정하고 있다.

다) 일정기일 지급

임금을 "일정기일에 지급한다"란 매월 25일 또는 10일과 25일에 지급한다는 등과 같은 뜻이며 이는 매월 일정한 기일에 일정한 금액을 선원에게 확보시켜 생활의 안정을 도모하려는 취지이다.

선박소유자가 지급기일을 지키지 아니하면 책임을 지게 되지만, 선원도 지급기일 이전에 임금의 지급을 청구할 수 없는 것이 원칙이다.

라) 기일 전 지급

선박소유자는 선원이나 그 가족의 출산, 질병, 재해, 그 밖에 대통령령으로 정하는 비상한 경우의 비용에 충당하기 위하여 선원이 임금 지급을 청구하는 경우에는 임금 지급일 전이라도 이미 제공한 근로에 대한 임금을 지급하여야 한다(법 제53조). 이것은 이른바 임금의 가불제도에 관한 규정이다. 여기서 "대통령령으로 정하는 비상한 경우"란 선원이나 그 가족이 ① 혼인 또는 사망한 경우, ② 해양수산부장관이 정하는 부득이한 사유로 7일 이상 하선하게 되는 경우를 말한다(시행령 제17조의2).

마) 기항지 통화로 일부지급

선박소유자는 승무 중인 선원이 청구하면 선장에게 임금의 일부를 상륙하는 기항지에서 통용되는 통화로 직접 선원에게 지급하게 하여야 한다(법 제53조 제4항).

5) 승무선원의 부상 또는 질병 중의 임금

선박소유자는 승무 중인 선원이 부상이나 질병으로 직무에 종사하지 못하는 경우에도 선원이 승무하고 있는 기간에는 어선원 외의 선원에게는 직무에 종사하는 경우의 임금을, 어선원에게는 통상임금을 지급하여야 한다. 다만, 선원노동위원회가 그 부상이나 질병이 선원의 고의로 인한 것으로 인정한 경우에는 그러하지 아니하다(법 제54조).

해상근로자인 선원이 부상 또는 질병으로 직무에 종사하지 못하는 경우에는 본래 근로의 대가인 임금을 청구할 수 없을 것이다. 그러나 승무 중에는 비록 직무에 종사하지 못하더라도 임금 가운데 기본급과 특정수당을 지급함으로써 선원의 생활보호를 도모하고 있다.

6) 최저임금

해양수산부장관은 필요하다고 인정하는 경우에는 선원임금의 최저액을 정할 수 있으며, 이 경우에는 정책자문위원회규정 제2조에 따라 해양수산부에 설치되는 정책자문위원회의 자문을 거치도록 하고 있다(법 제59조, 시행규칙 제38조의2).

최저임금(minimum wage)제도는 저임금을 해소하기 위하여 마련한 것으로 「근로기준법」에서는 최저임금심의회의 심의를 거쳐 노동부장관이 정하고 있다. 「선원법」에서는 근로자인 선원의 기본적 생활을 보장·향상시키기 위하여 최저임금제도를 설정하고 있다.

7) 임금대장

선박소유자는 임금대장을 갖추어 두고, 임금을 지급할 때마다 ① 선원의 성명·주민등록번호·고용연월일 및 직책, ② 임금 및 가족수당 계산의 기초가 되는 사항, ③ 근로일 수 및 근로시간 수, ④ 시간외근로 및 휴일근로를 시킨 경우에는 그 시간 수, ⑤ 임금의 내역별 금액, ⑥ 법 제52조 제1항의 단서에 따라 임금의 일부를 공제한 경우에는 그 사유 및 금액 등을 기재하여야 한다(법 제58조, 시행령 제20조).

3.7 퇴직금

선원법은 선원의 퇴직 후의 생활보장을 위하여 「근로기준법」의 퇴직금제도에 상응하는 선원의 퇴직금제도에 관한 규정을 두고 있다.

선박소유자는 계속근로기간이 1년 이상인 선원이 퇴직하는 경우에는 계속근로기간 1년에 대하여 승선평균임금의 30일분에 상당하는 금액을 퇴직금으로 지급하는 제도를 마련하여야 한다. 다만, 이와 같은 수준을 밑돌지 아니하는 범위에서 선원노동위원회의 승인을 받아 단체협약이나 선원근로계약에 의하여 퇴직금제도에 갈음하는 제도를 시행하는 경우에는 그러하지 아니하다(법 제55조 제1항).

선박소유자는 퇴직금제도를 시행할 때 선원이 요구하면 선원이 퇴직하기 전에 그 선원의 계속근로기간에 대한 퇴직금을 미리 정산하여 지급할 수 있다. 이 경우 미리 정산한 후의 퇴직금 산정을 위한 계속근로기간은 정산시점부터 새로 계산한다(법 제55조 제2항).

여기서 "퇴직"은 선원의 임의퇴직뿐만 아니라 선원근로계약의 종료에 의한 자연퇴직, 선박소유자나 선원의 선원근로계약의 해지에 의한 퇴직 또는 징계에 의한 퇴직 등을 모두 포함하므로 선박소유자는 퇴직의 원인을 묻지 않고 항상 퇴직금을 지급하여야 한다.

선박소유자는 선원이 퇴직한 경우에 퇴직금을 지급할 것에 미리 대비하여 적립금, 그 관리방법, 퇴직금의 지급조건, 지급액의 계산방법, 지급기일 등 기타 필요한 규정을 취업규칙이나 단체협약 등에 포함시켜서 시행하여야 한다.

퇴직금을 산정할 경우 계속근로기간이 1년 이상인 선원의 계속근로기간을 계산할 때 1년 미만의 기간에 대하여는 6개월 미만은 6개월로 보고, 6개월 이상은 1년으로 본다. 다만, 위 제2항에 따라 퇴직금을 미리 정산하기 위한 계속근로기간을 계산할 때 1년 미만의 기간은 제외한다(법 제55조 제3항). 그럼에도 불구하고 계속근로기간의 계산에 관하여 단체협약이나 취업규칙에서 달리 정한 경우에는 그에 따른다(법 제55조 제4항).

선박소유자는 계속근로기간이 6개월 이상 1년 미만인 선원으로서 선원근로계약의 기간이 끝나거나 선원에게 책임이 없는 사유로 선원근로계약이 해지되어 퇴직하는 선원에게 승선평균임금의 20일분에 상당하는 금액을 퇴직금으로 지급하여야 한다(법 제55조 제5항).

4. 근로시간 및 승무정원, 유급휴가

4.1 근로시간 및 휴식시간

1) 선원의 근로시간

근로시간은 1일 8시간, 1주간 40시간으로 한다. 다만, 선박소유자와 선원 간에 합의하여 1주간 16시간을 한도로 근로시간을 연장(이하 "시간외근로"라 한다)할 수 있다(법 제60조 제1항). 이는 육상근로자에게 시행되고 있는 주 5일제 근무(법률 제6974호, 「근로기준법」중 개정법률, 2003. 9. 15. 공포)를 「선원법」에도 도입하여 선원의 근로조건을 개선하려는 의도로 2005년 3월에 개정된 것이다.

선박소유자는 항해당직근무를 하는 선원에게 1주간에 16시간의 범위에서, 그 밖의 선원에게는 1주간에 4시간의 범위에서 시간외근로를 명할 수 있다(법 제60조 제2항). 여기서 "항해당직"이란 갑판부·기관부·통신부 등 선내의 각 부서가 동시에 선박의 항행에 직접 관계되는 직무에 임하는 체제를 말한다. 1일 8시간제를 취하는 선박에서는 보통 1인 3당직제로 당직원은 4시간마다 교대하여 당직을 하게 된다.

항해당직규정에서 선박소유자가 항해당직근무를 수행하는 해원에게 1주간에 16시간을 한도로 근무를 명할 수 있게 한 것은 항해당직에 종사하는 선원은 해상근로의 특성상 비록 휴일일지라도 근로를 하여야만 해상기업의 상행위활동 또는 영리활동을 성취할 수 있고, 그 결과 임금의 금원을 확보할 수 있기 때문에 선박의 항행은 잠시라도 정지할 수 없는 선박운항의 특수성에 기인한 것이다.

2) 선원의 휴식시간

선박소유자는 위의 제1항 및 제2항에도 불구하고 선원에게 임의의 24시간에 10시간 이상의 휴식시간과 임의의 1주간에 77시간 이상의 휴식시간을 주어야 한다. 이 경우 임의의 24시간에 대한 10시간 이상의 휴식시간은 한 차례만 분할할 수 있으며, 분할된 휴식시간 중 하나는 최소 6시간 이상 연속되어야 하고 연속적인 휴식시간 사이의 간격은 14시간을 초과하여서는 아니 된다(법 제60조 제3항). 또한 이러한 규정에도 불구하고 해양항만관청은 입항·출항 빈도, 선원의 업무특성 등을 고려하여 불가피하다고 인정할 경우에는 당직선원이나 단기 항해에 종사하는 선박에 승무하는 선원에 대하여 근로시간의 기준, 휴식시간의 분할과 부여간격에 관한 기준을 달리 정하는 단체협약을 승인할 수 있다. 이 경우 해양항만청장은 해당 단체협약이 해양수산부령으로 정하는 휴식시간의 완화에 관한 기준에 적합한 것에 한하여 승인하여야 한다(법 제60조 제4항).

3) 시간외근로의 명령 등

선박소유자는 인명, 선박 또는 화물의 안전을 도모하거나, 해양오염 또는 해상보안을 확보하거나, 인명이나 다른 선박을 구조하기 위하여 긴급한 경우 등 부득이한 사유가 있는 때에는 법 제60조 제1항 및 제2항에 따른 근로시간을 초과하여 선원에게 시간외근로를 명하거나 제3항에 따른 휴식시간에도 불구하고 필요한 작업을 하게 할 수 있다(법 제60조 제6항).

선박소유자는 법 제60조 제6항에 따라 휴식시간에도 불구하고 필요한 작업을 한 선원 또는 휴식시간 중에 작업에 호출되어 정상적인 휴식을 취하지 못한 선원에게 작업시간에 상응한 보상휴식을 주어야 한다(법 제60조 제7항).

4) 휴일

선박소유자는 선박이 정박 중일 때에는 선원에게 1주간에 1일 이상의 휴일을 주어야 한다(법 제60조 제8항). 여기서 1주간이란 7일 동안을 말하며 연속하여 있지 않더라도 정박일수의 합계가 7일이 되면 1일의 휴일을 주어야 한다.

5) 소년선원의 근로시간 등

선박소유자는 18세 미만의 소년선원의 보호를 위하여 근로시간, 휴식시간에 관한 다음의 내용을 지켜야 한다(법 제61조, 시행규칙 제39조의6).

① 18세 미만인 소년선원의 근로시간은 1일 8시간, 1주간 40시간을 초과하지 아니할 것
② 18세 미만인 소년선원에 대해서는 다음의 기준에 따른 휴식시간을 줄 것
　㉠ 1일 1시간 이상의 식사를 위한 휴식시간
　㉡ 매 2시간 연속 근로 후 즉시 15분 이상의 휴식시간

6) 실습선원의 실습시간 및 휴식시간 등

실습시간은 1일 8시간, 1주간 40시간 이내로 한다. 다만, 항해당직훈련을 목적으로 하는 경우에는 1주간에 16시간 이내에서 연장할 수 있다. 선박소유자는 실습시간을 제외한 모든 시간을 휴식시간으로 주어야 한다. 이 경우 임의의 24시간 중 한 차례의 휴식시간은 8시간 이상 연속되어야 한다(법 제61조의2 제1항, 제2항). 한편 선박소유자는 실습선원에게 1주간에 최소 1일 이상의 휴일을 주어야 한다(법 제61조의2 제3항).

선박소유자는 실습선원에게 인명, 선박 또는 화물의 안전을 도모하거나, 해양오염 또는 해상보안을 확보하거나, 인명 또는 다른 선박을 구조하기 위하여 긴급한 경우 등 부득이한 사유가 있을 때에는 실습시간을 초과하는 훈련 또는 작업을 명하거나 필요한 훈련 또는 작업을 하게 할 수 있다(법 제61조의2 제4항).

7) 시간외근로수당의 지급 등

선박소유자는 ① 법 제60조 제1항, 제2항 및 제6항에 따라 시간외근로를 한 선원(법 제60조 제7항에 따라 보상휴식을 받은 선원은 제외한다.), ② 휴일에 근로를 한 선원에게 시간외근로나 휴일근로에 대하여 통상임금의 100분의 150에 상당하는 금액 이상을 시간외근로수당으로 지급하여야 한다(법 제62조 제1항).

선박소유자는 단체협약·취업규칙 또는 선원근로계약으로 정하는 바에 따라 선종, 선박의 크기, 항행구역에 따른 근로의 정도, 실적 등을 고려하여 일정액을 시간외근로수당으로 지급하는 제도를 마련할 수 있다(법 제62조 제2항).

선박소유자는 시간외근로 중 1주간에 4시간의 시간외근로에 대하여는 시간외근로수당을 지급하는 것에 갈음하여 법 제70조에 따른 유급휴가의 일수에 1월의 승무기간마다 1일을 추가하여 유급휴가를 주어야 한다(법 제62조 제5항). 이는 기존 주 44시간의 근로시간을 주 40시간으로 단축하고, 유급휴가를 1일 늘리도록 하되, 선박소유자의 금전적 부담을 덜기 위하여 시간외근로 가운데 1주에 4시간, 월 16시간은 수당을 지급하는 대신에 유급휴가 일수에 1일을 추가하도록 한 것이다.

8) 근로시간 및 휴식시간 등의 기록

선박소유자는 선원의 1일 근로시간, 휴식시간 및 시간외근로를 기록할 서류를 선박에 갖추어 두고 선장에게 근로시간, 휴식시간, 시간외근로 및 그 수당의 지급에 관한 사항을 적도록 하여야 한다(법 제62조 제3항). 또한 선원은 선박소유자 또는 선장에게 본인의 기록이 적혀 있는 법 제62조 제3항에 따른 서류의 사본을 요청할 수 있다(법 제62조 제4항).

4.2 자격요건을 갖춘 선원의 승무

선원법은 STCW 협약의 내용에 따라서 일정한 선박에는 법령에서 정하는 자격요건을 갖춘 선원만이 승무할 수 있도록 규정하고 있다.

1) 항해당직부원의 자격요건

총톤수 500톤 이상 또는 「선박직원법 시행령」 제2조 제10호에 따른 주기관 추진력 750킬로와트 이상의 선박[13]의 선박소유자는 연령이 16세 이상인 사람으로서 ① 총톤수 200톤 이상의 선박에서 갑판부 또는 기관부의 부원으로서 1년 이상 승무한 경력이 있을 것, ② 갑판부 또는 기관부의 부원으로서 2월 이상 승무한 경력을 가지고 당직부원 교육과정을 이수하였을 것, ③ 「선박직원법 시행령」 제16조 제1항 제1호의 규정에 의한 승무경력을 갖춘 선원을 갑판부 또는 기관부의 항해당직부원으로 승무시켜야 한다(법 제64조 제1항, 시행령 제21조 제1항, 시행규칙 제41조 제1항).

그러나 선원법 제64조 제1항에 따른 선박 중 「선박직원법 시행령」 제3조의2에 따른 자동화선박(이하 "자동화선박"이라 함)에서 운항당직부원, 즉 갑판부 및 기관부의 항해당직을 겸하여 행하는 부원이 될 수 있는 사람은 16세 이상인 사람으로서 다음과 같은 자격요건을 갖추어야 한다(시행규칙 제41조 제2항).

① 총톤수 200톤 이상의 선박에서 갑판부 또는 기관부의 부원으로서 1년 이상 승무한 경력이 있으며, 자동화 선박에서 1년 이상 승무한 경력이 있거나 운항당직부원 교육과정을 이수하였을 것

② 「선박직원법 시행령」 제16조 제1항 또는 제2항의 규정(지정교육기관의 교육과정 이수자 등에 대한 특례)에 의한 승무경력이 있을 것. 다만, 운항과 외의 학과를 이수한 자는 운항당직부원교육과정을 이수하였을 것

13) 평수구역을 항해구역으로 하는 선박, 항만법 제2조 제6호에 따른 예선 및 해사안전법 제2조 제4호에 따른 수면비행선박은 제외함(시행령 제21조 제1항 단서).

③ 총톤수 200톤 이상의 선박의 승무경력이 3년 이상인 사람으로서 해양수산부장관으로부터 위 ① 또는 ②와 동등 이상의 자격이 있다고 인정을 받았을 것

해양수산부장관은 자격요건을 갖춘 선원이 당직부원자격증의 발급을 신청하는 경우에는 그의 선원수첩에 당직부원의 자격이 있음을 증명할 수 있다(시행규칙 제41조 제3항).

선박소유자는 총톤수 500톤 이상인 선박으로 1일 항해시간이 16시간 이상인 선박에는 당직부원의 자격요건을 갖춘 선원 3인 이상을 갑판부의 항해당직부원으로 승무시켜야 한다(법 제64조 제2항).

2) 위험화물적재선박 승무원의 자격요건

선박소유자는 위험화물적재선박, 즉 통 등에 넣지 아니한 석유류 액체화학물질 또는 액화가스를 그대로 싣는데 전용되는 선박(산적액체화물을 수송하기 위하여 사용되는 선박에 한함)[14]에는 다음과 같은 자격요건을 갖춘 선원을 승무시켜야 한다(법 제64조 제3항, 시행령 제21조 제2항, 시행규칙 제42조 제1항).

① 유조선 또는 케미칼탱커에 선장, 1등항해사, 기관장, 1등기관사, 운항장으로 승무하려는 사람은 다음의 모든 기준을 충족할 것
   ㉠ 별표 2에 따른 탱커기초 교육과정을 이수하였을 것
   ㉡ 「선박직원법 시행규칙」 별표 1에 따른 보수교육과정 중 유조선 또는 케미컬탱커 직무교육과정을 이수하였을 것
   ㉢ 유조선 또는 케미칼탱커에서 3개월(3회 이상의 하역작업 경력이 있는 경우에는 1개월) 이상 승무한 경력이 있을 것
② 유조선 또는 케미칼탱커에 항해사(1등항해사는 제외한다), 기관사(1등기관사는 제외한다), 운항사, 갑판부 및 기관부 부원 또는 운항당직 부원으로 승무하려는 사람은 다음의 어느 하나에 해당하는 기준을 충족할 것
   ㉠ 별표 2에 따른 탱커기초 교육과정을 이수하였을 것
   ㉡ 유조선 또는 케미칼탱커에서 3개월 이상 승무한 경력이 있고, 「한국해양수산연수원법」에 따른 한국해양수산연수원(이하 "한국해양수산연수원"이라 함)의 원장(이하 "한국해양수산연수원장"이라 함)이 실시하는 해기능력평가에 합격하였을 것

14) 평수구역을 항행구역으로 하는 선박은 제외한다.

③ 액화가스탱커에 선장, 1등항해사, 기관장, 1등기관사, 운항장으로 승무하려는 사람은 다음의 모든 기준을 충족할 것

㉠ 별표 2에 따른 탱커기초 교육과정을 이수하였을 것

㉡ 선박직원법 시행규칙 별표 1에 따른 보수교육과정 중 액화가스탱커 직무교육과정을 이수하였을 것

㉢ 액화가스탱커에서 3개월(3회 이상의 하역작업 경력이 있는 경우에는 1개월) 이상 승무한 경력이 있을 것

④ 액화가스탱커에 항해사(1등항해사는 제외함), 기관사(1등기관사는 제외함), 운항사, 갑판부 및 기관부 부원 또는 운항당직 부원으로 승무하려는 사람은 다음의 어느 하나에 해당하는 기준을 충족할 것

㉠ 별표 2에 따른 탱커기초 교육과정을 이수하였을 것

㉡ 액화가스탱커에서 3개월 이상 승무한 경력이 있고, 한국해양수산연수원장이 실시하는 해기능력평가에 합격하였을 것

법 제64조 제3항에 따른 위험화물적재선박 중 항해선이 아닌 선박에 승무하는 선장, 1등항해사, 기관장, 1등기관사, 운항장 또는 운항사는 다음에 따른 기준을 충족하여야 한다(시행규칙 제42조 제3항)

① 유조선 또는 케미칼탱커 : 시행규칙 제42조 제1항 제1호 각 목의 어느 하나에 해당하는 기준을 충족할 것

② 액화가스탱커 : 시행규칙 제42조 제1항 제3호 각 목의 어느 하나에 해당하는 기준을 충족할 것

해양수산부장관은 위험화물적재선박 승무원의 자격을 갖춘 선원으로부터 유조선, 케미칼탱커 또는 액화가스탱커의 승무자격증의 발급을 신청받은 경우에는 그의 선원수첩에 해당 자격이 있음을 증명하여 주고, 승무자격증을 발급(정보통신망을 통한 발급을 포함함)하여야 한다(시행규칙 제42조 제3항). 유조선, 케미칼탱커 또는 액화가스탱커의 승무자격의 유효기간은 「선원의 훈련·자격증명 및 당직근무의 기준에 관한 국제협약」(이하 "선원당직국제협약"이라 함)에 따라 각각 5년으로 한다. 다만, 부원의 승무자격의 유효기간은 따로 없는 것으로 한다(시행규칙 제42조 제4항).

승무자격의 유효기간 만료일 이후 승무자격의 효력을 계속 유지시키려는 사람 또는

승무자격의 유효기간이 지나서 승무자격의 효력이 상실된 후 승무자격을 되살리려는 사람은 다음의 어느 하나에 해당하는 요건을 갖추어야 한다(시행규칙 제42조 제5항).

① 승무자격 유효기간 만료일 또는 승선일 전 5년 이내에 같은 종류의 위험화물적재 선박에 3개월 이상 승무한 경력이 있을 것
② 승무자격 유효기간 만료일 또는 승선일 전에 별표 2에 따른 탱커기초 교육과정(제1항 각 호에 따라 승무자격을 갖추기 위하여 이수한 교육과정은 제외함)을 이수하였을 것

3) 가스연료추진선박 승무원의 자격요건

가스 또는 저인화점 연료(인화점이 섭씨 60도 미만인 연료를 말한다)를 사용하는 선박(이하 "가스연료추진선박"이라 한다)의 선박소유자는 해양수산부령으로 정하는 자격요건을 갖춘 선원을 승무시켜야 한다(법 제64조 제6항, 시행령 제21조 제5항, 시행규칙 제42조의2 제1항, 제2항).

가스연료추진선박에 승선하는 선원의 자격을 확인받으려는 사람은 가스연료추진선박 승무자격증 신청서를 지방해양항만관청에 제출해야 한다. 신청을 받은 지방해양항만관청은 선원당직국제협약 부속서 제5장 제3조에 따라 다음의 구분에 따른 요건을 갖춘 사람에 대해 가스연료추진선박 승무자격증을 발급해야 한다.

① 기초 가스연료추진선박 승무자격증을 신청하려는 사람은 다음의 어느 하나에 해당하는 기준을 충족할 것
  ㉠ 가스연료추진선박 기초교육을 이수했을 것
  ㉡ 액화가스탱커 승무자격증을 보유하고 있을 것
② 상급 가스연료추진선박 승무자격증을 신청하려는 사람은 다음의 어느 하나에 해당하는 기준을 충족할 것
  ㉠ 기초 가스연료추진선박 승무자격증을 보유하고, 「선박직원법 시행규칙」 [별표 1]에 따른 보수교육 중 가스연료추진선박 직무교육을 이수했으며, 「가스 또는 저인화점 연료를 사용하는 선박의 안전에 대한 국제기준(IGF Code)」(이하 "가스연료추진선박 국제기준"이라 한다) 적용 선박에서 3회 이상의 연료 수급작업 경력을 포함하여 1개월 이상 승무한 경력이 있을 것
  ㉡ 상급 액화가스탱커 승무자격증을 보유하고, 가스연료추진선박 국제기준 적용 선박에서 3회 이상의 연료 수급작업 경력 또는 액화가스탱커에서 3회 이상의 하역

작업 경력이 있으며, 신청일을 기준으로 5년 이내에 가스연료추진선박 또는 가스나 저인화점 연료를 화물로 운송하는 선박에 3개월 이상 승무한 경력이 있을 것

가스연료추진선박 승무자격의 유효기간은 선원당직국제협약에 따라 5년으로 한다(시행규칙 제42조의2 제3항). 가스연료추진선박 승무자격의 유효기간을 연장하거나 승무자격의 유효기간 만료 후 승무자격을 회복하려는 사람은 다음의 어느 하나에 해당하는 요건을 갖춰야 한다. 이 경우 연장 또는 회복되는 승무자격의 유효기간은 5년으로 하고, 다시 연장 또는 회복하는 경우에도 같다(시행규칙 제42조의2 제4항).

① 승무자격의 유효기간 만료일 또는 승무자격의 회복 신청일 전 5년 이내에 가스연료추진선박에 3개월 이상 승무한 경력이 있을 것
② 승무자격의 유효기간 만료일 또는 승무자격의 회복 신청일 전 5년 이내에 가스연료추진선박 기초교육을 이수했을 것

4) 구명정 조종사 자격요건 등

선박안전법 제2조 제2호에 따른 선박시설 중 구명정·구명뗏목·구조정 또는 고속구조정을 비치하여야 하는 선박의 선박소유자는 구명정 조종사의 자격증을 가진 선원을 승무시켜야 한다(법 제64조 제4항).

구명정 조종사의 자격증을 발급받으려는 선원은 발급신청서를 지방해양항만청장에게 제출하여야 하며(시행규칙 제43조 제1항), 이러한 신청을 받은 지방해양항만청장은 18세 이상이며, 12월 이상의 승무경력이 있거나 또는 6개월 이상의 승무경력과 한국해양수산연수원에서 상급안전교육 중 구명정 조종사 교육과정을 이수한 선원에 대하여 그의 선원수첩에 구명정 조종사의 자격이 있음을 증명하여 주고, 구명정 조종사 자격증을 발급(정보통신망을 통한 발급을 포함함)하여야 한다. 이 경우 구명정 조종사 자격의 유효기간은 「선원당직국제협약」에 따라 5년으로 한다(시행규칙 제43조 제2항).

선박안전법 제2조 제2호에 따른 선박시설 중 구명정·구명뗏목·구조정 또는 고속구조정을 비치하여야 하는 선박의 선박소유자는 그 적재하여야 할 구명정·구조정 또는 고속구조정 및 구명뗏목(연해구역을 항행구역으로 하는 선박에 있어서는 팽창식구명뗏목을 제외함)마다 다음의 인원수(연해구역을 항행구역으로 하는 선박에 있어서는 1인)의 구명정 조종사를 승선시켜야 한다. 다만, 최대탑재인원보다 적은 인원을 탑재하고 항해를 할 경우에는 가까운 지방해양항만관청의 허가를 받아 그 인원수를 감할 수 있다(시행규칙 제43조 제3항).

① 정원 40인 이하의 구명정 : 2인
② 정원 41인 이상 61인 이하의 구명정 : 3인
③ 정원 62인 이상 85인 이하의 구명정 : 4인
④ 정원 86인 이상의 구명정 : 5인
⑤ 구조정 또는 고속구조정 : 2인
⑥ 구명뗏목 : 1인

선장은 미리 구명정 등에 그 구명정 조종사를 배치하고 각기 그 지휘자를 정하여 두어야 하며, 다음과 같은 업무에 종사하게 한다(시행규칙 제43조 제4항, 제5항).

① 식료 · 항행용구 · 기타 물품의 구명정 등에의 적재, 구명정 등의 하강과 해원 및 여객의 구명정 등에의 승정지휘
② 구명정 등의 운항지휘 또는 보좌
③ 구명줄발사기 · 구명부환 기타 구명설비의 조작
④ 구명정 등과 기타의 구명설비(구명조끼를 제외함)의 정비 및 관리

5) 고속구조정 조종사 자격요건

지방해양항만청장은 구명정 조종사 자격요건을 갖춘 사람이 고속구조정 조종사 교육과정을 이수한 경우에는 그의 선원수첩에 고속구조정 조종사 자격이 있음을 증명하여 주고, 고속구조정 조종사 자격증을 발급(정보통신망을 통한 발급을 포함함)하여야 한다(시행규칙 제43조의2 제1항). 고속구조정 조종사 자격의 유효기간은 선원당직국제협약에 따라 5년으로 한다(시행규칙 제43조의2 제2항).

6) 여객선안전관리선원의 자격요건

「선박안전법」 제2조 제10호에 따른 여객선의 선박소유자는 여객의 안전관리에 필요한 자격을 갖춘 선원을 승무시켜야 한다(법 제64조 제5항).

여객의 안전관리에 필요한 자격요건을 갖춘 선원(이하 "여객안전관리선원"이라 함)이란 여객선 상급교육 과정을 이수한 선원을 말한다(시행규칙 제43조의3 제1항). 여객선에는 여객안전관리선원을 다음의 구분에 따라 승무시켜야 한다(시행규칙 제43조의3 제2항).

① 여객 정원이 100명 이상 500명 이하인 경우 : 1명 이상
② 여객 정원이 500명 초과 1천명 이하인 경우 : 2명 이상

③ 여객 정원이 1천명 초과 1천 500명 이하인 경우 : 3명 이상
④ 여객 정원이 1천 500명을 초과하는 경우 : 4명 이상

선장은 여객안전관리선원을 여객선의 객실 갑판에 배치하고, 다음의 업무에 종사하도록 하여야 한다(시행규칙 제43조의3 제2항).

① 비상시 여객에 대한 구명조끼 등 구명기구의 지급 및 착용 안내
② 비상시 여객의 집합장소 안내
③ 여객의 구명정등 탑승 보조
④ 비상시 여객의 탈출로 정비 및 관리
⑤ 그 밖에 선장이 지시하는 비상시 여객지원 업무

4.3 승무정원

선박소유자는 법 제60조(근로시간 및 휴식시간), 제64조(자격요건을 갖춘 선원의 승무) 및 제74조(선내급식)를 지킬 수 있도록 필요한 선원의 정원, 즉 승무정원을 정하여 해양항만관청의 인정을 받아야 하며, 해양항만관청은 선박의 승무정원을 인정할 때에는 승무정원증서를 발급하여야 한다(법 제65조 제1항, 제2항).

선박소유자가 법 제65조에 따라 선박의 승무정원을 정하여 지방해양항만관청의 인정을 받고자 하는 때에는 승무정원인정신청서에 취업규칙을 첨부하여 제출하여야 하며, 승무정원인정신청서를 받은 지방해양항만관청은 취업규칙과 당해 선박의 승무정원을 심사하여 적정하다고 인정할 때에는 승무정원증서를 발급하여야 한다(시행규칙 제44조 제1항, 제2항).

선박소유자는 운항 중인 선박에는 항상 승무정원증서에 적힌 수의 선원을 승무시켜야 하며, 결원이 생기면 지체 없이 인원을 채워야 한다. 다만, 해당 선박이 외국 항에 있는 등 지체 없이 인원을 채우는 것이 곤란하다고 인정되어 해양수산부장관의 허가를 받은 경우에는 그러하지 아니하다(법 제65조 제3항).

여기서 승무정원은 직원과 부원을 망라한 정원이다. 선장과 직원의 경우는 「선박직원법」에 의하여 선박의 종류, 항행구역, 총톤수 또는 주기관의 추진력 등에 따라 일정수의 일정한 자격을 가진 자를 승무시켜야 하므로 선원법에 의거한 승무정원은 당연히 선박직원법의 법정정원과 동수 이상이라야 한다.

4.4 유급휴가

1) 의의

유급휴가는 통상임금을 지급하는 휴가이다. 이 기간 동안에는 통상임금인 휴가금을 지급하여 선원을 노동으로부터 해방시키고 정신적·육체적인 휴양을 취하게 함으로써 노동력을 유지·배양하고 인간다운 생활을 확보하기 위한 취지에서 인정되는 제도이다.

선원법은 선원이 8개월간 계속하여 승무한 경우 원칙적으로 유급휴가를 주도록 규정하고 있지만, 어선(어획물 운반선과 법 제74조에 따른 어선은 제외한다.), 범선으로 항해선이 아닌 것, 가족만 승무하여 운항하는 선박으로서 항해선이 아닌 선박에 대하여는 유급휴가에 관한 규정이 적용되지 아니한다(법 제75조).

2) 유급휴가의 요건

선박소유자(어선원 유급휴가에 대한 특례를 적용받는 어선의 선박소유자는 제외한다.)는 선원이 8개월간 계속하여 승무(수리 중이거나 계선 중인 선박에서 승무하는 것을 포함함)한 경우에는 그때부터 4개월 이내에 선원에게 유급휴가를 주어야 한다. 4개월 이내에 유급휴가를 준다는 것은 4개월 이내에 법정휴가를 마치도록 한다는 것이며, 다만, 선박이 항행 중인 때에는 항해를 마칠 때까지 유급휴가를 연기할 수 있다(법 제69조 제1항).

결국 유급휴가청구권의 발생요건은 선원이 8개월 이상 계속적으로 승무하여야 하며, 선박소유자가 동일하다면 계속 승무한 선박이 동일한 선박인지의 여부는 문제가 되지 아니한다. 그리고 선원이 같은 선박소유자의 다른 선박에 옮겨 타기 위하여 여행하는 기간은 이를 계속하여 승무한 기간으로 인정하여 준다(법 제69조 제2항).

선원이 8개월간 계속하여 승무하지 못한 경우에도 이미 승무한 기간에 대하여 유급휴가를 주어야 한다(법 제69조 제4항). 여기서 "이미 승무한 기간"에 대하여 유급휴가를 준다함은 비록 8개월간 계속 승무하지는 못하였다 하더라도 비율로 산정된 일수의 유급휴가를 준다는 의미이다.

산전·산후의 여성선원이 근로기준법 제74조에 따른 휴가로 휴업한 기간은 계속하여 승무한 기간으로 본다(법 제69조 제3항).

3) 유급휴가 부여시기와 방법

선박소유자가 선원에게 유급휴가를 주어야 할 시기는 선원이 유급휴가의 요건이 갖추어진 때(8개월간 계속하여 승무한 때)부터 4개월 이내에 선원에게 유급휴가를 주어야 한다. 그러나 선박이 항해 중일 때에는 그 선박이 항해를 마칠 때까지 유급휴가를 연기할 수 있다(법 제69조 제1항).

여기서 유의할 것은 "4개월 이내"에 유급휴가의 전 일수가 종료하여야 한다는 뜻이고, 4월 이내에 유급휴가를 부여한다는 뜻이 아니다. 또 발항 전에 앞으로 유급휴가를 부여하여야 할 시간인 4개월을 경과하리라는 것이 명백한 경우에는 발항하기 전에 부여하여야 할 것이다.

유급휴가를 줄 시기와 항구에 대하여는 선박소유자와 선원과의 협의에 따르며(법 제72조 제1항), 유급휴가는 단체협약에서 정하는 바에 따라 기간을 나누어 줄 수 있다(법 제72조 제2항). 그러므로 선박소유자와 선원의 협의에서 선박소유자는 정당한 사유가 없는 한, 유급휴가를 줄 시가나 항구 또는 분할여부 등에 대한 선원 측의 요구를 거절할 수 없는 것이다.

4) 유급휴가의 일수

가) 일수계산

유급휴가의 일수는 계속하여 승무한 기간 1개월에 대하여 6일로 한다. 따라서 8개월간 계속하여 승무한 경우에는 48일이다. 그러나 연해구역을 항해구역으로 하는 선박 또는 15일 이내에 기간마다 국내 항에 기항하는 선박에 승무하는 선원의 유급휴가일수는 계속하여 승무한 기간 1개월에 대하여 5일로 한다(법 제70조 제1항, 제2항).

2년 이상 계속 근로한 선원에게는 1년을 초과하는 계속근로기간 1년에 대하여 휴가일수에 1일의 유급휴가를 가산하며, 유급휴가 일수를 계산할 때 1개월 미만의 승무기간에 대하여는 비율로 계산하되, 1일 미만은 1일로 계산한다(법 제70조 제3항, 제5항).

나) 유급휴가 사용일수의 계산

선원이 실제 사용한 유급휴가 일수의 계산은 선원이 유급휴가를 목적으로 하선하고 자기나라에 도착한 날(법 제38조 제1항에 따라 통상적으로 송환에 걸리는 기간이 도래하는 날을 말함)의 다음 날부터 계산하여 승선일(외국에서 승선하는 경우에는 출국일을 말함)의 전날까지의 일수로 하되, ① 관공서의 공휴일 또는 근로자의 날, ② 선원의 교육훈련(법 제116조) 또는 다른 법령에 따라 받은 교육훈련 기간, ③ 선박소유자가 인정하는 포상 또는 보상 성격의 휴가기간, ④ 기상악화·천재지변 또는 사변으로 인한 정박기간, ⑤ 정박 중 선장의 허가를 받아 일시 상륙한 기간은 유급휴가 사용일수에 포함하지 아니한다(법 제71조, 시행규칙 제46조의3).

5) 유급휴가급

선박소유자는 유급휴가 중인 선원에게 통상임금을 유급휴가급으로 지급하여야 한다. 선박소유자는 선원이 유급휴가의 전부 또는 일부를 사용하지 아니하였을 때에는 사용하지 아니한 유급휴가 일수에 대하여 통상임금에 상당하는 금액을 임금 외에 따로 지급하여야 한다(법 제73조 제1항, 제2항).

1984년 개정 전의 선원법에서는 선박소유자는 유급휴가를 현실적으로 부여할 의무가 있었으며, 그 일수를 줄이거나 유급휴가를 돈으로 배상하는 것은 위법으로 해석되었다. 그러나 현행법에서는 사용하지 아니한 유급휴가일수에 대한 환가처분을 적극적으로 인정하고 있다.

5. 선내 급식과 안전 및 보건

5.1 선내 급식

1) 선내 급식 의무와 선박조리사

선박소유자는 승무 중인 선원을 위하여 해양수산부령이 정하는 바에 따라 적당한 양과 질의 식료품과 물을 선박에 공급하고, 조리와 급식에 필요한 설비를 갖추어 선내급식을 하여야 한다. 이 경우 승무 중인 선원의 다양한 문화와 종교적 배경을 고려하여야 한다(법 제76조 제1항).

선박소유자는 적당한 양과 질의 선내급식을 위하여 선박마다 선장과 조리책임자를 포함하여 5인 이상의 위원으로 구성하는 급식위원회를 두어 선원의 식생활을 관리하게 하여야 한다. 다만, 외국영토에 기항하지 아니하는 선박 또는 새우트롤어선은 그러하지 아니하다(시행규칙 제47조 제1항).

선박소유자는 선내급식을 위하여 대통령령으로 정하는 자격을 갖춘 선박조리사(이하 "선박조리사"라 한다)를 선박에 승무시켜야 한다(법 제76조 제2항 본문). 여기서 "대통령령으로 정하는 자격을 갖춘 선박조리사"란 18세 이상인 자로서 다음의 어느 하나에 해당하는 자를 말한다(시행령 제22조 제1항).

① 선박조리사교육을 이수하고 해양수산부장관이 실시하는 선박조리사 자격시험에 합격한 자
② 국가기술자격법에 따른 조리기능사 이상의 자격증을 취득하고, 선박에서 3년 이상 조리업무에 종사한 경력이 있는 자로서 선박조리사교육을 이수한 자
③ 선박에서 6년 이상 조리업무에 종사한 경력이 있고, 선박조리사교육을 이수한 자
④ 2006 해사노동협약에 따라 외국정부로부터 선박에서의 조리와 급식에 관한 자격을 취득한 자

해양수산부장관은 선박조리사의 자격을 위한 교육과 시험을 실시해야 하는데(법 제76조 제3항), 선박조리사 자격시험은 필기시험으로 실시해야 하며, 시험과목은 ① 집단급식 및 위생관리, ② 식중독 예방 및 관리이다(시행령 제22조 제2항, 제3항).

한편 선박소유자는 대통령령으로 정하는 일부 선박에 대하여는 선박조리사 승무를 면

제하거나 선박조리사에 갈음하여 선상 조리와 급식에 관한 지식과 경험을 가진 자를 승무하게 할 수 있다(법 제76조 제2항 단서).

2) 선내 급식비

선박소유자는 해양수산부장관의 승인을 받아 선내급식에 필요한 식료품의 공급에 갈음하여 선내급식을 위한 식료품의 구입비용(이하 "선내급식비"라 한다)를 선장에게 지급하고, 선장으로 하여금 선내급식을 관리하게 할 수 있다. 이 경우 선장은 선원 모두에게 차별없이 선내급식이 이루어지도록 하여야 한다(법 제77조 제1항).

또 선박소유자는 선내급식을 지급함에 있어서는 선원 1인당 1일 기준액을 명시하여야 하며, 선내급식비는 선내급식을 위한 식료품의 구입과 운반을 위한 비용 외의 용도로 지출하여서는 아니 된다(법 제77조 제2항, 제3항).

해양수산부장관은 선내급식비의 최저기준액을 정할 수 있으며, 이 경우 선박소유자는 최저기준액 이상의 선내급식비를 지급하여야 한다(법 제77조 제4항). 해양수산부장관이 선내급식비의 최저기준액을 정하고자 할 때에는 선원정책협의회의 자문을 거쳐야 한다(시행령 제23조).

5.2 선내 안전, 보건 및 사고예방 기준

1) 선내 안전 및 보건 등을 위한 국가의 책임과 의무

해양수산부장관은 승무 중인 선원의 건강을 보호하고 안전하고 위생적인 환경에서 생활, 근로 및 훈련을 할 수 있도록 다음의 사항을 성실히 이행할 책임과 의무를 진다(법 제78조 제1항).

① 선내 안전·보건정책의 수립·집행·조정 및 통제
② 선내 안전·보건 및 사고예방 기준의 작성
③ 선내 안전·보건의 증진을 위한 국내 지침의 개발과 보급
④ 선내 안전·보건을 위한 기술의 연구·개발 및 그 시설의 설치·운영
⑤ 선내 안전·보건 의식을 북돋우기 위한 홍보·교육 및 무재해운동 등 안전문화 추진
⑥ 선내 재해에 관한 조사 및 그 통계의 유지·관리
⑦ 그 밖에 선원의 안전 및 건강의 보호·증진

해양수산부장관은 위의 사항을 효율적으로 수행하기 위하여 필요한 경우 선박소유자 단체 및 선원 단체의 대표자와 협의하여야 한다. 또 해양수산부장관은 선내 안전·보건과 선내 사고예방을 위한 활동이 통일적으로 이루어지고 증진될 수 있도록 국제노동기구 등 관계 국제기구 및 그 회원국과의 협력을 모색하여야 한다(법 제78조 제2항, 제3항).

2) 선내 안전·보건 및 사고예방 기준

선내 안전·보건 및 사고예방 기준(이하 "선내안전보건기준"이라 함)에는 다음의 사항이 포함되어야 한다(법 제79조 제1항).

① 선원의 안전·건강 관련 교육훈련 및 위험성 평가 정책
② 선원의 직무상 사고·상해 및 질병(이하 "직무상 사고 등"이라 함)의 예방 조치
③ 선원의 안전과 건강 보호를 증진시키기 위한 선내 프로그램
④ 선내 안전저해요인의 검사·보고와 시정
⑤ 선내 직무상 사고 등의 조사 및 보고
⑥ 선장과 선내 안전·건강담당자의 직무
⑦ 선내안전위원회의 설치 및 운영
⑧ 그 밖에 해양수산부령으로 정하는 사항

한편 선내안전보건기준의 구체적인 사항은 해양수산부장관이 정하여 고시한다(법 제79조 제2항).

3) 선내안전보건기준의 개정

해양수산부장관은 선박소유자 단체 및 선원 단체의 대표자와 협의하여 선내안전보건기준을 정기적으로 검토하여야 하며, 필요한 경우 검토 결과를 고려하여 선내안전보건기준을 개정할 수 있다(법 제80조).

4) 직무상 사고 등의 조사

해양수산부장관은 직무상 사고 등의 발생 사실을 보고받은 경우에는 그 사실과 원인을 조사하여야 한다. 해양수산부장관은 직무상 사고 등을 예방하기 위하여 조사한 직무상 사고 등에 관한 통계를 유지·관리하여야 하고, 그 통계를 분석하여 자료집을 발간

할 수 있다. 그리고 조사의 절차 및 내용이나 조사 결과의 조치 등에 필요한 사항은 해양수산부령으로 정한다(법 제81조).

5) 선박소유자 및 선원의 의무

가) 선박소유자의 의무

선박소유자는 선원에게 보호장구와 방호장치 등을 제공하여야 하며, 방호장치가 없는 기계의 사용을 금지하여야 하며, 해양수산부령으로 정하는 바에 따라 위험한 선내 작업[15]에는 일정한 경험이나 기능을 가진 선원을 종사시켜야 한다. 또 선박소유자는 감염병, 정신질환, 그 밖의 질병을 가진 사람 중에서 승무가 곤란하다고 해양수산부령으로 정하는 선원을 승무시켜서는 아니 된다. 선박소유자는 선원의 직무상 사고 등이 발생하였을 때에는 즉시 해양항만관청에 보고하여야 하고, 선내 작업 시의 위험 방지, 의약품의 비치와 선내위생의 유지 및 이에 관한 교육의 시행 등에 관하여 해양수산부령으로 정하는 사항[16]을 지켜야 한다. 선장은 특별한 사유가 없으면 선박이 기항하고 있는 항

15) 위험한 선내작업이란 다음의 작업을 말한다(선원의 안전 및 위생에 관한 규칙 제2조).
① 양묘기 · 권양기를 조작하는 작업
② 하역용장비를 조작하는 작업
③ 바닥에서 2미터 이상인 장소에서 보조장비를 사용하여 하는 작업
④ 몸의 중심을 선체밖으로 내놓고 하는 작업
⑤ 산소결핍의 우려가 있는 장소에서 하는 작업
⑥ 인체에 유해한 가스를 검지하는 작업
⑦ 위험화물의 상태를 점검하는 작업
⑧ 감전의 우려가 있는 전기공사작업
⑨ 금속의 용접 · 절단 또는 가열작업

16) 선박소유자는 선내작업시에 발생하는 위험의 방지와 선내위생의 유지를 위하여 다음의 사항을 지켜야 한다(선원의 안전 및 위생에 관한 규칙 제2조).
① 선내작업에 필요한 기계 · 기구 · 용구등의 공급
② 선내위생의 유지에 필요한 의약품 · 위생용품 · 의료서적등의 공급
③ 작업시 안전을 위한 조명장치 · 안전표시 기타 보조기구의 설치
④ 거주구역 · 기관실 · 조리실등의 환기 · 채광 · 조명 및 온도의 유지와 소음 및 진동의 방지등 위생상 양호한 상태를 유지하기 위한 시설의 설치
⑤ 거주구역 및 창고등에 쥐 · 벌레등을 없애기 위한 약품의 공급
⑥ 산소 및 인체에 유해한 기체등의 측정에 필요한 기구의 공급. 다만, 냉동시설이 설치되어 있지 아니한 연근해어선은 그러하지 아니하다.
⑦ 화물창에서의 작업, 높은 곳에서의 작업, 용접작업, 무거운 물건을 취급하는 작업, 전기류사용작업, 어로작업등 위험작업시의 위해방지를 위한 필요한 보호기구의 공급
⑧ 선내안전 및 위생관리에 필요한 교육의 실시
⑨ 선내작업시의 위해방지 및 위생의 유지를 위한 선내안전위생수칙의 제정 및 보급

구에서 선원이 의료기관에서 부상이나 질병의 치료를 받기를 요구하는 경우 거절하여서는 아니 된다(법 제82조). 특히 「해운법」 제3조에 따른 해상여객운송사업에 종사하는 선박의 선박소유자는 선박에 승선하는 선원에게 제복을 제공하여야 한다(법 제82조, 시행령 제23조의2).

나) 선원의 의무

선원은 선내 작업 시의 위험 방지와 선내 위생의 유지에 관하여 해양수산부령으로 정하는 사항을 지켜야 하지만, 방호시설이 없거나 제대로 작동하지 아니하는 기계의 사용을 거부할 수 있다(법 제83조 제1항, 제2항). 여기에서 "선내 작업 시의 위험 방지와 선내 위생의 유지에 관하여 해양수산부령으로 정하는 사항"이란 다음의 사항을 말한다(시행규칙 제47조의8).

① 선내 안전·보건 및 사고예방 기준을 숙지하고 준수할 것
② 선내 위험장소임을 알리거나 선원의 접근이 금지·제한되는 장소임을 알리는 표지에 표시된 지시에 따를 것
③ 화물창 안에서의 작업, 용접작업, 도료작업, 무거운 물건을 취급하는 작업, 전기를 사용하는 작업, 어로작업, 높은 곳에서의 작업, 선체 외부작업 및 얼음을 제거하는 작업 등 위험한 작업을 하는 경우 안전벨트, 안전그물망 및 구명의 등의 보호기구나 장비를 사용할 것
④ 거주환경의 청결유지 등 개인의 위생 관리를 철저히 할 것

또한 해상여객운송사업에 종사하는 선박의 선원은 선박소유자가 제공한 제복을 입고 근무하여야 한다(법 제83조 제3항).

5.3 의사, 의료관리자 및 응급처치담당자의 승무

1) 의사의 승무

① 3일 이상의 국제항해에 종사하는 선박으로서 최대 승선인원이 100명 이상인 선박(어선은 제외함)의 선박소유자, ② 총톤수 5천톤 이상의 어선으로서 승선인원이 200인 이상의 어선의 선박소유자는 해양항만관청의 승인을 받은 경우를 제외하고는 의사를 승

무시켜야 한다(법 제84조, 시행규칙 제48조 제3항).

선박소유자가 의사를 승무시키지 않기 위해서는 해양항만관청의 승인이 필요한 바, 이에 관한 승인을 받고자 할 때에는 ① 선박의 명칭·종류·총톤수 및 항행구역, ② 최대탑재인원 및 승선인원, ③ 승인을 얻고자 하는 기간, ④ 승인을 얻고자 하는 사유 등을 기재한 신청서 2통을 지방해양항만관청에 제출하여야 한다(시행규칙 제48조 제1항).

지방해양항만관청은 의사의 승무가 불필요하다고 승인하는 경우에는 그에 대한 대체방안으로 의료관리자를 반드시 승무하게 하여야 한다(시행규칙 제48조 제2항).

2) 의료관리자의 승무

가) 의료관리자의 승무 요건

의사를 승무시키지 아니할 수 있는 선박 중 ① 원양구역을 항행구역으로 하는 총톤수 5천톤 이상의 선박의 선박소유자, ② 평수구역·연해구역 또는 근해구역을 항행구역으로 하는 어선을 제외한 총톤수 300톤 이상의 어선의 선박소유자는 선박에 의료관리자를 두어야 한다(법 제85조 제1항). 한편 선박소유자는 의료관리자가 질병이나 그 밖의 사유로 그 직무를 수행할 수 없거나 하선하는 경우에는 지체 없이 다른 의료관리자를 선임하거나 승무시켜야 한다(법 제85조 제5항).

의료관리자는 의료관리자자격증을 가진 선원(18세 미만인 자를 제외함) 중에서 선임하여야 하나, 부득이한 사유로 해양항만관청의 승인을 받은 경우에는 그러하지 아니하다(법 제85조 제2항).

의료관리자자격증은 해양수산부령이 정하는 바에 의하여 해양수산부장관이 실시하는 시험에 합격하거나 시험에 합격한 자와 같은 수준 이상의 지식과 경험을 가졌다고 해양수산부장관이 인정하는 자에게 해양수산부장관이 발급한다(법 제85조 제3항).

나) 의료관리자 자격시험

의료관리자자격시험은 필기시험과 실기시험으로 구분하여 실시하며 시험과목은 다음과 같다. 다만, 의료관리자자격시험의 필기시험에 합격한 자로서 「대한적십자사조직법」에 의한 대한적십자사가 시행하는 실기교육과정 중 해양수산부장관이 지정하는 교육과정을 이수한 자에 대하여는 실기시험을 면제한다(시행규칙 제50조 제1항).

① 필기시험 : 의료관계법령 · 기초응급처치학, 기초간호학 및 공중보건학
② 실기시험 : 구급처치법 및 간호법

한국해양수산연수원장은 의료관리자자격시험을 실시하고자 하는 경우에는 그 계획을 공고하여야 하며, 시험일시 · 시험장소 기타 시험에 관하여 필요한 사항을 시험시행 30일 전까지 공고하여야 한다(시행규칙 제50조 제2항).

의료관리자자격시험에 응시하고자 하는 자는 응시원서를 한국해양수산연수원장에게 제출하여야 하며, 한국해양수산연수원장은 의료관리자자격시험의 합격자가 결정된 때에는 한국해양수산연수원의 게시판 또는 인터넷 홈페이지에 합격자의 명단을 지체 없이 공고하여야 한다. 의료관리자자격시험 중 필기시험 합격의 유효기간은 필기시험에 합격한 날부터 2년으로 한다(시행규칙 제50조 제3항부터 제5항까지).

다) 의료관리자자격증의 발급

의료관리자자격증을 발급받으려는 자는 의료관리자자격증발급신청서를 한국해양수산연수원장에게 제출하여야 하며, 한국해양수산연수원장은 의료관리자자격증 발급신청을 받은 때에는 의료관리자자격증을 발급(정보통신망을 통한 발급을 포함한다)하거나 선원수첩에 의료관리자의 자격이 있음을 증명하여 주어야 한다. 이 경우 한국해양수산연수원장은 선원수첩을 발급한 지방해양수산청장에게 그 사실을 통보하여야 한다(시행규칙 제51조).

라) 의료관리자의 업무

의료관리자는 배안의 의료관리에 필요한 다음과 같은 업무에 종사하여야 한다(법 제85조 제4항, 시행규칙 제52조 제1항).

① 선원의 건강관리 및 보건지도
② 선내의 작업환경위생 및 거주환경위생의 유지
③ 식료 및 용수의 위생유지
④ 의료기구, 의약품, 그 밖의 위생용품 및 의료서적 등의 비치 · 보관 및 관리
⑤ 선내의료관리에 관한 기록의 작성 및 관리
⑥ 선내환자의 의료관리에 관한 사항

의료기구, 의약품 등의 비치·보관 및 관리는 의료관계법령과 국제노동기구의 「선내 의료함 내용물에 관한 권고」에 따른다(시행규칙 제52조 제2항). 그리고 선장 및 의료관리자는 표준의료보고서에 따라 선내환자의 의료관리에 관한 사항 등을 기록·관리하여야 하며, 이 경우 작성된 내용은 비밀을 유지하여야 한다(시행규칙 제52조 제3항).

3) 응급처치담당자의 승무

의사 또는 의료관리자를 승무시키지 아니할 수 있는 선박 중 ① 연해구역 이상을 항행구역으로 하는 선박(어선을 제외함)의 선박소유자, ② 여객정원이 13인 이상인 여객선의 선박소유자는 선박에 응급처치를 담당하는 선원, 즉 응급처치담당자를 두어야 하며, 응급처치담당자를 해양수산부령이 정하는 응급처치에 관한 교육을 이수한 선원 중에서 선임하여야 한다(법 제86조).

6. 선원재해보상, 선원의 복지와 직업안정 및 교육훈련

6.1 선원재해보상

1) 의의

오늘날의 산업은 고도로 기계화·자동화되어 있어 관계기관이나 선박소유자 등이 아무리 선박 등 산업설비의 안전유지·재해방지 등에 힘쓴다 하더라도 산업재해를 완전히 방지하기란 거의 불가능하다. 산업재해에 대해서는 과실책임의 원칙이 적용되므로 근로자인 선원에게 직무상의 재해가 발생하더라도 사용자인 선박소유자에게 고의 또는 과실이 없으면 선박소유자는 책임을 부담하지 아니한다.

그러나 선원이 재해를 입은 경우 선박소유자에게 과실이 없더라도 선원의 멸실·훼손된 노동력의 가치를 신속하게 보상하도록 일정한 의무를 지우도록 하는 것이 선원법상의 재해보상제도이다.

이는 선박에서 재해가 생긴 경우에 선원으로 하여금 선박소유자의 고의 또는 과실에 대한 입증책임을 부담시키는 것은 실질적으로 매우 어려운 일이며 경제적 약자인 선원의 구제는 그 만큼 어려워지기 때문에 선원법은 선원의 직무상의 재해가 생긴 경우에 선박소유자의 고의 또는 과실을 요건으로 하지 아니하고 무과실책임원칙에 의하여 선박소유자에게 재해를 보상할 의무를 지우고 있는 것이다.

2) 재해보상의 종류

가) 요양보상

(1) 의의

요양보상이란 근로자가 직무상 부상을 당하거나 질병에 걸린 경우 그 부상이나 질병이 치유될 때까지 요양에 필요한 비용을 사용자가 지급하도록 하는 보상을 말한다. 이에 대한 근거를 「선원법」상 “선박소유자는 선원이 직무상 부상을 당하거나 질병에 걸린 경우에는 그 부상이나 질병이 치유될 때까지 선박소유자의 비용으로 요양을 시키거나 요양에 필요한 비용을 지급하여야 한다”라고 규정하고 있다(법 제94조 제1항).

여기서 말하는 선원은 물론 예비원도 포함된 의미이며, "직무상"이라 함은 "직무를 원인으로 하여"라는 취지이므로 직무와 부상 또는 질병과의 사이에 상당인과관계가 있어야 한다.

(2) 직무상 질병의 범위

직무상 질병의 범위에 관하여는 「근로기준법 시행령」 제44조의 규정을 준용한다. 즉, 개개의 질병에 대하여 정확한 판단을 한다는 것은 부상의 경우와 달라 매우 어렵고 불필요한 다툼을 유발하여 선원보호의 실효를 거두는 데 지장이 있을 우려가 있으므로, 직무상의 질병의 범위에 관하여는 「근로기준법 시행령」 제44조의 규정을 준용하여 38종에 이르는 직무상의 질병을 명확하게 규정하고 있다(시행령 제24조).

(3) 직무 이외의 원인에 의한 부상 또는 질병

선박소유자는 선원이 승무(기항지에서의 상륙기간, 승선 · 하선에 수반되는 여행기간을 포함한다.) 중 직무 외의 원인에 의하여 부상이나 질병이 발생한 경우 다음에 따라 요양에 필요한 3개월 범위의 비용을 지급하여야 한다(법 제94조 제2항).

① 선원이 국민건강보험법에 따른 요양급여의 대상이 되는 부상을 당하거나 질병에 걸린 경우에는 요양을 받는 선원의 본인 부담액에 해당하는 비용을 지급하여야 하고, 요양급여의 대상이 되지 아니하는 부상을 당하거나 질병에 걸린 경우에는 그 선원의 요양에 필요한 비용을 지급하여야 한다.
② 국제항해에 종사하는 선박에 승무하는 선원이 부상이나 질병에 걸려서 승무 중 치료받는 경우에는 위의 ①에도 불구하고 그 선원의 요양에 필요한 비용을 지급하여야 한다.

그러나 선박소유자는 선원의 고의에 의한 부상 또는 질병에 대하여는 선원노동위원회의 인정을 받아 승무 중 직무 외의 원인에 의한 부상 또는 질병에 대해 부담하는 비용을 부담하지 아니할 수 있다(법 제94조 제3항).

(4) 요양의 범위

요양에 따른 다툼을 피하기 위하여 요양의 범위는 다음과 같이 정하고 있다(법 제95조).

① 진찰, ② 약제나 치료재료와 의지(義肢) 그 밖의 보철구 지급, ③ 수술 및 그 밖의

치료, ④ 병원, 진료소 및 그 밖에 치료에 필요한 자택 외의 장소에 수용(식사의 제공을 포함한다.), ⑤ 간병, ⑥ 이송, ⑦ 통원치료에 필요한 교통비

나) 상병보상

선박소유자는 요양 중에 있는 선원에게 4개월의 범위에서 그 부상이나 질병이 치유될 때까지 매월 1회 통상임금에 상당하는 금액의 상병보상을 하여야 하며, 4개월이 지나도 치유되지 아니하는 경우에는 치유될 때까지 매월 1회의 통상임금의 100분의 70에 상당하는 금액의 상병보상을 하여야 한다(법 제96조 제1항).

한편 선박소유자는 승무 중 직무 외의 원인으로 요양 중인 선원에게 요양기간(3개월의 범위로 한정한다.) 중 매월 1회 통상임금의 100분의 70에 상당하는 금액의 상병보상을 하여야 한다(법 제96조 제2항).

이는 직무상 또는 승무 중 직무 외의 부상이나 질병으로 인하여 요양보상을 받고 있는 선원이 근로를 하지 못함에 따라 임금을 받지 못하는 경우에도 최저생활을 보장하고 생활안정을 도모하기 위한 규정이다.

다) 장해보상

선원이 직무상 부상이나 질병이 치유된 후에도 신체에 장해가 남는 경우에는 선박소유자는 지체 없이 「산업재해보상보험법」에서 정하는 장해등급(제1급부터 제14급까지)에 따른 일수(1,474일 내지 55일)에 승선평균임금을 곱한 금액의 장해보상을 하여야 한다(법 제97조).

장해정도의 구분은 장해의 상태에 따라서 장해가 가장 심한 제1급에서 가장 가벼운 제14급까지 상세하게 규정되어 있다. 장해등급의 산정에 관한 사항은 산업재해보상보험법 시행령 제53조(장해급여의 등급기준)를 적용한다(시행령 제27조).

라) 일시보상

선박소유자는 요양보상 및 상병보상의 규정에 따라 보상을 받고 있는 선원이 2년이 지나도 그 부상이나 질병이 치유되지 아니하는 경우에는 「산업재해보상보험법」에 따른 제1급의 장해보상에 상당하는 금액을 선원에게 한꺼번에 지급함으로써 요양보상 및 상병보상 또는 장해보상에 대한 책임을 면할 수 있다(법 제98조).

선원이 직무상 부상을 당하거나 질병에 걸린 경우에 선박소유자는 요양보상을 하여야 하지만 그 부상·질병이 너무 장기에 걸쳐서 치료가 끝나지 아니하는 경우에 무한정 선박소유자에게 요양보상의 의무를 부과하는 것은 선박소유자에게 지나친 부담을 주는 경우도 있기 때문에 2년이 지나도 부상 또는 질병이 치유되지 않는 경우에는 장해등급 제1급에 해당하는 1,474일분의 승선평균임금에 상당하는 금액을 일시에 지급하도록 함으로써 선박소유자가 요양보상을 하고 상병보상 또는 장해보상을 지급하여야 하는 책임을 면제하고 있다.

마) 행방불명보상

선박소유자는 선원이 해상에서 행방불명된 경우에는 피부양자에게 1개월분의 통상임금과 승선평균임금의 3개월분에 상당하는 금액의 행방불명보상을 하여야 한다(법 제101조 제1항).

행방불명보상을 받을 수 있는 피부양자의 범위 및 순위에 관하여는 유족의 범위(시행령 제29조)와 유족의 순위(시행령 제30조)의 규정을 준용한다. 그리고 선원의 행방불명기간이 1개월을 지났을 때에는 유족보상과 장제비 규정을 적용한다(법 제101조 제2항).

바) 유족보상

(1) 직무상의 사망

선박소유자는 선원이 직무상 사망(직무상 부상 또는 질병으로 인한 요양 중의 사망을 포함한다.)하였을 때에는 지체 없이 유족에게 승선평균임금의 1,300일분에 상당하는 금액의 유족보상을 하여야 한다(법 제99조 제1항).

(2) 승무 중 직무 외의 사망

선박소유자는 선원이 승무 중 직무 외의 원인으로 사망(직무 이외의 원인에 의한 요양 중의 사망을 포함한다.)하였을 때에는 지체 없이 유족에게 승선평균임금의 1,000일분에 상당하는 금액의 유족보상을 하여야 한다. 다만, 사망 원인이 선원의 고의에 의한 경우로서 선박소유자가 선원노동위원회의 인정을 받은 경우에는 그러하지 아니하다(법 제99조 제2항).

사) 장제비

선박소유자는 선원이 사망하였을 때에는 지체 없이 유족에게 승선평균임금의 120일분에 상당하는 금액을 장제비로 지급하여야 한다(법 제100조 제1항). 이 규정에 의하여 장제비를 지급하여야 할 유족이 없는 경우에는 실제로 장제를 행한 자에게 장제비를 지급하여야 한다(법 제100조 제2항).

장제비의 지급을 받는 유족의 범위와 순위는 유족보상을 받는 유족의 범위 및 순위와 같다(시행령 제29조, 제30조).

아) 소지품 유실보상

선박소유자는 선원이 승선하고 있는 동안 해양사고로 소지품을 잃어버린 경우에는 통상임금의 2개월분의 범위에서 그 잃어버린 소지품의 가액에 상당하는 금액을 보상하여야 한다(법 제102조).

3) 재해보상보험 또는 공제의 가입의무

선원에 대한 선원법상 재해보상은 선박소유자의 재력 및 성의여부에 따라 좌우되므로 선원의 재해보상에 불충분할 뿐만 아니라 대형사고 시에는 선박소유자 자신마저도 도산할 위험이 있다. 이러한 문제를 보완하기 위하여 근로자에 대한 사용자의 재해보상은 통상 보험을 통하여 간접 보상하는 방식을 채택하고 있다. 선원의 경우도 마찬가지로 선원보험법을 제정함으로써 선원에 대한 재해보상을 담보하도록 하였다.

그러나 여러 가지 사유로 선원보험법의 실효성을 담보할 수 없게 되자 선원법상 재해보상을 충족시킬 수 있는 제도적 장치로 선박소유자의 책임보험 강제가입규정을 두고 있는 것이다. 따라서 선박소유자는 해당 선박에 승무하는 모든 선원에 대하여 선원법에서 정한 재해보상을 완전히 이행할 수 있도록 대통령령으로 정하는 보험 또는 공제(이하 "재해보상보험등"이라 한다)에 가입하여야 한다(법 제106조). 여기서 "대통령령으로 정하는 보험 또는 공제"는 다음의 어느 하나에 해당하는 것을 말한다(시행령 제32조 제1항).

① 선주상호보험조합이 운영하는 손해보험
② 보험업법 제2조 제6호 및 제8호에 따른 보험회사 및 외국보험회사가 선원의 재해보상을 목적으로 운영하는 같은 법 제2조 제1호 나목에 따른 손해보험

③ 선박소유자 단체가 선원의 재해보상을 목적으로 한국해운조합법 제6조, 수산업협동조합법 제60조 또는 원양산업발전법 제28조에 따른 정관에 따라 소속업체 등으로부터 부담금을 징수하여 운영하는 공제
④ 민법 제32조에 따라 주무관청의 허가를 받아 설립된 사단법인이 선원의 재해보상을 목적으로 같은 법 제40조에 따른 정관에 따라 소속업체 등으로부터 부담금을 징수하여 운영하는 공제

또한 재해보상보험등에 가입하는 선박소유자는 선원이 재해보상보험등을 운영하는 사업자(이하 "재해보험사업자등"이라 한다)에게 보험금을 직접 청구할 수 있도록 선원을 피보험자로 지정하여야 한다(법 제106조 제3항). 재해보험사업자 등은 선원, 유족 또는 지정대리인이 재해보상을 청구하는 경우에는 「민법」 제469조에도 불구하고 선박소유자를 대신하여 지체 없이 재해보상금을 산정하여야 하며, 재해보상금이 확정된 날로부터 10일 내에 재해보상을 하여야 한다(법 제106조 제4항, 시행령 제33조).

재해보험사업자등은 법률 또는 보험계약에 따라 재해보상보험등의 계약기간이 끝나기 전에 보험계약을 해지하려는 경우에는 해양수산부장관에게 재해보상보험등의 해지예정일의 30일 전까지 계약이 해지된다는 사실을 통지하지 아니하면 해당 재해보상보험등을 해지할 수 없다(법 제106조의2 제1항).

재해보험사업자등은 선박소유자가 다음의 어느 하나에 해당하면 그 사실을 해양수산부령으로 정하는 기간 내[17]에 해양수산부장관에게 알려야 한다(법 제106조의2 제2항).

① 자기와 재해보상보험등의 계약을 체결한 경우
② 자기와 재해보상보험등의 계약을 체결한 후 계약기간이 끝나기 전에 제1항의 사전통지절차를 거친 후 그 계약을 해지한 경우

17) 재해보상보험 또는 공제계약 체결사실 등의 통지기간

구 분	통지 시기
가. 법 제106조의2제2항제1호에 따른 재해보상보험등 계약의 체결 사실	계약의 효력발생일부터 14일 이내
나. 법 제106조의2제2항제2호에 따른 재해보상보험등 계약의 해지 사실	계약의 효력소멸일부터 7일 이내
다. 법 제106조의2제2항제3호에 따른 재해보상보험등 계약의 미체결 사실	
1) 매월 1일부터 10일까지의 기간에 재해보상보험등의 계약이 끝난 경우	같은 달 30일까지
2) 매월 11일부터 20일까지의 기간에 재해보상보험등의 계약이 끝난 경우	다음 달 10일까지
3) 매월 21일부터 말일까지의 기간에 재해보상보험등의 계약이 끝난 경우	다음 달 20일까지

③ 자기와 재해보상보험등의 계약을 체결한 자가 그 계약기간이 끝난 후 자기와 다시 계약을 체결하지 아니한 경우

해양수산부장관은 위의 통지를 받으면 그 사실을 지체 없이 해당 재해보상보험등의 피보험자인 선원에게 알려야 한다(법 제106조의2 제3항).

4) 심사와 조정 또는 중재

가) 의의

재해보상은 제정목적에 비추어 보면 선원의 멸실·훼손된 노동력의 가치를 신속하게 보상함으로써 경제적 약자를 지원한다는 의미가 있다. 그러므로 「선원법」은 재해보상의 실시에 관하여 분쟁이 생긴 경우에는 일반적으로 많은 시간과 비용이 드는 민사소송 이외에 특히 감독기관인 해양항만관청과 선원노동위원회에 의하여 간소하고 신속하게 해결될 수 있도록 다음과 같이 심사와 조정 또는 중재에 관한 제도를 두고 있다.

나) 해양항만관청의 심사·조정

선원의 직무상 부상·질병 또는 사망의 인정, 요양의 방법, 재해보상금액의 결정 및 그 밖에 재해보상에 관하여 이의가 있는 자는 해양항만관청에 심사나 조정을 청구할 수 있다(법 제104조 제1항).

이 경우 "심사"란 당사자 사이에 다툼이 있는 문제점을 조사하여 사실에 대한 판단을 내림으로써 분쟁의 해결을 용이하게 하는 것을 말한다. 예컨대, 선원의 부상·질병 등 재해가 직무상의 것인지의 여부에 대하여 선박소유자와 선원 사이에 다툼이 있는 경우 재해발생 당시의 사정을 조사하여 사실을 객관적인 입장에서 명백히 가려주는 것을 말한다.

또한 "조정"이란 이해관계를 달리하는 행위나 상태 사이에 객관적 견지에서 타당한 해결을 발견하는 것을 말한다.

해양항만관청은 심사 또는 조정의 청구를 받으면 1개월 이내에 심사나 조정을 하여야 하며, 해양항만관청은 심사 또는 조정의 청구가 없어도 필요하다고 인정하면 직권으로 재해보상에 관한 사항에 대하여 심사 또는 조정을 할 수 있다(법 제104조 제2항부터 제3항까지).

해양항만관청이 심사 또는 조정을 할 경우에는 선장이나 그 밖의 이해관계인의 의견을 들어야 하며, 해양항만관청은 심사 또는 조정을 위하여 필요하다고 인정하면 의사에게 진단이나 검안을 시킬 수 있다. 그리고 심사 또는 조정의 청구는 시효의 중단에 관하여 이를 재판상의 청구로 본다(법 제104조 제4항부터 제6항까지).[18]

다) 선원노동위원회의 심사와 중재

해양항만관청이 1개월 이내에 심사 또는 조정을 하지 아니하거나 심사 또는 조정의 결과에 이의가 있는 자는 선원노동위원회에 심사 또는 중재를 청구할 수 있다(법 제105조 제1항). 선원노동위원회는 이러한 심사 또는 중재의 청구를 받으면 1개월 이내에 심사 또는 중재를 하여야 한다(법 제105조 제2항).

여기서 "중재"란 다툼이 있는 문제점을 해결하도록 중개를 하여 화해시키는 것을 말한다. 예컨대 요양의 방법에 관하여 선원은 입원치료를 원하고 선박소유자는 통원요양을 주장하여 다툼이 있는 경우에 그 분쟁을 해결하기 위하여 양자 사이를 중개하여 화해하도록 이끄는 것이다.

6.2 선원의 복지와 직업안정

1) 선원정책기본계획의 수립

해양수산부장관은 선원정책의 효율적 · 체계적 추진을 위하여 선원정책위원회의 심의를 거쳐 5년마다 선원정책기본계획을 수립 · 시행하여야 한다(법 제107조 제1항). 선원정책기본계획에는 다음의 사항이 포함되어야 한다(법 제107조 제2항).

① 선원복지에 관한 사항
  ㉠ 선원복지 수요의 측정과 전망
  ㉡ 선원복지시설에 대한 장기 · 단기 공급대책
  ㉢ 인력 · 조직과 재정 등 선원복지자원의 조달, 관리 및 지원
  ㉣ 선원의 직업안정 및 직업재활
  ㉤ 복지와 관련된 통계의 수집과 정리

18) 이는 시효의 중단이 있는 소멸시효에 해당되고, 시효의 중단이 없는 제척기간에 해당되지 않는다.

ⓑ 선원복지시설 설치 항구의 선정
ⓢ 선내 식품영양의 향상
ⓞ 선원복지와 사회복지서비스 및 보건의료서비스의 연계
ⓙ 선원의 건강증진에 관한 사항
ⓒ 그 밖에 해양수산부장관이 선원 복지를 위하여 필요하다고 인정하는 사항

② 선원인력 수급에 관한 사항
㉠ 선원인력의 수요 전망 및 양성
㉡ 선원의 구직 · 구인 및 직업소개 기관의 운영
㉢ 외국인 선원의 고용
㉣ 그 밖에 해양수산부장관이 선원인력의 수급관리에 필요하다고 인정하는 사항

③ 선원인력의 교육훈련에 관한 사항
㉠ 선원 교육훈련의 중장기 목표
㉡ 선원 교육훈련의 장기 · 중기 · 단기 추진계획
㉢ 선원 교육훈련 기관 및 운영방식
㉣ 선원의 노동권 및 인권 보호에 관한 교육에 관한 사항(교육기관의 운영, 인력의 양성 및 관련 프로그램의 연구 · 개발 지원 등을 포함한다)
㉤ 그 밖에 해양수산부장관이 선원의 교육훈련을 위하여 필요하다고 인정하는 사항

해양수산부장관은 선원정책기본계획에 따라 매년 선원정책에 관한 시행계획(이하 "시행계획"이라 한다)을 수립 · 시행하고 이에 필요한 재원을 확보하기 위하여 노력하여야 한다(법 제107조 제3항). 해양수산부장관은 선원정책기본계획 및 시행계획을 수립한 때에는 국회 소관 상임위원회에 제출하고 관보 또는 해양수산부의 인터넷 홈페이지에 게재해야 한다(법 제107조 제4항, 시행규칙 제56조의3).

2) 선원정책위원회

선원에 관한 다음의 사항을 심의하기 위하여 해양수산부에 선원정책위원회를 둔다(법 제107조 제5항).

① 선원정책기본계획의 수립 · 변경에 관한 사항
② 선원정책의 성과평가 및 개선에 관한 사항
③ 국제기구 등으로부터 요청된 선원정책에 관한 사항

④ 그 밖에 선원복지 · 선원인력의 수급 및 교육훈련에 관한 사항으로서 해양수산부장관이 필요하다고 인정하는 사항

선원정책위원회는 위원장 1명을 포함한 20명 이내의 위원으로 구성하되, 위원장은 해양수산부장관이 된다. 이 경우 위원 중 3분의 1 이상은 선원 관련 단체의 대표자나 전문가로 한다(법 제107조 제6항). 그 밖에 선원정책위원회의 구성 · 운영 등에 필요한 사항은 대통령령으로 정한다(법 제107조 제7항).

3) 선원의 직업안정업무

근로자에게 그의 능력에 적응하는 직업에 취업할 기회를 부여함으로써 각 산업에 필요한 노동력을 충족시켜 직업의 안정을 도모하는 것은 국민경제의 발전을 위하여 매우 중요하다. 특히 선원법은 선원의 직업안정을 위한 특별규정을 두고 있다.

이와 관련된 내용으로 해양수산부장관은 필요한 선원인력을 확보하고 선원의 직업안정을 도모하기 위하여 다음의 업무를 수행한다(법 제108조).

① 선원의 효과적인 취업알선 · 모집 및 지원에 관한 업무
② 선원인력 수요 · 공급의 실태 파악을 위한 선원의 등록과 실업대책에 관한 업무
③ 법 제112조에 따른 선원관리사업에 대한 지도 · 감독에 관한 업무
④ 선원의 적성검사에 관한 업무

또한 해양수산부장관은 국제노동기구 등 관련 국제기구 · 단체 및 그 회원국과의 협력과 관련된 업무로서 다음의 업무를 수행한다(시행규칙 제56조의3).

① 선원인력의 수요 및 공급에 관한 정보의 교환
② 선원노동 관계법령에 관한 정보의 교환
③ 선원직업소개사업에 관한 교류 및 협력
④ 선원관리사업에 관한 교류 및 협력

4) 선원관리사업

해양수산부장관은 선원관리사업제도를 수립 또는 변경하려면 관련 선박소유자 단체 및 선원 단체와 협의하여야 한다(법 제112조 제1항).

「해운법」 제33조에 따라 선박관리업을 등록한 자가 아니면 선원의 인사관리업무를 수탁하여 대행하는 사업(이하 "선원관리사업"이라 한다)를 하지 못하며, 선원관리사업을 운영하는 자(이하 "선원관리사업자"라 한다)는 선박소유자의 인사관리업무 담당자로서 수탁한 업무를 성실하게 수행하여야 하며, 수탁한 업무 중 다음의 업무에 관하여는 선원법의 적용에 있어서 선박소유자로 본다(법 제112조 제2항부터 제3항까지, 시행령 제38조 제1항).

① 선원근로계약서의 작성 및 신고
② 선원명부의 작성·비치 및 공인신청
③ 승선·하선 공인의 신청
④ 승무경력증명서의 발급
⑤ 임금대장의 비치와 임금 계산의 기초가 되는 사항의 기재
⑥ 건강진단에 관한 사항
⑦ 구인등록
⑧ 교육훈련에 필요한 경비의 부담
⑨ 수수료납부
⑩ 선원급여명세서의 제공

선원관리사업자는 선원관리업무를 위탁받거나 그 내용에 변경이 있을 때에는 해양항만관청에 신고하여야 하며, 또한 선박소유자로부터 수탁한 업무의 내용을 선원근로계약을 체결하기 전에 승무하고자 하는 선원에게 알려주어야 한다(법 제112조 제4항, 제5항). 선원관리사업자는 선박소유자(외국인을 포함한다.)로부터 선원의 인력관리업무를 수탁한 경우에는 ① 근로조건에 관한 사항, ② 재해보상에 관한 사항을 그 업무에 포함시켜야 한다(법 제112조 제6항).

「국민건강보험법」, 「국민연금법」 및 「고용보험법」에 따른 보험료 또는 부담금의 의무에 관하여는 선원관리사업자를 사용자로 본다(법 제112조 제7항).

5) 선원인력수급관리

해양수산부장관은 선원의 자질향상 및 선원인력의 수급의 균형을 도모할 수 있도록 선원인력 수급관리에 관한 제도(이하 "선원인력수급관리제도"라 함)를 마련할 수 있으며(법 제115조 제1항), 선원인력수급관리제도의 실시를 위하여 다음의 사항이 포함된 선

원인력수급계획을 5년마다 수립 · 시행하여야 한다(시행령 제39조 제1항).

① 선원인력의 수요 전망 및 양성에 관한 사항
② 선원인력의 양성을 위한 교육 · 훈련에 관한 사항
③ 선원의 구직 · 구인 및 직업소개 기관의 운영에 관한 사항
④ 외국인 선원의 고용제도와 안정에 관한 사항
⑤ 그 밖에 해양수산부장관이 선원인력의 수급관리에 필요하다고 인정하는 사항

해양수산부장관은 선원인력수급계획을 수립 · 시행하기 위하여 필요하다고 인정하는 경우에는 관계 중앙행정기관, 지방자치단체, 공공기관 및 선원인력수급과 관련된 법인 · 단체에 필요한 협조를 요청할 수 있다. 또한 해양수산부장관은 외국인 선원의 고용에 관한 기준을 정하는 경우에는 관계 중앙행정기관의 장과 협의하여야 한다(시행령 제39조 제2항, 제3항).

해양수산부장관은 선원인력의 수급이 균형을 잃어 수급의 조정이 불가피하다고 인정하는 경우에는 선원정책위원회의 심의를 거쳐 선원인력 공급의 우선순위를 정하는 등 필요한 조치를 할 수 있다(법 제115조 제2항).

6.3 선원의 교육훈련

1) 선원의 교육훈련 이수

선원과 선원이 되려는 사람은 대통령령이 정하는 바에 따라 해양수산부장관이 시행하는 교육 및 훈련을 받아야 하며, 교육훈련을 이수하지 아니한 선원에 대해서는 승무를 제한할 수 있다(법 제116조).

선원의 교육훈련은 기초안전교육 · 상급안전교육 · 여객선교육 · 당직부원교육 · 유능부원교육 · 전자기관부원교육 · 탱커기초교육 · 탱커보수교육 · 의료관리자교육 · 고속선교육 · 선박조리사교육 및 선박보안교육으로 구분한다(시행령 제43조 제1항). 교육과정별 교육대상자 · 교육내용 · 교육기간 및 교육실시기관 기타 필요한 사항은 시행규칙상 별표 2에서 규정하고 있다(시행령 제43조 제2항, 시행규칙 제57조 제1항).

[별표 2] 교육과정별 교육대상자 · 교육내용 및 교육기간
(제42조 제5항 · 제43조 제2항 · 제43조의3 제1항 · 제43조의2 · 제47조의2 및 제57조 제1항 관련)

<table>
<tr><th colspan="2">교육과정</th><th>교육대상자</th><th>교육내용</th><th>교육기간</th><th>유효기간</th></tr>
<tr><td colspan="2" rowspan="2">기초안전 교육</td><td>1. 여객선 또는 연해구역 이상을 항행구역으로 하는 상선에 승무하고자 하는 사람. 다만, 선박의 안전 또는 오염방지 임무를 담당하지 아니하고 비상배치표상 비상 시 여객보조업무를 담당하지 아니하는 사람으로서 비고란 제10호에 따른 선상훈련을 받은 자는 제외한다.
2. 어선의 선박직원, 원양어선의 갑판장 또는 조기장으로 승무하고자 하는 사람</td><td>친숙훈련, 개인의 안전 및 사회적 책임, 개인의 생존기술, 방화 및 소화, 기초응급처치, 해난방지에 관한 사항</td><td>4.5일
(재교육의 경우에는 2일)</td><td>5년</td></tr>
<tr><td>연해구역 이상을 항행구역으로 하는 어선(20톤 이상 25톤 미만 어선을 제외한다)의 부원으로 승무하고자 하는 사람(원양어선의 갑판장 또는 조기장으로 승무하고자 하는 자를 제외한다)</td><td>친숙훈련, 개인의 안전 및 사회적 책임, 개인의 생존기술, 방화 및 소화, 기초응급처치, 해난방지에 관한 사항</td><td>2일
(재교육의 경우에는 1일)</td><td>5년</td></tr>
<tr><td rowspan="4">상급 안전 교육</td><td>구명정 조종사 교육</td><td>1. 구명정, 구명뗏목 또는 구조정이 탑재되어 있는 선박(어선을 제외한다)에서 선장 · 항해사 · 기관장 · 기관사 · 운항장 · 운항사 또는 구명정 조종사로 승무하고자 하는 사람
2. 여객선의 선박직원 또는 구명정 조종사로 승무하고자 하는 사람</td><td>「선원의 훈련 · 자격증명 및 당직근무의 기준에 관한 국제협약」의 구명정 조종사에 관한 교육내용</td><td>3일
(재교육의 경우에는 0.5일)</td><td>5년</td></tr>
<tr><td>상급 소화 교육</td><td>여객선 선박직원 및 5급항해사, 5급기관사, 4급운항사 이상의 해기사면허 소지자로서 연해구역 이상을 항행구역으로 하는 상선의 선박직원으로 승무하고자 하는 사람</td><td>「선원의 훈련 · 자격증명 및 당직근무의 기준에 관한 국제협약」의 상급소화에 관한 교육내용</td><td>3일
(재교육의 경우에는 1일)</td><td>5년</td></tr>
<tr><td>응급 처치 담당자 교육</td><td>1. 5급항해사, 5급기관사, 4급운항사 이상의 해기사면허 소지자로서 연해구역 이상을 항행구역으로 하는 상선의 선박직원으로 승무하고자 하는 사람
2. 응급처치담당자로 승무하고자 하는 사람</td><td>「선원의 훈련 · 자격증명 및 당직근무의 기준에 관한 국제협약」의 응급처치담당자에 관한 교육내용</td><td>3일
(재교육의 경우에는 0.5일)</td><td>5년</td></tr>
<tr><td>고속 구조정 조종사 교육</td><td>구명정 조종사 교육 이수자로서 고속구조정이 탑재된 선박에서 고속구조정 조종사로 승무하고자 하는 사람</td><td>「선원의 훈련 · 자격증명 및 당직근무의 기준에 관한 국제협약」의 고속구조정 조종사에 관한 교육내용</td><td>1일</td><td>5년</td></tr>
</table>

교육과정		교육대상자	교육내용	교육기간	유효기간
여객선교육	여객선 기초 교육	여객선에 부원으로 승무하고자 하는 사람(선박의 안전 또는 오염방지 임무를 담당하지 아니하고 비상배치표상 비상시 여객보조업무를 담당하지 아니하는 사람으로서 비고란 제10호에 따른 선상훈련을 받은 사람은 제외한다)	「선원의 훈련·자격증명 및 당직근무의 기준에 관한 국제협약」의 교육내용(친숙훈련, 여객선 안전훈련)	2일 (재교육의 경우에는 1일)	5년
	여객선 상급 교육	여객선에 선박직원으로 승무하고자 하는 사람 또는 여객의 안전관리 업무를 담당하기 위하여 승무하려는 사람	「선원의 훈련·자격증명 및 당직근무의 기준에 관한 국제협약」의 교육내용(여객선의 특성, 군중관리, 여객과 화물의 안전, 선박의 복원성, 위기관리 및 인간행동의 특수성)	4일 (재교육의 경우에는 2일)	5년
당직부원 교육		2월 이상 갑판부 또는 기관부에 승무한 자로서 항해당직부원이 되고자 하는 자(기초안전교육 이수자에 한한다)	항해당직 요령 및 정박당직 요령	5일	없음
		3년 이상 갑판부 또는 기관부의 부원으로 승무한 경력이 있는 자로서 자동화선박의 운항당직부원이 되고자 하는 자	선박의 운항, 기관의 운전 및 운항당직 요령	1월 이상	없음
탱커기초 교육		유조선 또는 케미칼탱커에 선장, 항해사, 기관사, 운항사 또는 갑판부·기관부의 부원 또는 자동화선박의 부원으로 승무하려는 사람	유조선 및 케미컬탱커의 화물특성·독성·위험·인명보호 및 오염방지 등	3일	없음
		액화가스탱커에 선장, 항해사, 기관사, 운항사 또는 갑판부·기관부의 부원 또는 자동화선박의 부원으로 승무하려는 사람	액화가스탱커의 화물특성·독성·위험·인명보호 및 오염방지 등	3일	없음
선박조리사 교육		영 제22조 제1항 제1호 또는 제2호에 따라 선박조리사가 되려는 사람	◦ 집단급식 및 위생관리 ◦ 식중독 예방 및 관리 ◦ 그 밖에 선박조리사의 자질 향상 및 식품위생과 관련하여 필요한 사항	「국가기술자격법」에 따른 조리기능사 이상의 자격증을 취득한 사람 또는 선박에서 3년 이상 조리업무에 종사한 경력이 있는 사람 : 1일	없음

<table>
<tr><th colspan="2">교육과정</th><th>교육대상자</th><th>교육내용</th><th>교육
기간</th><th>유효
기간</th></tr>
<tr><td rowspan="2">의료
관리자
교육</td><td>자격
취득
교육</td><td>의료관리자 자격시험에 합격한 자와 동등한 자격을 취득하고자 하는 자</td><td>「선원의 훈련·자격증명 및 당직근무의 기준에 관한 국제협약」에서 규정한 의료관리자 교육내용</td><td>5일</td><td>없음</td></tr>
<tr><td>보수
교육</td><td>의료관리자자격증 취득 또는 보수교육을 이수한 날로부터 5년이 경과하여 의료관리자 자격을 유지하려는 사람</td><td>「선원의 훈련·자격증명 및 당직근무의 기준에 관한 국제협약」에서 규정한 의료관리자 교육내용</td><td>2일</td><td>5년</td></tr>
<tr><td colspan="2" rowspan="3">고속선
교육</td><td>국제항해에 종사하는 고속선에 승무하고자 하는 선원</td><td>1. 탈출설비, 배수설비, 구명설비 및 소방설비의 조작에 관한 사항
2. 여객의 소집 및 유도, 구명동의 착용의 지원, 기타 비상시에 있어서의 여객의 안전확보에 관한 사항
3. 선박의 복원성을 확보하기 위해 필요한 사항</td><td>2일</td><td>없음</td></tr>
<tr><td>국제항해에 종사하는 고속선에 승무하고자 하는 선장 및 갑판부 직원</td><td>1. 선박의 특성 및 항행상의 조건에 따른 조선방법에 관한 사항
2. 조타시설, 기타 선박의 항행을 위해 필요한 설비(기관을 제외한다)의 조작에 관한 사항</td><td>1일
(재교육의
경우에는
0.5일)</td><td>2년</td></tr>
<tr><td>국제항해에 종사하는 고속선에 승무하고자 하는 기관부 직원</td><td>기관의 조작에 관한 사항</td><td>1일
(재교육의
경우에는
0.5일)</td><td>2년</td></tr>
<tr><td rowspan="3">선박
보안
교육</td><td>선박
보안
상급
교육</td><td>「국제항해선박 및 항만시설의 보안에 관한 법률」 제8조에 따라 선박보안책임자로 지정받으려는 사람</td><td>선박보안계획, 선박보안 등급, 선박보안장비 및 시설, 선박보안점검 및 평가, 선박보안 위험 및 대응에 관한 사항</td><td>2일</td><td>없음</td></tr>
<tr><td>선박
보안
중급
교육</td><td>「국제항해선박 및 항만시설의 보안에 관한 법률」 제8조에 따른 선박보안책임자를 보조하려는 사람</td><td>선박보안계획, 선박보안점검, 선박보안장비 및 시설, 선박보안 위험 및 대응에 관한 사항</td><td>1일</td><td>없음</td></tr>
<tr><td>선박
보안
기초
교육</td><td>국제항해에 종사하는 선박에 승무하려는 사람</td><td>선박보안장비, 선박보안 위험 및 대응에 관한 사항</td><td>0.5일</td><td>없음</td></tr>
</table>

비고

1. 「선박직원법 시행령」 제2조제7호의 규정에 따른 지정교육기관에서 이수한 교육과목에 대하여는 당해 과목을 면제할 수 있다.

2. 연해구역 이상을 항행구역으로 하는 선박으로서 국제항행에 종사하지 아니하는 선박에 대하여는 다음 각 목의 규정을 적용한다.
 가. 상급안전교육을 이수한 경우에는 기초안전교육을 면제한다.
 나. 1997년 12월 15일부터 5년 이내에 1년 이상의 승무경력이 있는 부원은 기초안전교육의 교 육기간을 3일로 할 수 있다.
 다. 상급안전교육과정 중 구명정 조종사 교육·상급소화교육 및 응급처치담당자교육을 통합하 여 교육을 실시할 경우 교육기간을 5일(재교육의 경우는 2일)로 할 수 있다.

3. 삭제 〈2015.1.6〉

4. 1월 이상의 승무경력이 있는 자 또는 1999년 6월 24일 이전에 신규교육을 이수한 자가 어선의 부원(원양어선의 갑판장 및 조기장을 제외한다)으로 승무하고자 하는 경우에는 기초안전교육 을 면제한다.

5. 기초안전재교육대상자가 상급안전재교육을 받는 경우 기초안전교육의 재교육을 면제한다.

6. 유사한 과목이 중복되는 경우 지정교육기관의 장은 해양수산부장관의 승인을 얻어 중복된 과목에 대해서는 해당교육과목의 이수를 면제할 수 있다.

7. 삭제 〈2012.5.18〉

8. 기초안전교육을 이수한 연해구역 이상을 항행구역으로 하는 어선의 부원(원양어선의 갑판장, 조기장을 제외한다)이 여객선 또는 연해구역 이상을 항행구역으로 하는 상선 및 어선의 선박직원(원양어선의 갑판장, 조기장을 포함한다)으로 승무하고자 하는 경우에 기초안전교육기간은 2일로 한다.

9. 고속선이라 함은 최대속력이 3.7×▽ 0.1667 이상인 선박으로서 해양수산부장관이 정하여 고 시하는 선박을 말한다. 이 경우 ▽는 계획 홀수선에 있어서의 배수용적(㎥)을 말한다.

10. 기초안전교육, 선박보안기초교육 및 여객선교육 대상에서 제외되는 자의 선상훈련 내용 및 실시 방법 등은 다음 각 목에 따른다.
 가. 선상훈련은 「선원의 훈련·자격증명 및 당직근무의 기준에 관한 국제협약」에 따른 친숙 훈련 내용을 포함하여야 한다.
 나. 선상훈련은 선박승선 시부터 1주일 내에 실시하여야 한다.
 다. 선상훈련은 선장 또는 상급안전교육 등을 이수한 선박직원 등이 시켜야 한다.

11. 삭제 〈2012.5.18〉

12. 탱커기초교육 중 유조선 및 케미칼탱커와 액화가스탱커 기초교육을 통합하여 교육을 실시할 경우 교육기간을 5일로 할 수 있다.

해양수산부장관 또는 해양수산부장관이 지정한 교육기관의 장이 선원교육을 실시한 경우에는 교육을 받은 사람에게 교육이수증을 발급하거나 선원수첩에 그 사실을 기재하여 주어야 한다(시행규칙 제57조 제4항).

선원(외국인 선원을 포함함)이 「선원의 훈련 · 자격증명 및 당직근무의 기준에 관한 국제협약」에서 정하는 교육훈련을 받은 경우 그 교육과정이 시행령 제43조 제2항의 규정에 의한 교육과정과 동등 이상의 수준이라고 해양수산부장관이 인정하는 경우에는 제1항의 규정에 의한 교육 · 훈련을 이수한 것으로 본다(시행령 제43조 제4항).

2) 선원의 교육훈련 위탁

해양수산부장관은 법 제116조(선원의 교육훈련)에 따른 선원의 교육훈련업무를 「한국해양수산연수원법」에 따라 설립된 한국해양수산연수원이나 그 밖의 선원교육기관에 위탁할 수 있으며(법 제117조 제1항), 해양수산부장관으로부터 선원의 교육훈련 업무를 위탁받은 자에 대한 감독에 관하여 필요한 사항은 대통령령으로 정한다(법 제117조 제3항).

해양수산부장관은 선원의 교육훈련 업무를 위탁하는 경우에는 다음의 사항이 포함된 협약을 체결하여야 한다(시행령 제44조 제1항).

① 위탁업무의 내용 및 범위
② 위탁업무의 기간 및 연장에 관한 사항
③ 위탁업무의 보고에 관한 사항
④ 협약의 변경 및 해지에 과한 사항
⑤ 그 밖에 위탁업무의 효율적 수행을 위하여 해양수산부장관이 정하는 사항

해양수산부장관은 선원교육훈련 위탁협약을 체결하는 경우에는 그 체결사실을 관보에 고시하여야 한다(시행령 제44조 제2항).

3) 경비의 부담

선원을 고용하고 있는 선박소유자 또는 교육훈련을 받은 자, 즉 피교육자는 교육훈련에 필요한 경비를 부담하는데, 피교육자가 선박소유자에게 고용되어 있는 경우에는 선박소유자가 부담하여야 하며, 피교육자가 선박소유자에게 고용되어 있지 아니한 경우에는 피교육자가 부담하여야 한다(법 제117조 제2항, 시행령 제45조).

7. 취업규칙 및 감독 등

7.1 취업규칙의 작성

1) 의의

취업규칙이란 사업장에서 근로자가 취업상 지켜야 할 규율이라든가 또는 임금·근로시간 등의 근로조건에 관한 구체적인 세목을 정한 규칙을 총칭하는 것을 말한다. 즉, 사용자가 다수의 개별적 근로관계의 처리상의 편의를 위하여 근로계약의 내용이 되는 사항과 복무규정 및 직장질서에 관한 사항을 일방적으로 정한 것이다.

취업규칙은 경제적 지위가 우월한 선박소유자가 일방적으로 정하는 규칙이기 때문에 선원은 일방적으로 결정된 근로조건에 명시적·묵시적으로 동의하지 않을 수 없다. 따라서 경제적 약자인 선원을 보호하기 위한 방안으로 「선원법」상 국가가 취업규칙의 내용과 작성절차 등에 개입하고 있는 것이다.

2) 작성과 신고

가) 작성 및 신고의무

선박소유자는 다음의 사항이 포함된 취업규칙을 작성하여 해양항만관청에 신고하여야 하며, 취업규칙을 변경하는 경우에도 마찬가지이다(법 제119조 제1항).

① 임금의 결정·계산·지급방법, 마감 및 지급시기와 승급에 관한 사항
② 근로시간, 휴일, 선내복무 및 승무정원에 관한 사항
③ 유급휴가부여의 조건, 승·하선교대 및 여비에 관한 사항
④ 선내급식과 선원의 후생·안전·의료 및 보건에 관한 사항
⑤ 퇴직에 관한 사항
⑥ 실업수당, 퇴직금, 재해보상, 재해보상보험가입 등에 관한 사항
⑦ 인사관리, 상벌 및 징계에 관한 사항
⑧ 교육훈련에 관한 사항
⑨ 단체협약이 있는 경우 단체협약의 내용 중 선원의 근로조건에 해당되는 사항
⑩ 산전·산후 휴가, 육아휴직 등 여성선원의 모성 보호 및 직장과 가정생활의 양립 지원에 관한 사항

선박소유자는 취업규칙을 신고할 때에는 「노동조합 및 노동관계조정법」 제31조에 따른 단체협약(단체협약이 제출되어 있는 경우를 제외한다.)의 내용을 적은 서류를 함께 제출하여야 한다(법 제119조 제2항).

나) 취업규칙의 작성절차

취업규칙을 작성하거나 변경하려는 선박소유자는 그 취업규칙이 적용되는 선박소유자가 사용하는 ① 선원의 과반수로써 조직되는 노동조합이 있는 경우에는 그 노동조합의 의견을 들어야 하며, ② 선원의 과반수로써 조직되는 노동조합이 없는 경우에는 선원의 과반수의 의견을 들어야 한다. 다만, 취업규칙을 선원에게 불이익하게 변경하는 경우에는 그 동의를 얻어야 한다. 취업규칙을 신고할 때에는 의견 또는 동의의 내용을 적은 서류를 붙여야 한다(법 제120조).

취업규칙의 작성과 변경에 있어서 선박소유자는 선원측의 의견을 들어야 하나 그 의견을 취업규칙의 내용에 반영시킬 것인가의 여부는 선박소유자의 결정에 달려 있으며, 의견을 받아들이지 않는 경우에도 취업규칙의 작성 또는 변경의 효력에는 영향이 없다.

7.2 선원근로감독관

1) 의의

선원근로감독관이란 근로기준법상의 근로감독관에 해당하는 공무원으로 해상근로의 특수성을 고려하여 선원법 및 선원의 근로관계에 적용되는 근로기준법의 시행에 관한 사항을 관장하기 위하여 특별히 마련된 집행기관이다.

2) 선원근로감독관의 임용

해양수산부에 선원근로감독관을 둔다. 선원근로감독관의 자격·임명 및 직무 등에 관하여 필요한 사항은 선원근로감독규정으로 정하고 있다(법 제125조).

선원근로감독관은 해양수산부장관 또는 지방해양항만청장이 그 소속공무원으로서 다음과 같은 자격요건을 갖춘 자 중에서 임명한다(선원근로감독관규정 제2조).

① 5급 이상의 공무원으로 6월 이상 해양수산부와 그 소속기관에서 근무한 자
② 행정직·해양수산직의 6급 또는 7급 공무원으로 2년 이상 해양수산관서(해양수산부·지방해양수산청 및 출장소를 말함)에서 근무한 자
③ 행정직·해양수산직의 6급 또는 7급 공무원으로 1년 이상 해양수산관서에서 선원에 관한 업무를 담당한 경력이 있는 자
④ 해양수산관서에서 선원에 관한 업무를 2년 이상 담당한 경력이 있는 행정직·해양수산직의 6급 또는 7급 공무원
⑤ 해양수산관서에서 5년 이상 근무한 행정직·해양수산직의 6급 또는 7급 공무원

3) 선원근로감독관의 행정상의 권한

선원근로감독관은 선원법에 따른 선원근로감독을 위하여 선박소유자, 선원 또는 그 밖의 관계인에게 출석을 요구하거나 장부나 서류의 제출을 명할 수 있으며, 선박이나 그 밖의 사업장을 출입하여 검사하거나 질문할 수 있다(법 제126조 제1항). 선박이나 그 밖의 사업장을 출입·검사를 하는 경우에는 검사 개시 7일 전까지 검사 일시, 검사 이유 및 검사 내용 등에 대한 검사계획을 조사대상자에게 알려야 한다. 다만, 긴급히 검사하여야 하거나 사전에 통지하면 증거인멸 등으로 검사 목적을 달성할 수 없다고 인정하는 경우에는 그러하지 아니 할 수 있다(법 제126조 제2항).

또한 선박이나 그 밖의 사업장을 출입·검사를 하는 선원근로감독관은 그 권한을 표시하는 증표를 지니고 이를 관계인에게 보여주어야 하며, 출입 시 성명·출입 시간·출입 목적 등이 표시된 문서를 관계인에게 내주어야 한다(법 제126조 제3항). 선원근로감독관은 승무를 금지하여야 할 질병에 걸렸다고 인정하는 선원의 진찰을 의사에게 위촉할 수 있으며, 위촉받은 의사는 해양수산부장관의 진찰명령서를 선원에게 보여주어야 한다(법 제126조 제4항, 제5항).

4) 선원근로감독관의 사법경찰권

선원근로감독관은 사법경찰관리의 직무를 행할 자와 그 직무범위에 관한 법률에서 정하는 바에 따라 사법경찰관의 직무를 수행한다(법 제127조 제1항).

따라서 선원법·근로기준법 및 그 밖의 선원근로관계 법령에 따른 서류의 제출, 심문이나 신문 등 수사는 오로지 검사와 선원근로감독관이 수행한다. 다만, 선원근로감독관

의 직무에 관한 범죄의 수사에 대하여는 그러하지 아니하다(법 제127조 제2항).

사법경찰관의 직무는 검사의 지휘를 받아 범인, 범죄사실과 증거를 수사하는 것이다. 이를 위하여 체포, 압수, 수색, 검증 등의 강제처분을 할 권한이 인정된다. 해상범죄관계의 범죄에는 기술적으로 복잡한 것이 많고, 그 수사에 특별한 지식·경험이 필요하기 때문에 이와 같은 규정을 두고 있다.

5) 선원근로감독관의 비밀유지 의무

선원근로감독관이거나 선원근로감독관이었던 사람은 직무상 알게 된 비밀을 누설하여서는 아니 된다. 또 선원근로감독관은 직무를 공정하고 독립적으로 수행하여야 하며, 선원근로감독과 관련하여 직접적 또는 간접적인 이해관계가 있는 업무를 수행하여서는 아니 된다(법 제128조).

7.3 외국선박의 감독

1) 외국선박에 대한 점검

해양수산부장관은 소속 공무원에게 국내 항(정박지를 포함함)에 있는 외국선박에 대하여 다음의 사항을 점검하게 할 수 있다(법 제132조 제1항).[19]

① 기국에서 발급한 승무정원증명서와 그 증명서에 따른 선원의 승선 여부
② 선원당직국제협약의 항해당직 기준에 따른 항해당직의 시행 여부
③ 선원당직국제협약에 따른 유효한 선원자격증명서나 그 면제증명서의 소지 여부
④ 해사노동협약에 따른 해사노동적합증서 및 해사노동적합선언서의 소지 여부
⑤ 해사노동협약에 따른 선원의 근로기준 및 생활기준의 준수 여부

해양수산부장관은 외국선박에 대한 점검을 할 경우 소속 공무원으로 하여금 그 선박에 출입하여 장부·서류 및 그 밖의 물건을 점검하고, 해당 선원에게 질문하거나 선원의 근로기준 및 생활기준 등에 대하여 직접 확인하게 할 수 있다(법 제132조 제2항).

19) 법 제132조 제1항 제1호부터 제3호까지의 규정에 해당하는 사항에 대한 점검은 「선박안전법」 제68조에 따른다.

2) 외국선박의 점검절차

외국선박의 점검절차는 다음과 같다(법 제133조 제1항).

① 기본항목의 점검
 ㉠ 해사노동협약에 따른 해사노동적합증서와 해사노동적합선언서의 적절성과 유효성 확인
 ㉡ 선원의 근로기준 및 생활기준이 해사노동협약의 기준에 맞는지 여부
 ㉢ 선박이 해사노동협약의 준수를 회피할 목적으로 국적을 변경하였는지 여부
 ㉣ 선원의 불만 신고가 있었는지 여부
② 위 ①에 따른 기본항목의 점검 결과 다음의 어느 하나에 해당하는 경우 상세점검의 시행. 이 경우 담당 공무원은 선장에게 상세점검을 한다는 사실을 알려야 한다.
 ㉠ 선원의 안전, 건강이나 보안에 명백히 위해를 끼칠 수 있는 사실이 발견된 경우
 ㉡ 점검결과 해사노동협약의 기준을 현저하게 위반하였다고 믿을만한 근거가 있는 경우

특히 상세점검의 범위는 해사노동적합선언서의 내용으로 하며, 선원의 불만사항이 신고되었을 때의 점검범위는 해당 신고사항에 한정한다(법 제133조 제2항).

3) 기국에 대한 통보

해양수산부장관은 상세점검 결과 선원의 근로기준 및 생활기준이 해사노동협약의 기준에 맞지 아니한 것으로 밝혀진 경우에는 기국에 통보하는 등의 다음의 조치를 하여야 한다(법 제133조 제3항, 시행령 제49조의5 제1항).

① 다음의 사항을 선장에게 문서로 통보
 ㉠ 상세점검 결과
 ㉡ 상세점검 결과 선원의 근로기준 및 생활기준과 관련하여 시정이 필요한 사항 및 시정조치를 하여야 하는 기한
② 다음의 사항을 대한민국 국민인 선원 및 선박소유자 단체에 문서로 통보
 ㉠ 상세점검 결과
 ㉡ 선원의 불만 신고
③ 다음의 외국정부 등에 해당 외국선박의 「2006 해사노동협약」 위반사실 등을 통보(해양수산부장관이 필요하다고 판단하는 경우에 한정함)

㉠ 해당 외국선박의 기국 정부 또는 대한민국 주재 기국 영사
㉡ 해당 외국선박의 다음 기항지 국가의 정부

해양수산부장관은 외국선박에 대한 상세점검 결과를 기록한 상세점검보고서를 작성·관리하여야 하고, 필요한 경우 상세점검보고서의 사본에 해당 외국선박의 기국 정부가 보낸 모든 문서를 첨부하여 국제노동기구 사무총장에게 통보할 수 있다(시행령 제49조의5 제2항).

해양수산부장관은 상세점검 결과 그 선박이 선원의 안전, 건강 및 보안에 명백히 위해가 되는 경우 또는 해사노동협약의 기준을 현저하게 위반하거나 반복적으로 위반하는 경우에는 그 선박의 출항정지를 명하거나 출항을 정지시킬 수 있다(법 제133조 제4항). 해양수산부장관은 출항정지 명령 또는 출항정지 조치의 원인이 된 사항이 시정되었거나 신속하게 시정될 것으로 인정되는 경우 지체 없이 해당 외국선박의 출항정지 명령 또는 출항정지 조치의 해제 여부를 결정하여야 한다(시행령 제49조의5 제3항).

해양수산부장관이 출항정지 명령 또는 출항정지 조치를 한 경우에는 출항정지 명령 또는 출항정지 조치를 한 사실을 해당 외국선박의 기국 정부 또는 대한민국 주재 기국 영사에게 통보하여야 하며, 이와 같은 통보의 조치를 한 해양수산부장관은 해당 기국 정부 대표의 출석을 요구하거나 기한을 정하여 해당 기국 정부의 회신을 요청할 수 있다(법 제133조 제5항, 시행령 제49조의5 제4항, 제5항). 이러한 처분에 불복하는 자의 이의신청과 그 처리 절차에 관하여는 선박안전법 제68조 제5항부터 제7항까지의 규정을 준용한다(법 제133조 제6항).

4) 외국선박의 선원 불만 처리절차

해양수산부장관은 국내 항에 정박 중이거나 계류 중인 외국선박이 해사노동협약의 기준을 위반하였다는 신고를 선원 등으로부터 받은 경우 ① 선내 불만 처리 절차의 이행 지시, ② 외국선박에 대한 점검의 실시 및 점검 결과에 따른 시정조치의 이행을 하여야 한다(법 제134조, 시행령 제49조의6 제1항). 또한 해양수산부장관은 신고를 한 선원 등의 신원이 알려지지 아니하도록 필요한 조치를 하여야 한다(시행령 제49조의6 제2항).

8. 해사노동적합증서와 해사노동적합선언서

8.1 의의

해사노동적합증서(Maritime Labor Certificate; MLC)란 선박이 해사노동적합선언서에 포함된 조치를 포함하여 선원의 선내근로 및 생활조건이 검사를 받았으며, 협약을 시행하는 국내법령의 요건 또는 다른 법규를 만족하였음을 증명하는 증서를 말한다(「2006 해사노동협약」 규정 제5.1.3조 제3항).

해사노동적합선언서(Declaration of Maritime Labor Compliance; DMLC)란 선박이 선원의 선내근로 및 생활조건에 대한 협약을 시행하는 국내요건을 수록하고 또한 관련되는 선박에서의 요건의 적합성을 확보하기 위하여 선박소유자가 채택한 조치를 명시한 선언서를 말한다(「2006 해사노동협약」 규정 제5.1.3조 규정 제4항).

8.2 적용범위 및 선내 비치

1) 적용범위

다음의 어느 하나에 해당하는 선박(어선은 제외함)에 대하여 제14장(해사노동적합증서와 해사노동적합선언서)의 규정을 적용한다(법 제135조).

① 총톤수 500톤 이상의 국제항해에 종사하는 항해선
② 총톤수 500톤 이상의 항해선으로서 다른 나라 안의 항 사이를 항해하는 선박
③ 위 ①항 및 ②항에 해당하는 선박 외의 선박소유자가 요청하는 선박

2) 선내 비치

적용범위(법 제135조)에 해당하는 선박의 선박소유자는 제138조에 따라 발급받은 해사노동적합증서 및 해양수산부령으로 정하는 절차에 따라 승인받은 해사노동적합선언서를 선내에 갖추어 두어야 하며, 그 사본 각 1부를 선내의 잘 보이는 곳에 게시하여야 한다. 제1항에 따른 해사노동적합선언서의 형식과 내용[20]은 해양수산부령으로 정한다(법 제136조).[21]

8.3 인증검사의 종류

1) 최초 · 갱신 · 중간인증검사

적용범위(법 제135조)에 해당하는 선박의 선박소유자는 제138즈 제1항에 따라 해사노동적합증서를 발급받으려는 경우에는 다음의 구분에 따른 인증검사를 받아야 한다(법 제137조 제1항).

① 최초인증검사 : 선원법과 해사노동협약의 기준을 충족하는지 확인하기 위한 최초검사
② 갱신인증검사: 해사노동적합증서의 유효기간이 끝났을 때에 하는 검사
③ 중간인증검사: 최초인증검사와 갱신인증검사 사이 또는 갱신인증검사와 갱신인증검사 사이에 해양수산부령으로 정하는 시기[22]에 하는 검사

2) 임시인증검사

선박소유자는 최초인증검사를 받기 전에 선박의 국적 변경 등 해양수산부령으로 정하는 사유[23]로 선박을 항해에 사용하려는 경우에는 임시인증검사를 받아야 한다(법 제137조 제3항).

3) 특별인증검사

해양수산부장관은 선박 거주설비의 주요 개조나 선박에서 노동분쟁이 발생하는 등 해양수산부령으로 정하는 사유[24]가 있을 경우에는 특별인증검사를 시행할 수 있다(법 제137조 제4항).

---

20) 해사노동적합선언서의 내용에 포함되어야 할 사항은 ① 선원의 최저연령, ② 건강진단서, ③ 선원의 자격, ④ 선원근로계약, ⑤ 선원직업소개소, ⑥ 근로 또는 휴식시간, ⑦ 선박에 대한 승무기준, ⑧ 거주설비, ⑨ 선내 오락시설, ⑩ 식량 및 조달, ⑪ 건강, 안전 및 사고방지, ⑫ 선내의료관리, ⑬ 선내불만처리절차, ⑭ 임금의 지급이다.

21) [시행일] 제136조 해사노동협약이 대한민국에서 발효되는 날부터 1년이 경과한 날. 다만, 여객선과 산적운반선은 해사노동협약이 대한민국에서 발효되는 날.

22) 해사노동적합증서의 유효기간은 기산일부터 2년 6개월이 되는 날의 전후 6개월 이내를 말한다.

23) ① 신조선의 인도, ② 선박의 국적 변경, ③ 선박소유자의 변경

24) ① 선박 거주설비의 주요 개조, ② 선원의 근로조건 및 생활조건 등과 관련된 선박에서의 노동분쟁의 발생, ③ 선원의 근로기준 및 생활기준에 관한 위반행위에 따라 선원의 사망 또는 중대한 사고가 있는 경우

8.4 인증검사기준

선원의 근로기준 및 생활기준 등 인증검사의 구체적인 기준은 다음과 같다(법 제137조 제2항, 시행령 제50조의2 제1항).

① 선원의 근로기준에 관한 기준
② 선원의 거주설비에 관한 기준
③ 선원의 복지후생에 관한 기준
④ 선원의 선내안전에 관한 기준
⑤ 선원의 건강 및 급식에 관한 기준
⑥ 그 밖에 선원의 노동과 관련되는 관계법령 및 국제협약에 비추어 해양수산부장관이 필요하다고 인정하는 기준

인증검사 기준의 세부적 내용 등에 관하여 필요한 사항은 해양수산부장관이 정하여 고시한다(시행령 제50조의2 제2항).

8.5 인증검사의 내용, 절차 및 검사방법 등

인증검사의 내용, 절차 및 검사방법 등에 필요한 사항은 해양수산부령으로 정한다(법 제137조 제5항). 즉 인증검사를 받으려는 선박소유자는 인증검사신청서를 지방해양수산청장에게 제출하여야 하며, 지방해양수산청장은 인증검사의 신청을 받은 경우 해사노동인증검사관 또는 인증검사 대행기관으로 하여금 ① 선원의 최저연령, ② 건강진단서, ③ 선원의 자격, ④ 선원근로계약, ⑤ 선원직업소개소, ⑥ 근로 또는 휴식시간, ⑦ 선박에 대한 승무기준, ⑧ 거주설비, ⑨ 선내 오락시설, ⑩ 식량 및 조달, ⑪ 건강, 안전 및 사고방지, ⑫ 선내의료관리, ⑬ 선내불만처리절차, ⑭ 임금의 지급, ⑮ 선원의 휴가에 관한 권리, ⑯ 선원의 송환에 관한 권리, ⑰ 「2006 해사노동협약」사본 비치, ⑱ 선박소유자의 선원에 대한 재해보상 책임 의무, ⑲ 선원에 대한 사회보장제도의 제공에 관한 내용이 선원관계 법령 및 「2006 해사노동협약」에 적합한지 여부를 검사하게 하여야 한다. 다만, 임시인증검사 및 특별인증검사의 경우에는 해당 검사에 따른 사유와 관련 있는 내용만 해당한다(시행규칙 제58조의3 제1항, 제2항).

지방해양수산청장 또는 인증검사 대행기관은 인증검사를 위하여 필요하다고 인정하는 경우에는 관계 행정기관, 공공기관 또는 법인·단체 등에 대하여 관련 서류 및 의견의 제출이나 그 밖의 필요한 협력을 요청할 수 있다(시행규칙 제58조의3 제3항). 그리고 인증검사 대행기관이 인증검사를 실시한 경우에는 인증검사 종료 후 지체 없이 그 결과를 지방해양수산청장에게 보고하여야 한다(제58조의3 제4항).

8.6 인증검사 후 조치

적용범위(법 제135조)에 해당하는 선박의 선박소유자는 해당 인증검사에 합격하지 아니한 선박을 항해에 사용하여서는 아니 된다. 다만, 선박의 시운전 등 해양수산부령으로 정하는 경우[25]에는 그러하지 아니하다(법 제137조).

8.7 해사노동적합증서의 발급

해양수산부장관은 최초인증검사나 갱신인증검사에 합격한 선박에 대하여 해양수산부령으로 정하는 바에 따라 해사노동적합증서를 발급하고, 그 발급사실을 발급대장에 기재하며 이를 공개하여야 한다(법 제138조 제1항). 외국선박의 경으에는 위 규정에도 불구하고 기국 정부나 그 정부가 지정한 대행기관에서 선원법의 기준과 같거나 그 이상의 기준에 따라 최초인증검사나 갱신인증검사를 받고 해사노동적합증서를 발급받아 유효한 증서를 선내에 갖추어 둔 경우 그 해사노동적합증서는 선원법에 따라 발급한 증서로 본다(법 제138조 제2항).

해양수산부장관은 중간인증검사나 특별인증검사에 합격한 선박에 대하여 해사노동적합증서에 해양수산부령으로 정하는 바에 따라 그 검사 결과를 표시하여야 한다(법 제138조 제3항). 해양수산부장관은 임시인증검사에 합격한 선박에 대하여 해양수산부령으로 정하는 바에 따라 임시해사노동적합증서를 발급하여야 한다(법 제138조 제4항).

해사노동적합증서의 유효기간은 5년의 범위에서 대통령령으로 정한다. 다만, 임시해사노동적합증서의 유효기간은 6개월을 넘을 수 없다(법 제138조 제5항).

25) ① 선박안전법의 규정에 따라 선박의 검사를 받거나, 선박의 형식승인을 받기 위하여 시운전을 하는 경우, ② 천재지변 등으로 인하여 인증검사를 받을 수 없다고 인정되는 경우

해양수산부장관은 해사노동적합증서를 발급받은 선박이 특별인증검사를 통하여 선원의 근로기준, 생활기준 등 인증검사의 구체적인 기준을 충족하지 못한 사실이 발견된 경우에는 선박소유자에게 기간을 정하여 필요한 시정조치를 명할 수 있으며, 이에 따르지 아니한 경우에는 해사노동적합증서를 되돌려 주도록 명할 수 있다(법 제138조 제8항).

8.8 해사노동인증검사관

1) 해사노동인증검사관의 임명

해양수산부장관은 해양수산부령으로 정하는 자격을 갖춘 소속 공무원 중에서 다음의 업무를 수행할 해사노동인증검사관을 임명할 수 있다(법 제139조).

① 제132조부터 제134조까지의 규정에 따른 외국선박에 대한 점검 등의 업무
② 제136조 제1항에 따른 해사노동적합선언서의 승인에 관한 업무
③ 제137조 제1항, 제3항 및 제4항에 따른 인증검사, 임시인증검사 및 특별인증검사에 관한 업무
④ 제138조에 따른 해사노동적합증서의 발급 등에 관한 업무

2) 해사노동인증검사관의 자격

해사노동인증검사관은 다음의 어느 하나에 해당하는 자격을 갖추어야 한다(시행규칙 제58조의6 제1항).

① 대학 또는 해양수산계 전문대학(「고등교육법」 제2조 제1호 및 제4호에 따른 대학 또는 전문대학을 말한다)에서 항해 또는 기관 관련 학과를 졸업하고 국제항해 선박에 2년 이상 승무한 경력이 있는 경우
② 법 제125조에 따른 선원근로감독관으로 근무한 경력 또는 해운·선박안전 관련 분야에서 3년 이상 공무원으로 근무한 경력이 있는 경우
③ 「고등교육법」 제2조에 따른 학교의 전임강사 이상의 직위에서 3년 이상 근무한 경력(선원관리·선원근로 또는 선박안전 분야만 해당한다)이 있는 경우

④ 「선박안전법」 제76조 및 제77조에 따른 선박검사관 또는 선박검사원으로서 같은 법 제45조 및 제60조 제2항에 따른 한국해양교통안전공단 또는 선급법인에서 5년 이상 근무한 경력이 있는 경우
⑤ 「해운법」 제2조 제1호에 따른 해운업 관련 사업장에서 선원관리·선원근로 또는 선박안전 관련 업무에 10년 이상 종사한 경력이 있는 경우

또한 해양수산부장관은 해사노동인증검사관에 대하여 연 1회 이상 「2006 해사노동협약」 관련 교육을 실시하여야 한다(시행규칙 제58조의6 제2항).

8.9 인증검사업무의 대행

해양수산부장관은 필요하다고 인정하는 경우에는 해사노동인증검사관의 업무를 해양수산부장관이 지정하는 기관에서 대행하게 할 수 있다. 이 경우 해양수산부장관은 지정된 대행기관(이하 "인증검사 대행기관"이라 함)과 대통령령으로 정하는 바에 따라 협정을 체결하여야 한다(법 제140조 제1항).

인증검사 대행기관의 지정기준, 인증검사업무에 종사할 수 있는 사람의 자격 등에 필요한 사항은 해양수산부령으로 정한다(법 제140조 제2항).

인증검사 대행기관에서 인증검사 등을 받으려는 자는 해당 인증검사 대행기관이 정하는 수수료를 내야 하며, 인증검사 대행기관은 수수료를 정할 때에는 해양수산부장관의 승인을 받아야 한다. 승인받은 수수료를 변경할 때에도 또한 같다(법 제140조 제3항, 제4항).

인증검사 대행기관은 인증검사 대행업무에 관하여 해양수산부령으로 정하는 바에 따라 해양수산부장관에게 보고하여야 하며, 해양수산부장관은 인증검사 대행기관이 다음의 어느 하나에 해당하는 경우에는 그 지정을 취소하거나 6개월 이내의 기간을 정하여 그 업무를 정지할 수 있다. 다만, ①항 및 ⑥항에 해당하는 경우에는 그 지정을 취소하여야 한다(법 제140조 제5항, 제6항).

① 거짓이나 그 밖의 부정한 방법으로 지정을 받은 경우
② 인증검사 대행기관의 지정기준을 충족하지 못하게 된 경우
③ 인증검사에 관한 업무를 수행할 능력이 없다고 인정된 경우

④ 제4항을 위반하여 수수료의 승인 또는 변경승인을 받지 아니하고 수수료를 징수한 경우
⑤ 제5항을 위반하여 인증검사 대행업무에 관한 보고를 하지 아니한 경우
⑥ 업무정지처분을 받고 업무정지처분 기간 중에 인증검사 대행업무를 계속한 경우

업무정지 등 처분절차 등에 관하여는 해양수산부령으로 정하며, 해양수산부장관은 인증검사 대행기관의 지정을 취소하려는 경우에는 청문을 실시하여야 한다(법 제140조 제7항, 제8항).

8.10 이의신청

인증검사에 불복하는 자는 검사결과를 통지받은 날부터 30일 이내에 그 사유를 적어 해양수산부장관에게 이의신청을 할 수 있으며, 해양수산부장관은 이의신청이 있을 때 해양수산부령으로 정하는 바에 따라 필요한 조치를 하여야 한다(법 제141조 제1항, 제2항). 이의신청에 필요한 사항은 해양수산부령으로 정한다(법 제141조 제3항).

제 3 장

선박직원법

1. 의의

2. 해기사의 자격과 면허 등

3. 선박직원

제3장 선박직원법

1. 의의

선원의 훈련, 자격, 지식, 기능 등에 관한 국제적인 통일기준을 마련할 필요성은 오래 전부터 인식되었으나, 각국의 선원관계제도가 서로 상이한 점이 많아 국제협약으로의 채택은 쉬운 일이 아니었다. 그러나 1960년대 이후 세계선복량의 급격한 증가와 선박의 대형화, 고속화가 이루어지고, 이른바 편의치적선의 증가로 엄격한 법의 규제를 받지 않는 무자격선원의 승무기회가 늘어났다. 또한 1967년의 토리캐니언(Torrey Canyon)호 사고의 결과, 대형유조선의 빈번한 해양사고가 해양환경을 크게 파괴하기에 이르자 국제협약의 성립을 위한 분위기가 고조되었다.

그리하여 정부간해사자문기구(IMCO : Inter-governmental Maritime Consultative Organization : 현재의 국제해사기구(IMO, International Maritime Organization))가 1971년경부터 선원의 훈련과 자격을 국제적으로 통일하기 활동을 개시한 후 오랜 작업 끝에 드디어 1978년 7월에 선원의 훈련·자격증명 및 당직근무기준에 관한 국제협약(International Convention on Standards of Training, Certification and Watchkeeping for Seafarers : 이하 STCW 협약이라 함)이 성립하였고, 1984년 4월 28일에 발효하였다.

우리나라는 STCW 협약의 발효에 대비한 관계법령의 개정을 서둘러 1983년 12월에 개정된 선박직원법을 공포한데 이어 1984년 7월에는 동법 시행령을 그리고 1984년 9월에는 동법 시행규칙을 각각 제정 · 공포하기에 이르렀다. 이후 STCW 협약에 대한 지속적인 개정작업이 이루어져 왔고, 이에 대한 내용을 국내법적으로 수용하기 위하여 선박직원법, 동법 시행령, 시행규칙도 지속적으로 개정되어 왔다. 특히 선박직원법은 선박직원으로서 선박에 승무할 사람의 자격을 정함으로써 선박항행의 안전을 목적으로 한다(법 제1조).

2. 해기사의 자격과 면허 등

2.1 면허의 종류

1) 면허의 직종 및 등급

선박직원이 되고자 하는 자는 해양수산부장관의 해기사면허를 받아야 한다고 규정함으로써(법 제4조 제1항) 해기사면허를 가진 자만이 선박직원이 될 수 있도록 하였다. 면허의 직종별 종류는 다음과 같다.

① 항해사 : 1급 항해사, 2급 항해사, 3급 항해사, 4급 항해사, 5급 항해사, 6급 항해사
② 기관사 :
  ◦ 1급 기관사, 2급 기관사, 3급 기관사, 4급 기관사, 5급 기관사, 6급 기관사
  ◦ 전자기관사
③ 통신사(전파통신급 및 전파전자급으로 구분함) : 1급 통신사, 2급 통신사, 3급 통신사(전파전자급인 경우 GOC), 4급 통신사(전파전자급인 경우 ROC)
④ 운항사 : 1급 운항사, 2급 운항사, 3급 운항사, 4급 운항사
⑤ 수면비행선박 조종사 : 소형 수면비행선박 조종사(최대 이수중량(離水重量) 10톤 미만의 선박만 해당), 중형 수면비행선박 조종사(최대 이수중량 10톤 이상 500톤 미만의 선박만 해당)
⑥ 소형선박 조종사

직종별 면허의 상하 등급은 직종별 면허의 각 등급별 순서에 의하며(법 제4조 제3항), 특히 운항사는 전문분야별로 당해 등급과 같은 등급의 항해사(한정면허의 경우에는 상선에 한정된 면허에 한함) 또는 기관사로 보며, 소형선박 조종사는 6급 항해사 또는 6급 기관사의 하위등급의 해기사로 본다(법 제4조 제4항).

2) 한정면허

해양수산부장관이 해기사 면허를 하는 경우에는 선박의 종류, 항행구역 등에 따라 한정면허를 할 수 있다(법 제4조 제2항).

가) 상선면허와 어선면허

다음의 해기사면허는 상선에 한하여 승무하도록 한정하는 상선면허와 어선으로 한정하여 승무하도록 한정하는 어선면허로 구분한다(시행령 제4조 제1항 제1호).

① 1급부터 6급까지의 항해사면허(다만, 항해선(「선원법」 제2조 제8호에 따른 항해선을 말한다. 이하 같다)에 승무하는 경우에 한정한다.)
② 5급·6급의 기관사면허(제16조 제5항 또는 제6항에 따라 취득하는 면허로 한정한다)
③ 6급의 기관사면허(총톤수 100톤 이상의 선박에서 1년 이상 승선한 승무경력으로 취득하는 면허로 한정한다)

나) 특수선박면허 및 특정수역면허

5급·6급의 항해사면허 또는 5급·6급의 기관사면허는 해저자원굴착선, 해양자원탐사선, 준설선 등 특수한 용도에 쓰이는 선박에 한하여 승무하도록 한정(특수선박면허)하거나, 호수, 하천, 국제통신이 필요하지 아니하는 국내 항간 또는 특정한 수역만을 운항하는 선박에 한하여 승무하도록 한정(특정수역면허)할 수 있다(시행령 제4조 제1항 제2, 3호). 또한 6급의 항해사면허 또는 6급의 기관사면허에 대하여 수상레저안전법에 따른 동력수상레저기구 중 총톤수 55톤 미만의 모터보트 또는 동력요트에 한정하여 승무하도록 하는 모터보트·동력요트면허로 한정 할 수 있다(시행령 제4조 제1항 제2호, 제3호).

다) 요트면허 및 동력수상레저기구면허

소형선박 조종사면허(수상레저안전법에 따른 동력수상레저기구조종면허 소지자에게 발급되는 것으로 한정한다)에 대하여 요트로 한정하여 승무하도록 한정하는 요트면허 및 요트를 제외한 동력수상레저기구로 한정하여 승무하도록 한정하는 동력수상레저기구면허를 발급할 수 있다(시행령 제4조 제1항 제4호).

라) 표면효과 전용선면허

수면비행선박 조종사면허에 대하여 표면효과(WIG: Wing In Ground Effect)가 발생하는 높이(수면비행선박 주 날개의 종방향 평균폭을 말한다) 이하에서만 운항하는 선박으로 한정하여 승무하도록 하는 표면효과 전용선면허를 발급할 수 있다(시행령 제4조 제1항 제5호).

마) 비사업용조종사 면허

소형 수면비행선박 조종사면허에 대하여 자가운전 등 비사업용으로 한정하여 승무하도록 하는 비사업용조종사면허를 발급할 수 있다(시행령 제4조 제1항 제6호).

3) 운항사면허의 전문분야 부여

운항사는 전문분야별로 당해 등급과 같은 등급의 항해사(한정면허의 경우에는 상선에 한정된 면허에 한한다) 또는 기관사로 보며, 소형선박조종사는 6급 항해사 또는 6급 기관사의 하위등급의 해기사로 보며(법 제4조 제4항), 운항사 면허의 전문분야는 각각 항해전문 또는 기관전문으로 부여한다(시행령 제4조의2).

2.2 면허의 요건

해양수산부장관은 다음과 같은 요건을 갖춘 자에 대하여 면허를 부여한다(법 제5조 제1항).

① 해양수산부장관이 시행하는 해기사시험에 합격하고, 그 합격한 날부터 3년이 지나지 아니할 것
② 등급별 면허의 승무경력이 있을 것
③ 선원법에 의하여 승무에 적당하다는 건강상태가 확인될 것
④ 등급별 면허에 필요한 교육·훈련을 이수할 것
⑤ 통신사의 면허의 경우에는 「전파법」 제70조에 따른 무선종사자의 자격이 있을 것

2.3 면허의 유효기간 및 갱신

1) 면허의 유효기간

면허증의 유효기간은 5년으로 하고, 유효기간 만료 전에 신청에 의하여 갱신할 수 있다. 면허를 받은 사람으로서 그 면허의 효력을 계속 유지시키려는 사람은 해양수산부령으로 정하는 바에 따라 면허 갱신을 받아야 한다(법 제7조 제1항, 제2항).

2) 면허의 갱신

가) 면허갱신 신청자격

해양수산부장관은 갱신신청이 있을 때에는 당해 해기사가 다음에 해당되어 갱신신청 자격을 가지고 있음을 확인하면 그 면허를 갱신해야 한다(법 제7조 제3항, 시행령 제20조, 시행규칙 제18조)

① 면허 갱신 신청일 전부터 5년 이내에 선박직원으로 1년 이상 승무한 경력이 있거나 대통령령으로 정하는 바에 따라 이와 동등한 수준 이상의 능력이 있다고 인정되는 경우, 면허의 유효기간이 지나지 아니하고 면허 갱신 신청일 직전 6개월 이내에 선박직원으로 3개월 이상 승무한 경력이 있는 경우(다만, 어선법 제2조 제1호에 따른 어선에 승무한 경력은 제외한다) 및 해양수산부령으로 정하는 교육을 받은 경우

② 위의 경우와 동등한 수준 이상의 지식과 능력을 갖춘 것으로 보는 다음의 경우란, 면허 갱신 신청일 전날부터 5년 이내에 외국선박 또는 함정에서 선박직원 또는 그 면허에 적합한 직무로 1년 이상 승무한 경력이 있는 경우, 면허 갱신 신청일 전날부터 5년 이내에 함정을 포함한 선박에서 선박 직원이 아닌 자격으로 2년 이상 승무한 경력이 있는 경우, 면허 갱신 신청일 전날부터 6개월 이내에 외국선박(어선 제외) 또는 함정에서 선박직원 또는 그 면허에 적합한 직무로 3개월 이상 승무한 경력이 있는 경우(면허 갱신 신청일 기준으로 면허의 유효기간이 지나지 아니한 경우에 한정)를 말한다.

③ 다음과 같은 경우에 해당하는 직무에 3년 이상 종사한 경력이 있는 경우(시행령 제20조)에도 동등 수준의 능력이 인정된다.

㉠ 도선법 제2조 제2호의 규정에 의한 도선사

㉡ 선박안전법 제76조에 따른 선박검사관 및 동법 제77조 제1항에 따른 선박검사원

㉢ 해양사고의 조사 및 심판에 관한 법률 제9조의2의 규정에 따른 심판관, 동법 제16조의 규정에 따른 수석조사관 또는 조사관

㉣ 해운법 제22조의 규정에 따른 운항관리자

㉤ 지정교육기관에서 선박의 운항 또는 기관의 운전에 관한 교육을 담당하는 전임교원

㉥ 그밖에 ㉠부터 ㉤호까지에 규정된 자가 종사하는 직무와 유사한 직무 중 해양수산부장관이 지정하는 직무에 종사하는 자

나) 면허갱신 절차

면허를 갱신하고자 하는 자는 해기사면허증 갱신신청서에 다음과 같은 서류를 첨부하여 지방해양수산청장에게 제출하여야 한다(시행규칙 제18조 제1항).

① 면허증. 다만, 선박에 승무 중인 자는 승무 중임을 증명하는 서류를 말한다.
② 법 제7조 제3항 제1호, 제1호의2 또는 제2호의 규정에 해당함, 즉 면허갱신 신청자격을 갖추었음을 증명하는 서류. 다만, 지방해양수산청장이 선원수첩 또는 제6항에 따른 행정정보의 이용 등으로 교육이수 상황 또는 승무경력을 직접 확인할 수 있는 경우에는 해당 서류를 제출하지 아니할 수 있다.
③ 시행령 [별표1의3] 제3호의 규정에 따른 자격을 증명하는 서류(통신사면허를 갱신하고자 하는 자에 한다)
④ 선원법 제87조에 따른 건강진단서. 다만, 선박에 승무 중인 경우에는 선박소유자가 발급한 신청인이 승무 중임을 증명하는 서류로써 이에 갈음할 수 있으며, 선원법 시행규칙 제53조의 규정에 의한 건강진단을 받고 그 유효기간 내에 있는 자의 경우에는 선원수첩의 제시로써 이에 갈음할 수 있다.
⑤ 사진 1매(최근 6월 이내에 촬영한 가로 3.5센티미터, 세로 4.5센티미터의 것)

상기의 서류와 함께 신청서를 받은 지방해양수산청장은 행정정보의 공동이용을 통하여 선원승선신고 사실확인서를 확인하여야 한다. 다만, 신청인이 확인에 동의하지 아니하는 경우에는 신청인이 직접 해당서류를 첨부하여야 한다.

다) 면허갱신 기간

면허의 갱신신청은 면허의 유효기간 만료 1년 전부터 할 수 있다. 다만, 유효기간 만료 전 1년 이전부터 유효기간 만료일 전까지의 기간에 장기승선 또는 해외체류 등으로 우리나라 이외의 지역에 체재할 것으로 예상되는 경우에는 면허의 유효기간 만료 전 1년 이전에 면허의 갱신을 신청할 수 있다(시행규칙 제18조 제2항).

법 제7조 제3항 제2호의 규정에 의하여 해양수산부령이 정하는 교육을 받은 경우에는 그 교육기간이 종료된 날부터 1년 이내에 면허의 갱신을 신청하여야 하며, 갱신면허의 유효기간은 갱신되는 날부터 5년이다(시행규칙 제18조 제3항 및 제5항).

수상레저안전법에 따른 동력수상레저기구조종면허의 갱신은 시행규칙 별지 제11호서식의 해기사면허증 갱신신청서에 동력수상레저기구조종면허증 사본 1매와 사진 1매(최근 6개월 이내에 촬영한 가로 3.5센티미터, 세로 4.5센티미터의 것)을 첨부하여 지방해양수산청장에게 제출하여야 하며, 갱신면허의 유효기간은 해당 동력수상레저기구조종면허의 유효기간으로 하되 그 유효기간은 5년을 초과할 수 없다(시행규칙 제18조 제4항 및 제5항).

2.4 면허의 취소 등

1) 면허의 취소, 정지 및 견책사항

해양수산부장관은 해기사가 다음 각 호의 어느 하나에 해당할 경우에는 면허를 취소하거나 1년 이내의 기간을 정하여 업무정지를 명하거나 견책을 할 수 있다. 다만, 해당 사유와 관련된 해양사고에 대하여 해양안전심판원이 심판을 시작하였을 때에는 그러하지 아니하다(법 제9조 제1항).

① 제14조를 위반하여 승무한 경우
② 제15조를 위반하여 선박직원으로 승무할 때에 면허증이나 승무자격증을 제출하지 아니하거나 이를 선박에 갖추어 두지 아니한 경우
③ 제22조제1항을 위반하여 면허증이나 승무자격증을 다른 사람에게 대여하거나 부당하게 사용한 경우
④ 선박직원으로서 직무를 수행할 때 비행(非行)이 있거나 인명(人命) 또는 재산에 위험을 초래하거나 해양환경보전에 장해가 되는 행위를 한 경우
⑤ 업무정지처분을 받고 제4항에 따른 기간 내에 면허증을 제출하지 아니한 경우
⑥ 업무정지기간 중에 선박직원으로 승무한 경우

2) 면허의 취소사항

해양수산부장관은 해기사가 거짓 그 밖의 부정한 방법으로 면허를 받은 경우에는 그 면허를 취소하여야 한다(법 제9조 제2항).

3) 면허의 행정처분

음주운항으로 인한 인명 피해와 재산 손실을 예방하기 위하여 술에 취한 상태에서 선박을 운항한 사람 등에 대한 처분기준을 법률에 직접 규정하고, 위반행위의 횟수 등을 고려하여 처분을 가중하도록 규정하고 있다. 즉, 해양수산부장관은 해기사가 해사안전법 제42조 제1호 또는 제2호에 해당하여 해양경찰청장이 요청하는 경우에는 다음에 따라 처분하여야 한다. 다만, 해당 사유와 관련된 해양사고에 대하여 해양안전심판원이 심판을 시작하였을 때에는 그러하지 아니한다(법 제9조 제2항).

① 혈중알코올농도가 0.03퍼센트 이상 0.08퍼센트 미만인 경우
  ○ 1차 위반 : 업무정지 6개월
  ○ 2차 위반 또는 사람을 죽게 하거나 다치게 한 경우 : 면허취소

② 혈중알코올농도가 0.08퍼센트 이상인 경우 : 면허취소

③ 측정요구에 따르지 아니한 경우
  ○ 1차 위반 : 업무정지 6개월
  ○ 2차 위반 : 면허취소

4) 면허 취소절차

해양수산부장관은 면허취소, 업무정지처분 또는 견책을 할 때에는 해양수산부령으로 정하는 바에 따라 그 처분 내용을 해당 해기사에게 통지하여야 한다. 이 경우 해양수산부장관은 그 해기사가 선박직원으로 승무 중일 때에는 선박소유자에게도 통지해야 하며, 면허취소 또는 업무정지처분의 통지를 받은 해기사는 통지를 받은 날부터 30일 이내에 면허증을 해양수산부장관에게 제출하여야 한다. 이 경우 업무정지기간이 끝나면 그 해기사에게 면허증을 되돌려 주어야 한다(법 제9조 제4항, 제5항). 그리고 업무정지기간은 해양수산부장관이 면허증을 제출받은 날부터 기산한다(법 제9조 제6항).

3. 선박직원

3.1 승무기준 및 선박직원의 직무

1) 의의

선박직원법은 선박직원으로서 선박에 승무할 자의 자격과 인원수를 정하여 선박항행에 안전을 도모하는 것이 목적이므로, 이를 위하여 선박소유자는 선박의 항행구역, 크기, 용도 및 추진기관의 출력과 그 밖에 선박 항행의 안전에 관한 사항을 고려하여 대통령령으로 정하는 선박직원의 승무기준(이하 "승무기준"이라 한다)에 맞는 해기사(제10조의2에 따라 승무자격인정을 받은 사람을 포함)를 승무시키도록 규정하고 있다(법 제11조 제1항).

2) 승무기준

가) 선박별 선박직원의 최저승무기준

승무기준 및 선박직원의 직무에 관한 규정에 의한 선박별 선박직원의 최저승무기준은 시행령 [별표3]과 같다. 다만, 자동화선박의 설비 등(시행령 제3조의2)의 규정에 의한 자동화선박 중 선원법상 취업규칙에 ① 정박 중 선박설비의 점검, 정비 및 하역 등에 대한 육상지원체제에 관한 사항과 ② 자동화선박에 승무자격이 있는 운항사의 확보에 관한 사항이 명시되지 아니한 선박에 대하여는 시행령 [별표3] 제1호부터 제3호까지의 승무기준을 적용한다(시행령 제22조 제1항).

■ 선박직원법 시행령 [별표 3] 〈개정 2020. 12. 1.〉

선박직원의 최저승무기준(제22조제1항관련)

1. 소형선박을 제외한 선박의 갑판부의 승무기준

가. 어선 외의 선박

선박의 항행구역		선박의 크기(총톤수)	선박직원	승무자격	
				여객선	여객선 외의 선박
연안수역	평수구역	200톤 미만	선장	5급 항해사	6급 항해사
		200톤 이상 1천600톤 미만	선장	4급 항해사	5급 항해사
		1천600톤 이상	선장	3급 항해사	4급 항해사
			1등 항해사	4급 항해사	5급 항해사
	평수구역을 제외한 연안수역	200톤 미만	선장	5급 항해사	6급 항해사
			1등 항해사	6급 항해사	-
		200톤 이상 500톤 미만	선장	4급 항해사	5급 항해사
			1등 항해사	5급 항해사	6급 항해사
		500톤 이상 1천600톤 미만	선장	3급 항해사	4급 항해사
			1등 항해사	5급 항해사	5급 항해사
		1천600톤 이상 3천톤 미만	선장	3급 항해사	4급 항해사
			1등 항해사	4급 항해사	5급 항해사
		3천톤 이상 5천톤 미만	선장	2급 항해사	3급 항해사
			1등 항해사	3급 항해사	4급 항해사
			2등 항해사	4급 항해사	5급 항해사
			3등 항해사	5급 항해사	-
		5천톤 이상	선장	1급 항해사	2급 항해사
			1등 항해사	2급 항해사	3급 항해사
			2등 항해사	3급 항해사	4급 항해사
			3등 항해사	4급 항해사	-
원양수역		200톤 미만	선장	3급 항해사	4급 항해사
			1등 항해사	4급 항해사	-
		200톤 이상 500톤 미만	선장	3급 항해사	4급 항해사
			1등 항해사	4급 항해사	5급 항해사
			2등 항해사	4급 항해사	-
		500톤 이상 1천600톤 미만	선장	2급 항해사	3급 항해사
			1등 항해사	3급 항해사	4급 항해사
			2등 항해사	4급 항해사	5급 항해사
			3등 항해사	5급 항해사	-
		1천600톤 이상 3천톤 미만	선장	1급 항해사	2급 항해사
			1등 항해사	2급 항해사	3급 항해사
			2등 항해사	3급 항해사	4급 항해사
			3등 항해사	4급 항해사	5급 항해사

선박의 항행구역	선박의 크기(총톤수)	선박직원	승무자격	
			여객선	여객선 외의 선박
	3천톤 이상 6천톤 미만	선장	1급 항해사	2급 항해사
		1등 항해사	2급 항해사	3급 항해사
		2등 항해사	3급 항해사	4급 항해사
		3등 항해사	4급 항해사	4급 항해사
	6천톤 이상	선장	1급 항해사	1급 항해사
		1등 항해사	2급 항해사	2급 항해사
		2등 항해사	3급 항해사	3급 항해사
		3등 항해사	3급 항해사	4급 항해사

비고

1. 부선(艀船) · 로프 등으로 결합하여 운항하는 예선(曳船)의 경우 위 표의 승무기준보다 1등급 상위의 자격소지자가 선장으로 승무하여야 한다.
2. 총톤수 1천600톤 이상의 부선과 결합하여 운항하는 예선의 경우 위 표의 최하위 선박직원의 승무기준과 같은 등급 또는 바로 아래 등급의 자격소지자 1명 이상이 추가하여 승무하여야 한다.
3. 비고 제1호와 제2호에도 불구하고 압항(押航) 예 · 부선의 경우 예선과 부선의 총톤수를 합산한 톤수로 한 단일선박의 승무기준을 적용하여야 한다.
4. "여객선"이란 여객정원이 13명 이상인 선박을 말한다(이하 이 표에서 같다).
5. 「해양폐기물 및 해양오염퇴적물 관리법」 제7조제2항에 따른 해양폐기물 배출해역으로 한정하여 운항하는 폐기물운반선(선박검사증서상 항행구역이 해양폐기물 배출해역으로 지정된 선박을 말한다)은 연안수역의 승무기준을 적용한다.
6. 부선 · 로프 등으로 결합하여 운항하는 예선의 항행구역이 평수구역을 제외한 연안수역으로서 해당 예선의 크기가 총톤수 200톤 미만이고, 주기관 추진력이 750킬로와트 이상인 경우에는 6급 항해사 이상의 자격을 소지한 1등 항해사 1명이 추가하여 승무하여야 한다.
7. 해양수산부령으로 정하는 선박운항교육을 이수한 6급 기관사 이상의 기관사는 연안수역을 항행구역으로 하는 「수상레저안전법」에 따른 동력요트 중 승객이 13명 미만이고, 총톤수 55톤 미만인 동력요트에서 선장의 직무를 할 수 있다.

나. 어선

어선의 항행구역	어선의 길이	선박직원	승무자격
제한수역	24미터 미만	선장	6급 항해사
	24미터 이상 45미터 미만	선장	5급 항해사(총톤수 200톤 미만은 6급 항해사)
		1등 항해사	6급 항해사
	45미터 이상	선장	3급 항해사(총톤수 500톤 미만은 6급 항해사)
		1등 항해사	5급 항해사(총톤수 500톤 미만은 6급 항해사)
무제한수역	24미터 미만	선장	6급 항해사
	24미터 이상 45미터 미만	선장	5급 항해사(총톤수 200톤 미만은 6급 항해사)
		1등 항해사	6급 항해사

어선의 항행구역	어선의 길이	선박직원	승무자격
	45미터 이상 60미터 미만	선장	4급 항해사(총톤수 500톤 미만은 5급 항해사)
		1등 항해사	5급 항해사(총톤수 500톤 미만은 6급 항해사)
	60미터 이상 80미터 미만	선장	3급 항해사(총톤수 500톤 미만은 5급 항해사)
		1등 항해사	4급 항해사(총톤수 500톤 미만은 6급 항해사)
		2등 항해사	5급 항해사
	80미터 이상	선장	2급 항해사
		1등 항해사	3급 항해사
		2등 항해사	4급 항해사
		3등 항해사	5급 항해사

비고

1. 총톤수 200톤 미만의 어선에 대해서는 위 표에도 불구하고 1등 항해사가 승무하지 아니할 수 있다.
2. 총톤수 200톤 이상 500톤 미만의 어선에 대해서는 위 표에도 불구하고 2등 항해사가 승무하지 아니할 수 있다.
3. 어선의 "길이"란 「선박안전법」 제27조제1항제2호에 따라 해양수산부령으로 정하는 방법으로 측정한 어선의 길이를 말한다(이하 이 표에서 같다).

2. 소형선박을 제외한 선박의 기관부의 승무기준

가. 어선 외의 선박

선박의 항행구역		주기관 추진력	선박직원	승무자격
연안수역	평수구역	750킬로와트 미만	기관장	6급 기관사
		750킬로와트 이상 3천킬로와트 미만	기관장	5급 기관사
		3천킬로와트 이상	기관장	4급 기관사
			1등 기관사	5급 기관사
	평수구역을 제외한 연안수역	750킬로와트 미만	기관장	6급 기관사
		750킬로와트 이상 1천500킬로와트 미만	기관장	5급 기관사
			1등 기관사	6급 기관사
		1천500킬로와트 이상 3천킬로와트 미만	기관장	4급 기관사
			1등 기관사	5급 기관사
		3천킬로와트 이상	기관장	3급 기관사
			1등 기관사	4급 기관사
원양수역		750킬로와트 미만	기관장	4급 기관사
			1등 기관사	6급 기관사
		750킬로와트 이상 1천500킬로와트 미만	기관장	4급 기관사
			1등 기관사	5급 기관사

선박의 항행구역	주기관 추진력	선박직원	승무자격
	1천500킬로와트 이상 3천킬로와트 미만	기관장	3급 기관사
		1등 기관사	4급 기관사
		2등 기관사	5급 기관사
	3천킬로와트 이상 6천킬로와트 미만	기관장	2급 기관사
		1등 기관사	3급 기관사
		2등 기관사	4급 기관사
		3등 기관사	5급 기관사
	6천킬로와트 이상	기관장	1급 기관사
		1등 기관사	2급 기관사
		2등 기관사	3급 기관사
		3등 기관사	4급 기관사

비고

1. 기관의 운전에 관한 직무를 행하는 사람 중 전자기관사의 면허증을 가진 사람, 「국가기술자격법」에 따른 전기기사 또는 전기기능사 이상의 자격증을 가진 사람 또는 전자기사 또는 전자기기에 관한 전자기기기능사 이상의 자격증을 가진 사람이 있는 경우에는 3등 기관사가 승무하지 아니할 수 있다.
2. 영해만을 항행하는 예선 또는 연안여객선으로서 선박의 통상적인 항행시간(최근 6개월간 각 항차당 항행시간이 가장 긴 순서부터 차례로 6회를 합산하여 산술평균한 시간)이 10시간(연안여객선은 6시간) 미만인 경우에는 1등 기관사가 승무하지 아니할 수 있다.
3. 「해양폐기물 및 해양오염퇴적물 관리법」 제7조제2항에 따라 근해구역에 지정된 해양폐기물 배출해역을 한정하여 운항하는 폐기물 폐기물운반선(선박검사증서상 항행구역이 해양폐기물 배출해역으로 지정된 선박을 말한다)은 연안수역의 승무기준을 적용한다.
4. 부선 · 로프 등으로 결합하여 운항하는 예선의 항행구역이 평수구역을 제외한 연안수역으로서 해당 예선의 크기가 총톤수 200톤 미만이고, 주기관 추진력이 750킬로와트 이상인 경우에는 1등 기관사가 승무하지 아니할 수 있다.
5. 해양수산부령으로 정하는 기관안전교육을 이수한 6급 항해사 이상의 항해사는 연안수역을 항행구역으로 하는 「수상레저안전법」에 따른 동력요트 중 승객이 13명 미만으로서 총톤수 55톤 미만이고, 주기관 추진력이 750킬로와트 미만인 동력요트에서 기관장의 직무를 할 수 있다.

나. 어선

어선의 항행구역	주기관 추진력	선박직원	승무자격
제한수역	750킬로와트 미만	기관장	6급 기관사
	750킬로와트 이상 1천500킬로와트 미만	기관장	5급 기관사(총톤수 200톤 미만은 6급 기관사)
		1등 기관사	6급 기관사
	1천500킬로와트 이상 3천킬로와트 미만	기관장	4급 기관사(총톤수 500톤 미만은 5급 기관사)
		1등 기관사	6급 기관사
	3천킬로와트 이상	기관장	3급 기관사
		1등 기관사	5급 기관사

<table>
<tr><th>어선의 항행구역</th><th>주기관 추진력</th><th>선박직원</th><th>승무자격</th></tr>
<tr><td rowspan="11">무제한수역</td><td rowspan="2">750킬로와트 미만</td><td>기관장</td><td>5급 기관사(총톤수 200톤 미만은 6급 기관사)</td></tr>
<tr><td>1등 기관사</td><td>6급 기관사</td></tr>
<tr><td rowspan="2">750킬로와트 이상 1천500킬로와트 미만</td><td>기관장</td><td>5급 기관사</td></tr>
<tr><td>1등 기관사</td><td>6급 기관사</td></tr>
<tr><td rowspan="3">1천500킬로와트 이상 3천킬로와트 미만</td><td>기관장</td><td>3급 기관사(총톤수 500톤 미만은 5급 기관사)</td></tr>
<tr><td>1등 기관사</td><td>4급 기관사(총톤수 500톤 미만은 6급 기관사)</td></tr>
<tr><td>2등 기관사</td><td>5급 기관사</td></tr>
<tr><td rowspan="4">3천킬로와트 이상</td><td>기관장</td><td>2급 기관사</td></tr>
<tr><td>1등 기관사</td><td>3급 기관사</td></tr>
<tr><td>2등 기관사</td><td>4급 기관사</td></tr>
<tr><td>3등 기관사</td><td>5급 기관사</td></tr>
</table>

비고

1. 총톤수 200톤 미만의 어선에 대해서는 위 표에도 불구하고 1등 기관사가 승무하지 아니할 수 있다.
2. 총톤수 200톤 이상 500톤 미만의 어선에 대해서는 위 표에도 불구하고 2등 항해사가 승무하지 아니할 수 있다.
3. 기관의 운전에 관한 직무를 행하는 사람 중 전자기관사의 면허증을 가진 사람, 「국가기술자격법」에 따른 전기기사 또는 전기기능사 이상의 자격을 가진 사람 또는 전자기사 또는 전자기기에 관한 전자기기 기능사 이상의 자격증을 가진 사람이 있는 경우에는 3등 기관사가 승무하지 아니할 수 있다.

3. 통신급(전파통신급에 한정한다)의 승무기준

<table>
<tr><th>선박의 종류</th><th colspan="2">선박</th><th>선박직원</th><th>승무자격</th></tr>
<tr><td rowspan="4">여객선
(무선전신시설을 설비한 선박에 한정한다)</td><td colspan="2" rowspan="2">여객정원 250명 미만</td><td>통신장</td><td>1급 통신사</td></tr>
<tr><td>통신사</td><td>2급 통신사</td></tr>
<tr><td colspan="2" rowspan="2">여객정원 250명 이상</td><td>통신장</td><td>1급 통신사</td></tr>
<tr><td>통신사</td><td>2급 통신사</td></tr>
<tr><td rowspan="3">여객선 및 어선 외의 선박
(무선전신시설을 설비한 선박에 한정한다)</td><td colspan="2">국제항해에 취항하지 아니하는 선박</td><td>통신장</td><td>3급 통신사</td></tr>
<tr><td rowspan="2">국제항해에 취항하는 선박</td><td>총톤수 2만톤 미만의 선박</td><td>통신장</td><td>2급 통신사</td></tr>
<tr><td>총톤수 2만톤 이상의 선박</td><td>통신장</td><td>1급 통신사
(외국선박은 2급 통신사)</td></tr>
<tr><td rowspan="3">어선
(무선전신설비를 설비한 선박에 한정한다)</td><td colspan="2">총톤수 500톤 미만의 선박</td><td>통신장</td><td>3급 통신사</td></tr>
<tr><td colspan="2">총톤수 500톤 이상 2만톤 미만의 선박</td><td>통신장</td><td>2급 통신사</td></tr>
<tr><td colspan="2">총톤수 2만톤 이상의 선박</td><td>통신장</td><td>1급 통신사
(외국선박은 2급 통신사)</td></tr>
</table>

비고

1. 해양수산부장관은 미래창조과학부장관이 「전파법 시행령」 제117조제2항에 따라 무선종사자의 자격별 정원을 줄여 고시하는 경우에는 그에 상응하는 통신부의 승무기준을 경감할 수 있다.
2. 국제항해에 종사하는 총톤수 1천600톤 미만의 외국선박(여객선은 제외한다)에 배치하여야 하는 통신장의 승무자격은 3급 통신사로 한다.

4. 소형선박의 승무기준

선박의 항행구역	선박의 구분	선박직원	승무자격
연안수역	여객선	선장 기관장	6급 항해사 소형선박 조종사
	여객선외의 선박	선장 및 기관장	소형선박 조종사
원양수역	여객선	선장 기관장	6급 항해사 6급 기관사
	여객선 및 어선외의 선박	선장 기관장	6급 항해사 소형선박 조종사
	어선	선장 및 기관장	소형선박 조종사

비고

1. 6급 항해사 이상의 항해사가 소형선박의 기관과정교육을 이수할 경우 또는 6급 기관사 이상의 기관사가 소형선박의 항해과정교육을 이수할 경우에는 연안수역의 여객선외의 선박 또는 원양수역의 어선에서 선장 및 기관장의 직무를 행할 수 있다.
2. 원양수역에서의 어선의 항행구역은 수산업법 제41조의 규정에 의하여 허가받은 조업구역으로 한다.
3. 부선 · 로프 등으로 결합하여 운항하는 예선의 경우에는 6급 이상의 항해사면허를 가지고 소형선박의 기관과정교육을 이수한 자가 선장 및 기관장의 직무로 승무하여야 한다.
4. 항만법 제2조제4호의 규정에 의한 항만구역내만을 운항하는 통선은 여객선외의 선박의 승무기준을 적용한다.

5. 자동화선박의 승무기준

선박의 항행구역	선박		선박직원	승무자격	
	크기(총톤수 또는 주기관추진력)	유형		여객선	여객선외의 선박
연안수역	3천톤 이상	제2종 또는 제3종	선장 운항장 2등 항해사 3등 항해사 통신장	2급 운항사(항해전문) 3급 운항사(기관전문) 4급 운항사(기관전문) 4급 운항사(항해전문) 별표 3의2의 규정에 의한 통신사	3급 운항사(항해전문) 3급 운항사(기관전문) 4급 운항사(기관전문) 4급 운항사(항해전문) 별표 3의2의 규정에 의한 통신사
원양수역	3천톤 이상 6천톤 미만 또는 3천킬로와트 이상 6천킬로와트 미만	제1종	선장 기관장 1등 항해사 1등 기관사	1급 항해사 2급 기관사 2급 항해사 또는 2급 운항사(항해전문) 3급 기관사 또는 3급 운항사(기관전문)	2급 항해사 2급 기관사 3급 항해사 또는 3급 운항사(항해전문) 3급 기관사 또는 3급 운항사(기관전문)

선박의 항행구역	선박		선박직원	승무자격	
	크기(총톤수 또는 주기관추진력)	유형		여객선	여객선외의 선박
			2등 항해사	3급 항해사 또는 3급 운항사(항해전문)	4급 항해사 또는 4급 운항사(항해전문)
			2등 기관사	4급 기관사 또는 4급 운항사(기관전문)	4급 기관사 또는 4급 운항사(기관전문)
			3등 운항사	4급 운항사(항해전문 또는 기관전문)	4급 운항사(항해전문 또는 기관전문)
			통신장	별표 3의2의 규정에 의한 통신사	별표 3의2의 규정에 의한 통신사
		제2종	선장	1급 항해사	2급 항해사
			기관장	2급 기관사	2급 기관사
			1등 항해사	2급 항해사 또는 2급 운항사(항해전문)	3급 항해사 또는 3급 운항사(항해전문)
			1등 기관사	3급 기관사 또는 3급 운항사(기관전문)	3급 기관사 또는 3급 운항사(기관전문)
			2등 운항사(2명)	4급 운항사(항해전문 1명, 기관전문 1명)	4급 운항사(항해전문 1명, 기관전문 1명)
			통신장	별표 3의2의 규정에 의한 통신사	별표 3의2의 규정에 의한 통신사
		제3종	선장	1급 운항사(항해전문)	2급 운항사(항해전문)
			운항장	1급 운항사(기관전문)	2급 운항사(기관전문)
			1등 운항사(2명)	2급 운항사(항해전문 1명, 기관전문 1명)	3급 운항사(항해전문 1명, 기관전문 1명)
			2등 운항사(3명)	3급 운항사(항해전문 2명, 기관전문 1명)	4급 운항사(항해전문 2명, 기관전문 1명)
			3등 운항사(3명)	4급 운항사(항해전문 1명, 기관전문 2명)	4급 운항사(항해전문 1명, 기관전문 2명)
	6천톤 이상 또는 6천킬로와트 이상	제1종	선장	1급 항해사	1급 항해사
			기관장	1급 기관사	1급 기관사
			1등 항해사	2급 항해사 또는 2급 운항사(항해전문)	2급 항해사 또는 2급 운항사(항해전문)
			1등 기관사	2급 기관사 또는 2급 운항사(기관전문)	2급 기관사 또는 2급 운항사(기관전문)
			2등 항해사	3급 항해사 또는 3급 운항사(항해전문)	3급 항해사 또는 3급 운항사(항해전문)
			2등 기관사	3급 기관사 또는 3급 운항사(기관전문)	3급 기관사 또는 3급 운항사(기관전문)
			3등 운항사	3급 운항사(항해전문 또는 기관전문)	3급 운항사(항해전문 또는 기관전문)
			통신장	별표 3의2의 규정에 의한 통신사	별표 3의2의 규정에 의한 통신사

선박의 항행구역	선박		선박직원	승무자격	
	크기(총톤수 또는 주기관추진력)	유형		여객선	여객선외의 선박
		제2종	선장 기관장 1등 항해사 1등 기관사 2등 운항사(2명) 통신장	1급 항해사 1급 기관사 2급 항해사 또는 2급 운항사(항해전문) 2급 기관사 또는 2급 운항사(기관전문) 3급 운항사(항해전문 1명, 기관전문 1명) 별표 3의2의 규정에 의한 통신사	1급 항해사 1급 기관사 2급 항해사 또는 2급 운항사(항해전문) 2급 기관사 또는 2급 운항사(기관전문) 3급 운항사(항해전문 1명, 기관전문 1명) 별표 3의2의 규정에 의한 통신사
		제3종	선장 운항장 1등 운항사(2명) 2등 운항사(3명) 3등 운항사(3명)	1급 운항사(항해전문) 1급 운항사(기관전문) 2급 운항사(항해전문 1명, 기관전문 1명) 3급 운항사(항해전문 2명, 기관전문 1명) 4급 운항사(항해전문 1명, 기관전문 2명)	1급 운항사(항해전문) 1급 운항사(기관전문) 2급 운항사(항해전문 1명, 기관전문 1명) 3급 운항사(항해전문 2명, 기관전문 1명) 4급 운항사(항해전문 1명, 기관전문 2명)

비고

1. 선장 · 운항장 · 1등 운항사 · 2등 운항사 또는 3등 운항사의 직무를 수행할 운항사가 없는 경우에는 같은 등급의 항해사 및 기관사를 각각 승무시켜야 한다.
2. 총톤수 3천톤 미만의 자동화선박은 갑판부 · 기관부 및 통신부의 승무기준을 적용한다.
3. 선박직원의 승무자격은 항해사와 운항사의 경우에는 총톤수를 기준으로 하며, 기관사의 경우에는 주기관 추진력을 기준으로 한다.

6. 수면비행선박의 승무기준

항행구역	선박의 종류	선박직원	승무자격
연안수역	소형 수면비행선박	선 장 1등 항해사	소형 수면비행선박 조종사 소형 수면비행선박 조종사
	중형 수면비행선박	선 장 1등 항해사	중형 수면비행선박 조종사 중형 수면비행선박 조종사
원양수역	소형 수면비행선박	선 장 1등 항해사	소형 수면비행선박 조종사 소형 수면비행선박 조종사
	중형 수면비행선박	선 장 1등 항해사	중형 수면비행선박 조종사 중형 수면비행선박 조종사

비고

1. 국제항해에 종사하지 아니하는 소형 수면비행선박의 연속항행시간이 2시간 이내이거나, 해당 선박에 해양수산부장관이 정한 충돌예방을 위한 장애물 탐지 및 회피 장치가 설치되어 있는 경우에는 1등 항해사의 승무를 면제할 수 있다. 다만, 수면비행선박이 여객선인 경우에는 이를 적용하지 아니한다.
2. 국제항해에 종사하는 중형 수면비행선박의 연속항행시간이 6시간 이상인 경우에는 승무자격이 적합한 1등 항해사 1명을 추가로 승무시켜야 한다.

7. 항행구역이 연안수역(어선의 경우에는 제한수역을 말한다)인 시운전선박의 승무기준

가. 어선 외의 선박

갑판부의 승무기준			기관부의 승무기준		
선박의 크기(총톤수)	선박직원	승무자격	주기관 추진력	선박직원	승무자격
500톤 미만	선장	4급 항해사	1천500 킬로와트 미만	기관장	4급 기관사
	1등 항해사	5급 항해사		1등 기관사	5급 기관사
500톤 이상 3천톤 미만	선장	3급 항해사	1천500 킬로와트 이상	기관장	3급 기관사
	1등 항해사	4급 항해사		1등 기관사	4급 기관사
3천톤 이상 6천톤 미만	선장	2급 항해사			
	1등 항해사	3급 항해사			
	2등 항해사	4급 항해사			
6천톤 이상	선장	1급 항해사			
	1등 항해사	2급 항해사			
	2등 항해사	3급 항해사			
	3등 항해사	4급 항해사			

나. 어선

갑판부의 승무기준			기관부의 승무기준		
어선의 길이	선박직원	승무자격	주기관 추진력	선박직원	승무자격
45미터 미만	선장	5급 항해사	1천500 킬로와트 미만	기관장	4급 기관사
	1등 항해사	6급 항해사		1등 기관사	5급 기관사
45미터 이상 60미터 미만	선장	4급 항해사	1천500 킬로와트 이상	기관장	3급 기관사
	1등 항해사	5급 항해사		1등 기관사	4급 기관사
60미터 이상 100미터 미만	선장	2급 항해사			
	1등 항해사	3급 항해사			
100미터 이상	선장	2급 항해사			
	1등 항해사	3급 항해사			
	2등 항해사	4급 항해사			

나) 원양수역에서의 승무경력

원양수역(어선의 경우에는 무제한수역을 말한다)을 항행구역으로 하는 선박(연안수역을 항행구역으로 하는 선박중 국제항해에 종사하는 상선을 포함한다)에서 선장 · 1등 항해사 · 기관장 · 1등 기관사 · 운항장 · 1등 운항사 또는 통신장의 직무를 행하고자 하는 자는 별표4의 규정에 의한 승무경력이 있고, 해양수산부령이 정하는 교육과정을 이수하여야 한다(시행령 제22조 제2항).

■ 선박직원법 시행령 [별표 4] 〈개정 2015.3.24.〉

<u>원양수역(어선의 경우에는 무제한수역)에서의 선장 · 1등 항해사 · 기관장 · 1등 기관사 · 운항장 · 1등 운항사 또는 통신장의 직무수행을 위한 승무경력(제22조제2항관련)</u>

1. 선장 및 1등 항해사(어선 외의 선박)

선박의 크기 (총톤수)	승무할 직무	선박직원으로 승무한 경력
500톤 이상 3천톤 미만	선장	3년(선장 또는 1등 항해사로 1년 이상 승무한 경력이 있는 사람은 2년) 이상
3천톤 이상	선장	3년(선장 또는 1등 항해사로 1년 이상 승무한 경력이 있는 사람은 2년) 이상
	1등 항해사	1년 이상

1의2. 선장 및 1등 항해사(어선)

어선의 길이	승무할 직무	선박직원으로 승무한 경력
24미터 이상 60미터 미만	선장	1년
60미터 이상 80미터 미만	선장	2년(선장 또는 1등 항해사로 1년 이상 승무한 경력이 있는 사람은 1년) 이상
	1등 항해사	1년 이상
80미터 이상	선장	3년(선장 또는 1등 항해사로 1년 이상 승무한 경력이 있는 사람은 2년) 이상
	1등 항해사	1년 이상

비고

어선의 "길이"란 「선박안전법」 제27조제1항제2호에 따라 해양수산부령으로 정하는 방법으로 측정한 어선의 길이를 말한다.

2. 기관장 · 1등 기관사

선박의 크기 (주기관 추진력)	승무할 직무	선박직원으로 승무한 경력
750킬로와트 미만	기관장	1년 이상
750킬로와트 이상 3천킬로와트 미만	기관장	2년 이상(1등 기관사로 1년 이상 승무한 경력이 포함되어야 한다)
	1등 기관사	1년 이상
3천킬로와트 이상	기관장	3년 이상(1등 기관사로 1년 이상 승무한 경력이 포함되어야 한다)
	1등 기관사	1년 이상

비고

주 기관 추진력이 750킬로와트 이상 3천 킬로와트 미만인 무제한수역을 항행구역으로 하는 어선에 1등 기관사로 승선할 경우 직무수행을 위한 승무경력을 적용하지 아니한다.

3. 통신장(전파통신급에 한함)

선박의 크기(총톤수)	승무할 직무	선박직원으로 승무한 경력
1만톤 이상 2만톤 미만	통신장	1년 이상
2만톤 이상	통신장	2년 이상

4. 자동화선박의 선장 · 운항장 · 1등 운항사

선박의 크기(총톤수)	승무할 직무	선박직원으로 승무한 경력
3천톤 이상의 자동화선박	선장	3년 이상[선장 · 1등 항해사 또는 1등 운항사(항해전문)으로 1년 이상 승무한 경력이 포함되어야 한다]
	운항장	3년 이상[운항장 · 1등 운항사(기관전문) · 기관장 · 1등 기관사로 1년 이상 승무한 경력이 포함되어야 한다]
	1등 운항사	1년6월 이상[2등 운항사 · 2등 항해사 · 2등 기관사 이상의 직무로 1년 이상 승무한 경력이 포함되어야 한다]

비고

운항사의 선박직원으로 승무한 경력은 승무한 직무와 전문분야가 같아야 한다.

5. 수면비행선박의 선장 · 1등 항해사

선박의 종류	승무할 직무	선박직원으로 승무한 경력
소형 수면비행선박	선장	1년 이상
중형 수면비행선박	선장	2년 이상
	1등 항해사	1년 이상

비고

선박직원으로 승무한 경력은 수면비행선박에서의 승무경력을 말한다.

다) 연안수역에서의 직무수행요건

연안수역(어선의 경우에는 제한수역을 말한다)을 항행구역으로 하는 선박에서 선장·기관장·운항장 또는 통신장의 직무를 행하고자 하는 자는 해양수산부령이 정하는 교육과정을 이수하여야 한다(시행령 제22조 제3항).

라) GMDSS 설비를 갖춘 선박의 전파전자급 통신사 승무기준

① 통신사의 승무기준 : 세계해상조난 및 안전제도(GMDSS) 관련 설비를 갖춘 선박의 전파전자급 통신사의 승무기준은 시행령 [별표3의 2]와 같다(시행령 제22조의2 제1항).

② 선장 등의 직무겸임 수행 : 선장·항해사·기관장·기관사·운항장 또는 운항사가 통신사의 직무수행에 필요한 승무자격을 갖춘 경우에는 무선설비의 2중설치 및 육상정비체제가 갖추어진 선박에서 그 직무를 겸임할 수 있다(시행령 제22조의2 제2항) 이 경우 선박소유자는 통신장 또는 통신사의 직무를 겸임할 사람을 지정하여야 하며, 통신장은 항해사·운항장 또는 운항사 중에서 전파전자급 3급 통신사 이상의 면허를 받은 사람을, 그리고 통신사는 선장·항해사·기관장·기관사·운항장 또는 운항사 중에서 통신사의 직무수행에 필요한 승무자격을 갖춘 사람을 지정하여야 한다.

③ 선장 등의 통신직무 수행의 요건 : 선장 등이 통신직무를 겸임하고자 할 경우 나머지 선박직원 중 최소한 2인 이상은 전파전자급 4급 통신사 이상의 면허를 받은 자이어야 한다(시행령 제22조의2 제3항).

■ [별표 3의2] 〈개정 2015.3.24.〉

세계해상조난 및 안전제도(GMDSS)관련설비를 갖춘 선박의 전파전자급 통신사 승무기준(제22조의2 제1항 관련)

선박의 종류	항행구역		선박직원	승무자격	
				무선설비의 2중설치 및 육상정비가능 선박	무선설비의 2중설치 및 선상정비가능 선박
여객선 (「해운법」 제2조제2호에 따른 여객선)	국제 항해	여객정원 250명 이상	통신장	2급 통신사 1명	1급 통신사 1명
		여객정원 250명 미만	통신장	3급 통신사 1명	2급 통신사 1명
	국내항해		통신장	3급 통신사 1명	2급 통신사 1명
화물선	국제항해		통신장	3급 통신사 1명	2급 통신사 1명
	국내항해		통신장	3급 통신사 또는 4급 통신사 1명	2급 통신사 1명
어선	500톤 이상		통신장	3급 통신사 1명	2급 통신사 1명
	500톤 미만		통신장	4급 통신사 1명	3급 통신사 1명

마) 그 이외의 승무기준

① 항해사 또는 기관사가 운항사면허를 받고 최초로 운항사의 직무를 행하고자 하는 자 중 해양수산부장관이 인정하는 교육과정을 이수하지 아니한 자는 해양수산부령이 정하는 교육과정을 이수하여야 한다(시행령 제22조 제4항).

② 운항사가 자동화선박 이외의 선박의 항해사 또는 기관사로 승무하는 경우에는 당해 운항사가 부여받은 전문분야와 동일한 직종의 직무로 승무하여야 한다.

③ 해양수산부장관은 필요하다고 인정하는 경우에는 여객선 및 선원법 시행령 제21조 제2항의 규정에 의한 위험물 적재선박(위험물 적재부선과 예선이 결합하여 운항하는 위험물 운반선을 포함)에 승무하는 선박직원의 승무기준을, 해양수산부장관이 정하여 고시하는 바에 의하여, 선박별 선박직원의 최저승무기준보다 강화하거나 필요한 교육을 이수하게 할 수 있다(시행령 제22조 제6항).

④ 선박안전법 제29조의 규정에 의하여 무선설비를 갖추어야 하는 선박 중 전파법시행령 제57조의 규정에 의하여 무선종사자가 아닌 자가 무선설비를 운용할 수 있는 선박과 어선 및 소형선박 이외의 선박에서 선장·항해사·운항장 또는 운항사로 승무하고자 하는 자는 당해 직무와 관련한 면허 외에 4급 이상의 통신사면허를 갖추어야 한다. 이 경우 세계해상조난 및 안전제도 관련 설비를 갖춘 선박에 승무

하고자 하는 자는 전파전자급의 통신사면허를 갖추어야 하며, 그 밖의 선박에 승무하고자 하는 자는 전파통신급 또는 전파전자급의 통신사면허를 갖추어야 한다(시행령 제22조 제7항).

⑤ 기관사 또는 운항사(기관전문 운항사에 한정)가 전자기관사 면허를 받고 최초로전자기관사의 직무를 수행하려는 경우에는 해양수산부령으로 정하는 교육과정을 이수하여야 한다.

3) 선박직원의 직무

선박직원의 직무는 다음과 같다(법 제11조 제2항).

① 선장은 선박의 운항관리에 대하여 책임을 진다. 다만, 사망·질병 또는 부상 등 부득이한 사유로 선장이 직무를 수행할 수 없을 때에는 자동화선박에서는 항해를 전문으로 하는 1등 운항사가 그 직무를 대행하고, 그 밖의 선박에서는 1등 항해사가 그 직무를 대행한다.

② 항해사는 갑판부에서 항해당직을 행한다.

③ 기관장은 선박의 기계적 추진, 기계와 전기설비의 운전 및 보수관리에 대하여 책임을 진다. 다만, 사망·질병 또는 부상 등 부득이한 사유로 기관장이 직무를 수행할 수 없을 때에는 자동화선박에서는 기관을 전문으로 하는 1등 운항사가 그 직무를 대행하고, 그 밖의 선박에서는 1등 기관사가 그 직무를 대행한다.

④ 기관사는 기관부에서 기관당직을 행한다.

⑤ 전자기관사는 항해장비 및 갑판기기를 포함한 선박의 전기·저자 및 자동제어 설비·시스템의 유지·점검·보수관리·수리 등의 업무를 수행한다.

⑥ 통신장 및 통신사는 선박통신에 대하여 책임을 진다.

⑦ 운항장과 운항사는 자동화선박에서 운항당직(항해·기관 및 전자장비 등에 대한 통합당직을 말한다)을 수행한다.

3.2 승무기준의 특례

1) 결원이 생긴 경우의 승무기준의 특례

다음과 같은 경우에는 승무기준 및 선박직원의 직무에 관한 규정을 적용하지 않는다. 이 경우 선박소유자는 지체 없이 그 결원을 보충하여야 한다(법 제12조 제1항).

① 외국의 각 항간을 항행하는 선박으로서 선박직원에 결원이 생겼으나 그 보충이 곤란한 경우
② 본국항과 외국항간을 항행하는 선박이 외국에서 선박직원에 결원이 생기고 본국항까지 항행하는 경우
③ 위의 ①, ② 경우 이외에 선박이 항행 중 선박직원에 결원이 생겼으나 그 보충이 곤란한 경우

선박소유자는 위의 경우에 해당할 때에는 지체 없이 그 사실과 결원보충계획을 해양수산부장관에게 통보하여야 하며(법 제12조 제2항), 해양수산부장관은 통보를 받은 경우에 필요하다고 인정할 때에는 선박소유자에 대하여 그 결원을 지체 없이 보충할 것을 명할 수 있다(법 제12조 제3항).

2) 허가에 의한 승무기준의 특례

가) 선박소유자의 특례허가신청요건

선박소유자는 선박이 다음에 해당하는 경우에 해양수산부장관의 허가를 받은 때에는 승무기준 및 선박직원의 직무(법 제11조)의 규정에 불구하고 그 허가된 해기사를 그 직의 선박직원으로 승무시킬 수 있다(법 제13조 제1항, 시행규칙 제23조).

① 다른 선박에 예인되어 항행하는 경우
② 배가 선거에 들어가거나 수리 · 계류 또는 그 밖의 사유로 항행에 사용되지 아니하는 경우
③ 선박의 구조나 설비가 특수한 경우
④ 특정한 항로나 수역만을 항행하는 경우
⑤ 외국의 영토에 기지를 두고 연안항해를 하는 경우

⑥ 외국선박의 경우
⑦ 항행예정시간이 4시간 이내인 국내항간을 긴급히 항행할 필요가 있다고 인정되는 경우

나) 해양수산부장관의 특례허가요건

해양수산부장관은 해기사의 수급상 부득이한 다음과 같은 경우에는 6개월 범위에서 승무기준 및 선박직원의 직무의 규정에 의한 승무기준 중 등급을 완화하여 승무를 허가할 수 있다(법 제13조 제2항, 시행령 제23조 제1항)

① 국민경제 또는 국가안보에 중대한 영향을 미치는 물자를 긴급히 수송하는 경우로서 관계기관의 장의 요청이 있는 경우
② 긴급히 도서민을 수송하는 경우
③ 그밖에 해양수산부장관이 해기사의 수급상 부득이하다고 인정하는 경우

해양수산부장관이 허가에 의한 승무기준의 특례(법 제13조) 중 6월의 범위 안에서 승무기준을 완화할 경우에는 그 허가를 함에 있어서 승무하고자 하는 자의 면허의 등급 및 승무경력 등을 참작하여 선박항해의 안전을 확보할 수 있도록 하여야 한다. 이 경우 선장 또는 기관장에 대한 승무기준완화에 관한 허가는 불가항력의 경우에 한하여 이를 할 수 있다(시행령 제23조 제2항).

제 4 장

선박안전법

1. 의의
2. 선박의 검사
3. 선박용물건 또는 소형선박의 형식승인
4. 선박시설의 기준 등
5. 안전항해를 위한 조치
6. 항만국통제

제4장 선박안전법

1. 의의

선박안전법은 선박의 감항성 유지 및 안전운항에 필요한 사항을 규정함으로써 국민의 생명과 재산을 보호함을 목적으로 한다.[26] 선박은 해상항행에 종사하므로 육상과는 달리 해양기상으로 말미암은 특별한 위험이 따른다. 또 선박은 항공기나 자동차 등의 운행시간보다 항해기간이 길며 육상으로부터 고립되어 운항하여야 하는 특성이 있다. 따라서 선박이 해상에서 흔히 예상되는 위험을 극복하고 안전하게 항행할 수 있는 성능 즉 감항성을 갖추기 위한 여러가지 시설이 필요하다. 만일 선박이 비상한 위험에 빠진 경우에는 인명의 안전을 보전하기 위한 시설이 필요하고 이를 법률로 강제함으로써 소기의 목적을 달성할 수 있기 때문에 선박안전법이 필요한 것이다.

이와 같은 목적을 달성하기 위하여 선박안전법은 선박의 선체 및 기관의 구조와 여러가지 설비에 대한 기술상의 최저기준을 정하여 이들 시설을 강제하고 선박검사를 시행하도록 규정한 법이다.

선박안전법은 1961년 12월 30일 법률 제919호로 제정된 이래, 지금까지 수차례에 걸쳐 개정되었지만, 특히 2007년 1월 3일 법률 제8221호로 전부개정 되었다. 2007년의 주요 개정 내용[27]은 해상에서의 안전항해를 위하여 선박검사대상에서 제외되었던 수상호텔·수상공연장과 같은 부유식해상구조물과 일부 선박에 대하여도 선박의 감항성을 확보하고 최소한의 안전기준을 지키도록 하기 위하여 선박안전법의 적용대상에 포함시키고, 선박에서 선장의 권한을 강화하고 선박소유자의 선장에 대한 화물정보제공을 의무화하며, 산적화물선 및 유조선에 대하여 강화된 검사기준을 마련하는 등 선박안전에 관한 관리체계를 국제적 수준에 맞게 전면 개편한 것이다. 또한 선박에 적재되는 컨테

26) 선박안전법 제1조(목적).
27) 선박안전법 2007년 1월 3일 전부개정안의 개정이유 참조.

이너에 대한 안전관리를 국제협약에 맞추어 강화하고, 정부대행검사기관을 국제기준에 적합하게 발전·육성하기 위하여 국제적 기준에 부합되는 지정요건을 갖추도록 하며, 그 밖에 외국 선박에 대한 이중 선박검사제도를 폐지하여 해상운송규제를 완화하고 재량행위를 투명화 하는 한편, 그 밖에 현행 규정의 운영상 나타난 일부 미비점을 개선·보완하려는 취지를 가지고 있다.

그리고 2015년 주요 개정 내용[28]은 세월호 사고를 계기로 현행 법률상 선박 안전 관련 검사 및 시험의 책임소재가 불명확한 부분에 대해 이를 명확히 하는 한편, 세월호는 외국에서 도입된 중고선박으로 여객 정원을 늘리기 위하여 여객실의 일부를 증축하였는데, 이러한 여객실 증축은 선박의 복원성에 영향을 미칠 수 있는 사항임에도 불구하고 현행 법률에는 허가대상에서 제외되어 있어 선박검사만 받으면 증축이 가능하게 되어 있는바, 여객선의 경우 복원성을 떨어뜨리면서 정원이나 화물량을 늘리기 위하여 여객실 등 선박을 변경하거나 시설을 개조하는 것을 금지하고, 변경이나 개조를 위하여 선박소유자가 받아야 하는 허가사항을 현행 선박의 길이·너비·길이 및 용도의 변경뿐만 아니라 선박시설의 개조까지 확대하였다.

또한, 국민의 안전과 재산을 보호하기 위한 선박결함 신고·확인 업무의 실효성을 높이기 위하여 누구든지 선박의 감항성 및 안전설비의 결함을 발견한 때에는 해양수산부장관에게 신고하도록 의무화하고, 해양수산부 퇴직 공무원들의 관련 기관 재취업 문제와 관련하여 현행 법률은 선박소유자가 선박검사 대행기관에서 선박검사원에 의하여 실시한 선박검사에 대하여 불복해 해양수산부에 재검을 요청하는 경우 선박검사관은 재검사를 하도록 규정하고 있는데, 퇴직한 선박검사관이 선박검사원이 되어 실시할 경우 엄정한 재검을 할 수 있을 것인가에 대한 의구심이 있는바, 이를 방지할 수 있는 제도적 장치를 마련하였다.[29]

28) 선박안전법 2015년 1월 6일 일부개정안의 개정이유 참조.
29) 위의 개정이유 참조.

2. 선박의 검사

2.1 건조검사

1) 의의

선박을 건조하고자 하는 자는 선박에 설치되는 선박시설에 대하여 건조검사를 받아야 한다(법 제7조 제1항).

2) 건조검사 사항 및 시기

건조검사는 선체, 기관, 배수설비, 조타설비, 계선설비, 양묘설비, 전기설비 및 만재흘수선에 대하여 실시하며, 이러한 건조검사는 건조에 착수한 때부터 검사를 하여야 한다(시행규칙 제10조 제2항 참조).

3) 건조검사증서의 발급 등

해양수산부장관은 건조검사에 합격한 선박에 대하여 해양수산부령으로 정하는 사항으로 ① 선박검사관의 성명(대행검사기관이 대행하는 경우 선박검사원의 성명을 말함), ② 검사완료일 및 검사장소, ③ 다음 검사 기준일 및 검사종류와 검사기록을 기재한 건조검사증서를 교부하여야 한다(법 제7조 제2항, 시행규칙 제10조 제3항).

그리고 건조검사에 합격한 선박시설에 대해서는 정기검사 중 선박을 최초로 항해에 사용하는 때 실시하는 검사는 이를 합격한 것으로 본다(법 제7조 제3항). 즉 선박건조가 완료되면 선박을 최초로 항해에 사용하기 위하여 제1회 정기검사를 실시해야 한다. 이때 이미 건조검사를 받은 부분에 대하여 다시 검사를 실시하면 중복검사가 되어 시간과 비용의 낭비가 발생할 수 있다. 따라서 선박건조자가 건조검사증명서를 제시함으로써 이미 건조검사를 받은 부분은 제1회 정기검사에 합격한 것으로 보아 검사를 실시하지 않는 것이다.[30]

30) 박영선, 위의 책, 107쪽.

4) 별도건조검사

해양수산부장관은 외국에서 수입되는 선박 등 선박안전법 제7조 제1항의 규정에 따른 건조검사를 받지 아니하는 선박에 대하여 건조검사에 준하는 검사를 받게 할 수 있는데 이를 별도건조검사라고 한다. 별도건조검사를 받으려는 자는 건조검사신청서에 별도건조검사를 받기 위하여 승인받은 도면(도면승인을 한 대행검사기관에 신청하는 경우에는 생략)을 첨부하여 해양수산부장관에게 제출해야 한다. 해양수산부장관은 별도건조검사에 합격한 선박에 대해서는 별도건조증명서를 발급해야 한다(법 제7조 제4항 및 시행규칙 제11조 참조).

2.2 정기검사

1) 의의 및 검사신청 방법

선박소유자는 선박을 최초로 항해에 사용하는 때, 선박검사증서의 유효기간이 만료된 때에는 선박시설과 만재흘수선에 대하여 정기검사를 받아야 한다. 특히 무선설비 및 선박위치발신장치에 대해서는 전파법의 규정에 따라 검사를 받았는지 여부를 확인하는 것으로 갈음한다(법 제8조 제1항).

가) 최초로 항해에 사용하는 선박에 대한 정기검사신청

최초로 항해에 사용하는 선박에 대하여 정기검사를 받으려는 선박소유자는 선박검사신청서에 ① 건조검사증명서 또는 별도건조검사증명서(건조검사 또는 별도건조검사를 정기검사와 동시에 실시하는 경우에는 생략한다), ② 정기검사와 관련 승인도면(도면승인을 한 대행검사기관에 신청하는 경우에는 생략), ③ 선박용물건 또는 소형선박의 검정증서, ④ 선박용물건 또는 소형선박의 확인서, ⑤ 선박용물건 또는 소형선박의 예비검사증서를 첨부하여 해양수산부장관에게 제출해야 한다. 다만, 상기 ③부터 ⑤까지의 서류는 해당되는 경우에만 첨부해야 한다(시행규칙 제12조 제1항).

나) 선박검사증서의 유효기간이 끝나는 선박에 대한 정기검사신청

선박검사증서의 유효기간이 끝나는 선박에 대하여 정기검사를 받으려는 선박소유자는 해당 증서의 유효기간이 끝나기 전에 선박검사신청서에 ① 선박검사증서, ② 선박용물건 또는 소형선박의 검정증서, ③ 선박용물건 또는 소형선박의 확인서, ④ 선박용물건 또는 소형선박의 예비검사증서, ⑤ 하역설비검사기록부를 첨부하여 해양수산부장관에게 제출해야 한다. 다만, 상기 ②부터 ⑤까지의 서류는 해당되는 경우에만 첨부해야 한다(시행규칙 제12조 제2항).

2) 선박검사증서의 발급

해양수산부장관은 정기검사에 합격한 선박에 대하여 항해구역·최대승선인원 및 만재흘수선의 위치를 각각 지정하여 해양수산부령으로 정하는 사항과 검사기록을 기재한 선박검사증서를 교부하여야 한다(법 제8조 제2항). 여기에서 말하는 "해양수산부령으로 정하는 사항"이란 ① 선박검사관의 성명, ② 검사완료일 및 검사장소, ③ 다음 검사 기준일 및 검사종류, ④ 최대승선인원 또는 선박의 길이가 변경된 경우 주요 변경내용(이 경우 변경 사유 및 변경 날짜는 선박검사증서의 비고란에 기재하여야 함)을 말한다(시행규칙 제13조 제3항).

2.3 중간검사

1) 의의 및 검사신청 방법

선박소유자는 정기검사와 정기검사의 사이에 간이하게 행하는 중간검사를 받아야 하며, 이러한 중간검사는 제1종 중간검사와 제2종 중간검사로 구분한다(법 제9조 제1항, 제2항).

중간검사를 받으려는 선박소유자는 선박검사신청서에 ① 선박검사증서, ② 선박용물건 또는 소형선박의 검정증서, ③ 선박용물건 또는 소형선박의 확인서, ④ 선박용물건 또는 소형선박의 예비검사증서, ⑤ 하역설비검사기록부를 첨부하여 해양수산부장관에게 제출하여야 한다(시행규칙 제19조 제1항).

2) 중간검사시기 및 검사사항

중간검사를 받아야 할 시기는 〈표 1-4-1〉과 같다. 그러나 선박소유자가 장기항해 등 부득이한 사유가 있는 경우에는 중간검사를 검사기준일보다 3개월 이상 앞당겨 받을 수 있으며, 이 경우 해당 검사완료일부터 3개월이 지난 날을 새로운 검사기준일로 한다(시행규칙 제19조 제2항, 제5항).

〈표 1-4-1〉 중간검사시기

구 분	종 류	검 사 시 기
가. 여객선, 원자력선, 잠수선, 고속선 및 선령 30년 이상 선박으로서 선박길이 24미터 이상인 선박(어선은 제외)	제1종 중간검사	검사기준일 전후의 3개월 이내
나. 다음의 어느 하나에 해당하는 선박 1) 평수구역만을 항해하는 선박길이가 24미터 미만인 선박(가목의 선박은 제외) 2) 선박길이가 24미터 미만인 어선 3) 준설토 운반부선 및 부유식 해상구조물 4) 선박길이가 12미터 미만인 범선	제1종 중간검사	정기검사 후 2번째 검사기준일 전 3개월부터 3번째 검사기준일 후 3개월까지
다. 가목 및 나목에 해당하지 아니하는 선박	제1종 중간검사	정기검사 후 2번째 또는 3번째 검사기준일 전후 3개월 이내. 다만, 선박의 밑부분에 대한 검사(선저검사)는 지난번 선저검사일부터 3년을 초과하여서는 아니 된다
	제2종 중간검사	검사기준일 전후 3개월 이내(정기검사 또는 제1종 중간검사를 받아야 하는 연도의 검사기준일을 제외한다)

제1종 중간검사와 제2종 중간검사의 검사사항은 선박설비, 만재흘수선 및 무선설비(선박위치발신장치를 포함)로 한다(시행규칙 제19조 제4항).

3) 중간검사의 생략 대상선박

다음의 어느 하나에 해당하는 선박에 대해서는 중간검사를 생략한다(시행규칙 제19조 제3항).

① 총톤수 2톤 미만의 선박
② 추진기관 또는 돛대가 설치되지 아니한 선박으로서 평수구역 안에서만 운항하는 선박. 다만, 제6조 각 호의 선박은 제외한다.
③ 추진기관 또는 돛대가 설치되지 아니한 선박으로서 연해구역을 운항하는 선박 중 여객이나 화물의 운송에 사용되지 아니하는 선박

4) 중간검사의 연기신청

해외수역(대한민국의 수역 외의 수역을 말한다)에서의 장기간 항해 · 조업 등 부득이한 사유로 인하여 중간검사를 받을 수 없는 자는 중간검사의 시기를 연기할 수 있다. 중간검사시기를 연기받으려는 선박소유자는 중간검사시기연기신청서에 해당 선박의 항해, 조업일정 및 현재의 위치를 나타내는 서류를 첨부하여 해양수산부장관에게 제출해야 한다(법 제9조 제2항, 시행규칙 제20조 제1항).

해양수산부장관은 중간검사연기신청을 받은 경우에는 해당 선박의 항해 및 조업일정을 고려하여 타당하다고 인정되는 경우에 해당 검사기준일부터 12개월 이내의 기간을 정하여 그 검사시기를 연기할 수 있다. 이 경우 다음 검사시기와 검사종류 등을 선박소유자에게 알려야 한다. 연기받은 기간 내에 해당 선박이 중간검사를 받을 장소에 도착하면 지체 없이 중간검사를 받아야 한다(시행규칙 제20조 제2항, 제3항). 그리고 검사시기의 연기로 인하여 연기된 중간검사와 정기검사가 겹치는 경우에는 정기검사를 실시하고, 제1종 중간검사와 제2종 중간검사가 겹치는 경우에는 제1종 중간검사를 실시한다(시행규칙 제20조 제4항).

5) 선박검사증서에의 검사결과 표기

해양수산부장관은 중간검사에 합격한 선박에 대하여 선박검사증서에 그 검사결과를 표기해야 하는데, 이러한 검사결과의 표기는 선박검사증서의 뒤 쪽에 다음 검사시기와 검사종류 및 선박검사관의 성명(대행검사기관이 대행하는 경우에는 선박검사원의 성명)을 적어야 한다(법 제9조 제3항, 시행규칙 제19조 제6항).

2.4 임시검사

1) 의의 및 검사신청 방법

정기검사 또는 중간검사 시기가 아닌 시기에 선박의 수리나 설비의 교환 등의 사유로 선박의 감항성을 확인하는 검사를 임시검사라 하는데, 선박안전법 제10조 제1항에서는 임시검사를 실시하는 구체적인 사유에 대하여 규정하고 있다.

임시검사는 받으려는 선박소유자는 선박검사신청서에 ① 선박검사증서, ② 임시검사 관련 승인도면(도면승인을 한 대행검사기관에 신청하는 경우에는 생략), ③ 선박용물건 또는 소형선박의 검정증서, ④ 선박용물건 또는 소형선박의 확인서, ⑤ 선박용물건 또는 소형선박의 예비검사증서를 첨부하여 해양수산부장관에게 제출해야 한다. 다만, 상기 ②부터 ⑤까지의 서류는 해당되는 경우에만 첨부하며, 전자우편, 팩스 등의 방법으로 선박검사 신청서를 제출하는 경우에는 위 관련서류를 임시검사일 전까지 제출할 수 있다 한다(시행규칙 제21조 제1항).

2) 임시검사 사유

가) 선박시설에 대한 개조 또는 수리

선박시설에 대하여 해양수산부령으로 정하는 개조 또는 수리를 행하고자 하는 경우에 임시검사를 받아야 하는데, 여기서 "해양수산부령이 정하는 개조 또는 수리"란 다음의 어느 하나에 해당하는 경우를 말한다(법 제10조 제1항 제1호, 시행규칙 제21조 제2항).

① 선박의 길이, 너비, 깊이 또는 다음의 어느 하나에 해당하는 선체의 주요부의 변경으로 선체의 강도, 수밀성 또는 방화성에 영향을 미치는 개조 또는 수리
   ㉠ 상갑판 아래의 선체, 선루(船樓) 또는 기관실위벽(圍壁)의 폭로부(暴露部)
   ㉡ 갑판실(승선자가 거주하거나 항상 사용하는 것으로 한정한다)의 측벽 또는 정부갑판(頂部甲板)
   ㉢ 선루갑판 아래의 폭로부 외판
   ㉣ 격벽에 설치되어 폐위(閉圍)구역을 보호하는 폐쇄장치(목재창구덮개 또는 창구복포는 제외한다)

② 다음의 어느 하나에 해당하는 기관의 개조 또는 수리
   ㉠ 기관의 성능에 영향을 미치는 기관의 교체
   ㉡ 선박의 추진과 관계있는 기관의 교체
   ㉢ 선박의 추진과 관계있는 기관의 성능에 중대한 영향을 미치는 기관 주요부의 개조 또는 수리

③ 타(舵) 또는 조타장치의 변경으로 선박의 조종성능에 중대한 영향을 미치는 개조 또는 수리

④ 탱크·펌프실, 그 밖에 인화성 액체 또는 인화성 고압가스가 새거나 축적될 우려가 있는 곳에 설치되어 있는 전선로를 교체·변경하는 수리

⑤ 항만건설장비의 설치·변경 등으로 선박의 복원성 또는 항만건설장비의 성능에 중대한 영향을 미치는 개조 또는 수리

시행규칙 제21조 제2항에 따라 개조 또는 수리를 하는 선박소유자는 해당 시설의 개조 또는 수리에 착수한 때부터 검사를 받아야 한다. 선박소유자는 지정된 임시검사의 시기를 앞당겨 받을 수 있으며, 정기검사 또는 중간검사를 받을 때에 임시검사사항이 포함되는 경우에는 별도의 임시검사를 받지 아니한다(시행규칙 제21조 제6항, 제7항).

나) 선박검사증서 기재내용 변경 시

임시검사는 선박검사증서에 기재된 내용을 변경하고자 할 때 실시하는 검사이지만, 선박검사증서에 기재된 내용 중 선박소유자의 성명과 주소, 선박명 및 선적항의 변경 등 선박시설의 변경이 수반되지 않는 경미한 사항의 변경은 임시검사대상에 포함되지 않는다(법 제10조 제1항 제2호).

다) 선박의 용도변경

선박안전법 제10조 제1항 제3호에서는 선박의 용도를 변경하고자 하는 경우에 임시검사를 받도록 규정하고 있다. 여기서 선박의 용도변경이란 어선을 상선으로, 화물선을 여객선으로, 산적화물선을 유조선으로 사용하는 등 당초 건조된 선박의 용도를 바꾸어 사용하는 것을 의미한다. 선박은 용도에 따라 각종 안전기준이 다르기 때문에 대부분의 경우 용도를 변경하려면 개조공사가 필요한데, 이 경우에는 "선박시설에 대한 개조 등"에 해당하기 때문에 선박안전법 제10조 제1항 제1호의 규정에 따라 임시검사를 받게 된다. 그러나 선박안전법 제10조 제1항 제3호의 규정은 개조공사 없이 용도를 변경하는 경우에 적용되게 된다[31].

라) 무선설비의 설치 또는 변경

선박안전법 제10조 제1항 제4호에서는 선박의 무선설비를 새로이 설치하거나 이를 변경하고자 하는 경우에 임시검사를 받도록 규정하고 있다. 무선설비는 선박의 비상통신을 위한 핵심적인 설비로서 그 비치는 선박안전법 제29조에 의하여 의무화되어 있다.

31) 박영선, 앞의 책, 134쪽 참조.

무선설비는 개별적인 무선특성을 가지고 있어 이를 변경할 경우 그 성능의 변화가 있을 수 있다. 따라서 무선특성의 변화를 가져오는 공사를 행한 후에는 반드시 임시검사를 통하여 정상적으로 작동되는지 여부를 확인받을 필요가 있다[32].

마) 선박시설의 변경이 발생한 경우

「해양사고의 조사 및 심판에 관한 법률」 제2조 제1호에 따른 해양사고(이하 "해양사고"라 한다) 등으로 선박의 감항성 또는 인명안전의 유지에 영향을 미칠 우려가 있는 선박시설의 변경이 발생한 경우에 임시검사를 받아야 한다(법 제10조 제1항 제6호).

바) 임시검사의 내용 및 시기를 지정한 경우

해양수산부장관이 선박시설의 보완 또는 수리가 필요하다고 인정하여 임시검사의 내용 및 시기를 지정한 경우에 임시검사를 받아야 하며, 이 경우 해양수산부장관은 법 제10조 제1항 제6호에 따라 임시검사의 내용 및 시기를 지정하려는 경우에는 선박검사증서의 뒤쪽에 그 내용 및 시기를 적어야 한다(법 제10조 제1항 제7호, 시행규칙 제21조 제3항).

사) 만재흘수선의 변경 등 해양수산부령으로 정하는 경우

선박안전법에서는 만재흘수선의 변경 등 해양수산부령으로 정하는 경우에는 임시검사를 받도록 규정하고 있으며, 시행규칙 제21조 제4항에서 이에 대해 다음과 같이 상세히 규정하고 있다.

① 선박시설에 관한 선박용물건 중 선박에 고정 설치되는 것으로서 새로 설치하거나 변경하는 경우. 다만, 여객선 및 선박길이 24미터 이상의 선박이 아닌 선박의 경우에는 선박에 고정 설치되는 것으로서 구명설비, 소방설비, 항해설비 및 하역이나 그 밖의 작업설비로 한정한다.
② 만재흘수선을 새로 표시하거나 변경하려는 경우
③ 복원성기준을 새로 적용받거나 그 복원성에 영향을 미칠 우려가 있는 선박용물건을 신설·증설·교체 또는 제거하거나 위치를 변경하려는 경우

32) 박영선, 위의 책, 134쪽 참조.

④ 원자력선의 원자로에 연료체를 투입하거나 원자로 안에서 연료체의 배치를 바꾸려는 경우
⑤ 보일러 안전밸브의 봉인을 개방하여 조정하려는 경우
⑥ 해양수산부장관으로부터 확인받은 하역설비의 제한하중, 제한각도 및 제한반경을 변경하려는 경우
⑦ 승강설비의 제한하중 또는 정원을 변경하려는 경우
⑧ 법 제8조제3항에 따라 제17조(항해구역 외의 예외적 항해)의 경우, 가. 외국에 선박매각 등을 하기 위하여 예외적으로 단 한 번의 국제항해를 하는 경우, 나. 선박을 수리하거나 검사를 받기 위하여 수리할 장소 또는 검사를 받을 장소까지 항해하는 경우, 다. 항해구역 밖에 있는 선박을 그 해당 항해구역 안으로 항해시키는 경우, 라. 항해구역의 변경을 위하여 변경하려는 항해구역으로 선박을 항해시키는 경우 및 마. 그 밖에 '가'부터 '라'까지와 비슷한 사유로서 선박이 임시로 항해할 필요가 있다고 인정되는 경우('나'의 경우 검사시설이 없는 섬에서 선박검사를 받기 위하여 검사시설이 있는 장소로 항해하려는 경우는 제외한다)

3) 선박검사증서에의 검사결과 표기

해양수산부장관은 임시검사에 합격한 선박에 대하여 선박검사증서에 그 검사결과를 표기해야 하는데, 이러한 검사결과의 표기는 선박검사증서의 뒤 쪽에 다음 검사시기와 검사종류 및 선박검사관의 성명(대행검사기관이 대행하는 경우에는 선박검사원의 성명)을 적어야 한다(법 제10조 제2항, 시행규칙 제21조 제7항).

4) 임시변경증의 발급

해양수산부장관은 선박소유자가 선박검사증서의 기재내용을 일시적으로 변경하고자 하는 경우에는 임시변경증을 발급할 수 있다(법 제10조 제3항). 선박검사증서의 기재사항을 항구적으로 변경할 경우 선박소유자는 선박검사증서를 새로 발급받아야 하지만, 일시적으로 변경할 경우에는 추가로 임시변경증을 발급받을 수 있다. 임시변경증은 임시로 변경된 사항 및 그 유효기간이 지정되어 발급된다.

2.5 국제협약검사

1) 의의

국제항해에 취항하는 선박은 해당 선박이 국제협약의 제반 안전기준을 준수하고 있다는 증명서로서 국제협약검사증서를 비치하고 있어야 한다. 선박안전법 제12조 제1항은 선박소유자로 하여금 국제협약검사증서를 발급받기 위한 검사를 받도록 의무화하고 있는데, 국제협약검사증서 발급을 위하여 국제협약에 따라 해양수산부장관으로부터 받는 검사가 국제협약검사이다. 따라서 국제항해에 취항하는 선박의 소유자는 선박의 감항성 및 인명안전과 관련하여 국제적으로 발효된 국제협약에 따라 해양수산부장관의 검사를 받아야 한다(법 제12조 제1항).

2) 국제협약검사의 신청

국제협약검사를 받으려는 선박소유자는 국제협약검사신청서에 ① 선박검사증서 또는 임시항해검사증서, ② 전파법에 따른 무선국검사필증(여객선안전증서, 원자력여객선안전증서, 화물선안전무선증서 또는 원자력화물선안전증서를 발급받은 경우로 한정), ③ 해당 국제협약에서 규정하는 구조 및 설비를 확인할 수 있는 도면 및 자료, ④ 소지하고 있는 해당 국제협약검사증서(최초로 국제협약검사증서를 발급받으려는 경우에는 제외)를 첨부하여 해양수산부장관에게 제출해야 한다. 다만, 신청 시기가 선박검사 시기와 같은 경우에는 관련 서류를 제출하지 아니할 수 있다(시행규칙 제25조 제1항).

국제항해에 종사하지 아니하는 선박의 소유자도 그 구조 및 설비가 해당 국제협약에서 정하는 요건에 적합한 선박에 대해서는 신청에 따라 국제협약검사를 받을 수 있다(시행규칙 제25조 제2항).

3) 국제협약검사의 종류

국제협약검사는 최초검사, 정기검사, 중간검사, 연차검사 및 임시검사 5종류가 있다(시행규칙 제24조).

① 최초검사 : 최초로 국제항해에 사용하는 경우 받게 되는 검사

② 정기검사 : 국제협약검사증서의 유효기간이 끝난 경우 받게 되는 검사

③ 중간검사 : 국제협약검사증서의 2번째 검사기준일 또는 3번째 검사기준일 전후의 3개월 이내에 받게 되는 검사
④ 연차검사 : 국제협약검사증서의 매 검사기준일 전후의 3개월 이내(중간검사를 받는 연도의 검사기준일은 제외)에 받게 되는 검사
⑤ 임시검사 : 국제항해에 취항하는 선박으로서 선박안전법에 의한 임시검사의 사유가 발생하여 받게 되는 검사

4) 국제협약증서의 발급

해양수산부장관은 국제협약검사에 합격한 선박에 대하여 ① 선박검사관의 성명, ② 검사완료일 및 검사장소를 기입한 국제협약검사증서를 교부하여야 한다(법 제12조 제2항). 선박의 종류에 따라 국제항해에 취항하는 선박에 비치해야 하는 국제협약검사증서는 〈표 1-4-2〉와 같다(시행규칙 제23조 제1항).

〈표 1-4-2〉 선박의 종류에 따른 국제협약검사증서

선박의 종류	국제협약검사증서
여객선(원자력여객선 제외)	여객선안전증서
원자력여객선	원자력여객선안전증서
총톤수 300톤 이상 500톤 미만의 화물선	화물선안전무선증서
총톤수 500톤 이상의 화물선	화물선안전무선증서 화물선안전구조증서 화물선안전설비증서
원자력화물선	원자력화물선안전증서
액화가스산적운송선	가. 2016년 7월 1일 이후에 건조되거나 개조된 선박으로서 국제액화가스산적운송코드에 규정된 물질을 운송하는 선박: 별지 제16호서식의 국제액화가스산적운송적합증서 나. 1986년 7월 1일 이후부터 2016년 6월 30일 이전에 건조되거나 개조된 선박으로서 국제액화가스산적운송코드에 규정된 물질을 운송하는 선박: 별지 제16호의2서식의 국제액화가스산적운송적합증서 다. 1986년 6월 30일 이전에 건조되거나 개조된 선박: 별지 제17호서식의 액화가스산적운송적합증서

선박의 종류	국제협약검사증서
위험화학품산적운송선	가. 1986년 7월 1일 이후 건조되거나 개조된 위험화학품산적운송선으로서 국제산적운송코드에 규정된 물질을 운송하는 선박: 국제위험화학품산적운송적합증서 나. 1986년 6월 30일 이전에 건조되거나 개조된 선박: 위험화학품산적운송적합증서
위험물을 포장된 형태나 산적고체 형태로 운송하는 선박 가. 1984년 9월 1일 이후에 건조되거나 개조된 여객선 나. 1984년 9월 1일 이후에 건조되거나 개조된 총톤수 500톤 이상의 화물선 다. 1992년 2월 1일 이후에 건조되거나 개조된 화물선	위험물운송적합증서
여객선 및 총톤수 500톤 이상의 화물선 중 고속선안전코드의 적용을 받는 고속선 가. 1996년 1월 1일 이후부터 2002년 6월 30일 이전에 건조되거나 개조된 고속선 나. 2002년 7월 1일 이후에 건조되거나 개조된 고속선	고속선안전증서 및 고속선운항허가증
국제방사능핵연료 화물운송코드에서 규정하는 방사능물질을 운송하는 선박	국제방사능핵연료화물운송적합증서
총톤수 500톤 이상의 선박 중 특수목적선 안전코드의 요건에 적합한 선박	특수목적선안전증서
여객선이나 화물선으로서 선박의 길이가 20미터 이상인 선박	국제만재흘수선증서

국제협약검사증서에는 대한민국 정부의 권한으로 발행한다는 내용이 포함되어야 하며, 이 경우 국제협약검사증서를 대행검사기관이 발행하는 경우에는 대한민국 정부의 권한을 위임받아 발행한다는 사실을 나타내야 한다(시행규칙 제23조 제4항).

국제협약검사가 끝난 후 새로운 국제협약검사증서를 발급하지 아니하는 경우에는 종전의 국제협약검사증서에 해당 국제협약검사가 완료되었다는 내용을 적어 선박소유자에게 발급해야 한다(시행규칙 제23조 제5항).

5) 외국선박에 대한 국제협약검사증서의 발급

해양수산부장관은 법 제12조제4항에 따라 외국선박에 대하여 국제협약검사증서를 발급하는 경우에는 그 국제협약검사증서에 해당국 정부의 요청에 따라 발행하였다는 내용을 적어야 한다. 그리고 해양수산부장관은 법 제12조제4항에 따라 외국선박에 대하여 제23조제1항제12호에 따른 국제만재흘수선증서를 발급하는 경우에는 해당 증서의 발급을 요청한 외국정부에 다음의 서류를 송부해야 한다(법 제12조 제4항, 시행규칙 제28조).

① 국제만재흘수선증서 사본
② 건현 계산에 사용된 검사 보고서 사본
③ 건현 계산서 사본

6) 국제협약검사증서의 효력정지

국제협약검사증서의 효력정지 사유는 다음과 같다(시행규칙 제26조)

① 정기검사, 중간검사, 임시검사, 임시항해검사, 위험물운송 방법의 적합여부에 대한 검사, 유조선 등에 대한 강화검사, 특별검사를 받지 아니한 경우
② 중간검사, 연차검사 및 임시검사에 합격하지 못한 선박
③ 선박의 국적이 변경된 경우

2.6 검사의 준비

1) 선박의 종류별 준비사항

건조검사, 정기검사, 중간검사, 임시검사, 임시항행검사(이하 "선박검사"라고 한다)를 위한 해당 선박의 선박종류별 준비사항은 다음과 같다(법 제14조 제1항, 시행규칙 제30조 제1항).

① 건조검사 및 별도건조검사 준비사항 : [별표 9]
② 정기검사 준비사항 : [별표 10]
③ 중간검사 준비사항 : [별표 11]
④ 임시검사 준비사항 : [별표 10] 중 해당 선박설비
⑤ 임시항행검사 준비사항 : [별표 10] 중 해양수산부장관이 지정하는 사항

■ 선박안전법 시행규칙 [별표 9] 〈개정 2021. 6. 30.〉

<u>건조검사 및 별도건조검사 준비사항</u>(제30조제1항제1호 관련)

1. 선체에 관한 준비

가. 선체 내외부의 적당한 장소에 안전한 발판을 설치할 것

나. 재료시험(별도건조검사는 제외한다), 비파괴검사(해양수산부장관이 부득이하다고 인정하는 경우에는 길이 24미터 미만의 선박에 대하여는 생략할 수 있다. 이하 제2호의 비파괴검사의 준비에 관하여 같다), 압력시험 및 하중시험의 준비를 할 것

다. 나목의 압력시험은 수압시험이나 기밀시험의 방법으로 하고, 다음에 따라 확인한다.

1) 압력시험의 범위는 강력갑판 아래의 선체, 선루 또는 상갑판 위의 첫째 갑판실로 하고, 반드시 선박검사관(대행검사기관이 대행하는 경우 선박검사원을 말한다. 이하 같다)이 입회하여야 한다.

2) 물높이나 압력을 확인하고, 물이나 공기가 새지 아니하는지 확인한다.

3) 압력이 걸린 상태에서 부재(部材)가 변형되는지 여부를 확인하고, 변형이 있는 경우에는 수정 후 보강한다.

4) 선체 각 부에 대한 수압시험은 다음의 방법으로 한다.

<table>
<tr><th>항 목</th><th colspan="2">수압시험의 기준</th></tr>
<tr><td>이중저</td><td colspan="2">정판부터 공기관 상단까지의 물높이에 따른 압력과 정판부터 격벽 갑판까지의 물높이에 따른 압력 중 큰 것에 상당하는 압력</td></tr>
<tr><td>노출된 상갑판 및 선루갑판</td><td colspan="2" rowspan="3">호스내 압력이 2 bar [2 kgf/㎠] 이상인 사수에 따른 압력</td></tr>
<tr><td>단격벽에 제2급폐쇄장치를 갖춘 선루 내의 상갑판</td></tr>
<tr><td>수밀격벽 및 그 계단부</td></tr>
<tr><td>외판</td><td colspan="2">호스 내 압력이 2 bar [2 kgf/㎠] 이상인 사수에 따른 압력 또는 물높이에 따른 압력. 다만, 이중저·선수창 등을 구성하는 부분의 외판은 그 각 부분의 수압시험의 방법에 따른다.</td></tr>
<tr><td>선수격벽 후방에 있는 묘쇄고</td><td colspan="2">정판까지의 물높이에 따른 압력</td></tr>
<tr><td>국제항해에 취항하는 여객선외의 선박의 선수창(물탱크나 유탱크로 사용하는 것은 제외한다)</td><td colspan="2">만재흘수선까지의 물높이에 따른 압력과 선수격벽의 높이의 3분의2까지의 물높이에 따른 압력 중 큰 것에 상당하는 압력. 다만, 그 수선 이상의 부분은 호스 내의 압력이 2 bar [2 kgf/㎠] 이상인 사수에 따른 압력</td></tr>
<tr><td>국제항해에 취항하는 여객선의 선수창 및 내측외판</td><td colspan="2">한계선까지의 압력 정도의 압력</td></tr>
<tr><td rowspan="2">국제항해에 취항하는 여객선의 수밀격벽의 수밀문</td><td>취부 전</td><td>한계선까지의 물높이에 따른 압력에 상당하는 압력</td></tr>
<tr><td>취부 후</td><td>호스 내의 압력이 2 bar [2 kgf/㎠] 이상인 사수에 따른 압력</td></tr>
<tr><td rowspan="2">국제항해에 종사하는 여객선외의 선박의 수밀격벽의 수밀문</td><td>취부 전</td><td>그 수밀격벽이 받을 것으로 예상되는 물높이에 따른 압력에 상당하는 압력</td></tr>
<tr><td>취부 후</td><td>호스 내의 압력이 2 bar [2 kgf/㎠] 이상인 사수에 따른 압력</td></tr>
<tr><td>선미창(물탱크나 유탱크로 사용하는 것은 제외한다) 및 선미관구획실</td><td colspan="2">만재흘수선까지의 물높이에 따른 압력에 상당하는 압력. 다만, 만재흘수선 이상의 부분은 호스 내의 압력이 2 bar [2 kgf/㎠] 이상인 사수에 따른 압력</td></tr>
</table>

<table>
<tr><th>항 목</th><th>수압시험의 기준</th></tr>
<tr><td>물탱크나 유탱크로 사용하는
선수창 또는 선미창</td><td rowspan="2">정판부터 다음 위치까지의 물높이에 따른 압력 중 가장 큰 것에 상당하는 압력
1) 넘침관의 상단
2) 만재흘수선
3) 정판 위 2.4미터의 높이
4) 선박 깊이의 상부기점으로부터 정판까지의 수직거리의 3분의 2를 정판부터 상방으로 수직으로 측정한 높이</td></tr>
<tr><td>디프탱크</td></tr>
<tr><td>제1급폐쇄장치의 개구를 설치한
선루 및 저선미루단의 격벽</td><td rowspan="6">호스 내의 압력이 2 bar [2 ㎏f/㎠] 이상인 사수에 따른 압력</td></tr>
<tr><td>축로</td></tr>
<tr><td>그 밖의 수밀통로</td></tr>
<tr><td>제1급폐쇄장치를 설치한
선루단격벽의 출입구</td></tr>
<tr><td>수밀폐쇄장치를 갖춘 갑판구
(창구를 포함한다)</td></tr>
<tr><td>현문, 재화문 및 현창</td></tr>
<tr><td>유조선 및 위험물산적운송선의
화물유탱크</td><td>화물유탱크의 정판을 구성하는 갑판(팽창트렁크가 있는 화물유탱크에 있어서는 팽창트렁크의 정판)의 현측에 있어서 상면으로부터 2.4미터까지의 물높이에 따른 압력에 상당하는 압력. 다만, 해당 탱크의 기능이 도달하는 가장 높은 장소에 상당하는 물높이에 따른 압력이상으로 하여야 한다.</td></tr>
<tr><td>펌프실과 겸용하지
아니하는 코퍼댐</td><td>정판부터 창구 정부까지의 물높이에 따른 압력에 상당하는 압력</td></tr>
<tr><td>펌프실과 겸용하는 코퍼댐</td><td>호스 내의 압력이 2 bar [2 ㎏f/㎠] 이상인 사수에 따른 압력</td></tr>
<tr><td>활어창</td><td>정판까지의 장수에 따른 압력</td></tr>
<tr><td>복판타</td><td>1.5 D 또는 2 d 중 작은 값의 물높이에 따른 압력에 상당하는 압력. 이 경우 D는 선박 깊이, d는 지정된 흘수로 한다.</td></tr>
<tr><td>위험물 외의 가연성 액체를 운송하는
액체화학품산적운송선 및
액화가스물질운송선의 탱크</td><td>정판상 2.4+h(r-1)미터의 물높이에 따른 압력에 상당하는 압력. 이 경우 h는 해당 탱크의 높이, r은 액체의 비중으로 한다. 다만, r<1인 경우에는 r을 1로 한다.</td></tr>
</table>

2. 기관에 관한 준비

재료시험(별도건조검사는 제외한다), 비파괴검사, 용접시공시험, 평형시험, 압력시험, 효력시험, 축기시험, 도기시험 및 육상 시운전의 준비를 할 것

3. 배수설비에 관한 준비

재료시험(별도건조검사는 제외한다), 압력시험 및 효력시험의 준비를 할 것

4. 조타 · 계선 및 양묘설비에 관한 준비

재료시험(별도건조검사는 제외한다), 압력시험 및 효력시험의 준비를 할 것

5. 전기설비에 관한 준비

재료시험(별도건조검사는 제외한다), 방수시험, 방폭시험, 완성시험, 절연저항시험 및 효력시험의 준비를 할 것

■ 선박안전법 시행규칙 [별표 10] 〈개정 2021. 6. 30.〉

정기검사 준비사항(제30조제1항제2호 관련)

1. 선체에 관한 준비

가. 입거(入渠) 또는 상가(上架)를 할 것. 다만, 다음의 경우에는 그러하지 아니하다.

1) 선박길이 24미터 미만인 목선 및 특수재질선박과 선박길이 12미터 미단인 강선을 받침대 등으로 들어 올려놓은 경우

2) 입거 또는 상가의 시설이 없는 호소 · 하천 · 항내의 수역에서만 운항하는 선박길이 24미터 미만인 선박의 선저를 검사할 수 있도록 수면 밖으로 끌어올린 경우

나. 타를 들어 올리거나 빼낼 것

다. 선체에 붙어있는 해초 · 조개류 등을 깨끗이 떼어낼 것

라. 목선의 선체 외판에 덧붙인 선체보호용 포판의 일부를 떼어낼 것

마. 선체 내부에 있는 화물 및 고형밸러스트를 떼어낼 것

바. 선체 내부의 선체에 고착되지 아니하는 물품을 정리할 것

사. 탱크의 맨홀을 열어 놓고 내용물 및 위험성가스를 배출할 것

아. 화물구획의 내장판의 일부를 떼어낼 것

자. 갑판피복 및 선저 시멘트의 일부를 떼어낼 것

차. 강제선체 주요부의 녹을 떨어내고 두께를 측정할 수 있도록 할 것

카. 선체 내외부의 적당한 장소에 안전한 발판을 설치할 것

타. 재료시험의 준비를 할 것(처음으로 검사를 받는 경우로 한정한다)

파. 비파괴검사의 준비를 할 것(해양수산부장관이 부득이하다고 인정하는 경우에는 선박길이 24미터 미만의 선박에 대하여는 생략할 수 있다. 이하 제2호아목 및 제7호라목의 비파괴검사의 준비에 관하여 같다)

하. 압력시험 및 하중시험의 준비를 할 것

거. 수밀문 · 방화문 등 폐쇄장치 효력시험의 준비를 할 것

너. 유조선 · 산적화물선 또는 위험물산적운송선의 경우에는 다음의 준비를 추가할 것

1) 화물창, 평형수탱크, 그 밖의 밀폐구역의 위험성가스를 충분히 배출할 것

2) 선박검사 시 부식 · 변형 · 균열 등 손상에 따른 결함이 잘 보이도록 물 · 녹 · 오물 · 기름잔류물 등을 제거하고 충분한 조명설비를 준비할 것

3) 밀폐된 구역의 검사 시 안전을 확보할 수 있도록 상갑판에 연락책임자를 배치하고 선박검사관과의 통신장비를 설치할 것

4) 다음의 서류를 선내에 갖추어 두고 선박검사관에게 제시할 것

가) 선체요목서

나) 최종회 검사 시에 실시된 판두께 측정보고서

다) 화물창 및 평형수탱크의 주요 구조도면 및 사용기록

라) 화물창 및 평형수탱크의 도장상태에 관한 검사기록(부식방지용 도료의 종류 및 도장의 일시 · 방법에 관한 사항이 포함되어야 한다)

마) 불활성가스장치의 사용범위와 탱크세정절차에 관한 서류(유조선으로 한정한다)

바) 화물창, 평형수탱크 및 관장치의 수리기록

2. 기관에 관한 준비

가. 주기관

1) 내연기관

가) 실린더커버를 떼어내고 피스톤 및 실린더라이너를 들어낼 것

나) 실린더커버 · 피스톤 및 실린더의 냉각부를 검사할 수 있도록 분해할 것

다) 크랭크암의 개폐량을 잴 수 있도록 할 것. 다만, 고속기관에 대하여는 그러하지 아니하다.

라) 크랭크축의 베어링의 상반(上盤) 또는 하반(下盤)과 크로스헤드핀 및 크랭크핀의 베어링을 떼어낸 후 크랭크축을 회전할 수 있도록 하고, 크랭크축과 크랭크암과의 접합부를 검사하기 곤란한 경우에는 크랭크축을 들어올려 놓을 것

마) 배기터빈과급기 및 소기장치의 내부를 검사할 수 있도록 개방하고 작동 부분을 들어낼 것

바) 작동에 직접 관계있는 중요한 밸브를 분해할 것

2) 가스터빈

가) 터빈 및 압축기 차실의 상반을 떼어내고 로터를 들어 올려 놓을 것

나) 연소기 및 열교환기의 내부를 검사할 수 있도록 분해할 것

다) 작동에 직접 관계있는 중요한 밸브를 분해할 것

3) 증기터빈

가) 터빈 차실의 상반을 떼어내고 로터를 들어올려 놓을 것

나) 축, 글랜드, 추력조정베어링, 오일드레인 및 실링관을 검사할 수 있도록 분해할 것

다) 작동에 직접 관계가 있는 중요한 밸브를 분해할 것

나. 추진축계

1) 프로펠러를 빼내고 프로펠러축(선미관축을 포함하며, 워터제트 추진장치의 경우에는 주축을 말한다)을 뽑아낼 것. 다만, 워터제트 추진장치의 경우 다음의 사항을 확인할 수 있도록 준비한 후, 확인결과에 따라 상태가 양호하다고 인정되면 주축을 뽑아내지 않을 수 있다.

가) 커플링 볼트의 상태

나) 주축의 선수축 및 선미측 베어링 상태

다) 임펠러 보스와 주축의 접촉부분의 상태(키 및 스플라인으로 부착한 경우)

라) 임펠러 상태

마) 주축 선수축 밀봉장치의 주요부분

바) 개방된 스러스트 베어링 상태

2) 각 베어링의 상반 또는 커버 및 스러스트패드를 빼내고 각 축을 회전할 수 있도록 할 것

3) 선미관 후단의 경우 축과 지면재의 틈을 잴 수 있도록 할 것

4) 가변 피치프로펠러의 프로펠러 내부의 변절기구 또는 회전 부분을 검사할 수 있도록 분해하고 각 날개를 떼어낼 것

5) 가변 피치프로펠러에 부속된 조정밸브 및 변절유펌프를 검사할 수 있도록 분해할 것

6) 동력전달장치를 분해할 것

다. 보일러 및 압력용기

1) 보일러의 내부 및 화염이 닿는 부분과 압력용기의 내부를 청소한 후 맨홀, 청소구멍 및 검사구멍의 커버를 떼어내고, 부속된 중요한 밸브 및 콕을 분해할 것

2) 보일러의 스모크박스도어를 열어 놓을 것

3) 보온재 등 보일러의 바깥 부분을 떼어내고 판 및 관의 두께를 잴 수 있도록 할 것

라. 보조기관

1) 선박의 추진 및 항해와 관계있는 발전기 또는 선박의 추진과 관계있는 보기(補機)를 구동하는 보조기관은 가목의 준비를 할 것

2) 1) 외의 보조기관으로서 선박의 항해에 관계있는 보기를 구동하는 보조기관은 실린더커버, 크랭크축의 베어링의 상반 또는 하반, 크랭크핀베어링, 그 밖의 주요한 베어링을 떼어낼 것

마. 보기 및 관장치
1) 보기의 내부를 검사할 수 있도록 개방하고 작동 부분을 빼낼 것
2) 연료유탱크, 여과기, 밸브, 콕, 그 밖의 관장치의 내부를 검사할 수 있도록 개방할 것

바. 비품은 적당한 장소에 진열할 것
사. 재료시험, 용접시공시험, 평형시험, 축기시험 및 육상 시운전의 준비를 할 것(처음으로 검사를 받는 경우로 한정한다)
아. 비파괴검사의 준비를 할 것
자. 압력시험, 효력시험 및 도기시험의 준비를 할 것

3. 배수설비에 관한 준비

가. 펌프의 플런저, 피스톤, 임펠러, 그 밖의 작동 부분을 빼내고, 밸브케이싱을 분해할 것
나. 최고 항해흘수선 이하에서 선외로 통하는 밸브 및 콕을 분해할 것
다. 로즈박스 및 머드박스를 분해할 것
라. 압력시험의 준비를 할 것(처음으로 검사를 받는 경우로 한정한다)
마. 효력시험의 준비를 할 것

4. 조타, 계선 및 양묘설비에 관한 준비

가. 닻, 닻쇠사슬 또는 로프와 계선용 로프를 적당한 장소에 진열할 것
나. 재료시험 및 압력시험의 준비를 할 것(처음으로 검사를 받는 경우로 한정한다)
다. 효력시험의 준비를 할 것

5. 구명 및 소방설비에 관한 준비

가. 떼어내어 검사하여야 하는 것은 떼어내어 적당한 장소에 진열할 것
나. 재료시험 및 압력시험의 준비를 할 것(처음으로 검사를 받는 경우로 한정한다)
다. 효력시험 또는 현상검사의 준비를 할 것

6. 항해설비에 관한 준비

가. 떼어내어 검사하여야 하는 것은 떼어내어 적당한 장소에 진열할 것
나. 효력시험의 준비를 할 것

7. 위험물이나 그 밖의 산적화물의 적부(積付)설비에 관한 준비

가. 탱크의 맨홀을 열고, 내용물 및 위험성가스를 배출할 것
나. 탱크 내외의 적당한 장소에 안전한 발판을 설치할 것
다. 재료시험, 용접시공시험 및 압력시험의 준비를 할 것(처음으로 검사를 받는 경우에 한정한다)
라. 비파괴검사의 준비를 할 것
마. 효력시험의 준비를 할 것

8. 하역이나 그 밖의 작업설비에 관한 준비

가. 윈치 내부의 주요 부분을 검사할 수 있도록 분해할 것
나. 하역장치의 하중시험의 준비를 할 것(처음으로 검사를 받는 경우로 한정한다)
다. 재료시험 및 압력시험의 준비를 할 것(처음으로 검사를 받는 경우로 한정한다)
라. 효력시험의 준비를 할 것

9. 전기설비에 관한 준비

가. 재료시험, 방수시험, 방폭시험 및 완성시험의 준비를 할 것
(처음으로 검사를 받는 경우로 한정한다)

나. 절연저항시험 및 효력시험의 준비를 할 것

10. 컨테이너설비에 관한 준비

가. 재료시험 및 하중시험의 준비를 할 것(처음으로 검사를 받는 경우로 한정한다)

나. 현상검사의 준비를 할 것

11. 승강설비에 관한 준비

가. 호이스트(卷上機) 내부의 주요 부분을 검사할 수 있도록 분해할 것

나. 재료시험 및 하중시험의 준비를 할 것(처음으로 검사를 받는 경우로 한정한다)

다. 효력시험의 준비를 할 것

12. 복원성시험에 관한 준비(처음으로 검사를 받거나 복원성에 변경이 있는 경우로 한정한다)

가. 복원성시험의 장소는 바람 · 파랑 · 조류 등의 영향이 적은 곳을 택할 것

나. 복원성시험 실시 중에 예상되는 외력에 따른 영향을 피할 수 있도록 계류 그 밖에 적절한 조치를 취할 것

다. 선박 완성 시에 탑재할 설비나 그 밖의 물건은 선내의 정위치에 탑재할 것

라. 선박 완성 시에 탑재하지 아니하는 설비나 그 밖의 물건으로서 복원성시험에 필요하지 아니하는 것은 선내에서 제거할 것

마. 부득이한 사정으로 다목과 라목에 따르기 곤란한 경우에는 정위치에 탑재하지 아니하였거나 제거하지 못한 물건에 대하여 그 중량 및 탑재위치에 관한 상세한 자료를 작성할 것

바. 선내의 모든 탱크를 비우거나 채우고, 탱크 외의 물 · 기름 등을 제거할 것

사. 부득이한 사정으로 탱크를 비우거나 채우기 곤란한 경우에는 탱크 내 액체의 자유표면에 따른 영향을 정확히 산정하기 위한 자료를 작성할 것

아. 선내의 이동하기 쉬운 탑재물은 복원성시험 실시 중에 이동하지 아니하도록 고정할 것

자. 해당 선박의 계획트림 외에는 가급적 트림을 적게 할 것

차. 해당 선박을 횡경사시키기에 적당한 중량의 것으로서 그 중량이 정확하게 측정된 이동중량물을 선박에 탑재할 것

카. 횡경사각의 측정을 위하여 추를 사용하는 경우에는 가급적 추의 길이를 길게 하고, 그 동요를 적게 하기 위한 시험수조를 준비할 것

타. 동요시험을 하는 경우에는 해당 선박의 횡요각을 가급적 크게 할 수 있는 인원이나 적당한 용구를 준비할 것

13. 거주 및 위생설비에 관한 준비

효력시험 또는 현상검사의 준비를 할 것

14. 만재흘수선 및 무선설비에 관한 준비

효력시험 또는 현상검사의 준비를 할 것

15. 냉동, 냉장 및 수산물처리가공설비에 관한 준비

효력시험 또는 현상검사의 준비를 할 것

16. 해상 시운전의 준비

■ 선박안전법 시행규칙 [별표 11] 〈개정 2020. 6. 17.〉

<u>중간검사 준비사항</u>(제30조제1항제3호 관련)

1. **제1종 중간검사**

가. 선체에 관한 준비

별표 10 제1호가목부터 라목까지, 카목(선체 외부로 한정한다), 거목 및 너목의 준비를 할 것

나. 기관에 관한 준비

1) 주기관

가) 내연기관

(1) 실린더커버를 떼어낼 것

(2) 크랭크암의 개폐량을 잴 수 있도록 할 것. 다만, 고속기관에 대하여는 그러하지 아니하다.

(3) 크랭크축의 베어링의 상반 또는 하반과 크랭크핀베어링을 떼어낸 후 크랭크축을 회전할 수 있도록 하고, 크랭크축과 크랭크암과의 접합부를 검사하기가 곤란한 경우에는 크랭크축을 들어올려 놓을 것

(4) 배기터빈 과급기 및 소기장치의 내부를 검사할 수 있도록 개방할 것

나) 가스터빈 및 증기터빈은 터빈 및 압축기 차실의 상반과 로터베어링의 상반을 떼어낸 후 로터를 회전할 수 있도록 할 것

2) 추진축계

가) 프로펠러를 빼내고 프로펠러축(선미관축을 포함하며, 워터제트 추진장치의 경우에는 주축을 말한다)을 뽑아낼 것. 다만, 워터제트 추진장치의 경우 다음의 사항을 확인할 수 있도록 준비한 후, 확인 결과에 따라 상태가 양호하다고 인정되면 주축을 뽑아내지 않을 수 있다.

(1) 커플링 볼트의 상태

(2) 주축의 선수축 및 선미측 베어링 상태

(3) 임펠러 보스와 주축의 접촉부분 상태(키 및 스플라인으로 부착한 경우)

(4) 임펠러 상태

(5) 주축 선수축 밀봉장치의 주요부분

(6) 개방된 스러스트 베어링 상태

나) 각 축 베어링의 상반 또는 커버 및 스러스트베어링을 떼어내고 각 축을 회전할 수 있도록 할 것

다) 선미관 후단에 있어서 축과 지면재와의 틈을 잴 수 있도록 할 것

라) 가변 피치프로펠러의 프로펠러 내부의 변절기구 또는 회전 부분을 검사할 수 있도록 분해하고, 날개를 한 장 떼어낼 것

마) 감속장치 기어의 톱니를 검사할 수 있도록 분해할 것

3) 보일러

가) 보일러의 내부 및 화염이 닿는 부분과 압력용기의 내부를 청소한 후 맨홀, 청소구멍 및 검사구멍의 커버를 떼어내고, 부속된 중요한 밸브 및 콕을 분해할 것

나) 보일러의 스모크박스도어를 열어 놓을 것

다) 보온재 등 보일러 바깥 부분의 일부를 떼어내고, 판과 관의 두께를 잴 수 있도록 할 것

4) 선박의 추진 및 항해와 관계있는 발전기 또는 선박의 추진과 관계있는 보기를 구동하는 보조기관은 1)의 준비를 할 것

5) 보기 및 관장치

가) 보기의 내부를 검사할 수 있도록 개방하고 작동 부분을 빼낼 것

나) 연료유탱크, 여과기, 밸브, 콕, 그 밖의 관장치의 내부를 검사할 수 있도록 개방할 것

6) 비품은 적당한 장소에 진열할 것
7) 효력시험 및 도기시험의 준비를 할 것

다. 배수설비에 관한 준비
별표 10 제3호의 준비를 할 것

라. 조타, 계선 및 양묘설비에 관한 준비
닻, 닻쇠사슬 또는 로프와 계선용 로프를 적당한 장소에 진열할 것

마. 구명 및 소방설비에 관한 준비
1) 떼어내어 검사하여야 하는 것은 떼어내어 적당한 장소에 진열할 것
2) 효력시험 또는 현상검사의 준비를 할 것

바. 항해설비에 관한 준비
떼어내어 검사하여야 하는 것은 떼어내어 적당한 장소에 진열할 것

사. 위험물의 적부설비 및 하역설비에 관한 준비
효력시험의 준비를 할 것

아. 전기설비에 관한 준비
절연저항시험 및 효력시험의 준비를 할 것

자. 컨테이너설비에 관한 준비
현상검사의 준비를 할 것

차. 승강설비에 관한 준비
효력시험의 준비를 할 것

카. 거주 및 위생설비에 관한 준비
효력시험 또는 현상검사의 준비를 할 것

타. 만재흘수선 및 무선설비에 관한 준비
효력시험 또는 현상검사의 준비를 할 것

파. 냉동, 냉장 및 수산물처리가공설비에 관한 준비
효력시험 또는 현상검사의 준비를 할 것

2. 제2종 중간검사

가. 만재흘수선의 표시를 검사할 수 있도록 안전한 발판을 설치할 것
나. 수밀문 · 방화문 등 폐쇄장치에 대한 효력시험의 준비를 할 것
다. 기관, 배수설비, 조타설비, 구명 및 소방설비, 항해용구 및 위험물의 적부설비는 효력시험 또는 현상검사의 준비를 할 것
라. 전기설비의 경우에는 절연저항시험 및 효력시험의 준비를 할 것
마. 선령 10년을 넘는 산적화물선의 화물창의 경우에는 별표 10의 제1호너목 1) 부터 3)까지의 준비를 할 것
바. 거주 및 위생설비에 관한 준비
현상검사의 준비를 할 것
사. 만재흘수선 및 무선설비에 관한 준비
효력시험 또는 현상검사의 준비를 할 것

2) 선체두께의 측정

선체의 두께측정은 선체의 부식상태를 판단할 수 있는 좋은 방법이다. 따라서 선박안전법은 선박검사의 준비사항으로서 선박소유자에게 선체의 두께에 대한 측정을 받도록 의무화 하였다. 즉 선박소유자는 검사의 준비로서 해양수산부장관으로부터 선체두께의 측정을 받아야 한다(법 제14조 제2항).

선체두께의 측정은 선령 10년 이상의 강선으로서 여객선 및 선탁길이 24미터 이상인 선박에 대하여 해당 선박의 정기검사 시에 측정하여야 한다(시행규칙 제30조 제2항).33)

3) 검사준비의 완화

해양수산부장관은 해당 선박의 구조, 시설, 크기, 용도 또는 항해구역 등을 고려하여 검사준비 및 제출서류 등에 대하여 전부 또는 일부를 완화하거나 면제할 수 있는데, 완화내용은 다음과 같다(법 제14조 제3항, 시행규칙 제31조 제2항부터 제6항까지).

① 정기검사나 중간검사일 전 6개월 이내에 부분적인 수리나 정비를 하고 임시검사에 합격한 사항에 대해서는 해당 정기검사나 중간검사의 준비사항을 면제할 수 있다(시행규칙 제31조 제2항).

② 총톤수 2톤 미만의 선박에 대하여는 배수설비의 효력시험, 닻·계선용로프 등의 진열 및 효력시험, 구명·소방설비의 효력시험 또는 현상검사, 항해설비의 효력시험 이외의 검사준비를 면제한다(시행규칙 제31조 제3항).

③ 부유식 해상구조물의 정기검사 및 제1종 중간검사 시 선체에 대한 입거 또는 상가준비를 수중검사준비로 갈음할 수 있고, 정기검사 및 제1종 중간검사 시 기관·배수설비·조타, 계선 및 양묘설비의 검사준비사항을 면제할 수 있다(시행규칙 제31조 제4항).

④ 선령 30년 이상의 선박길이 24미터 이상인 선박에 대해서는 제1종 중간검사 시 기관에 관한 준비사항 중 효력시험 및 도기시험을 제외한 모든 시험을 면제할 수 있다. 다만, 연속해서 3회를 면제할 수 없다(시행규칙 제31조 제5항)

33) 선체두께의 측정범위 및 측정방법은 시행규칙 [별표 12]에서 규정하고 있으므로 참조.

⑤ 내수면에서만 항해하는 선박 및 여객선을 제외한 선령 15년 미만의 선박은 제1종 중간검사 시 선체의 입거 또는 상가준비를 수중검사 준비로 갈음할 수 있으며, 정기검사 시 타를 들어 올리거나 빼내고, 선체에 붙어있는 해초·조개류 등을 깨끗이 떼어내거나, 목선의 선체 외판에 덧붙인 선체보호용 포판의 일부를 떼어내는 등의 준비 및 최고 항해흘수선 이하에서 선외로 통하는 밸브 및 콕을 분해하는 것은 면제할 수 있다. 다만, 여객선에 대해서는 연속해서 3회를 갈음하거나 면제할 수 없다(시행규칙 제31조 제6항).

3. 선박용물건 또는 소형선박의 형식승인

3.1 형식승인

1) 의의

일반적으로 형식승인이란 어떤 공산품에 대하여 국가가 인정한 시험기관의 승인을 받음으로써 각종 공산품의 안정성과 편리성을 확보하고 있다는 것을 인증·증명하는 제도이다. 특히 동일한 공정과 품질관리에 의하여 대량생산되는 공산품은 제품의 품질이 균일하므로 개별 제품에 대하여 검사를 하는 것은 시간과 비용의 낭비를 초래할 수 있다. 따라서 형식승인을 받은 제품은 개별제품에 대한 검사를 생략하고 표본검사(검정)에 의하여 합격여부를 결정하고 있다. 우리나라는 일본에서 활용되던 형식승인제도를 1982년에 선박안전법에 수용하였다[34].

2) 취득 및 절차

해양수산부장관이 정하여 고시하는 선박용물건 또는 소형선박을 제조하거나 수입하려는 자가 해당 선박용물건 또는 소형선박에 대하여 검정을 받으려는 때에는 미리 해양수산부장관의 형식에 관한 승인(형식승인)을 받아야 한다(법 제18조 제1항).

형식승인을 받으려는 자는 형식승인신청서를 지방해양수산청장에게 제출해야 한다. 이 경우 형식승인시험 면제대상에 해당하는 선박용물건에 대하여 형식승인을 받으려는 자는 형식승인시험합격증서에 갈음하여 형식승인시험 면제대상에 해당함을 증명하는 서류와 형식승인시험 신청에 필요한 서류를 각각 첨부해야 한다. 지방해양수산청장은 형식승인 신청을 받은 때에는 지정시험기관이 지방해양수산청장에게 제출한 형식승인시험 합격증서 등 관련 서류 또는 형식승인시험 면제대상에 해당함을 증명하는 서류와 형식승인시험 신청에 필요한 서류임을 확인하고 이상이 없는 경우에는 형식승인증서를 신청인에게 발급한 후 이를 고시하여야 한다(시행규칙 제36조).

34) 박영선, 앞의 책, 162쪽.

3) 형식승인의 변경

형식승인을 얻은 자가 그 내용을 변경하고자 하는 경우에는 해양수산부장관으로부터 변경승인을 얻어야 한다. 이 경우 선박용물건 또는 소형선박의 성능에 영향을 미치는 사항을 변경하는 때에는 해당 변경 부분에 대하여 형식승인시험을 거쳐야 한다(법 제18조 제4항).

형식승인을 받은 내용을 변경하려는 경우에는 형식승인사항변경승인신청서에 변경내용을 적은 서류(성능에 영향을 미치지 아니하는 경우로 한정한다)를 첨부하여 지방해양수산청장에게 제출해야 한다. 지방해양수산청장은 형식승인사항 변경승인신청을 받은 때에는 지정시험기관이 지방해양수산청장에게 제출한 형식승인시험합격증서 등 관련 서류 또는 형식승인시험 신청에 필요한 서류임을 확인하고 이상이 없는 경우에는 형식승인증서를 신청인에게 발급하여야 한다(시행규칙 제42조의3).

3.2 형식승인의 취소

형식승인의 취소 및 효력정지 사유는 다음과 같다(법 제19조, 시행규칙 제46조 제1항).

① 거짓이나 그 밖의 부정한 방법으로 형식승인 또는 그 변경승인을 얻은 경우 : 형식승인 취소
② 거짓이나 그 밖의 부정한 방법으로 검정을 받은 경우 : 형식승인 취소
③ 제조 또는 수입한 선박용물건 또는 소형선박이 법 제26조에 따른 선박시설기준에 적합하지 아니하게 된 경우 : 형식승인 취소
④ 정당한 사유 없이 2년 이상 계속하여 해당 선박용물건 또는 소형선박을 제조하거나 수입하지 아니한 경우 : 효력정지 6개월
⑤ 법 제75조에 따른 보고·자료제출명령을 거부한 경우 : 효력정지 2개월

지방해양수산청장은 위반행위의 동기, 내용 및 횟수 등을 고려하여 효력정지의 기간을 2분의 1의 범위에서 가중하거나 감경할 수 있으며, 이 경우 가중한 기간을 합산한 기간은 6개월을 초과할 수 없다(시행규칙 제46조 제2항). 지방해양수산청장은 형식승인의 취소 및 효력정지 처분을 한 때에는 지체 없이 그 사실을 고시하여야 한다(시행규칙 제46조 제3항).

4. 선박시설의 기준 등

4.1 선박시설의 기준

선박시설은 해양수산부장관이 정하여 고시하는 선박시설기준에 적합해야 한다(법 제26조). 이 규정에 의하여 선박의 시설에 관한 기준은 해양수산부장관이 정하여 고시하는 기준에 따라야 하며, 주요 고시는 다음과 같다.

〈표 1-4-4〉 선박안전법 제26조에 의한 위임 행정규칙

위임 행정규칙
■ 강선의 구조기준(해양수산부고시 제2021-15호, 2021. 1. 21., 일부개정) ■ 강화플라스틱(FRP)선의 구조기준(해양수산부고시 제2020-107호, 2020. 7. 31., 일부개정) ■ 고속선 기준(해양수산부고시 제2020-58호, 2020. 5. 14., 일부개정) ■ 공기부양정의 구조 및 설비 등에 관한 기준 (해양수산부고시 제2021-43호, 2021. 2. 23., 일부개정) ■ 극지해역 운항선박 기준(해양수산부고시 제2021-119호, 2021. 6. 14., 일부개정) ■ 목선의 구조기준(해양수산부고시 제2020-141호, 2020. 9. 4., 일부개정) ■ 범선의 구조 및 설비 등에 관한 기준(해양수산부고시 제2020-120호, 2020. 7. 31., 일부개정) ■ 부선(艀船)의 구조, 설비, 만재흘수선 및 복원성에 관한 기준 (해양수산부고시 제2022-79호, 2022. 5. 23., 일부개정) ■ 부유식 해상구조물의 구조, 설비, 만재흘수선 및 복원성에 관한 기준 (해양수산부고시 제2022-36호, 2022. 3. 10., 일부개정) ■ 새로운 형식의 선박시설에 대한 잠정기준 마련에 관한 규정 (해양수산부예규 제112호, 2020. 7. 22., 제정) ■ 선박구명설비기준(해양수산부고시 제2020-241호, 2020. 12. 29., 일부개정) ■ 선박구획기준(해양수산부고시 제2020-61호, 2020. 5. 14., 일부개정) ■ 선박기관기준(해양수산부고시 제2020-243호, 2020. 12. 29., 일부개정) ■ 선박방화구조기준(해양수산부고시 제2020-63호, 2020. 5. 14., 일부개정) ■ 선박설비기준(해양수산부고시 제2021-114호, 2021. 6. 3., 일부개정) ■ 선박소방설비기준(해양수산부고시 제2020-218호, 2020. 12. 15., 일부개정) ■ 선박전기설비기준(해양수산부고시 제2020-65호, 2020. 5. 14., 일부개정) ■ 소형선박의 구조 및 설비 등에 관한 기준 (해양수산부고시 제2021-192호, 2021. 10. 29., 일부개정) ■ 수면비행선박기준(해양수산부고시 제2019-99호, 2019. 7. 4., 일부개정) ■ 알루미늄선의 구조기준(해양수산부고시 제2020-142호, 2020. 9. 4., 일부개정)

위임 행정규칙

- 원자력선기준(해양수산부고시 제2020-112호, 2020. 7. 31., 일부개정)
- 잠수선 기준(해양수산부고시 제2020-113호, 2020. 7. 31., 일부개정)
- 저인화점연료 추진선박기준(해양수산부고시 제2020-94호, 2020. 7. 8., 전부개정)
- 전기추진 선박기준(해양수산부고시 제2020-71호, 2020. 5. 21., 제정)
- 카페리선박의 구조 및 설비 등에 관한 기준
  (해양수산부고시 제2020-116호, 2020. 7. 31., 일부개정)
- 플레저보트 검사기준(해양수산부고시 제2017-94호, 2017. 6. 16., 일부개정)

4.2 만재흘수선의 표시

만재흘수선 표시의무선박의 소유자는 해양수산부장관이 정하여 고시하는 기준인 선박만재흘수선기준에 따라 만재흘수선을 표시해야 하며, 누구든지 표시된 만재흘수선을 초과하여 여객 또는 화물을 운송해서는 아니 된다(법 제27조).

〈표 1-4-5〉 만재흘수선 표시 대상 선박

표시의무 여부	대상 선박
만재흘수선 표시의무선박	• 국제항해에 취항하는 선박 • 선박길이가 12미터 이상인 선박 • 선박길이가 12미터 미만인 여객선, 위험물을 산적하여 운송하는 선박
만재흘수선 표시의무 제외선박	• 잠수함 • 수중익선, 공기부양선 및 부유식 해상구조물(이동식 시추선, 항구적으로 해상에 고정되지 않은 수상호텔, 수상식당 및 수상공연장 등으로서 소속 직원 외에 13명 이상을 수용할 수 있는 해상구조물은 제외) • 운송업에 종사하지 않는 유람 범선 • 국제항해에 종사하지 않는 선박으로서 선박길이가 24미터 미만인 예인선, 구조선, 준설선, 측량선 • 임시항해검사증서를 발급받은 선박 • 시운전을 위하여 항해하는 선박 • 만재흘수선을 표시하는 것이 구조상 곤란하거나 적당하지 아니한 선박으로서 해양수산부장관이 인정하는 선박

4.3 복원성의 유지

1) 복원성의 유지의무

복원성유지의무선박의 소유자 또는 해당 선박의 선장은 해양수산부장관이 정하여 고시하는 기준(선박복원성기준)에 따라 복원성을 유지해야 한다(법 제28조 제1항).

〈표 1-4-6〉 복원성 유지 대상 선박

유지의무 여부	대상 선박
복원성 유지의무 선박	① 여객선 ② 선박길이가 12미터 이상인 선박
복원성 유지의무 제외선박	1. 국제항해에 종사하지 아니하는 선박으로서 선박길이가 24미터 미만인 다음 각 목의 선박 ① 예인 · 해양사고구조 · 준설 또는 측량에 사용되는 선박 ② 부선 2. 여객선이 아니거나 카페리선이 아닌 선박으로서 호소 · 하천 및 항내의 수역에서만 항해하는 선박 3. 부유식 해상구조물(제3조 제1호 및 제2호는 제외한다) 4. 복원성 시험이 구조상 곤란하거나 적당하지 아니한 선박으로서 해양수산부장관이 인정하는 선박

2) 복원성자료의 승인

선박소유자는 선박의 복원성과 관련하여 그 적합 여부에 대하여 복원성자료를 제출하여 해양수산부장관의 승인을 얻어야 하며, 승인을 얻은 복원성자료를 해당 선박의 선장에게 제공해야 한다(법 제28조 제2항).

5. 안전항해를 위한 조치

5.1 안전항해를 위한 조치 일반

1) 선장의 고유재량권 인정

전통적으로 선박은 육지로부터 멀리 떨어져 해상위험에 맞서 운항했기 때문에 선장은 현장의 최고책임자로서 선박운항에 관한 한 거의 모든 권한을 행사하여 왔다. 그러나 선박통신기술이 발전하면서 선장의 권한은 점차 해상에서 육지로 이동하고 있다. 즉 육상의 선박소유자는 무선전화, 인터넷 등을 통하여 선장과 계속 연락하면서 수시로 지시할 수 있기 때문에 선장의 재량권은 점차 축소되고 있다. 그 결과 일부 선박소유자는 선박의 운항에 관한 거의 모든 결정을 스스로 내리고, 선장은 현장에서 이를 집행하는 단순 보조자의 역할로 전락시켜 버리는 경우도 있다.

이러한 점 등을 감안하여 해상인명안전협약 부속서 제5장 제34-1 규칙은 선주, 용선자, 선박회사 등은 선장이 전문적인 판단에 따라 해상에서 인명안전과 해양환경보호에 관하여 필요한 결정을 내리는 것을 방해하거나 제한하지 말도록 규정하고 있다. 이러한 해상인명안전협약의 내용을 수용하여 선박안전법 제31조에서는 "누구든지 선박의 안전을 위한 선장의 전문적인 판단을 방해하거나 간섭하여서는 아니 된다"고 규정함으로써 선장이 선박운항 중에 겪는 여러 가지 상황에 있어 전문가로서 스스로 판단을 내릴 수 있는 재량권을 인정하고 있다[35].

2) 항행용 간행물의 비치

선박소유자는 해도(승인된 전자해도를 포함한다), 조석표, 등대표 및 항로고시의 항해도서를 선박에 비치해야 하는데, 이러한 항행용 간행물은 선장이나 선원이 즉시 꺼내어 확인할 수 있는 적당한 장소에 비치해야 한다(법 제32조, 시행규칙 제74조, 제75조).

3) 조타실의 시야확보 등

선박소유자는 해당 선박의 조타실에 대하여 해양수산부장관이 정하여 고시하는 기준

35) 박영선, 앞의 책, 233-234쪽 참조.

에 따른 충분한 시야를 확보할 수 있도록 필요한 조치를 해야 하며, 또한 선박소유자는 해당 선박의 조타실과 조타기가 설치된 장소 사이에 해양수산부장관이 정하여 고시하는 기준에 따라 통신장치를 설치해야 한다(법 제33조).

4) 하역설비의 확인 등

하역장치 및 하역장구(이를 "하역설비"라고 한다)를 갖춘 선박의 소유자는 해양수산부령으로 정하는 기준에 따라 제한하중·제한각도 및 제한반경의 사항에 대하여 해양수산부장관의 확인을 받아야 하며, 해양수산부장관은 제한하중·제한각도 및 제한반경의 확인을 한 때에는 제한하중등확인서를 발급해야 한다(법 제34조 제1항, 제2항).

제한하중등의 확인을 받은 선박소유자는 해당 하역설비에 확인받은 제한하중등의 사항을 표시해야 한다(법 제34조 제3항). 그리고 제한하중등의 확인을 받은 선박소유자는 확인받은 제한하중등의 사항을 위반하여 하역설비를 사용해서는 아니 된다(법 제34조 제4항).

5) 하역설비검사기록의 비치

해양수산부장관은 하역설비에 대하여 정기검사 또는 중간검사를 한 때에는 하역설비검사기록부를 작성하고 그 내용을 기재해야 한다. 또한 선박소유자는 하역설비검사기록부 등 하역설비에 대한 검사와 관련된 서류를 선박에 비치해야 하는데, 이러한 서류에는 제한하중등확인서, 하역설비검사기록부가 있다. 선박소유자나 선장은 제한하중등확인서, 하역설비검사기록부를 제시할 수 있도록 적절한 장소에 보관하여야 한다(법 제35조, 시행규칙 제78조).

5.2 화물정보 및 가스농도 측정기 제공

1) 화물정보의 제공

선박 또는 그 승선자에게 위해를 미칠 수 있는 화물을 운송하고자 하는 화주는 해당 화물을 적재하기 전에 그 화물에 관한 정보를 선장에게 제공해야 한다. 정보를 제공해야 하는 화물의 종류 및 제공되는 정보의 내용은 다음과 같다(법 제36조, 시행규칙 제79조)

〈표 1-4-7〉 화물정보의 제공

화물의 종류	제공 정보의 내용
일반화물과 화물유니트 또는 컨테이너에 의하여 운송되는 화물인 경우	• 화물명세, 화물의 총중량(화물유니트 또는 컨테이너의 중량을 포함한다), 화물특성
산적화물인 경우	• 화물명세, 화물의 총중량, 화물특성 • 화물의 적하계수(무게 1톤에 대하여 세제곱미터로 표시된 부피를 말한다) 및 짐 고르기 방법 • 선적 후 화물표면 경사각도를 포함한 화물 이동의 특성 • 응집되거나 액화될 수 있는 화물의 경우 화물 수분량 및 운송허용 수분값
해를 입을 수 있는 화학성질을 가진 산적화물인 경우	• 화물명세, 화물의 총중량, 화물특성 • 화물의 적하계수(무게 1톤에 대하여 세제곱미터로 표시된 부피를 말한다) 및 짐 고르기 방법 • 선적 후 화물표면 경사각도를 포함한 화물 이동의 특성 • 응집되거나 액화될 수 있는 화물의 경우 화물 수분량 및 운송허용 수분값 • 화학성질에 관한 정보

2) 유독성가스농도 측정기의 제공 등

선박소유자는 유독성가스를 발생하거나 또는 산소의 결핍을 일으킬 수 있는 화물을 산적하여 운송하는 경우에는 해양수산부장관이 정하여 고시하는 바에 따른 유독성가스 또는 산소의 농도를 측정할 수 있는 기기 및 그 사용설명서를 선장에게 제공해야 한다(법 제37조).

5.3 화물의 적재 및 고박방법

선박소유자는 화물을 선박에 적재하거나 고박하기 전에 화물의 적재·고박의 방법을 정한 자체의 화물적재고박지침서를 마련하고, 해양수산부장관의 승인을 얻어야 한다. 선박소유자는 화물과 화물유니트(차량 및 이동식탱크 등과 같이 선박에 부착되어 있지 아니하는 운송용 기구를 말한다) 및 화물유니트 안에 실린 화물을 적재 또는 고박하는 때에는 승인된 화물적재고박지침서에 따라야 한다(법 제39조 제1항, 제2항).

선박소유자는 차량 등 운반선박(육상교통에 이용되는 차량 등을 적재·운송할 수 있는 갑판이 설치되어 있는 선박을 말한다)에 차량 및 화물 등을 적재하는 경우에는 승인된 화물적재고박지침서에 따르되, 필요한 안전조치를 해야 한다. 또한 선박소유자는 컨테이너에 화물을 수납·적재하는 경우에는 승인된 화물적재고박지침서에 따르되, 컨테이너형식승인판에 표시된 최대총중량을 초과하여 화물을 수납·적재하여서는 아니 된다(제39조 제3항).

5.4 산적화물 및 위험물의 운송

1) 산적화물의 운송

선박소유자는 산적화물을 운송하기 전에 해당 선박의 선장에게 선박의 복원성·화물의 성질 및 적재방법에 관한 정보를 제공해야 하며, 또한 필요한 안전조치를 하여야 한다(법 제40조).

2) 위험물의 운송

가) 위험물의 운송

선박으로 위험물을 적재·운송하거나 저장하고자 하는 자는 항해상의 위험방지 및 인명안전에 적합한 방법에 따라 적재·운송 및 저장해야 한다. 위험물을 적재·운송하거나 저장하고자 하는 자는 그 방법의 적합 여부에 관하여 해양수산부장관의 검사를 받거나 승인을 얻어야 한다(법 제41조).

나) 위험물 안전운송 교육 등

선박으로 운송하는 위험물을 제조·운송·적재하는 등의 업무에 종사하는 자(이하 "위험물취급자"라 한다)는 위험물 안전운송에 관하여 해양수산부장관이 실시하는 교육을 받아야 하며, 해양수산부장관은 위험물취급자에 대한 교육을 효율적으로 수행하기 위하여 위험물 안전운송에 관한 교육을 전문적으로 실시하는 교육기관(이하 "위험물 안전운송 전문교육기관"이라 한다)을 지정하여 위험물취급자에 대한 교육을 실시하게 할 수 있다(법 제41조의2 제1항, 제2항).

위험물 안전운송 전문교육기관으로 지정받고자 하는 자는 그 시설·설비 및 인력 등 해양수산부령으로 정하는 기준을 갖추어야 하며, 해양수산부장관은 위험물 안전운송 전문교육기관이 다음의 어느 하나에 해당하는 때에는 그 지정을 취소하거나 6개월 이내의 기간을 정하여 그 업무의 전부 또는 일부를 정지시킬 수 있다. 다만, ①의 경우에 해당하는 때에는 위험물 안전운송 전문교육기관의 지정을 취소하여야 한다(법 제41조의2 제3항, 제4항).

① 거짓이나 그 밖의 부정한 방법으로 위험물 안전운송 전문교육기관의 지정을 받은 경우
② 해당 위험물 안전운송 전문교육기관이 제3항에 따른 지정기준에 미달하게 된 경우

5.5 유조선 등에 대한 강화검사

유조선·산적화물선 및 위험물산적운송선(액화가스산적운송선을 제외한다)의 선박소유자는 건조검사 및 선박검사 외에 선체구조를 구성하는 재료의 두께확인 등 강화검사 등에 관한 기준에 따라 해양수산부장관의 검사(이를 “강화검사”라 한다)를 받아야 한다. 그러나 국제항해를 하지 않는 ① 선령 5년 미만의 선박, ② 선령 5년 미만의 선박 이외의 선박 중 총톤수 300톤 미만의 선박은 강화검사를 받을 필요가 없다(법 제42조 제1항, 시행규칙 제80조).

해양수산부장관은 강화검사에 합격한 유조선 등에 대하여는 선박검사증서에 그 검사결과를 표기해야 한다(법 제42조 제2항).

6. 항만국통제

6.1 국내항만에서 외국선박에 대한 항만국통제

1) 의의

항만국통제(Port State Control; PSC)란 자국의 항만에서 외국적 선박에 대하여 통제를 행하는 것을 말하는데, 선박안전법 제68조 제1항에 근거하여 해양수산부장관은 외국선박의 구조·시설 및 선원의 선박운항지식 등이 선박안전에 관한 국제협약에 적합한지 여부를 확인하고 그에 필요한 조치를 할 수 있는데, 이러한 조치가 바로 항만국통제이다.

이와 관련된 국제협약은 ① 해상에서의 인명안전을 위한 국제협약, ② 만재흘수선에 관한 국제협약, ③ 국제해상충돌예방규칙 협약, ④ 선박톤수 측정에 관한 국제협약, ⑤상선의 최저기준에 관한 국제협약, ⑥ 선박으로부터의 오염방지를 위한 국제협약, ⑦ 선원의 훈련·자격증명 및 당직근무에 관한 국제협약이다. 다만, 「상선의 최저기준에 관한 국제협약」을 적용할 때 1994년 3 월31일 이전에 용골(선박 바닥 중앙의 길이 방향 지지대를 말한다)이 거치된 선박에 대하여는 같은 협약의 적용으로 인하여 선박의 구조 또는 거주설비의 변경이 초래되지 않는 범위에서 항만국통제를 실시한다(시행령 제16조).

해양수산부장관은 항만국통제를 하는 경우 소속 공무원으로 하여금 대한민국의 항만에 입항하거나 입항예정인 외국선박에 직접 승선하여 행하게 할 수 있으며, 이 경우 해당 선박의 항해가 부당하게 지체되지 아니하도록 해야 한다(법 제68조 제2항).

2) 시정조치명령 및 출항정지명령

해양수산부장관은 항만국통제의 결과 외국선박의 구조·설비·화물운송방법 및 선원의 선박운항지식 등이 관련 국제협약의 기준에 미달되는 것으로 인정되는 때에는 해당 선박에 대하여 수리 등 필요한 시정조치를 명할 수 있다(법 제68조 제3항). 또한 해양수산부장관은 항만국통제 결과 선박의 구조·설비·화물운송방법 및 선원의 선박운항지식 등과 관련된 결함으로 인하여 해당 선박 및 승선자에게 현저한 위험을 초래할 우려가 있다고 판단되는 때에는 출항정지를 명할 수 있다(법 제63조 제4항).

해양수산부장관은 시정조치명령 또는 출항정지명령을 하려는 경우 해당 선박의 선장에게 해양수산부령으로 정하는 항만국통제점검보고서를 발급하여야 한다. 이 경우 해당

서류에는 이의신청에 대한 안내문이 포함되어야 한다(시행령 제17조 제1항).

그리고 해양수산부장관은 출항정지를 명한 경우 해양수산부령으로 정하는 바에 따라 그 사실을 해당 선박이 등록된 국가의 정부 또는 영사에게 알려야 한다(시행령 제17조 제2항).

3) 이의신청

외국선박의 소유자는 시정조치명령 또는 출항정지명령에 불복하는 경우에는 해당명령을 받은 날부터 90일 이내에 그 불복사유를 기재하여 해양수산부장관에게 이의신청을 할 수 있으며, 이의신청을 받은 해양수산부장관은 소속 공무원으로 하여금 해당 시정조치명령 또는 출항정지명령의 위법·부당 여부를 직접 조사하게 하고 그 결과를 신청인에게 60일 이내에 통보하여야 한다. 다만, 부득이한 사정이 있는 때에는 30일 이내의 범위에서 통보시한을 연장할 수 있다. 그리고 시정조치명령 또는 출항정지명령에 대하여 불복이 있는 자는 이의신청의 절차를 거치지 아니하고는 행정소송을 제기할 수 없다(법 제68조 제5항, 제6항, 제7항).

6.2 외국항만에서 국내선박에 대한 항만국통제

1) 특별점검

선박소유자는 외국 항만당국의 항만국통제에 의하여 선박의 결함이 지적되지 않도록 관련되는 국제협약 규정을 준수해야 한다. 해양수산부장관은 외국 항만당국의 항만국통제에 의하여 출항정지 처분을 받은 대한민국 선박이 국내에 입항할 경우 관련되는 선박의 구조·설비 등에 대하여 점검(이를 "특별점검"이라 한다)을 할 수 있다. 다만, 외국정부에서 확인을 요청하는 경우 등 필요한 경우에는 외국에서 특별점검을 할 수 있다. 이러한 특별점검을 하는 경우에는 그 점검대상 선박 및 점검시기 등을 선박소유자에게 통보해야 한다(법 제69조 제1항, 제2항).

또한 해양수산부장관은 다음의 대한민국 선박에 대하여 외국항만에 출항정지를 예방하기 위한 조치가 필요하다고 인정되는 경우 관련되는 선박의 구조·설비 등에 대하여 특별점검을 할 수 있다(법 제69조 제3항).

① 선령이 15년을 초과하는 산적화물선 · 위험물운반선
② 최근 3년 이내에 외국 항만당국의 항만국통제로 인하여 출항이 정지된 선박
③ 최근 3년간 외국 항만당국의 항만국통제로 인하여 소속 선박의 출항정지율이 대한민국 선박의 평균 출항정지율을 초과하는 선박소유자의 선박
④ 그 밖에 외국 항만당국의 항만국통제로 인하여 출항정지율이 특별히 높은 선박 등 해양수산부장관이 정하여 고시하는 선박

2) 항해정지명령서 등

해양수산부장관은 특별점검의 결과 선박의 안전확보를 위하여 필요하다고 인정되는 경우에는 해당선박의 소유자에 대하여 항해정지명령 또는 시정 · 보완명령을 할 수 있다(법 제69조 제4항).

3) 공표

해양수산부장관은 외국 항만당국의 항만국통제로 인하여 출항정지명령을 받은 대한민국 선박에 대하여는 해당 선박의 선박명 · 총톤수, 출항정지 사실 등을 공표할 수 있다(법 제70조).

제 5 장

해양사고의 조사 및 심판에 관한 법률

1. 의의
2. 심판원 조직
3. 심판 전의 절차
4. 이의신청, 재결 등의 집행

제5장 해양사고의 조사 및 심판에 관한 법률

1. 의의

1.1 목적

「해양사고의 조사 및 심판에 관한 법률」은 해양사고에 대한 조사 및 심판을 통하여 해양사고의 원인을 밝힘으로써 해양안전의 확보에 이바지함을 목적으로 하고 있다(법 제1조).

이와 같이 이 법은 해양사고의 원인을 규명함으로써 궁극적으로는 해양안전의 확보에 이바지하는 데 있다. 이를 위하여 먼저 해양사고 원인을 규명하여 그 원인을 제거하는 조치, 예컨대 부표 등의 위치가 잘못 이동되어 해양사고가 발생한 때에는 관계부처에 이를 시정하도록 하고, 해양사고를 발생시킨 선원 등의 고의 또는 과실에 대해서는 징계처분이 이루어지고 있다. 징계처분은 행위의 경중에 따라 해양안전심판원이 이를 정하도록 하고 징계의 종류로는 면허의 취소, 업무정지 및 견책으로 나뉜다. 이러한 해양사고 사건을 심판하기 위하여 해양수산부장관 소속 하에 해양안전심판원을 두고 있다.

그러므로 동 법은 해양안전심판원의 심판에 의하여 해양사고의 원인을 전문가에 의해 과학적이고 철저하게 규명함으로써 그 책임관계를 분명하게 하고 향후 동일한 해양사고의 재발을 방지하기 위한 역할을 하고 있다.

1.2 적용범위

「해양사고의 조사 및 심판에 관한 법률」의 적용범위는 우리나라로 한정될 것이다. 그러므로 장소적 범위로는 국내의 호수, 하천 및 영해에서 발생한 해양사고에 대해서 선박국적의 여부를 불문하고 속지주의에 의해 동 법이 적용된다. 그러나 선박법상 우리나라 국적을 부여받은 선박에 대해서는 국외에서 발생한 해양사고에 대해서도 적용된다.

물적 범위로는 수상 또는 수중을 항행하거나 항행할 수 있는 구조물로서의 선박이다(법 제2조 제2호). 즉, 「선박법」상 동력선(기관을 사용하여 추진하는 선박)으로 선체의 외부에 추진기관을 붙이거나 분리할 수 있는 선박을 포함하며, 범선 및 부선을 포함한 무동력선, 수면비행선박(표면효과 작용을 이용하여 수면에 근접하여 비행하는 선박) 및 수상에서 이동할 수 있는 항공기, 즉 수상항공기가 주된 대상이다. 하지만 군용 및 국가경찰용 선박이 다른 선박과 관련 없이 단독으로 해양사고를 일으키거나 그 상호간에 해양사고를 일으킨 경우의 당해 군용 및 국가경찰용 선박과 기타 해양수산부장관이 정하여 고시하는 수상레저기구는 제외하고 있다(시행령 제1조의2).

인적 범위로는 한국인 및 한국 국내에 있는 외국인(외교관 등 면책특권이 있는 자 제외)에 적용된다.

1.3 용어의 정의

1) 해양사고

이 법에서 "해양사고"란 해양 및 내수면(內水面)에서 발생한 다음의 어느 하나에 해당하는 사고를 말한다(법 제2조 제1호).

① 선박의 구조·설비 또는 운용과 관련하여 사람이 사망 또는 실종되거나 부상을 입은 사고
② 선박의 운용과 관련하여 선박이나 육상시설·해상시설이 손상된 사고
③ 선박이 멸실·유기되거나 행방불명된 사고
④ 선박이 충돌·좌초·전복·침몰되거나 선박을 조종할 수 없게 된 사고
⑤ 선박의 운용과 관련하여 해양오염 피해가 발생한 사고

2) 준해양사고

준해양사고란 선박의 구조·설비 또는 운용과 관련하여 시정 또는 개선되지 아니하면 선박과 사람의 안전 및 해양환경 등에 위해를 끼칠 수 있는 사태로서 해양수산부령으로 정하는 사고를 말한다(법 제2조 제1의2호). 여기서 해양수산부령으로 정하는 사고란 다음의 어느 하나에 해당하는 것을 말한다.

① 항해 중 운항 부주의로 다른 선박에 근접하여 충돌할 상황이 발생하였으나 가까스로 피한 사태
② 항로 내에서의 정박 중 다른 선박에 근접하여 충돌할 상황이 발생하였으나 가까스로 피한 사태
③ 입·출항 중 항로를 이탈하거나 예정된 항로를 이탈하여 좌초될 상황이 발생하였으나 가까스로 안전한 수역으로 피한 사태
④ 화물을 싣거나 묶고 고정시킨 상태가 불량한 사유 등으로 선체가 기울어져 뒤집히거나 침몰할 상황이 발생하였으나 가까스로 피한 사태
⑤ 전기설비의 상태 불량 등으로 화재가 발생할 상황이었으나 가까스로 화재가 나지 아니하도록 조치한 사태
⑥ 해양오염설비의 조작 부주의 등으로 오염물질이 해양에 배출될 상황이 발생하였으나 가까스로 배출되지 아니하도록 조치한 사태
⑦ 그 밖에 ①부터 ⑥까지의 사태와 유사한 사태로서 해양수산부장관이 정하여 고시하는 사태

3) 선박

선박이란 다음과 같은 수상 또는 수중을 항행하거나 항행할 수 있는 구조물을 말한다(법 제2조 제2호).

① 동력선 : 기관을 사용하여 추진하는 선박을 말하며, 선체의 외부에 추진기관을 붙이거나 분리할 수 있는 선박을 포함한다.
② 무동력선 : 범선 및 부선을 포함한다.
③ 수면비행선박 : 표면효과 작용을 이용하여 수면에 근접하여 비행하는 선박을 말한다.
④ 수상에서 이동할 수 있는 항공기

다만, 군용 및 국가경찰용 선박이 다른 선박과 관련 없이 단독으로 해양사고를 일으키거나 그 상호간에 해양사고를 일으킨 경우의 당해 군용 및 국가경찰용 선박과 기타 해양수산부장관이 정하여 고시하는 수상레저기구를 제외한다. 여기에서 수상레저기구란 수상레저안전법상 모터보트(motor boat), 요트(yacht), 수상오토바이(personal watercraft), 고무보트(rubber boat), 스쿠터(scooter), 호버크래프트(hovercraft), 수상스키(water ski), 패러세일(parasail), 조정(rowing boat), 카약(kayak), 카누(canoe), 워터슬레드(water sled), 수상자전거(pedal boat), 서프보드(surf board), 노보트(paddle boat)를 의미한다(수상레저안전법 시행령 제2조 제1항).

4) 해양사고관련자

해양사고관련자란 해양사고의 원인과 관련된 자로 지정된 자로서 조사관이 심판을 청구함에 있어 당해 해양사고 발생의 원인과 관계가 있다고 인정하여 지정된 자를 말한다(법 제2조 제3호, 법 제39조 제1항). 예를 들면, 해기사 또는 도선사로서 고의과실에 의해 해양사고를 발생한 경우에는 심판청구사건의 해당 해기사 또는 도선사, 해기사 또는 도선사 이외의 자로서 해양사고의 원인에 관계있는 자로서는 관련 선박소유자 등 자연인, 사법인, 공법인 등 국가, 지방자치단체를 포함하고 있다.

이는 개정 전 법률의 수심인에 해당하는 자로서 조사관에 대립되는 당사자로서 심판에 관여하고, 자기의 입장을 주장하기 위하여 변론을 행하고 증거조사를 신청하며 해양안전심판원의 소환에 응하여 출석하고 심문을 받는 등 심판에 있어서 여러 가지 권리의무를 가진다(법 제39조 등 참조).

5) 원격영상심판

원격영상심판(遠隔映像審判)이란 해양사고관련자가 해양수산부령으로 정하는 동영상 및 음성을 동시에 송수신하는 장치가 갖추어진 관할 해양안전심판원 외의 원격지 심판정(審判廷) 또는 이와 같은 장치가 갖추어진 시설로서 관할 해양안전심판원이 지정하는 시설에 출석하여 진행하는 심판을 말한다(법 제2조 제4호).

6) 이해관계인

이해관계인이란 해양사고의 원인과 직접 관계가 없는 자로서 해양사고의 심판 또는 재결로 인하여 경제적으로 직접적인 영향을 받는 자를 말한다(법 제2조 제3의2호).

2. 심판원 조직

2.1 심판관의 임명 및 자격

중앙해양안전심판원(이하 "중앙심판원"이라 한다)에 중앙해양안전심판원장(이하 "중앙심판원장"이라 한다)을, 지방해양안전심판원(이하 "지방심판원"이라 한다)에 지방해양안전심판원장(이하 "지방심판원장"이라 한다)을 두며, 유자격자 중에서 해양수산부장관의 제청에 의하여 대통령이 임명한다(법 제9조 제1항부터 제3항까지).

1) 중앙심판원의 심판관

중앙심판원의 심판관은 해양수산부장관의 제청에 따라 대통령이 임명하며(법 제9조의2 제1항), 중앙심판원의 심판관이 될 수 있는 사람은 다음 중 어느 하나의 자격을 갖추어야 한다(법 제9조의2 제2항).

① 지방심판원의 심판관으로 4년 이상 근무한 사람
② 2급 이상의 항해사·기관사 또는 운항사의 해기사면허(이하 "2급 이상의 해기사면허"라 한다)를 받은 사람으로서 4급 이상의 일반직 국가공무원으로 4년 이상 근무한 사람
③ 3급 이상의 일반직 국가공무원으로서 해양수산행정에 3년 이상 근무한 사람
④ 위의 ①부터 ③까지의 경력 연수를 합산하여 4년 이상인 사람

2) 지방심판원의 심판관

지방심판원의 심판관은 중앙심판원장의 추천을 받아 해양수산부장관이 임명하며(법 제9조의2 제1항), 지방심판원의 심판관이 될 수 있는 사람은 다음 중 어느 하나의 자격을 갖추어야 한다(법 제9조의2 제3항).

① 1급 항해사, 1급 기관사 또는 1급 운항사의 해기사면허를 받은 사람으로서 원양구역을 항행구역으로 하는 선박의 선장 또는 기관장으로 3년 이상 승선한 사람
② 2급 이상의 해기사면허를 받은 사람으로서 5급 이상의 일반직 국가공무원으로 2년 이상 근무한 사람

③ 2급 이상의 해기사면허를 받은 사람으로서 대통령령으로 정하는 교육기관에서 선박의 운항 또는 선박용 기관의 운전에 관한 과목을 3년 이상 가르친 사람
④ 위 ①부터 ③까지의 경력 연수를 합산하여 3년 이상인 사람
⑤ 변호사 자격이 있는 사람으로서 3년 이상의 실무경력이 있는 사람

3) 결격사유

다음에 해당하는 사람은 심판원장이나 심판관이 될 수 없다(법 제10조, 「국가공무원법」 제33조).

① 피성년후견인 또는 피한정후견인
② 파산선고를 받고 복권되지 아니한 자
③ 금고 이상의 실형을 선고받고 그 집행이 종료되거나 집행을 받지 아니하기로 확정된 후 5년이 지나지 아니한 자
④ 금고 이상의 형을 선고받고 그 집행유예 기간이 끝난 날부터 2년이 지나지 아니한 자
⑤ 금고 이상의 형의 선고유예를 받은 경우에 그 선고유예 기간 중에 있는 자
⑥ 법원의 판결 또는 다른 법률에 따라 자격이 상실되거나 정지된 자
⑦ 공무원으로 재직기간 중 직무와 관련하여 「형법」 제355조 및 제356조에 규정된 죄를 범한 자로서 300만원 이상의 벌금형을 선고받고 그 형이 확정된 후 2년이 지나지 아니한 자
⑧ 「성폭력범죄의 처벌 등에 관한 특례법」 제2조에 규정된 죄를 범한 사람으로서 100만원 이상의 벌금형을 선고받고 그 형이 확정된 후 3년이 지나지 아니한 사람
⑨ 미성년자에 대한 다음 각 목의 어느 하나에 해당하는 죄를 저질러 파면·해임되거나 형 또는 치료감호를 선고받아 그 형 또는 치료감호가 확정된 사람(집행유예를 선고받은 후 그 집행유예기간이 경과한 사람을 포함한다)
㉠ 「성폭력범죄의 처벌 등에 관한 특례법」 제2조에 따른 성폭력범죄
㉡ 「아동·청소년의 성보호에 관한 법률」 제2조제2호에 따른 아동·청소년대상 성범죄
⑩ 징계로 파면처분을 받은 때부터 5년이 지나지 아니한 자
⑪ 징계로 해임처분을 받은 때부터 3년이 지나지 아니한 자

2.2 심판원장 및 심판관의 직무

1) 심판원장의 직무

중앙심판원장의 직무는 다음과 같다(법 제11조 제1항).

① 중앙심판원의 일반사무를 관장하며, 소속 직원을 지휘·감독한다.
② 중앙심판원의 심판부를 구성하고 심판관 중에서 심판장을 지명한다. 다만, 특히 중요한 사건에 대하여는 스스로 심판장이 될 수 있다.
③ 지방심판원의 일반사무를 지휘·감독한다.
④ 각급 심판원의 심판관에 결원이 있거나 그 밖의 부득이한 사유가 있을 때에는 중앙심판원의 심판관은 지방심판원장으로, 지방심판원의 심판관은 다른 지방심판원의 심판관으로 하여금 심판관의 직무를 하게 할 수 있다.

지방심판원장의 직무는 다음과 같다(법 제11조 제2항).

① 해당 지방심판원의 일반사무를 관장하며, 소속 직원을 지휘·감독한다.
② 해당 지방심판원의 심판부를 구성하고 심판장이 된다.

2) 심판관의 직무

심판관은 심판직무에 종사한다(법 제11조 제3항).

3) 심판원장 직무의 대행

심판원장이 부득이한 사유로 직무를 수행할 수 없을 때에는 그 심판원의 심판관 중 선임자가 그 직무를 대행한다. 다만, 심판업무 외의 업무는 수석조사관이 그 직무를 대행한다(법 제11조 제4항).

4) 심판직무의 독립

심판장과 심판관은 독립하여 심판직무를 수행한다(법 제12조).

2.3 조사관의 자격

각급 심판원에 수석조사관·조사관 및 조사사무를 보조하는 직원을 두고 있으며, 이들 수석조사관·조사관 및 조사사무를 보조하는 직원은 일반직 국가공무원으로 임명하고 있다(법 제16조 제1항, 제2항).

1) 중앙심판원의 수석조사관의 자격

중앙심판원의 수석조사관(이하 "중앙수석조사관"이라 한다)가 될 수 있는 사람은 다음의 어느 하나에 해당하는 사람으로 한다(법 제16조의2 제1항).

① 지방심판원의 심판관으로 4년 이상 근무한 사람
② 2급 이상의 해기사면허를 받은 사람으로서 4급 이상의 일반직 국가공무원으로 4년 이상 근무한 사람
③ 3급 이상의 일반직 국가공무원으로서 해양수산행정에 3년(해양안전 관련 업무에 1년 이상 근무한 경력을 포함한다) 이상 근무한 사람
④ 위의 ①부터 ③까지의 경력 연수를 합산하여 4년 이상인 사람

2) 중앙심판원의 조사관 및 지방심판원의 수석조사관의 자격

중앙심판원의 조사관과 지방심판원의 수석조사관(이하 "지방수석조사관"이라 한다)가 될 수 있는 사람은 다음과 같다(법 제16조의2 제2항).

① 1급 항해사, 1급 기관사 또는 1급 운항사의 해기사면허를 받은 사람으로서 원양구역을 항행구역으로 하는 선박의 선장 또는 기관장으로 3년 이상 승선한 사람
② 2급 이상의 해기사면허를 받은 사람으로서 5급 이상의 일반직 국가공무원으로 2년 이상 근무한 사람
③ 2급 이상의 해기사면허를 받은 사람으로서 대통령령으로 정하는 교육기관에서 선박의 운항 또는 선박용 기관의 운전에 관한 과목을 3년 이상 가르친 사람
④ 위의 ①부터 ③까지의 경력 연수를 합산하여 3년 이상인 사람

3) 지방심판원의 조사관의 자격

지방심판원의 조사관이 될 수 있는 사람은 다음에 해당하여야 한다(법 제16조의2 제2항, 시행령 제17조의2).

① 1급 항해사 · 1급 기관사 또는 1급 운항사의 해기사면허를 받은 사람

② 2급 항해사 · 2급 기관사 또는 2급 운항사의 해기사면허를 받은 사람으로서 다음의 경력연수를 통산하여 5년 이상인 사람

㉠ 7급 이상의 선박직 공무원으로 근무한 경력

㉡ 「선박안전법」 제77조 제1항에 따라 선박검사원으로 근무한 경력

㉢ 제7조의4에 따른 교육기관 또는 「초 · 중등교육법 시행령」 제91조 제1항에 따른 특성화고등학교(수산 또는 해양계열 고등학교만 해당한다.)에서 선박의 운항 또는 선박용 기관의 운전에 관한 학과를 교수한 경력

3. 심판 전의 절차

3.1 심판 전 절차 일반

1) 의의

조사관은 관련 기관으로부터 해양사고 발생통보를 받거나 신문, 방송 등을 통하여 해양사고를 인지한 경우 이를 해양사고로 접수하고, 접수된 해양사고조사를 위하여 현장을 조사하고 증거자료를 수집하며, 해양사고관련자를 출석하게 하여 진술을 청취하여야 한다. 또한 해양사고를 방지하기 위하여 선박의 운용과 관련하여 발생한 준해양사고를 통보받아 이를 분석하여 선박과 사람의 안전 및 해양환경 등에 위해를 끼칠 수 있는 사항을 미리 점검하도록 하고 있다.

그리고 조사관은 조사의 결과 사건을 심판에 붙여야 한다고 인정하였을 때에는 해양사고관련자를 지정하여 지방심판원에 심판을 청구하고, 사건이 경미하거나 사고원인이 간명하여 심판에 붙일 필요가 없다고 인정되면 심판불필요처분 조치를 한다.

〈그림 1-5-1〉 해양사고조사 흐름도

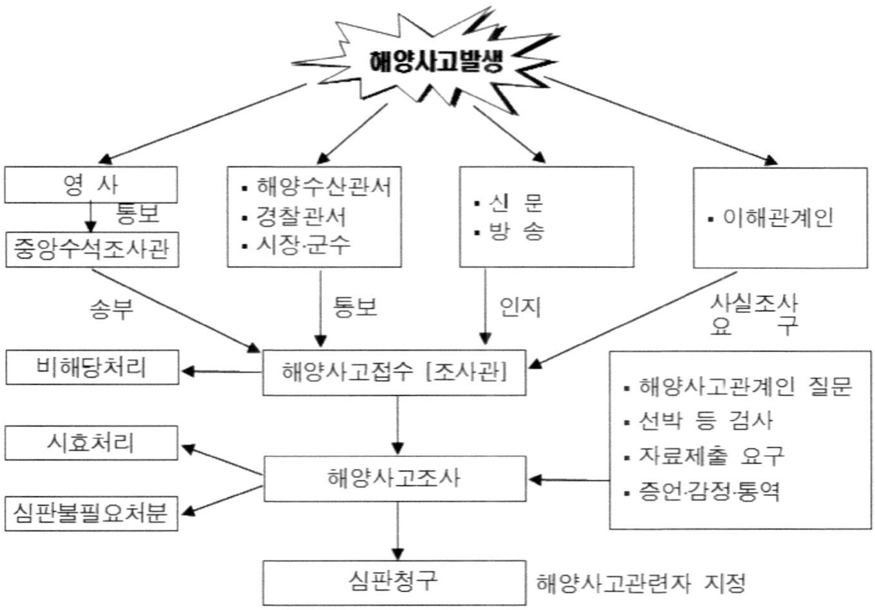

2) 해양수산관서 등의 의무

해양수산관서, 경찰공무원, 특별시장 · 광역시장 · 특별자치시장 · 도지사 · 특별자치도지사 및 시장 · 군수 · 구청장은 해양사고가 발생한 사실을 알았을 때에는 지체 없이 그 사실을 자세히 기록하여 관할 지방심판원의 조사관에게 통보하여야 하며(법 제31조 제1항), 조사관이 해양사고에 관한 증거수집이나 조사를 하기 위하여 관계 기관에 협조를 요청하면 그 기관은 이에 따라야 한다(법 제31조 제2항).

3) 준해양사고의 통보

선박소유자 또는 선박운항자는 해양사고를 방지하기 위하여 선박(「어선법」 제2조 제1호에 따른 어선은 제외한다)의 운용과 관련하여 발생한 준해양사고를 해양수산부령으로 정하는 바에 따라 중앙수석조사관에게 통보하여야 한다(법 제31조의2 제1항).

중앙수석조사관은 통보받은 내용을 분석하여 선박과 사람의 안전 및 해양환경 등에 위해를 끼칠 수 있는 사항이 포함되어 있는 경우에는 선박소유자 등 관계인에게 그 내용을 알려야 하며, 준해양사고를 통보한 자의 의사에 반하여 통보자의 신분을 공개하여서는 아니 된다(법 제31조의2 제2항, 제3항).

4) 영사의 임무

영사는 국외에서 해양사고가 발생한 사실을 알았을 때에는 지체 없이 그 사실과 증거를 수집하여 중앙수석조사관에게 통보하여야 하며, 중앙수석조사관이 이에 대한 통보를 받았을 때에는 지체 없이 관할 지방수석조사관에게 보내야 한다(법 제32조 제1항, 제2항).

5) 해양사고의 조사 및 처리

가) 사실조사의 요구

해양사고에 대하여 이해관계가 있는 사람은 그 사실을 자세히 기록하여 관할 조사관에게 사실조사를 요구할 수 있으며, 이러한 조사를 요구받은 조사관은 사실조사를 하여 심판청구 여부를 결정하고 이를 요구자에게 알려야 한다(법 제33조 제1항, 제2항). 그리고 조사관이 심판청구를 거부할 때에는 미리 중앙수석조사관의 승인을 받아야 한다(법 제33조 제3항).

나) 해양사고의 조사 및 처리

조사관은 해양사고가 발생한 사실을 알게 되면 즉시 그 사실을 조사하고 증거를 수집하여야 하며, 조사 결과 사건을 심판에 부칠 필요가 없다고 인정하는 경우에는 그 사건에 대하여 심판불필요처분(審判不必要處分)을 하여야 한다(법 제34조 제1항, 제2항).

6) 증거보전

조사관, 해양사고관련자 또는 심판변론인이 미리 증거를 보전하지 아니하면 그 증거를 채택하기 곤란하다고 인정하여 증거보전을 신청할 때에는 심판원은 심판청구 전이라도 검증 또는 감정을 할 수 있으며, 증거보전신청에는 서면으로 증거를 표시하고 그 증거보전의 사유를 밝혀야 한다(법 제35조 제1항, 제2항).

해양사고가 발생한 경우 누구든지 다음의 어느 하나에 해당하는 행위를 하여서는 아니 된다. 다만, 선원이나 선박의 안전 확보, 해양환경의 보호 등 공공의 중대한 이익 보호 또는 인명 구조 등을 위하여 아래의 ⑤에 따른 행위를 하여야 할 필요가 있는 경우에는 그러하지 아니하다(법 제35조 제3항).

① 해당 해양사고와 관련된 선박에 비치하거나 기록·보관하는 다음의 간행물 또는 서류 등(전자적 간행물 또는 서류 등을 포함하며, 이하 이 항에서 "기록물"이라 한다)의 파기 또는 변경
  ㉠ 「선박안전법」 제32조에 따라 선박소유자가 선박에 비치하여야 하는 항해용 간행물
  ㉡ 「선원법」 제20조 제1항에 따라 선장이 선내에 비치하여야 하는 서류 및 같은 조 제2항에 따라 선장이 기록·보관하여야 하는 서류

② 해당 해양사고와 관련된 선박으로서 「해사안전법」 제46조 제2항에 따른 안전관리체제를 수립·시행하여야 하는 선박의 소유자 또는 같은 법 제51조에 따른 안전관리대행업자가 해당 선박의 안전관리체제 수립·시행과 관련하여 작성·보관하거나 선박에 비치하는 기록물의 파기 또는 변경

③ 해당 해양사고와 관련된 선박으로서 위의 ②에 따른 선박 외의 선박의 소유자 또는 「선박관리산업발전법」 제2조 제2호의 선박관리사업자가 해당 선박의 운용, 선원의 관리 또는 선박의 정비와 관련하여 작성·보관하는 기록물의 파기 또는 변경

④ 해당 해양사고와 관련된 선박과 「해사안전법」 제36조에 따른 선박교통관제 또는 「선박의 출항 및 입항 등에 관한 법률」 제19조에 따른 해상교통관제를 시행하는

기관 사이의 선박교통관제 또는 해상교통관제와 관련하여 작성·보관되는 기록물의 파기 또는 변경

⑤ 해당 해양사고와 관련된 선박의 손상된 선체·기관 및 각종 계기(計器)와 그 밖의 부분에 대한 수리

「선박안전법」 제26조에 따라 선박시설기준에서 정하는 항해자료기록장치(이하 이 항에서 "항해자료기록장치"라 한다)를 설치한 선박의 선장은 해당 선박과 관련하여 해양사고가 발생한 경우 지체 없이 항해자료기록장치의 정보를 보존하기 위한 조치를 하여야 한다(법 제35조 제4항).

3.2 조사관의 직무와 권한

1) 조사관의 직무

수석조사관과 조사관은 해양사고의 조사, 심판의 청구, 재결의 집행, 그 밖에 대통령령으로 정하는 사무를 담당하는데(법 제17조), 여기서 "대통령령으로 정하는 사무"란 다음의 사무를 말한다(시행령 제17조의3).

① 해양사고 통계의 종합·분석
② 해양사고 사건의 현장검증
③ 해양사고에 대한 국제공조
④ 해양사고 법규자료의 수집에 관한 사항

2) 조사관의 의무

조사관이나 그의 보조자는 사실조사와 증거수집을 할 때 비밀을 준수하고 관계인의 명예를 훼손하지 아니하도록 주의하여야 한다(법 제36조). 즉, 비밀준수의무를 부담하고 있다.

3) 조사관의 권한

조사관은 그 직무를 수행하기 위하여 필요할 때에는 다음과 같은 처분을 할 수 있다(법 제37조 제1항).

① 해양사고와 관계있는 사람을 출석하게 하거나 그 사람에게 질문하는 일
② 선박이나 그 밖의 장소를 검사하는 일
③ 해양사고와 관계있는 사람에게 보고하게 하거나, 장부·서류 또는 그 밖의 물건을 제출하도록 명하는 일
④ 관공서에 대하여 보고 또는 자료의 제출 및 협조를 요구하는 일
⑤ 증인·감정인·통역인 또는 번역인을 출석하게 하거나 증언·감정·통역·번역을 하게 하는 일

여기에서 조사관은 해양사고와 관계있는 사람에게 질문하거나 선박이나 그 밖의 장소를 검사하였을 때에는 질문조서 또는 검사조서를 작성하고, 조서 내용을 질문 받은 사람 또는 선박이나 그 밖의 장소의 관리인에게 읽어 들려 준 후 이들과 함께 해당 조서에 서명·날인하여야 한다. 다만, 이들이 서명·날인할 수 없을 때에는 조사관은 그 사유를 덧붙여 적고 해당 조서에 서명·날인하여야 한다. 또한 증언·감정 또는 번역을 시켰을 때에는 증언서·감정서 또는 번역서를 작성하여야 한다(시행령 제27조 제1항, 제2항).

그리고 해양사고와 관계있는 사람의 출석이나 질문을 위하여 조사관이 특히 필요하다고 인정할 때에는 해양수산관서에 대하여 72시간 이내의 기간 당해자의 하선조치를 요구할 수 있으며, 선박이나 그 밖의 장소를 검사하고자 할 때에는 그 권한을 표시하는 증표를 지니고 이를 관계인에게 내보여야 한다(법 제37조 제2항, 제3항).

3.3 심판 및 약식심판의 청구

1) 심판의 청구

조사관은 사건을 심판에 부쳐야 할 것으로 인정할 때에는 지방심판원에 심판을 청구하여야 한다. 그러나 사건이 발생한 후 3년이 지난 해양사고에 대하여는 심판청구를 하지 못한다(법 제38조 제1항).

심판의 청구는 해양사고사실을 표시한 서면으로 하여야 한다(법 제38조 제2항). 여기에서 언급하는 청구의 경우 사용하는 심판청구서에는 사건명, 해양사고관련자의 성명·생년월일·주소, 해양사고관련자의 당시의 직명, 가지고 있는 면허의 종류 및 해양사고의 개요를 적어야 한다(시행령 제29조).

2) 약식심판의 청구

조사관은 다음의 어느 하나에 해당하는 경미한 해양사고로서 해양사고관련자의 소환이 필요하지 아니하다고 인정할 때에는 약식심판을 청구할 수 있다. 다만, 해양사고관련자의 명시한 의사에 반하여서는 아니 된다(법 제38조의2 제1항).

① 사람이 사망하지 아니한 사고
② 선박 또는 그 밖의 시설의 본래의 기능이 상실되지 아니한 사고
③ 대통령령으로 정하는 기준 이하의 오염물질이 해양에 배출된 사고

이러한 약식심판의 청구는 심판청구와 동시에 서면으로 하여야 한다(법 제38조의2 제2항).

3) 단독심판의 청구 및 비상임심판관의 참여

조사관은 사건이 단독심판으로 행함이 적당하다고 인정할 때에는 심판청구서에 그 뜻을 적어 청구하여야 하며(시행령 제30조), 사건의 심판이 비상임심판관의 참여가 필요하다고 인정할 때에는 심판청구서에 그 뜻을 적어 청구하여야 한다(시행령 제31조).

4) 해양사고관련자의 지정과 통고

조사관은 제38조에 따라 심판을 청구하는 경우에는 그 해양사고 발생의 원인과 관계가 있다고 인정되는 자를 해양사고관련자로 지정하여야 하며, 해양사고관련자를 지정하여 지방심판원에 심판청구를 한 경우에는 다음의 사항을 그 해양사고관련자에게 서면으로 통고하여야 한다(법 제39조 제1항, 제2항, 시행령 제32조).

① 심판청구를 한 심판원의 명칭
② 사건명 및 사실의 개요
③ 해양사고관련자의 성명 · 생년월일 · 주소 및 당시의 직명 · 직업과 가지고 있는 면허의 종류
④ 심판청구를 한 날짜
⑤ 조사관의 성명

5) 이해관계인의 심판신청

해양사고에 대하여 이해관계가 있는 자는 심판불필요처분을 받은 해양사고에 대하여 원인규명이 필요하다고 인정하면 관할 지방심판원에 그 처분이 올바른지에 대하여 심판을 신청할 수 있다(법 제39조의2 제1항). 이 경우 이해관계인이 위의 규정에 의하여 심판을 신청하는 경우에는 심판불필요처분사건 심판신청서를 관할 지방심판원에 제출하여야 하며, 지방심판원은 이러한 신청이 있는 때에는 당해 지방심판원의 수석조사관에게 그 신청서를 보내야 한다(시행령 제32조의2 제1항, 제2항).

심판불필요처분사건 심판신청서를 받은 지방심판원의 수석조사관은 5일 이내에 그 신청서에 의견서를 첨부하여 지방심판원에 제출하여야 한다(시행령 제32조의2 제3항).

관할 지방심판원은 심판불필요처분사건 심판이 신청된 경우 그 신청이 이유 있는 것으로 인정되는 경우에는 결정으로써 조사관으로 하여금 조사를 시작하여 심판을 청구하도록 하고, 그 신청이 이유 없는 것으로 인정되는 경우에는 결정으로써 이를 기각하여야 한다(법 제39조의2 제2항).

6) 심판청구서의 변경 등

조사관은 심판청구서에 기재된 사건명을 변경하거나 해양사고 사실 또는 해양사고관련자를 추가·철회 또는 변경할 수 있다(법 제49의2 제1항). 이 경우 조사관은 심판청구서에 적힌 사건명을 변경하거나 해양사고사실 또는 해양사고관련자를 추가·철회 또는 변경하려면 그 내용과 사유를 구체적으로 적은 서면을 관할 지방심판원에 제출하여야 한다(시행령 제32조의3 제1항).

심판장은 심리의 경과에 비추어 필요하다고 인정하는 경우에는 조사관에게 해양사고관련자의 추가·철회 또는 변경할 것을 서면으로 요구할 수 있다(법 제49의2 제2항). 이 경우 심판장은 조사관에게 해양사고관련자의 추가·철회 또는 변경을 요구할 때에는 그 내용과 사유를 구체적으로 적은 서면으로 알리고, 그 서면을 받은 조사관은 특별한 사유가 없으면 요구에 따라야 한다(시행령 제32조의3 제2항).

심판장은 해양사고 사실 또는 해양사고관련자가 추가·철회 또는 변경되었을 때에는 지체 없이 해양사고관련자, 심판변론인 및 심판참여의 허가를 받은 이해관계인에게 그 사실을 알려야 하며, 심판청구서의 추가·철회 또는 변경의 요건·절차 등에 관하여 필요한 사항은 대통령령으로 정한다(법 제49의2 제3항, 제4항).

7) 심판청구의 취하

조사관은 심판청구된 사건에 대한 심판이 불필요하게 된 경우로서 아래 ①~③에 해당하는 경우에는 제1심의 재결이 있을 때까지 심판청구를 취하할 수 있다. 다만, 이해관계인의 심판신청에 의한 심판원의 결정으로 조사관이 청구한 사건에 대하여는 그러하지 아니하다(법 제49조의3, 시행령 제32조의4 제1항).

① 심판청구 후 사건에 대하여 심판권이 없다는 사실을 알게 된 경우
② 심판청구 후 사건에 대하여 심판청구가 법령을 위반하여 제기되었음을 알게 된 경우
③ 심판청구 후 사건에 대하여 법 제7조에 따라 심판할 수 없다는 사실을 알게 된 경우

심판청구의 취하는 서면으로 하여야 하지만, 심판정에서는 말로 취하할 수 있으며, 지방심판원은 조사관이 심판청구를 취하한 경우에는 결정으로 심판청구를 각하하여야 한다(시행령 제32조의4 제2항, 제3항).

4. 이의신청, 재결 등의 집행

4.1 이의신청의 절차

1) 의의

이의신청은 지방심판원의 심판절차상 행하는 각종 결정을 받은 자가 이에 불복하여 중앙심판원에 이의를 신청하는 행위를 말한다.

2) 이의신청절차

가) 이의신청서의 제출

지방심판원에서 결정을 받은 자는 중앙심판원에 대하여 이의를 신청할 수 있는데, 이의신청은 제2심 재결이 있을 때까지 할 수 있다(법 제67조 제1항, 제2항). 이의신청을 하려면 신청서를 지방심판원에 제출하여야 한다(법 제68조 제1항).

나) 이의신청의 기재내용

이의신청 시의 기재내용으로는 변경 또는 취소를 구하는 원결정과 변경 또는 취소를 구하는 이유로써 원결정을 어떠한 이유로 어떻게 변경할 것인가와 원결정을 심판절차 법령의 어느 조항의 위반으로 취소를 구하는가에 대하여 기재하여야 한다(사무처리요령 제86조).

다) 조치방법

지방심판원은 이의신청이 이유 있다고 인정하면 원심결정을 경정할 수 있으며, 이의신청이 전부 또는 일부가 이유 없다고 인정하면 그 신청서를 수리한 날부터 3일 이내에 이를 중앙심판원에 보내야 한다(법 제68조 제2항, 제3항).

이의신청이 있을 때에 지방심판원은 필요하면 원심조서 그 밖의 관계 서류 및 증거물을 중앙심판원에 보내야 하며, 관계 서류 및 증거물이 필요할 경우 중앙심판원은 지방심판원에 대하여 원심조서 그 밖의 관계서류 및 증거물의 송부를 요구할 수 있다(법 제69조 제1항, 제2항).

이의신청은 원심결정의 집행을 정지하지 아니한다. 다만, 지방심판원은 상당한 사유가 있다고 인정할 때에는 조사관의 의견을 들어 집행을 정지할 수 있다(법 제68조 제4항).

3) 이의신청에 대한 결정

중앙심판원은 조사관의 의견을 들어 이의신청에 대한 결정을 하여야 한다(법 제71조 제1항). 이 경우에 상당한 이유가 있을 때에는 원심결정에 대한 집행이 정지가 된다. 그러나 이의신청이 그 절차에 위반하였을 때 또는 그 이유가 없을 때에는 이의신청의 기각결정을 하여야 한다(법 제71조 제2항).

조사관의 의견을 들어 이의신청을 결정할 때나 절차의 위반 또는 그 이유가 없을 때의 기각결정에는 반드시 그 이유를 붙일 필요는 없다(법 제71조 제3항).

4) 지방심판원에 대한 결정의 통지

이의신청에 대한 중앙심판원의 결정은 이의신청인과 지방심판원에 알려야 한다(법 제72조).

4.2 재결의 집행 일반

1) 재결의 집행시기

재결은 그 확정된 후에 집행하며(법 제78조), 재결의 집행시기는 다음과 같다(시행령 제72조의2).

① 지방심판원 재결의 경우 : 제2심의 청구기간이 지났거나 기각재결서 또는 각하결정서의 정본을 송달받은 때
② 중앙심판원 재결의 경우 : 재결을 고지한 때

2) 재결의 집행자

중앙심판원의 재결은 중앙수석조사관이, 지방심판원의 재결은 해당 지방수석조사관이 각각 집행한다(법 제79조).

3) 면허취소 및 업무정지 재결의 집행

가) 면허취소 재결의 집행

면허취소 재결이 확정되면 조사관은 해기사면허증 또는 도선사면허증을 회수하여 이를 관계 해양수산관서에 보내야 한다(법 제80조).

나) 업무정지 재결의 집행

조사관은 업무정지 재결이 확정된 때에는 해기사면허증 또는 도선사면허증을 회수하여 보관하였다가 업무정지 기간이 끝난 후에 돌려주어야 한다. 다만, 제6조의2에 따라 집행유예 재결을 받은 경우에는 회수하지 아니 한다(법 제81조).

다) 면허취소 및 업무정지 재결의 집행절차

중앙심판원과 지방심판원의 수석조사관은 해양안전심판의 결과 해기사 또는 도선사에 대한 면허취소 또는 업무정지의 재결이 확정되었을 때에는 지체 없이 그 해기사 또는 도선사에게 해기사면허증 또는 도선사면허증을 재결이 확정된 날부터 30일 이내(해기사가 승선 등의 이유로 기한 내에 제출할 수 없는 경우에는 그 사유가 해소된 날부터 14일 이내를 말한다.)에 제출할 것을 문서로 알려야 하며, 재결집행을 시작하였을 때에는 그 사실을 해당 면허증을 발급한 지방해양수산청장(이하 "면허관청"이라 한다)에게 통보하여야 한다(시행규칙 제22조 제1항).

면허관청은 이러한 통보를 받았을 때에는 해기사면허원부 또는 도선사면허원부(이하 "면허원부"라 한다)에 그 내용을 적어야 한다(시행규칙 제22조 제2항).

수석조사관은 면허증의 제출통지를 받고 이를 이행하지 아니하는 사람에 대해서는 면허증 무효선언에 관한 절차를 밟고 그 사실을 면허관청에 알려야 한다(시행규칙 제22조 제3항). 또한 수석조사관은 업무정지기간 만료일의 다음날(그 날이 일요일 또는 공휴일인 때에는 그 다음날)에 해당 면허증을 반환하여야 한다(시행규칙 제22조 제4항).

4) 견책재결의 집행

수석조사관은 해양안전심판의 결과 해기사나 도선사에 대한 견책재결이 확정되었을 때에는 그 견책재결의 요지를 면허관청에 통보하여야 하며, 면허관청은 이러한 통보를 받은 때에는 그 사실을 면허원부에 적어야 한다(시행규칙 제23조 제1항, 제2항).

5) 징계의 실효

업무정지 또는 견책의 징계를 받은 해기사나 도선사가 그 징계재결의 집행이 끝난 날부터 5년 이상 무사고 운항을 하였을 경우에는 그 징계는 실효된다. 이 경우 그 징계기록의 말소절차에 관하여 필요한 사항은 해양수산부령으로 정한다(법 제81조의2).

6) 징계기록부의 작성 및 징계기록의 말소

가) 징계기록부의 작성

중앙심판원장은 업무정지나 견책의 징계를 받은 해기사 또는 도선사에 대한 징계사항을 징계기록부에 기록하여야 하며, 징계기록부는 전자적으로 처리할 수 없는 특별한 사유가 있는 경우 외에는 전자적 방법으로 기록하고 관리하여야 한다(시행규칙 제24조 제1항, 제2항).

나) 징계기록의 말소

중앙심판원장은 징계가 실효된 해기사 또는 도선사에 대해서는 면허원부의 징계기록을 말소할 것을 해당 면허관청에 요청하여야 하며, 징계기록의 말소요청을 받은 면허관청은 면허원부에 징계기록을 말소하고, 그 사람에 대한 면허원부를 새로 작성하여야 한다. 그리고 면허관청이 징계기록을 말소하였을 때에는 그 사실을 중앙심판원장에게 알려야 한다(시행규칙 제25조 제1항부터 제3항까지).

7) 면허증의 무효선언과 고시

면허취소 또는 업무정지의 재결을 받은 사람이 조사관에게 그 해기사면허증 또는 도선사면허증을 제출하지 아니할 때에는 중앙수석조사관은 그 면허증의 무효를 선언하고 그 사실을 관보에 고시한 후 해양수산부장관에게 보고하여야 한다(법 제82조).

8) 시정재결

가) 시정재결의 공고

중앙수석조사관은 시정·개선을 권고하거나 명하는 재결을 하였을 때에는 그 내용을 관보에 공고하고 해양수산부장관에게 보고하여야 한다. 다만, 필요하다고 인정하는 경우에는 관보를 대신하여 신문에 공고할 수 있다(법 제83조).

나) 시정재결의 이행

시정 또는 개선을 명하는 재결을 받은 자 또는 시정 또는 개선조치의 요청을 받은 자는 그 취지에 따라 필요한 조치를 하고, 수석조사관이 요구하면 그 조치내용을 지체 없이 수석조사관에게 통보하여야 하며, 수석조사관은 통보내용을 검토하여 그 조치가 부족하다고 인정할 때에는 그 이행을 요구할 수 있다(법 제84조 제1항, 제2항).

제 6 장

해운법

1. 의의
2. 해상여객운송사업
3. 해상화물운송사업

제6장 해운법

1. 의의

1.1 개요

해운법은 해상운송의 질서를 유지하고 공정한 경쟁이 이루어지도록 하며, 해운업의 건전한 발전과 여객·화물의 원활하고 안전한 운송을 도모함으로써 이용자의 편의를 향상시키고 국민경제의 발전과 공공복리의 증진에 이바지하는 것을 목적으로 한다(법 제1조)

해상운송의 질서를 유지하고 해상운송사업의 건전한 발전을 도모하여 공공의 복리를 증진하기 위하여 1964년 12월 5일 해상운송사업법이 제정되었다.

이후 우리나라 해운의 국제경쟁력 강화를 위하여 선박의 공동운항등 필요한 제도적 장치를 마련하고 여객선의 안전운항확보를 위하여 운항관리자에 대한 감독을 한국해운조합에 일원화하며 각종 규제사항을 대폭 완화하여 해운업의 자율성을 보장하기 위하여 1983년 12월 31일 법의 제명을 해운업법으로 변경하게 되었으며 전문개정이유는 다음과 같다.

첫째, 제명을 해운업법으로 변경함, 둘째, 해운항만청장은 여객운송사업자에게 사업개선명령으로 선박의 공동운항이나 설비의 공용 또는 보험에의 가입을 명할 수 있도록 함, 셋째 해운항만청장은 해운업의 정지처분에 갈음하여 과징금을 부과할 수 있도록 함, 넷째, 여객운송사업자로 하여금 한국해운조합에 운항관리규정을 제출하게 하고 한국해운조합은 운항관리자를 두어 여객운송사업자를 지도·감독하도록 함, 다섯째, 화물운송사업의 양도·양수에 대한 인가제를 신고제로 하고, 해상화물운송주선업등에 대한 면허제를 등록제로 함, 여섯째, 해무사제도를 신설하고, 해무사의 자격 및 시험에 관한 사항과 결격사유를 정함, 일곱째, 한국해운기술원을 설립하고 그 사업과 재원등에 관한 사항을 정함.36)

그리고 해운환경의 자율화·개방화 추세에 따라 정부의 행정규제를 완화하여 해운산업의 자율경영을 유도하고, 해운분야에 있어서의 외국과의 마찰요인을 해소하며, 현행 규정상의 일부 미비점을 개선·보완하기 위하여 1993년 3월 10일 법의 제명을 해운법으로 변경하게 되었으며, 일부개정이유는 다음과 같다.

첫째, 법의 제명을 해운업법에서 해운법으로 변경함, 둘째, 내항여객운송사업의 운임 및 요금을 현행 인가제에서 신고제로 전환하고, 내항화물운송사업의 운임을 현행 인가제에서 사업자가 자율적으로 정하도록 함, 셋째, 해상여객운송사업자 및 해상화물운송사업자가 사업계획을 변경하는 경우 종전에는 인가를 받도록 하던 것을 신고제로 전환함, 넷째, 대량화물의 화주 또는 대량화물의 화주가 사실상 소유하거나 지배하는 법인은 해운진흥심의회의 심의를 거친 경우를 제외하고는 자가화물의 운송을 위한 해상화물운송사업을 영위할 수 없도록 함, 다섯째, 해상화물운송주선업등 해운관련업에 외국인이 투자하는 경우 인가를 받아 제한적으로 투자할 수 있도록 하던 것을 완전 개방함, 여섯째, 외국인운송사업자가 국내해운대리점업에 투자한 경우 그 해운대리점업을 영위하는 자는 당해 외국인운송사업자가 영위하는 거래에 한하여 대리할 수 있도록 하던 것을 다른 운송사업자의 거래행위도 대리할 수 있도록 함.[37]

1.2 주요 용어(법 제2조)

① "해운업"이란 해상여객운송사업, 해상화물운송사업, 해운중개업, 해운대리점업, 선박대여업 및 선박관리업을 말한다.

② "여객선"이란 「선박안전법」 제2조제10호에 따른 선박으로서 해양수산부령으로 정하는 선박을 말한다.

③ "해상여객운송사업"이란 해상이나 해상과 접하여 있는 내륙수로(內陸水路)에서 여객선 또는 「선박법」 제1조의2제1항제1호에 따른 수면비행선박(이하 "여객선등"이라 한다)으로 사람 또는 사람과 물건을 운송하거나 이에 따르는 업무를 처리하는 사업으로서 「항만운송사업법」 제2조제4항에 따른 항만운송관련사업 외의 것을 말한다.

36) 해운업법 1983년 3월 10일 전부개정이유 참조.
37) 해운법 1993년 3월 10일 일부개정이유 참조.

④ "해상화물운송사업"이란 해상이나 해상과 접하여 있는 내륙수로에서 선박[예선(曳船)에 결합된 부선(艀船)을 포함한다. 이하 같다]으로 물건을 운송하거나 이에 수반되는 업무(용대선을 포함한다)를 처리하는 사업(수산업자가 어장에서 자기의 어획물이나 그 제품을 운송하는 사업은 제외한다)으로서 「항만운송사업법」 제2조제2항에 따른 항만운송사업 외의 것을 말한다.

⑤ "용대선(傭貸船)"이란 해상여객운 송사업이나 해상화물운송사업을 경영하는 자 사이 또는 해상여객운송사업이나 해상화물운송사업을 경영하는 자와 외국인 사이에 사람 또는 물건을 운송하기 위하여 선박의 전부 또는 일부를 용선(傭船)하거나 대선(貸船)하는 것을 말한다.

⑥ "해운중개업"이란 해상화물운송의 중개, 선박의 대여 · 용대선 또는 매매를 중개하는 사업을 말한다.

⑦ "해운대리점업"이란 해상여객운송사업이나 해상화물운송사업을 경영하는 자(외국인 운송사업자를 포함한다)를 위하여 통상(通常) 그 사업에 속하는 거래를 대리(代理)하는 사업을 말한다.

⑧ "선박대여업"이란 해상여객운송사업이나 해상화물운송사업을 경영하는 자 외의 자본인이 소유하고 있는 선박(소유권을 이전받기로 하고 임차한 선박을 포함한다)을 다른 사람(외국인을 포함한다)에게 대여하는 사업을 말한다.

⑨ "선박관리업"이란 「선박관리산업발전법」 제2조제1호에 규정된 국내외의 해상운송인, 선박대여업을 경영하는 자, 관공선 운항자, 조선소, 해상구조물 운영자, 그 밖의 「선원법」상의 선박소유자로부터 기술적 · 상업적 선박관리, 해상구조물관리 또는 선박시운전 등의 업무의 전부 또는 일부를 수탁(국외의 선박관리사업자로부터 그 업무의 전부 또는 일부를 수탁하여 행하는 사업을 포함한다)하여 관리활동을 영위하는 업(業)을 말한다.

⑩ "선박현대화지원사업"이란 정부가 선정한 해운업자가 정부의 재정지원 또는 금융지원을 받아 낡은 선박을 대체하거나 새로이 건조하는 것을 말한다.

⑪ "화주(貨主)"란 해상화물 운송을 위해 제2호 또는 제3호의 사업에 종사하는 자와 화물의 운송계약을 체결하는 당사자(「물류정책기본법」 제2조제1항제11호에 따른 국제물류주선업에 종사하는 자를 포함한다)를 말한다.

⑫ "안전관리종사자"란 여객선 안전운항을 위한 직무를 수행하는 사람으로서 다음 각 목의 어느 하나에 해당하는 사람을 말한다.

㉠ 선장
㉡ 해원
㉢ 제22조에 따른 선박운항관리자
㉣ 「해사안전법」 제58조제2항에 따른 해사안전감독관
㉤ 그 밖에 해양수산부령으로 정하는 사람

2. 해상여객운송사업

2.1 여객선의 운항명령 등(법 제16조)

해양수산부장관은 다음의 어느 하나에 해당하는 경우에는 일정한 기간을 정하여 여객운송사업자에게 여객선의 운항을 명할 수 있다.

① 제15조제1항에 따라 선정된 보조항로사업자가 없게 된 경우

법 제15조(보조항로의 지정과 운영)
① 해양수산부장관은 도서주민의 해상교통수단을 확보하기 위하여 필요하다고 인정되면 국가가 운항에 따른 결손금액을 보조하는 항로(이하 "보조항로"라 한다)를 지정하여 내항여객운송사업자 중에서 보조항로를 운항할 사업자(이하 "보조항로사업자"라 한다)를 선정하여 운영하게 할 수 있다.

② 운항 여객선 주변 해역에서 재해 등 긴급한 상황이 발생한 경우
③ 여객선이 운항되지 아니하는 도서주민의 해상교통로 확보를 위하여 그 주변을 운항하는 여객선으로 하여금 해당 도서를 경유하여 운항하게 할 필요가 있는 경우

해양수산부장관은 위에 따른 운항명령의 사유가 소멸된 때에는 그 명령을 취소하여야 한다. 해양수산부장관은 위에 따른 운항명령을 따름으로 인한 손실과 운항명령의 취소로 인한 손실을 보상하여야 한다.

손실보상의 결정과 그 지급방법에 관하여 필요한 사항은 대통령령으로 정한다.

시행령 제12조(손실보상금의 결정 및 지급방법)
① 법 제16조제1항 및 제2항에 따른 보조항로 운항명령 및 그 취소로 인하여 손실을 입은 여객운송사업자는 해양수산부령으로 정하는 바에 따라 매월 해양수산부장관에게 손실보상금의 지급을 청구할 수 있다.
② 해양수산부장관은 제1항에 따른 손실보상금의 지급청구를 받은 때에는 그 내용을 심사하여 손실보상금의 금액을 결정한 후 손실보상금지급통지서를 신청인에게 주어야 한다.
③ 제1항에 따른 손실보상금은 보조항로 운항명령에 따른 운항으로 인하여 발생하는 운항결손액과 운항명령취소로 인하여 발생하는 비용의 합계로 본다.

2.2 운항관리규정의 작성, 심사 및 준수(법 제21조)

1) 운항관리규정 작성

내항여객운송사업자는 여객선등의 안전을 확보하기 위하여 해양수산부령(시행규칙 제15조의2, 제15조의3)으로 정하는 바에 따라 운항관리규정을 작성하여 해양수산부장관에게 제출하여야 한다. 운항관리규정을 변경하고자 하거나 운항여건의 변경 등 해양수산부령으로 정하는 사항이 변경되는 경우에도 또한 같다.

시행규칙 제15조의2(운항관리규정에 포함되어야 하는 사항 등) 및 제15조의3(운항관리규정의 제출)

제15조의2(운항관리규정에 포함되어야 하는 사항 등)

① 법 제21조에 따라 내항여객운송사업자가 작성하여야 하는 운항관리규정에는 해상안전을 위하여 내항여객운송사업자와 내항 여객운송사업의 종사자가 지켜야 하는 사항으로서 별표 2의3에서 규정된 내용이 포함되어야 한다.

② 내항여객운송사업자는 운항관리규정에 포함된 내용대로 별지 제10호의2 서식의 여객선 정기점검표에 따라 월 1회 이상 정기적으로 선박시설 등을 점검하여야 한다.

제15조의3(운항관리규정의 제출)

① 법 제21조제1항에 따라 내항여객운송사업자는 별지 제10호의3서식의 여객선 운항관리규정 보고서에 운항관리규정과 다음 각 호의 서류를 첨부하여 운항개시일 14일 전까지 지방해양수산청장에게 제출하여야 한다. 다만, 운항시간, 운항횟수 및 비상연락망의 변경 등 운항관리규정의 경미한 사항을 변경하려는 경우에는 운항개시일 7일 전까지, 해양사고 등으로 내항 여객운송사업에 선박을 긴급히 대체 투입하려는 경우에는 운항개시일 후 3일 이내에 제출하여야 한다.

1. 선박검사증서
2. 선박국적증서
3. 무선국 허가증
4. 선박의 복원성을 확인할 수 있는 자료
5. 그 밖에 지방해양수산청장이 운항관리규정 심사에 필요하다고 인정하는 자료

② 삭제

③ 내항여객운송사업자는 법 제21조제1항 및 제2항에 따라 심사를 받은 운항관리규정을 소속 임직원과 여객이 열람하기 쉽도록 선박, 주된 사업소 및 영업소에 비치하여야 한다.

2) 여객선운항관리규정심사위원회

해양수산부장관은 운항관리규정을 제출받은 때에는 여객선운항관리규정심사위원회를 구성하여 그 운항관리규정에 대하여 심사를 하여야 하며, 여객선등의 안전을 확보하기 위하여 운항관리규정을 변경할 필요가 있다고 인정되면 그 이유와 변경요지를 명시하여 해당 내항여객운송사업자에게 운항관리규정을 변경할 것을 요구할 수 있다. 이 경우 내항여객운송사업자는 변경 요구받은 사항을 운항관리규정에 반영하여야 한다.

내항여객운송사업자는 위에 따라 정해진 운항관리규정을 준수하여야 한다.

해양수산부장관은 내항여객운송사업자가 운항관리규정을 계속적으로 준수하고 있는지 여부를 정기 또는 수시로 점검하여야 한다.

해양수산부장관은 내항여객선의 안전운항에 위험을 초래할 수 있는 사항이 있는 경우 출항 정지, 시정 명령 등을 할 수 있다.

여객선운항관리규정심사위원회의 구성·운영 등에 필요한 사항(시행령 제12조의3)은 다음과 같다.

시행령 제12조의3(여객선운항관리규정심사위원회의 구성 및 운영 등)

① 법 제21조제2항에 따른 여객선운항관리규정심사위원회(이하 "심사위원회"라 한다)는 지방해양수산청별로 위원장 1명을 포함하여 4명 이상 10명 이하의 위원으로 구성한다.

② 심사위원회의 위원은 다음 각 호의 어느 하나에 해당하는 사람 중에서 성별(性別)을 고려하여 해양수산부장관이 임명하거나 위촉한다.

1. 「해사안전법」 제58조제2항에 따른 해사안전감독관
2. 법 제22조제2항에 따른 선박운항관리자
3. 「선박안전법」 제60조제1항 및 제2항에 따라 검사등의 업무를 대행하는 한국해양교통안전공단 또는 선급법인의 선박검사원
4. 그 밖에 여객선의 운항관리에 관한 지식과 경험이 풍부한 사람으로서 해양수산부장관이 운항관리규정 심사에 필요하다고 인정하는 사람

③ 심사위원회 위원장은 위원 중에서 호선한다.

④ 해양수산부장관은 법 제21조제1항에 따라 운항관리규정을 제출받은 경우 7일 이내에 심사위원회를 구성하고, 회의의 일시·장소 및 안건 등을 심사위원회의 위원에게 알려야 한다.

⑤ 심사위원회의 회의는 재적위원 과반수의 출석으로 개의(開議)하고, 출석위원 과반수의 찬성으로 의결한다.

⑥ 제1항부터 제5항까지에서 규정한 사항 외에 심사위원회의 구성 및 운영 등에 필요한 사항은 해양수산부장관이 정한다.

3) 운항관리규정의 심사 및 점검

위의 규정에 따른 운항관리규정의 심사·점검 등에 필요한 사항은 해양수산부령(시행규칙 제15조의5, 제15조의6)으로 정한다.

가) 운항관리규정의 심사 절차(시행규칙 제15조의5)

해운법 제21조제2항에 따른 운항관리규정의 심사는 다음 각 호의 구분에 따라 서류심사와 현장심사로 구분하여 실시한다. 다만, 서류심사만으로 운항관리규정의 적합 여부를 판단할 수 있는 경우에는 현장심사를 생략할 수 있다.

① 서류심사: 제15조의3제1항에 따라 내항여객운송사업자가 제출한 서류에 대한 심사
② 현장심사: 운항관리규정의 이행 가능성 및 실효성을 현장에서 확인하기 위한 심사

해운법 제21조제2항에 따른 여객선운항관리규정심사위원회(이하 "심사위원회"라 한다)의 위원장은 운항관리규정의 심사를 완료하였을 때에는 지방해양수산청장에게 운항관리규정의 심사 완료를 알리고, 지방해양수산청장은 특별한 사유가 없는 한 심사위원회의 심사결과에 따라 해당 내항여객운송사업자에게 별지 제10호의6서식의 운항관리규정 심사증명서를 발급하여야 한다.
위에서 규정한 사항 외에 운항관리규정의 심사에 필요한 세부적인 기준, 절차 및 방법 등은 해양수산부고시인 "여객선 안전관리지침[38)]"에 따른다.

나) 내항여객운송사업자에 대한 점검(시행규칙 제15조의6)

해운법 제21조제4항에 따라 지방해양수산청장이 수행하는 점검의 종류는 다음 각 호와 같다.

① 정기 점검
② 수시 점검

지방해양수산청장은 「해사안전법」 제58조제2항에 따른 해사안전감독관으로 하여금 제1항에 따른 점검을 하도록 할 수 있다.
위에 따른 점검에 필요한 기준, 절차 및 방법 등은 "여객선 안전관리지침"에 따른다.

38) 부록 "여객선 안전관리지침" 참조.

2.3 안전관리책임자(법 제21조의5)

1) 안전관리책임자

내항여객운송사업자는 운항관리규정의 수립·이행 및 여객선의 안전운항 업무를 수행한다. 이 경우 내항여객운송사업자는 해당 업무를 수행하기 위하여 안전관리책임자를 두어야 한다.

내항여객운송사업자는 위에 따른 운항관리규정의 수립·이행 및 여객선의 안전운항 업무를「해사안전법」제51조에 따른 안전관리대행업자(이하 "안전관리대행업자"라 한다)에게 위탁할 수 있다. 이 경우 내항여객운송사업자는 그 사실을 10일 이내에 해양수산부장관에게 알려야 한다.

해사안전법 제51조(안전관리대행업의 등록)

① 선박소유자로부터 안전관리체제의 수립과 시행에 관한 업무를 위탁받아 대행하는 업(이하 "안전관리대행업"이라 한다)을 경영하려는 자는 해양수산부장관에게 등록하여야 한다. 등록한 사항 중 해양수산부령으로 정하는 사항을 변경하려는 경우에도 또한 같다.
② 안전관리대행업의 등록을 하려는 자는 법인으로서 제46조제2항에 따른 사업장 안전관리체제를 갖추어야 한다.
③ 안전관리대행업의 등록 절차 등에 필요한 사항은 해양수산부령으로 정한다.

2) 안전관리책임자 교육

내항여객운송사업자(안전관리대행업자에게 위탁한 경우에는 안전관리대행업자를 말한다)는 안전관리책임자가 아래와 같은 여객선 안전관리에 관한 교육을 받도록 하여야 한다.

① 안전관리책임자로 선임된 날부터 3개월 이내에 실시하는 교육
② 제1호에 따른 교육을 이수한 날부터 1년마다 1회 이상 실시하는 교육

안전관리책임자 교육에는 다음의 내용이 포함되어야 한다.

① 여객선 안전관리 제도 및 법규
② 연안항해 및 선박운용 지식
③ 여객선의 소방·구명설비 기준

위에서 정한 사항 외에 안전관리책임자의 교육에 필요한 세부사항은 해양수산부장관이 정하여 고시(여객선 안전관리책임자 교육에 관한 규정)한다.

3) 안전관리책임자 자격기준 등

안전관리책임자의 자격기준·인원 등에 필요한 사항은 다음과 같다.

〈표 1-6-8〉 안전관리책임자의 자격기준 및 인원(시행령 별표 1)

구분		내항여객운송사업자가 보유한 여객선의 총톤수 합계가 3천톤 이상인 경우	내항여객운송사업자가 보유한 여객선의 총톤수 합계가 500톤 이상 3천톤 미만인 경우	내항여객운송사업자가 보유한 여객선의 총톤수 합계가 500톤 미만인 경우
자격기준	수석 안전 관리 책임자	다음 각 호의 어느 하나에 해당하는 경력이 있는 사람 1. 3급 항해사, 3급 기관사 또는 3급 운항사 이상의 면허를 가지고 선박 또는 해당 사업장에서 선박운항 또는 안전관리와 관련하여 2년 이상 근무한 경력 2. 「해사안전법」 제46조제5항에 따른 안전관리책임자 또는 안전관리자로서 2년 이상 근무한 경력. 다만, 국내에서만 운항하는 선박만을 관리한 경력은 제외한다. 3. 4급 항해사, 4급 기관사 또는 4급 운항사 이상의 면허를 가지고 법 제21조의5에 따른 안전관리책임자로 3년 이상 근무한 경력	다음 각 호의 어느 하나에 해당하는 경력이 있는 사람 1. 4급 항해사, 4급 기관사 또는 4급 운항사 이상의 면허를 가지고 선박 또는 해당 사업장에서 선박운항 또는 안전관리와 관련하여 2년 이상 근무한 경력 2. 「해사안전법」 제46조제5항에 따른 안전관리책임자 또는 안전관리자로 2년 이상 근무한 경력 3. 법 제21조의5에 따른 안전관리책임자로 2년 이상 근무한 경력	5급 항해사, 5급 기관사 또는 5급 운항사 이상의 면허를 가지고 선박 또는 해당 사업장에서 선박운항 또는 안전관리와 관련하여 2년 이상 근무한 경력이 있는 사람

<table>
<tr><th colspan="2">구분</th><th>내항여객운송사업자가 보유한 여객선의 총톤수 합계가 3천톤 이상인 경우</th><th>내항여객운송사업자가 보유한 여객선의 총톤수 합계가 500톤 이상 3천톤 미만인 경우</th><th>내항여객운송사업자가 보유한 여객선의 총톤수 합계가 500톤 미만인 경우</th></tr>
<tr><td></td><td>선임안전관리책임자</td><td>다음 각 호의 어느 하나에 해당하는 경력이 있는 사람
1. 4급 항해사, 4급 기관사 또는 4급 운항사 이상의 면허를 가지고 선박 또는 해당 사업장에서 선박운항 또는 안전관리와 관련하여 2년 이상 근무한 경력
2. 「해사안전법」 제46조제5항에 따른 안전관리책임자 또는 안전관리자로 2년 이상 근무한 경력
3. 법 제21조의5에 따른 안전관리책임자로 2년 이상 근무한 경력</td><td>5급 항해사, 5급 기관사 또는 5급 운항사 이상의 면허를 가지고 선박 또는 해당 사업장에서 선박운항 또는 안전관리와 관련하여 2년 이상 근무한 경력이 있는 사람</td><td></td></tr>
<tr><td rowspan="2">인원</td><td>수석안전관리책임자</td><td colspan="3">1명 이상</td></tr>
<tr><td>선임안전관리책임자</td><td colspan="3">내항여객운송사업자가 보유한 여객선이 6척 이하인 경우: 3척당 1명 이상
내항여객운송사업자가 보유한 여객선이 7척 이상 12척 이하인 경우: 4척당 1명 이상
내항여객운송사업자가 보유한 여객선이 13척 이상인 경우: 5척당 1명 이상</td></tr>
</table>

비고

1. 위 표의 경력에는 1년 이상의 승선경력을 포함하여야 한다.
2. 수석안전관리책임자는 선임안전관리책임자를 겸임할 수 있다.
3. 위 표의 내항여객운송사업자가 보유한 여객선의 수를 계산할 때에는 예비선은 제외하며, 주된 사업소와 영업소의 여객선은 모두 포함한다.

2.4 여객선 안전운항관리(법 제22조)

해양수산부장관은 내항여객선의 안전운항에 관한 시책을 수립하고 시행하여야 한다.

내항여객운송사업자는 「한국해양교통안전공단법」에 따라 설립된 한국해양교통안전공단(이하 "공단"이라 한다)이 해양수산부령으로 정하는 자격을 갖춘 사람 중에서 선임한 선박운항관리자(이하 "운항관리자"라 한다)로부터 안전운항에 필요한 지도·감독을 받아야 한다.

운항관리자의 임면 방법과 절차, 직무범위와 운항관리자에 대한 지도·감독 등에 필요한 사항은 해양수산부령(시행규칙 제15조의11, 제15조의12, 제15조의13)으로 정한다.

시행규칙 제15조의11, 제15조의12, 제15조의13

제15조의11(운항관리자의 임면 등)

① 운항관리자는 한국해양교통안전공단의 직원으로 하며, 제15조의10에서 정한 자격을 가진 사람 중에서 한국해양교통안전공단이 선임하여 배치한다.

② 삭제

제15조의12(운항관리자의 직무)

① 법 제22조제3항에 따른 운항관리자의 직무는 다음 각 호와 같다.

1. 내항여객운송사업자·안전관리책임자 및 선원에 대한 안전관리교육
2. 운항관리규정의 작성에 필요한 자료의 제공과 의견의 제시
3. 선장 등과 출항 전 합동점검의 수행 및 선장이 작성한 점검보고서의 확인
4. 위험물 등을 취급하는 선장의 업무지도
5. 여객선의 입항·출항 보고의 수리
6. 여객선의 승선정원 초과 여부, 화물의 적재한도 초과 여부 및 복원성 등 감항성 유지 여부에 대한 확인
7. 출항 전 기상상황을 선장에게 통보하는 것과 현지 기상상황의 확인
8. 승선하여야 할 승무원의 승선 여부 확인
9. 법 제21조의2제5항에 따른 승선권 발급내역과 여객명부의 보관 여부 확인
10. 선장의 선내 비상훈련 실시 여부 확인
11. 구명기구·소화설비·해도(海圖)와 그 밖의 항해용구 완비 여부 확인
12. 입항·출항 보고를 받지 아니한 경우의 역호출(逆呼出)에 의한 보고사항 확인
13. 여객선 안전운항에 관한 지도(승선지도를 포함한다) 및 내항여객운송사업자의 운항관리규정 이행 상태의 확인

② 운항관리자는 다음 각 호의 사항에 관한 정보를 입수하여 이를 선장이 언제든지 볼 수 있도록 운항관리센터에 비치해야 한다. 〈개정 2022. 6. 30.〉

1. 항내 사정
2. 부두시설의 상황
3. 해역별 기상조건 및 해상조건
4. 항행경보 등 항로상황
5. 그 밖에 여객선의 동태 등 여객선 안전운항관리에 필요한 사항

③ 운항관리자는 여객선이 그 도착예정시간을 넘겨도 입항하지 아니하는 등 정상적으로 운항되지 아니한다고 인정되는 경우 지체 없이 사고 유무를 확인 · 판단하여 지방해양수산청장 및 해양경찰서장에게 각각 보고하여야 한다.
④ 운항관리자는 여객선의 안전을 확보하기 위하여 필요한 경우 내항여객운송사업자에게 해양수산부장관이 정하여 고시하는 출항 전 여객선 안전점검 보고서 등 제1항에 따른 직무와 관련된 자료의 열람 · 복사 · 제출 등을 요청하거나 그 밖에 필요한 사항을 확인할 수 있다.

제15조의13(운항관리자에 대한 지도 · 감독 등)
① 법 제22조제3항 및 제6항에 따라 지방해양수산청장은 여객선의 안전 확보를 위하여 운항관리자의 직무수행에 관하여 지도 · 감독하여야 하며, 운항관리자에 대한 지도 · 감독을 위하여 필요한 경우에는 운항관리자에게 그 직무수행에 관한 사항의 보고 또는 자료의 제출을 요구하거나 해사안전감독관 등 소속 직원으로 하여금 운항관리자의 사무실 또는 업무장소 등을 출입하여 점검하게 할 수 있다.
② 해양수산부장관은 운항관리비용의 효율적 집행 등을 위하여 한국해양교통안전공단의 운항관리비용의 예산 및 결산에 대하여 감사를 할 수 있다.

운항관리자는 해양수산부령(시행규칙 제15조의14)으로 정하는 바에 따라 법 제21조에 따른 운항관리규정의 준수와 이행의 상태를 확인하고, 그 밖에 운항관리자의 직무를 다하여야 한다.

시행규칙 제15조의14(운항관리규정의 준수 · 이행 상태 확인)
① 법 제22조제4항에 따라 운항관리자는 내항여객운송사업자가 제출한 운항관리규정의 이행 상태를 정기적으로 연 1회 이상 확인하여야 한다. 다만, 해당 여객선의 운항과 관련하여 사고가 발생한 경우에는 운항관리규정의 이행 상태를 수시로 확인할 수 있다.
② 운항관리자가 제1항에 따라 운항관리규정의 이행 상태를 확인한 결과 내항여객운송사업자가 운항관리규정을 위반한 것으로 인정되는 경우나 운항관리규정을 변경할 필요가 있는 경우에는 관할 지방해양수산청장에게 보고하여야 한다.

운항관리자는 여객선등의 안전운항을 위하여 필요하면 해양수산부령(제15조의15)으로 정하는 바에 따라 해양수산부장관에게 다음 각 호의 사항 등을 요청할 수 있다. 다만,

여객선등의 안전확보를 위하여 긴급히 조치하여야 할 사유가 있는 경우에는 내항여객운송사업자 또는 선장에게 출항정지를 명할 수 있으며, 운항관리자는 그 사실을 지체 없이 해양수산부장관에게 보고하여야 한다.

① 여객선등의 운항 횟수를 늘리는 것
② 출항의 정지
③ 사업계획에 따른 운항의 변경
④ 내항여객운송사업자의 운항관리규정 위반에 대한 조치 요구

시행규칙 제15조의15(운항관리자의 출항정지 등의 요청)
① 법 제22조제5항에 따라 운항관리자가 지방해양수산청장에게 여객선의 출항정지를 요청할 때에는 문서로 하거나 전화 · 팩스 등 통신시설을 이용할 수 있다.
② 운항관리자는 여객선의 안전확보를 위하여 긴급히 조치하여야 할 사유가 있는 경우에는 내항여객운송사업자 또는 선장에게 출항정지를 명할 수 있다. 이 경우 운항관리자는 그 사실을 지체 없이 지방해양수산청장에게 보고하여야 한다.

해양수산부장관은 운항관리자의 직무 등을 감독하는 데 필요한 경우 해양수산부령(시행규칙 제15조의13)으로 정하는 바에 따라 관련 자료를 제출 · 보고하게 하거나 소속 직원으로 하여금 사무실 등을 출입하게 하여 점검할 수 있다. 이 경우 해양수산부장관은 운항관리자에게 직무수행 개선 등 필요한 조치를 명할 수 있다.

3. 해상화물운송사업

3.1 운임 등의 협약

1) 운임 등의 협약(법 제29조)

외항화물운송사업의 등록을 한 자(이하 "외항화물운송사업자"라 한다)는 다른 외항화물운송사업자(외국인 화물운송사업자를 포함한다)와 운임·선박배치, 화물의 적재, 그 밖의 운송조건에 관한 계약이나 공동행위(외항 부정기 화물운송사업을 경영하는 자의 경우에는 운임에 관한 계약이나 공동행위는 제외하며, 이하 "협약"이라 한다)를 할 수 있다. 다만, 협약에 참가하거나 탈퇴하는 것을 부당하게 제한하는 것을 내용으로 하는 협약을 하여서는 아니 된다.

외항화물운송사업자(국내항과 외국항에서 해상화물운송사업을 경영하는 외국인 화물운송사업자를 포함한다)가 위에 따른 협약을 한 때에는 해양수산부령(시행규칙 제20조)으로 정하는 바에 따라 그 내용을 해양수산부장관에게 신고하여야 한다. 협약의 내용을 변경한 때에도 또한 같다.

해양수산부장관은 위에 따른 신고 또는 변경신고를 받은 날부터 2일 이내에 신고수리 여부를 신고인에게 통지하여야 한다.

해양수산부장관이 위에서 정한 기간 내에 신고수리 여부 또는 민원 처리 관련 법령에 따른 처리기간의 연장 여부를 신고인에게 통지하지 아니하면 그 기간이 끝난 날의 다음 날에 신고를 수리한 것으로 본다.

해양수산부장관은 신고된 협약의 내용이 다음 각 호의 어느 하나에 해당하면 그 협약의 시행 중지, 내용의 변경이나 조정 등 필요한 조치를 명할 수 있다. 다만, '신고 또는 변경신고를 받은 날부터 2일 이내에 신고수리 여부를 신고인에게 통지'에 해당하는 경우에 대한 조치인 때에는 그 내용을 공정거래위원회에 통보하여야 한다.

① 제1항 단서 또는 국제협약을 위반하는 경우
② 선박의 배치, 화물적재, 그 밖의 운송조건 등을 부당하게 정하여 해상화물운송질서를 문란하게 하는 경우
③ 부당하게 운임이나 요금을 인상하거나 운항 횟수를 줄여 경쟁을 실질적으로 제한하는 경우

협약을 체결한 외항화물운송사업자와 대통령령(시행령 제15조)으로 정하는 화주단체는 해양수산부령(시행규칙 제20조)으로 정하는 바에 따라 운임과 부대비용 등 운송조건에 관하여 서로 정보를 충분히 교환하여야 하며, 협약에 따른 신고를 하기 전에 운임이나 부대비용 등 운송조건에 관하여 협의를 하여야 한다. 이 경우 당사자들은 정당한 사유 없이 이를 거부하여서는 아니 된다.

2) 화물운송의 계약 등(제29조의2)

제28조제1항 각 호에 해당하는 자와 화주는 화물운송거래를 위한 입찰을 하거나 계약을 체결하는 경우에는 공정하고 투명하게 하여야 한다.

> 법 제28조(운임 및 요금의 공표 등)
> ① 외항 정기 화물운송 시장의 공정한 경쟁과 거래를 위하여 다음 각 호의 어느 하나에 해당하는 자는 해양수산부령으로 정하는 바에 따라 운임 및 요금을 정하여 화주 등 이해관계인이 알 수 있도록 각각 공표하여야 한다. 공표한 운임 및 요금을 변경하려는 때에도 또한 같다.
> 1. 외항정기화물운송사업자
> 2. 국내항과 외국항 사이에서 외항 정기 화물운송사업을 경영하는 외국인
> 3. 외항 정기 여객운송사업을 경영하는 자(제6조에 따른 외국의 해상여객운송사업자를 포함한다)로서 여객 및 화물 겸용 여객선으로 컨테이너 화물을 정기적으로 운송하는 사업자
> 4. 그 밖에 운임 및 요금의 공표가 특별히 필요하다고 인정되는 자로서 대통령령으로 정하는 자

제28조제1항 각 호에 해당하는 자와 화주가 3개월 이상의 기간을 정한 화물운송계약(이하 "장기운송계약"이라 한다)을 체결하는 경우에는 다음 각 호의 내용을 포함하여야 한다.

① 운임 및 요금의 우대조건
② 최소 운송물량의 보장
③ 유류비 등 원재료 가격 상승에 따른 운임 및 요금의 협의
④ 그 밖에 산업통상자원부, 국토교통부, 공정거래위원회 등 관계 중앙행정기관과 협의하여 대통령령으로 정하는 내용

제28조제1항 각 호에 해당하는 자와 화주가 장기운송계약을 체결하는 경우에는 제31조(외항화물운송사업자 등의 금지행위)제1항제1호 및 같은 조 제2항제1호를 적용하지 아니할 수 있다.

해양수산부장관은 장기운송계약의 체결에 필요한 표준계약서를 작성하여 보급·활용하게 하거나 한국선주협회로 하여금 표준계약서를 작성하여 보급·활용하게 할 수 있다.

3.2 사업개선 명령(법 제30조)

해양수산부장관은 국제경쟁력을 강화하고 항로질서를 유지하며 화물을 원활하게 수송하기 위하여 필요하다고 인정하면 해상화물운송사업을 경영하는 자에게 다음 각 호의 사항을 명할 수 있다.

① 사업계획의 변경
② 선원 또는 항로에 위치한 어민 등 해당 선박의 운항에 관련되는 자를 보호하기 위한 조치
③ 선박의 안전항해를 위하여 필요한 사항
④ 해운에 관한 국제협약의 이행을 위하여 필요한 사항
⑤ 해상보험 가입

3.3 외항화물운송사업자 등의 금지행위(법 제31조)

제28조제1항 각 호에 해당하는 자인 1. 외항정기화물운송사업자, 2. 국내항과 외국항 사이에서 외항 정기 화물운송사업을 경영하는 외국인, 3. 외항 정기 여객운송사업을 경영하는 자(제6조에 따른 외국의 해상여객운송사업자를 포함한다)로서 여객 및 화물 겸용 여객선으로 컨테이너 화물을 정기적으로 운송하는 사업자, 4. 그 밖에 운임 및 요금의 공표가 특별히 필요하다고 인정되는 자로서 대통령령으로 정하는 자는 다음 각 호의 어느 하나에 해당하는 행위를 하여서는 아니 된다.

① 제28조에 따라 공표하거나 신고한 운임 및 요금보다 더 많이 받거나 덜 받는 행위
② 제28조에 따라 공표하거나 신고한 운임 및 요금보다 덜 받으려고 이미 받은 운임 및 요금의 일부를 되돌려주는 행위
③ 비상업적인 이유로 특정한 사람이나 지역 또는 운송방법에 관하여 부당하게 우선적 취급을 하거나 불리한 취급을 하는 행위
③의2. 운송계약을 정당한 사유 없이 이행하지 않거나 일방적으로 변경하는 행위
④ 비상업적인 이유로 외국수출업자에 비하여 한국수출업자에게 부당하게 차별적인 운임 또는 요금을 설정하는 행위
⑤ 비상업적인 이유로 화물운송과정상 발생한 분쟁, 그 밖의 손해배상청구의 조정·

해결에 있어서 화주를 부당하게 차별하는 행위
⑥ 그 밖에 대통령령으로 정하는 비상업적인 이유로 화주를 부당하게 차별하는 행위

제28조제1항 각 호에 해당하는 자와 운송거래를 위해 입찰을 하거나 계약을 체결한 화주는 다음 각 호의 행위를 하여서는 아니 된다.

① 제28조에 따라 공표되거나 신고된 운임 및 요금보다 비싸거나 싸게 화물을 운송하게 하는 행위
② 운송 화물의 품목이나 등급에 관하여 거짓의 운임청구서를 받아 지급한 운임 및 요금의 일부를 되돌려 받는 행위
③ 우월적 지위를 이용하여 부당하게 입찰에 참여하게 하거나 계약을 체결하도록 유인하거나 강제하는 행위
④ 운임 및 요금을 인하하기 위해 고의적으로 재입찰하거나 입찰에 참가한 다른 사업자의 단가 정보를 노출하는 행위
⑤ 운송계약을 정당한 사유 없이 이행하지 않거나 일방적으로 변경하는 행위
⑥ 그 밖에 대통령령으로 정하는 비상업적인 이유로 해상화물운송사업자를 부당하게 차별하는 행위

외항 부정기 화물운송사업을 경영하는 자(외국인 부정기 화물운송사업자를 포함한다)는 다음 각 호의 어느 하나에 해당하는 행위를 하여서는 아니 된다.

① 비상업적인 이유로 특정한 사람이나 지역 또는 운송방법에 관하여 부당하게 우선적 취급을 하거나 불리한 취급을 하는 행위
② 운송계약을 정당한 사유 없이 이행하지 않거나 일방적으로 변경하는 행위
③ 비상업적인 이유로 외국수출업자에 비하여 한국수출업자에게 부당하게 차별적인 운임 또는 요금을 설정하는 행위
④ 비상업적인 이유로 화물운송과정상 발생한 분쟁, 그 밖의 손해배상청구의 조정·해결에 있어서 화주를 부당하게 차별하는 행위
⑤ 위의 1호~4호에 따른 행위를 이용하여 다른 외항화물운송사업자와 부당하게 경쟁하는 행위
⑥ 그 밖에 대통령령으로 정하는 비상업적인 이유로 화주를 부당하게 차별하는 행위

여객선 안전관리지침

[시행 2021. 3. 31.] [해양수산부고시 제2021-80호, 2021. 3. 31., 일부개정.]

해양수산부(연안해운과), 044-200-5737

제1장 총 칙

제1조(목적) 이 지침은 「해운법」, 같은 법 시행령 및 같은 법 시행규칙에 따른 여객선과 종선의 안전에 관한 사항을 규정하여 여객선의 안전운항업무와 관련된 모든 종사자가 이를 지키도록 함으로써 여객선과 종선의 해양사고를 방지하고 인명과 재산의 안전을 도모하는데 있다.

제2조(정의) 이 지침에서 사용하는 용어의 뜻은 다음과 같다.

1. "사업자"란 「해운법」(이하 "법"이라 한다)에 따라 내항여객운송사업면허를 받은 자를 말한다.
2. "운항관리자"란 법 제22조에 따른 한국해양교통안전공단(이하 "공단"이라 한다)이 선임한 선박운항관리자를 말한다.
3. "명예운항관리자"란 운항관리자가 배치되지 아니한 선착장에서 여객선 안전운항관리를 위하여 관할 지방해양수산청장(이하 "지방청장"이라 한다)이 위촉한 사람을 말한다.
4. "대행신고소장"이란 「어선출입항신고 관리 규칙」 제9조에 따라 항포구에서 출입항 신고업무를 대행하기 위하여 해양경찰서장이 위촉한 사람을 말한다.
5. "안전관리책임자"란 법 제21조의5에 따라 운항관리규정의 수립·이행 및 여객선의 안전운항을 위하여 제1호의 사업자가 선임한 사람을 말한다.
6. "선원"이란 「선원법」 제2조제1호에 따라 선박에서 근로를 제공하기 위하여 고용된 사람을 말한다.
7. "카페리여객선"이란 「해운법 시행규칙」(이하 "규칙"이라 한다) 제1조의2에 따라 폐위된 차량구역에 차량을 육상교통 등에 이용되는 그대로 적재·운송할 수 있는 여객선을 말한다.
8. "차도선"이란 규칙 제1조의2에 따라 차량을 육상교통 등에 이용되는 그대로 적재·운송할 수 있는 선박으로 「선박안전법」 제26조에 따른 카페리선박의 구조 및 설비 등에 관한 기준에 따라 예외적으로 차량구역이 폐위되어 있지 않은 여객선을 말한다.
9. "종선"이란 여객선이 접안할 수 없는 기항지에 여객선과 육지(기항지)간 여객을 중개 수송하는 선박으로서 관할 지방청장이 인정한 선박을 말한다.
10. "종선행위"란 여객선 승객의 승선·하선을 목적으로 여객선과 기항지 구간에서 여객을 운송하는 행위를 말한다.

11. “해사안전감독관”이란 「해사안전법」 제58조에 따라 해사안전감독업무를 수행하도록 해양수산부장관(이하 “장관”이라 한다)이 임명한 공무원을 말한다.
12. “운항관리센터”란 「해운법」 제22조에 따른 여객선 안전운항관리를 위하여 공단에서 설치한 지역사무소를 말한다.
13. “파견지”란 운항관리센터에서 직접 관리할 수 없는 내항여객선의 기 · 종점지 등에 운항관리자가 운항관리업무를 수행하기 위해 운항관리사무소 주재 또는 순환 근무하는 지역을 말한다.
14. “운항관리자미배치지역”이란 운항관리자가 배치되어 있지 않아 파견지로 관리할 수 없는 지역을 말한다.

제2장 여객선 안전관리

제3조(일반점검 등) ① 여객선의 선장 및 기관장(불가피한 경우에는 선장 또는 기관장이 위임한 자)은 운항관리자와 여객선 출항 전 합동으로 별표 1에 따른 여객선 안전점검을 시행한 후 별지 제1호서식 또는 별지 제2호서식에 따라 출항 전 여객선 안전점검 보고서를 작성하여 운항관리자에게 제출하여야 한다.

② 여객선의 선장 및 기관장은 여객선 운항 중 및 운항 후 별표 1에 따른 여객선 안전점검을 시행한 후 점검내용을 항해일지에 기록 · 유지하여야 한다.

③ 여객선 선장은 출항 전 운항관리자의 지도를 받아야 하며 운항관리자는 해당 항로 기상상태 등 안전운항에 필요한 항로상황정보를 선박 출항 전에 선장에게 제공하여야 한다.

④ 사업자는 여객선에 대한 정비주기별 점검정비계획을 수립 · 시행하여야 한다.

⑤ 제4항에 따라 수립 · 시행하는 정비계획의 정비부분, 정비시기, 정비방법 등 구체적인 사항은 법 제21조에 따라 사업자가 제출하는 운항관리규정에 포함되어야 한다.

제4조(운항관리자 점검) ① 운항관리자는 여객선의 안전운항을 확보하기 위해 별표 1에 따른 다음 각 호의 점검을 실시한 후 별지 제1호부터 제5호까지의 서식에 따라 점검표를 작성 · 관리하여야 하며, 그 결과를 정보시스템을 통해 전자적 형태로 관리할 수 있다.
1. 출항 전 여객선 안전점검
2. 월례점검
3. 특별점검(관계기관 합동점검)
4. 노후여객선 특별점검

② 제1항에 따른 운항관리자의 여객선 점검결과 중 개선이 필요한 사항은 지체 없이 해당 사업자 또는 여객선 선장 및 기관장에게 알려 즉시 시정하도록 하여야 하며, 사업자 또는 선장 및 기관장은 이에 따라야 한다. 다만, 감항성에 지장을 주지 않는 결함으로 즉시 시정이 어려운 경우 기한을 두고 시정 조치를 할 수 있다.

③ 운항관리자는 수시로 관할지역에서 운항하는 여객선에 승선하여 선박의 안전운항 상태를 확인·점검하여야 한다.

④ 운항관리자는 제1항에 따른 점검시 여객선 등의 안전확보를 위하여 긴급히 조치할 사유가 있는 경우에는 법 제22조제5항에 따라 사업자 또는 선장에게 출항정지를 명할 수 있으며, 이 경우 그 사실을 지체 없이 관할 지방청장에게 보고하여야 한다.

제5조(해사안전감독관의 여객선 감독) ① 규칙 제15조의6에 따라 해사안전감독관은 해양사고가 발생할 우려가 있거나 사업자의 운항관리규정 준수 여부 등에 대한 지도·감독이 필요한 경우 여객선에 출입하여 관계 서류를 확인하거나 여객선의 안전관리상태를 확인할 수 있다.

② 해사안전감독관은 별표 1에 따라 다음 각 호의 여객선 지도·감독을 하여야 한다.

1. 정기감독
2. 수시감독

③ 제1항 및 제2항에 따른 해사안전감독관의 여객선 지도·감독결과 위반사항 또는 결함사항을 발견한 경우에는 해사안전감독관 업무규정에 따라 확인서 제출을 요구하거나 개선명령 또는 시정지시, 개선권고, 현장시정 등을 하여야 하며, 사업자는 이에 따라 조치하여야 한다.

제6조(운항관리규정 이행상태 확인) ① 운항관리자는 별표 1에 따른 사업자가 제출한 운항관리규정의 이행상태를 별지 제6호서식에 따라 정기적으로 연 1회 확인하여야 하며, 그 밖에 사고가 발생한 경우에는 수시로 확인할 수 있다.

② 운항관리자가 운항관리규정 이행상태 확인결과 불합리하여 변경이 필요하거나, 운항관리규정을 이행하지 않을 경우에는 관할 지방청장에게 문서로 보고하여야 한다.

제7조(운항관리자의 보고의무) ① 운항관리자는 다음 각 호의 사항이 발생하였을 때에는 관할 지방청장에게 즉시 보고하고 그 대책을 강구하여야 한다.

1. 제8조제1항에 따른 선장의 보고가 없는 경우
2. 여객선이 도착예정시간을 초과하여도 입항하지 아니하여 호출을 하였으나 응답이 없는 경우
3. 해양사고가 발생하였음을 알았을 때
4. 해양기상악화, 출항 전 또는 운항 중 불가피한 사유로 선박운항이 불가능하거나 운항을 통제하였을 때
5. 「해사안전법 시행규칙」 제31조에 따라 출항통제권자가 여객선의 운항을 허용하거나 통제하였을 때
6. 항만 및 항로상에서 선박운항에 장애를 초래할 수 있는 사실을 알았을 때
7. 그 밖에 여객선의 안전운항에 지장을 줄 우려가 있을 때

② 운항관리자는 다음 각 호의 경우 관할 해양경찰서로 즉시 보고하고 대책을 강구하여야 한다.

1. 해양사고가 발생하였음을 알았을 때
2. 「해사안전법 시행규칙」 제31조에 따라 여객선의 운항을 허용하거나 통제하고자 하는 경우

제8조(선장의 보고의무) ① 선장이 여객선의 운항과 관련하여 운항관리센터에 보고하여야 할 사항은 별표 2의 여객선운항관련 보고기준에 따른다.

② 선장은 관계법령의 규정에 따른 선장의 직무에 충실함은 물론 항해 중 전 선원이 정해진 위치에서 임무를 다하도록 하고, 운항시간의 단축을 위한 무리한 항해, 항로이탈 등을 하여서는 아니 된다.

제9조(여객승선 및 화물적재) ① 사업자는 여객정원 준수와 화물 과적 방지를 위하여 필요한 조치를 마련하여야 한다.

② 운항관리자는 여객선 입·출항 질서유지와 여객선의 승선정원 초과·화물의 적재한도 초과 여부 확인 등 여객선 안전확보를 위하여 필요한 조치를 취하여야 한다.

③ 선장은 출항 전에 다음 사항을 이행하여야 한다.

1. 화물은 지정된 장소에 적재
2. 출항 5분 전까지 출항 전 점검 완료
3. 카페리여객선의 경우 출항 20분 전까지, 차도선의 경우 5분 전까지 화물적재 및 고박 완료
4. 카페리여객선의 경우 출항 10분 전까지, 차도선의 경우 출항 직후 선수문 등 폐쇄

④ 위험물을 적재하고자 할 때에는 다음 절차에 따라 시행하여야한다.

1. 적재허용범위 : 「위험물 선박운송 및 저장규칙」(해양수산부령), 「위험물 선박운송 기준」(해양수산부 고시)에 의한 적재 허용 위험물
2. 적재·관리
   가. 적재 및 관리책임자 : 해당 선박의 선장 또는 선장이 지정한 자
   나. 적재장소 : 선장은 선내 적재장소를 지정하여 일반화물과 분리보관
3. 적재절차
   가. 휴대위험물 : 적재 및 관리책임자가 수거하여 보관
   나. 탁송위험물
      (1) 화주 또는 화물취급자(선사 또는 하역회사)가 선장에게 신고
      (2) 선장이 「위험물 선박운송 및 저장규칙」에 따라 적재여부 판단

제10조(여객 등에의 알림) ① 선장은 출항 후 빠른 시간 내에 모니터 및 선내 방송시설을 이용하거나 선원의 직접 시범 등을 통하여 여객에게 다음 각 호의 사항을 안내하여야 한다.

1. 기상상태
2. 출항 전 점검결과 내용
3. 구명조끼 등 사용법
4. 그 밖에 질서유지 등 여객안전에 관한 사항

② 선장은 여객실, 통로 등 여객이 보기 쉬운 장소에 다음 각 호의 사항을 게시하여야 한다.

1. 구명조끼 착용법
2. 비상대피도면 및 비상탈출구의 위치와 비상탈출요령
3. 구명조끼 및 소화설비 보관 장소

4. 각 여객실의 정원

5. 출항전 여객선 안전점검 보고서

제11조(여객선 이력관리) ① 사업자는 규칙 제10조의3제3항에 따른 여객선 이력관리 장부(종선을 포함한다)를 별지 제7호서식에 따라 작성 · 관리하여야 한다.

② 여객선 이력관리 장부는 다음 각 호의 사항을 포함하여야 한다.

1. 선박의 도입 및 매매
2. 선박 도입 후 운항항로 이력
3. 「선박안전법」에 따른 선박검사 결과
4. 해양사고 이력(「해양사고의 조사 및 심판에 관한 법률」 제2조제1호에 따른 해양사고를 말한다)
5. 선박 개조 이력(「선박안전법」 제15조제2항에 따른 개조허가 대상을 말한다)

③ 운항관리자는 사업자가 제출한 운항관리규정의 이행상태를 확인할 때 여객선 이력관리 장부를 열람 · 점검하여야 한다.

제11조의2(안전정보의 공개) ① 사업자는 법 제11조의3제2항 각 호의 사항(여객선 안전정보)을 규칙 별지 제7호의3서식에 따라 작성하여, 공단 홈페이지에 공개하여야 한다.

② 운항관리자는 사업자가 제출한 운항관리규정의 이행상태를 확인할 때 공개된 안전정보의 누락 · 갱신 여부를 확인하여야 한다.

제3장 종선 안전관리

제12조(종선운항관리규정) ① 제2조제9호에 따라 관할 지방청장이 인정한 선박에 대하여 사업자는 별표 3 및 별지 제8호서식에 따라 종선운항관리규정을 관할 지방청장에게 제출하여야 한다.

② 관할 지방청장은 여객선운항관리규정 심사절차에 따라 종선운항관리규정을 심사한다.

③ 관할 지방청장은 심사결과 안전운항을 위하여 종선운항관리규정을 변경할 필요가 있다고 인정되는 경우에는 사업자에게 이의 변경을 요구할 수 있으며, 변경을 요구받은 사업자는 정당한 사유가 없는 한 이를 변경하여 제출하여야 한다.

제13조(종선 일반점검 등) ① 종선 선장은 종선 출항 전 별표 4에 따른 종선 출항 전 점검을 시행한 후 별지 제9호서식에 따라 출항 전 종선 점검표를 작성하여 보관하여야 한다.

② 사업자는 월 1회 별표 4에 따른 종선 월례점검을 시행한 후 별지 제10호서식에 따라 종선 점검보고서를 작성하여 운항관리자에게 제출하여야 한다.

제14조(운항관리자의 종선점검) ① 운항관리자는 종선의 안전운항을 확보하기 위해 별표 4에 따른 분기 1회 종선점검을 실시한다.

② 운항관리자는 종선을 점검할 때에는 다음 각 호의 사항을 병행하여 실시한다.

1. 종선증서(어선특별검사증서)상 기재사항 이상유무 확인
2. 종선운항관리규정 이행상태 및 안전점검 이행여부 확인
3. 종선선장 교육실시

제15조(해사안전감독관의 종선 감독) 해사안전감독관은 월 1회(도서지역은 분기 1회) 이상 다음 각 호의 사항을 지도·감독하여야 한다.

1. 종선의 안전운항 실태
2. 종선 안전점검 이행여부
3. 제17조부터 제19조까지의 규정에 따른 안전관리 이행실태
4. 종선운항통제관 임무수행 실태

제16조(종선운항통제관) ① 관할 지방청장은 종선이 운항하는 각 기항지에 종선운항통제관을 지정·위촉 할 수 있다.

② 종선운항통제관은 지방해양수산청 소속 공무원, 명예운항관리자 또는 대행신고소장을 겸임할 수 있다.

③ 종선운항통제관의 임무는 다음과 같다.

1. 여객 및 화물의 점검
2. 종선의 안전운항 확인
3. 종선의 승선정원 초과·화물의 적재한도 초과 등 단속 협조
4. 승·하선 질서유지 및 위법사항 신고

제17조(종선의 정원통제) ① 사업자 또는 선장은 여객선 출항 후 10분 이내에 하선인원, 승선가능인원, 종선운항사항을 해당 기항지 대리점 등에 다음 각 호의 구분에 따른 방법으로 통보하여야 한다.

1. 무선시설을 갖춘 기항지 : 여객선 선장이 직접 무선통보
2. 무선시설이 미비된 기항지 : 선사 또는 대리점 직원간에 유선통보

② 제1항의 규정에 따라 해당 기항지에서의 하선인원 및 승선가능인원을 통보받은 사람은 그 사항을 종선선장에게 통보하고 승선가능인원 범위내로 매표를 제한하여야 한다.

③ 종선선장은 승선가능인원과 승선예정인원을 확인한 후 여객정원을 지켜 운항하여야 한다.

제18조(종선 여객 안전관리) ① 종선의 안전성을 최대로 유지할 수 있도록 여객 및 화물을 실어야 한다.

② 구명설비로 구명조끼를 비치한 종선의 선장은 출항 전에 여객에게 구명조끼 비치장소 및 착용법을 설명하여야 한다. 다만, 종선선장은 운항구역 기상상태 등의 영향으로 승객의 구명조끼 착용이 필요하다고 인정될시 승객에게 구명조끼를 착용시켜야 한다.

③ 종선에는 폭발성물질, 인화성물질, 독극물, 물과 작용하여 위험하게 되는 물질 등 일체의 위험물을 적재할 수 없다.

④ 종선 선장은 출항 전 여객에게 선박의 전복, 여객익수, 화재 등의 안전사고에 대비한 주의사항을 충분히 알리고 운항 중에도 감독을 철저히 하여야 한다.

제19조(종선 안전관리 등) ① 여객선 선장은 풍향 및 파랑방향을 고려하여 종선이 안전하게 계류할 수 있도록 여객선의 위치를 조정한 후 계류현측을 종선 선장에게 통보하여야 한다.

② 여객선 선장은 종선 계류 시 충분한 줄잡이 요원 및 휀다 요원을 배치하여 선박이 안전하게 계류할 수 있도록 최선을 다하여야 한다.

③ 종선 운항 중 여객선 선장 및 종선운항통제관은 종선의 운항상태를 서로 감시하여야 한다.

④ 여객선 선장은 지정된 종선이외의 다른 선박을 이용하여 여객을 운송하도록 하거나 계류시켜서는 아니 된다. 다만, 해당 운항관리센터장은 종선이 수리 등으로 정상적으로 운항되지 않을 때 해당 사업자와 협의대책을 강구하여 관할 지방청장에게 보고하여야 한다.

⑤ 여객선 선장 및 종선 선장은 종선운항 중 수시로 필요한 정보를 교환하고, 특히 종선 선장은 여객선에 계류 전 가능한 원거리에서 여객선 선장에게 승선인원을 보고하여야 한다.

⑥ 여객선 선장 및 종선 선장은 불순분자 승선 또는 선박피랍 시 서로 알 수 있는 신호방법을 정하여 유사시 사용토록 하여야 한다.

제4장 여객선 운항관리자

제20조(여객선운항관리센터 운영) ① 공단은 여객선 운항관리센터를 설치하여 운영하여야 한다.

② 공단이사장은 운항관리자 근무요령 등 여객선운항관리센터 운영에 관한 기준(이하 "운항관리센터 설치 · 운영기준"이라 한다)을 제정하여 장관에게 제출하여야 한다. 이를 변경하고자 할 때 또한 같다.

③ 장관은 제2항에 따라 제출받은 운항관리센터 설치 · 운영기준이 여객선의 안전 확보를 위하여 변경할 필요가 있다고 인정하는 경우에는 그 이유와 변경요지를 명시하여 공단 이사장에게 운항관리센터 설치 · 운영기준의 변경을 요구할 수 있다.

④ 제3항에 따라 운항관리센터 설치 · 운영기준의 변경요구를 받은 공단이사장은 특별한 사유가 없는 한 운항관리센터 설치 · 운영기준을 변경하여 제출하여야 한다.

제21조(교육) ① 공단은 운항관리자에 대한 안전교육을 다음과 같이 실시한다.

1. 교육내용 : 해양사고방지대책, 선박안전관련규정, 선박안전운항관리요령, 선박복원성 및 여객안전 등
2. 교육방법 : 공단 주관으로 실시하거나 전문교육기관에 위탁
3. 교육시기 : 매년 1회 이상

② 운항관리자는 규칙 제15조의12제1항에 따라 사업자 또는 안전관리책임자, 선원에 대한 안전관리교육을 다음과 같이 실시한다.

1. 교육내용 : 선박안전운항요령, 여객 및 화물의 안전관리, 해양사고 등 비상사태의 조치, 과적과승 방지 및 복원성 등 여객선 안전에 관한 사항
2. 교육방법 : 운항관리센터 주관으로 실시
3. 교육시기 : 분기 1회 이상

제22조(운항관리자의 지도 · 감독) ① 관할 지방청장은 규칙 제15조의13에 따라 규칙 제15조의10부터 제15조의12까지, 제15조의14 및 제15조의15에서 규정한 운항관리자의 직무수행상태,

자격, 임면 등을 지도·감독하여야 한다.

② 관할 지방청장은 운항관리자에 대하여 별지 제11호서식에 따라 분기 1회 이상 지도·감독을 실시하며 그 결과를 장관에게 보고하여야 한다.

③ 삭제

④ 2개 이상의 지방해양수산청 관할구역을 담당하는 운항관리센터의 지도·감독은 운항관리센터의 소재지를 관할하는 지방청장이 담당한다.

제5장 여객선 운항관리규정 심사

제23조(서면심사) ① 지방청장은 「해운법 시행령」(이하 "영"이라 한다) 제12조의3제6항에 따라 다음 각 호의 경우에는 영 제12조의3제1항에 의해 구성된 여객선운항관리규정심사위원회(이하 "심사위원회"라 한다)를 소집하지 않고 서면으로 심사할 수 있다.

1. 운항시간 또는 운항횟수가 변경되었을 경우
2. 안전관리책임자 및 비상연락망이 변경되었을 경우
3. 그 밖에 관계법령의 개정 등으로 당연히 변경되는 사항 또는 지방청장이 인정하는 경우

② 제1항에 따른 서면심사는 제출받은 심사내용을 7일 이내에 심사위원에게 심사요청을 하여야 하며, 심사위원 과반수의 찬성으로 의결한다.

제24조(심사절차) ① 운항관리규정 심사는 서류심사, 현장심사 및 심사증명서 발급 등 3단계로 실시한다.

② 영 제12조의3제3항에 따른 심사위원회 위원장은 심사 전에 제출자와 심사일정에 대하여 협의하여야 한다.

제25조(운항관리규정 심사에 필요한 자료의 범위) 규칙 제15조의3제1항제5호에서 "그 밖에 지방해양수산청장이 운항관리규정 심사에 필요하다고 인정하는 자료"란 다음 각 호를 말한다.

1. 해양오염방지검사증서(해당 시)
2. 위험물운송적합증서(해당 시)
3. 일반배치도
4. 차량적재도
5. 화물적재고박지침서
6. 여객선 이력관리에 관한 사항
7. 그 밖에 지방청장이 운항관리규정 심사에 필요하다고 인정하는 자료

제26조(서류심사) 규칙 제15조의5제1항제1호에 따른 서류심사 시 다음 각 호의 사항을 포함하여 실시한다.

1. 선장 및 안전관리책임자의 책임과 권한
2. 비상대응 계획

3. 문서관리 절차

4. 그 밖에 심사위원회위원장이 필요하다고 인정하는 사항

제27조(현장심사) 규칙 제15조의5제1항제2호에 따른 현장심사는 다음 각 호의 사항을 포함하여 실시한다.

1. 시험운항을 통한 항로에 관한 사항
2. 선원구성 및 비상대응훈련 상태
3. 여객의 편의시설 등에 관한 사항
4. 그 밖에 심사위원회위원장이 필요하다고 인정하는 사항

제28조(재검토기한) 해양수산부장관은 「훈령 · 예규 등의 발령 및 관리에 관한 규정」에 따라 이 훈령에 대하여 2021년 1월 1일 기준으로 매 3년이 되는 시점(매 3년째의 12월 31일까지를 말한다)마다 그 타당성을 검토하여 개선 등의 조치를 하여야 한다.

부칙 〈제2021-80호, 2021. 3. 31.〉

이 고시는 발령한 날부터 시행한다.

제 7 장

해사안전기본법 및 해상교통안전법

1. 의의
2. 해사안전관리계획
3. 수역 안전관리
4. 해상교통안전관리
5.선박 및 사업장의 안전관리

제7장 해사안전기본법 및 해상교통안전법

1. 의의

1.1 해사안전기본법의 개요

해사안전기본법은 해사안전정책의 수립·추진 및 관련 제도에 관한 기본적 사항을 규정함으로써 선박사고의 방지 및 원활한 교통을 확보하고 국민의 생명·신체 및 재산의 보호에 이바지함을 목적으로 한다(법 제1조).

이 법은 해사안전관리에 관한 기본법인 「해사안전법」의 기본법적 지위를 명확하게 하기 위해 2023년에 「해사안전법」을 전부개정하여 「해사안전기본법」으로 제명을 변경하였다. 이번 개정은 새로운 해상교통 환경변화를 수용할 수 있도록 해사안전정책에 대한 기본원칙을 제시하며, 해상공간 활용의 변화에 대비한 해상교통관리 시책, 해사안전관리 전문인력 양성, 해사안전관리산업 육성 등을 신설하여 장기적으로 해양강국으로 발돋움하는 데 필요한 안전기반을 마련한 것이 특징이다.

이와 함께 종전 「해사안전법」에 포함되어 있는 해사안전관리를 위한 각종 규제사항 및 국제협약에 따른 사항에 대해서는 별도의 법률로 제정함으로써, 해사안전관리에 관하여 일관되고 체계적인 정책을 추진할 수 있도록 해사안전 분야의 기본이 되는 법률로 개편하였다.

1.2 해상교통안전법의 개요

해상교통안전법은 수역 안전관리, 해상교통 안전관리, 선박·사업장의 안전관리 및 선박의 항법 등 선박의 안전운항을 위한 안전관리체계에 관한 사항을 규정함으로써 선박

항행과 관련된 모든 위험과 장해를 제거하고 해사안전 증진과 선박의 원활한 교통에 이바지함을 목적으로 한다(법 제1조).

이 법은 해사안전에 관한 기본법인 「해사안전법」을 「해사안전기본법」으로 전부개정함에 따라 종전 「해사안전법」에 포함된 수역 안전관리, 해상교통 안전관리, 선박·사업장의 안전관리, 선박의 항법에 관한 사항을 별도의 법률로 제정한 것이다.

이와 함께 2011년 「해사안전법」 전부개정 당시 기본법적 성격을 강화하기 위하여 종전의 「해상교통안전법」의 제명을 「해사안전법」으로 변경하였으므로, 2023년 「해사안전기본법」에 포함되지 않는 사항은 종전과 같이 제명을 「해상교통안전법」으로 하여 해사안전을 위한 사항을 규정하고, 그 밖에 현행 제도의 운영상 나타난 일부 미비점을 개선·보완하였다.

2. 해사안전관리계획

2.1 해사안전기본계획 및 시행계획

1) 해사안전관리계획의 작성

가) 의의

국제해사기구에서 각 회원국에게 해사안전 전략계획의 수립·시행·평가 및 환류체계 구축을 요구하고 이에 대한 감사를 계획하고 있으나 국내에서는 그에 대한 대응이 미흡한 문제점이 있었다. 이를 위해 회원국 감사제도에서 요구하고 있는 해사안정정책의 수립·시행·평가 및 환류체계를 확립함으로써 법령별·부서별로 수립·시행되고 있는 개별정책을 일원화된 법적 근거 하에서 체계적으로 수립하도록 함으로써 정책의 시너지 효과를 거두고, 국제해사기구의 회원국감사제도에 대비할 수 있도록 해사안전관리계획을 규정하고 있다.

나) 유형

해사안전관리계획은 해사안전 증진을 위한 국가해사안전기본계획(5년 단위)과 기본계획 시행을 위해 수립하는 해사안전시행계획(매년)이 있다.

2) 국가해사안전기본계획

해양수산부장관은 해사안전 증진을 위한 국가해사안전기본계획을 5년 단위로 수립하여야 하며, 기본계획 중 항행환경개선에 관한 계획은 10년 단위로 수립할 수 있다.

국가해사안전기본계획에는 다음의 사항이 포함되어야 한다.

① 해사안전정책의 추진목표 및 기본방향
② 해사안전정책 환경의 변화 및 전망에 관한 사항
③ 선박·해양시설 및 여객·승무원 등의 안전 증진에 관한 사항
④ 수역의 설정, 교통환경 조사 및 사고 위해요소 개선에 관한 사항
⑤ 선박의 항행 관련 항행보조시설·장비·정보통신체제 등의 설치·운영에 관한 사항

⑥ 해사안전 관련 인력의 양성 · 수급에 관한 사항
⑦ 해사안전 지식의 보급 및 문화의 증진에 관한 사항
⑧ 해사안전 관련 기술의 연구 · 개발에 관한 사항
⑨ 해사안전 관련 산업의 육성에 관한 사항
⑩ 해사안전 관련 국제협력에 관한 사항
⑪ 해사안전 관련 제도 · 여건의 개선에 관한 사항
⑫ 해사안전 관련 투자 및 재원 조달에 관한 사항
⑬ 부문별 · 기관별 · 연차별 사업계획의 추진 및 시행에 관한 사항
⑭ 그 밖에 해사안전에 관한 사항으로서 해양수산부장관이 필요하다고 인정하는 사항

그리고 해양수산부장관은 이러한 기본계획을 수립하는 경우 관계 행정기관의 장과 협의하여야 하며, 또한 해양수산부장관이 기본계획을 수립하거나 변경하기 위하여 필요하다고 인정하는 경우에는 관계 중앙행정기관의 장, 특별시장 · 광역시장 · 특별자치시장 · 도지사 · 특별자치도지사, 시장 · 군수 · 구청장(자치구의 구청장을 말함), 「공공기관의 운영에 관한 법률」 제4조에 따른 공공기관의 장, 해사안전과 관련된 기관 · 단체 또는 개인에 대하여 관련 자료의 제출, 의견의 진술 또는 그 밖에 필요한 협력을 요청할 수 있다. 이 경우 요청을 받은 자는 특별한 사유가 없으면 이에 따라야 하도록 규정함으로써 국가해사안전기본계획 수립 시 해양수산부장관의 자료제출 요청권의 근거를 마련하고 있다(해사안전기본법 제7조 제3항).

3) 해사안전시행계획

5년 단위로 수립하는 국가해사안전기본계획의 시행을 위하여 매년 해사안전시행계획을 수립 및 시행하도록 규정하고 있으며, 이에 필요한 재원을 확보하도록 하고 있다. 이를 위해 해양수산부장관은 시행계획의 수립을 위하여 필요하다고 인정하는 경우에는 관계 중앙행정기관의 장, 시 · 도지사, 시장 · 군수 · 구청장, 공공기관의 장, 해사안전과 관련된 기관 · 단체 또는 개인에 대하여 관련 자료의 제출, 의견의 진술 또는 그 밖에 필요한 협력을 요청할 수 있으며, 이 경우 요청을 받은 자는 특별한 사유가 없으면 이에 따라야 한다(해사안전기본법 제8조). 그리고 해양수산부장관은 기본계획 및 시행계획의 수립 및 변경한 때에는 관계 중앙행정기관의 장 및 시 · 도지사에게 통보하고 지체없이 국회 소관 상임위원회에 제출하여야 하며, 이를 공표하여야 한다.

2.2 회원국감사 대응계획

1) 국제해사기구의 회원국 감사제도의 주요내용

국제해사기구의 회원국 감사제도(International Maritime Organization Voluntary Member-state Audit Scheme, MAS)는 기준미달선을 감소시키기 위한 도구로서, 회원국들에게 IMO의 기술적인 조치들을 어떻게 효과적으로 관리하고 이행하는지를 종합적이고 객관적으로 평가하기 위한 제도이다. IMO는 MAS의 기본원칙으로서 회원국 감사에 있어 목적, 원칙, 범위, 책임 및 능력구축에 대해 기술한 "IMO 자발적 회원국 감사를 위한 기본지침(Framework for the voluntary IMO Member State Audit)"과 회원국감사를 실시하는데 필요한 감사의 준비, 실제 감사 및 보고 요건에 대한 절차를 기술하고 있는 "IMO 자발적 회원국감사를 위한 절차(Procedure for the Voluntary IMO Memeber State Audit Scheme)"를 개발하였다. 또한 "IMO 강제협약이행코드(Code for the Implementation of Mandatory IMO Instruments)"를 통하여 전 세계적인 해양안전과 해양환경보호를 증진시키기 위하여 IMO 협약에서 요구하고 있는 협약[39] 체약국, 기국, 연안국 및 항만국의 의무사항을 식별하여 제시하고 있다.

감사는 ICAO[40] USOAP[41]의 8가지 기본 원칙[42]에 기초를 두고 있으며, 타 ISO(International Organization for Standardization: 국제표준화기구) 품질감사의 과정처럼 감사의 계획/준비(감사협정 체결, 감사자 선정, 감사계획 작성, 감사프로그램 준비), 감사의 실시(시작회의, 감사인터뷰실시, 발견사항, 권고사항 및 시정조치사항 확정, 감사종결회의), 보고 및 검증(감사보고서 작성, 검증), 후속조치 및 시정조치(후속조치확인, 재발방지조치, 감사계획 개선)의 PDCA Cycle[43]을 따라 반복적으로 운영된다.

---

39) MAS의 적용협약은 다음과 같다.
① 1974년 해상인명안전협약(1974 SOLAS)과 1978년, 1988년 의정서(78/88 SOLAS Protocol)
② 해양오염방지협약(MARPOL 73/78)
③ 1978년 선원훈련 · 자격증명 및 당직근무의 기준에 관한 협약(1978 STCW)
④ 1966년 국제만재흘수선협약(1969 LL)과 1988년 의정서(1988 LL Protocol)
⑤ 1969년 선박톤수측정협약(1969년 TONNAGE)
⑥ 1972년 국제해상충돌방지규칙(197년 COLREG)

40) 국제민간항공기구(International Civil Aviation Organization).

41) 항공안전종합평가(Universal Aviation Safety Oversight Program).

42) Sovereignty, Universality, Transparency and disclosure, Timeliness, All-inclusiveness, systematic & Consistent & Objective, Fainess, Quality.

2) 국제해사기구의 회원국 감사 대응계획

해양수산부장관은 국제해사기구가 주관하는 회원국 감사에 대비하기 위한 계획(이하 "대응계획"이라 함)을 7년마다 수립하여야 하며, 대응계획을 시행하기 위하여 매년 점검계획을 수립하여야 한다. 그리고 해양수산부장관은 대응계획 및 점검계획을 수립하거나 변경하기 위하여 필요하다고 인정하는 경우에는 관계 중앙행정기관의 장, 시·도지사, 시장·군수·구청장, 공공기관의 장, 그 밖의 관계인에게 관련 자료의 제출, 의견의 진술 또는 그 밖에 필요한 협력을 요청할 수 있으며, 이 경우 요청을 받은 자는 특별한 사유가 없으면 이에 따라야 한다.

대응계획에는 포함되어야 하는 내용은 ① 국제협약등에 따른 협약 당사국으로서의 국가의 의무 및 책임의 이행을 보장하기 위한 기본방향 및 전략에 관한 사항, ② 국제협약등의 이행에 대한 점검 및 평가에 관한 사항, ③ 국제협약등에 따라 국가의 업무를 대행할 수 있는 기관에 대한 관리 및 해당 기관과의 협조체계 구축에 관한 사항, ④ 그 밖에 국제해사기구가 주관하는 회원국 감사에 대비하기 위하여 해양수산부장관이 필요하다고 인정하는 사항이다. 그리고 점검계획에 포함되어야 하는 내용은 ① 국제협약 등의 국내법 반영현황 및 계획 등, ② 국제협약 등의 이행과 관련된 인력의 자격, 선발방법과 권한 및 관련 조직 등, ③ 국제협약 등의 이행과 관련된 기록의 관리 및 유지 등, ④ 국제협약 등의 이행과 관련된 교육·훈련 등, ⑤ 그 밖에 대응계획의 시행을 위하여 필요한 사항이 있다.

43) PDCA 사이클이란 Plan, Do, Check, Act의 약자로서, 계획(plan) → 실행(Do) → 검증(Check) → 개선(Act)의 반복적인 흐름으로 어떠한 일을 함에 있어서 계획하고 실천에 옮겨 실행하고, 이러한 실행이 옳은지 그른지 또는 유익한지를 검증하여 잘못된 점은 개선하고 다음번에는 보다 발전된 계획으로 실행하고 검증하여 개선해 나가는 반복적인 프로세스를 말한다.

3. 수역 안전관리

3.1 보호수역의 설정 및 입역

1) 의의

이 조항은 적용수역의 확장과 밀접한 연관이 있다. 대한민국의 배타적 경제수역 또는 대륙붕에 있는 해양시설에도 동법을 적용토록 규정하고 구체적으로 이어도 해양과학기지, 울산 외해 가스탐사시설 등 영해 밖에 설치된 해양시설의 보호를 위하여 보호수역 설정에 관한 규정을 수립한 것이다. 동 조항의 수립으로 영해 외 관할해역에서의 해양시설 보호의 실효성을 확보할 수 있을 것이다.

2) 보호수역의 설정 및 입역

해양수산부장관은 해양시설 부근 해역에서 선박의 안전항행과 해양시설의 보호를 위한 수역(이하 "보호수역"이라 한다)을 설정할 수 있다. 누구든지 보호수역에 입역(入域)하기 위해서는 해양수산부장관의 허가를 받아야 하며, 해양수산부장관은 해양시설의 안전 확보에 지장이 없다고 인정하거나 공익상 필요하다고 인정하는 경우 보호수역의 입역을 허가할 수 있으며 입역허가에 따른 조건을 부여할 수 있다.(해상교통안전법 제5조)

그러나 다음의 어느 하나에 해당하면 해양수산부장관의 허가를 받지 아니하고 보호수역에 입역할 수 있다.(해상교통안전법 제6조)

① 선박의 고장이나 그 밖의 사유로 선박 조종이 불가능한 경우
② 해양사고를 피하기 위하여 부득이한 사유가 있는 경우
③ 인명을 구조하거나 또는 급박한 위험이 있는 선박을 구조하는 경우
④ 관계 행정기관의 장이 해상에서 안전 확보를 위한 업무를 하는 경우
⑤ 해양시설을 운영하거나 관리하는 기관이 그 해양시설의 보호수역에 들어가려고 하는 경우

3.2 거대선 등의 항행안전확보 조치

1) 의의

이 규정은 조종성능이 어려운 거대선과 위험성이 높은 위험화물 운반선이 교통안전특정해역을 항행할 때에, 사전에 선장 또는 선박소유자에게 해상교통의 안전유지에 필요한 선박자료(통항시각의 변경, 항로의 변경, 시계가 제한된 경우 선박의 항행제한, 속력의 제한, 안내선의 사용, 그 밖에 해양수산부령으로 정하는 사항 등)를 해양경찰서장에게 통지할 것을 규정하고 있다. 이를 근거로 해양경찰서장은 해상교통의 안전에 필요한 조치를 부근 선박에 정보를 제공할 수 있고, 또한 거대선 또는 위험화물 운반선에 대하여 적절한 안전명령을 할 수도 있다. 즉 이 규정은 선장과 선박소유자에게 선박의 통항자료 통보의무와 해양경찰서장에게 안전항행 명령권을 명시하고 있다(해상교통안전법 제8조).

2) 적용대상 선박

가) 거대선

거대선의 구분은 길이 200미터 이상의 선박을 말한다(해상교통안전법 제2조). 이러한 선박은 길이가 길어서 조종성능이 소형선에 비하여 제한적이고, 또한 흘수가 깊어서 항로 이외의 해역에서 통항이 크게 제한을 받는 경우가 많다.

나) 위험화물 운반선

위험화물 운반선은 선체구조의 일부로서 형성되는 화물창 또는 선체에 고정된 탱크 등에 원유, 정제유, 폭발물 또는 유독 화합물 등을 벌크 상태로 선적하여 운송하는 선박을 말한다. 해사안전법과 선박의 입항 및 출항 등에 관한 법률에서는 위험화물 운반원칙에 의하여 규정하였기 때문에 이 법의 적용을 받아야 할 선박의 범위를 명시하지 않고 있다. 엄격한 문리해석에 의하면 위험화물을 운송하는 선박은 그 크기에 관계없이 5톤 미만의 소형선에서 초대형 원유운반선(VLCC, ULCC)까지 규제의 대상이다. 그러므로 이 법의 효과적인 집행을 위하여 대상 선박의 크기를 규정하는 것이 바람직할 것이다.

우리나라 해사안전법에서 규정한 위험물의 정의는 다음과 같다(시행규칙 제2조).

① 법에서 규정한 화약류로서 총톤수 3백톤 이상의 선박에 적재된 것
② 인화성 고압가스로서 총톤수 천톤 이상의 선박에 산적된 것
③ 인화성 액체류로서 총톤수 천톤 이상의 선박에 산적된 것
④ 200톤 이상의 유기과산화물질로서 총톤수 3백톤 이상의 선박에 적재된 것
⑤ 위의 ②, ③에서 규정된 위험물을 산적한 선박에서 당해 위험물을 내린 후 선박 내에 남아 있는 인화성가스로서 화재 또는 폭발의 위험이 있는 것

다만, 위 화물 가운데 적재선박에서 연료로 사용되는 것을 제외한다. 그리고 화약류·고압가스·인화성액체류 및 유기과산화물질의 정의는 위험물선박운송 및 저장규칙 제2조의 규정에 의하도록 하고 있다.

다) 고속 여객선

해사안전법에서 "고속여객선"이란 시속 15노트 이상으로 항행하는 여객선을 말한다.

라) 기타 선박

그 밖에 해양수산부령으로 정하는 선박이란 흘수제약선, 수면비행선박 및 선박 또는 물체를 끌거나 밀고 있는 선박으로서 그 예인선열의 길이가 200미터 이상인 경우에 해당하는 선박을 말한다.

3) 명령사항

교통안전특정해역에서의 항행에 관한 내용을 통보받은 해양경찰서장은 선박의 항행안전을 확보하기 위하여 필요하다고 인정할 때에는 선장 또는 선박소유자에게 다음 사항을 명할 수 있다.

① 통항시각의 변경
② 항로의 변경
③ 제한된 시계의 경우 선박의 항행 제한
④ 속력의 제한
⑤ 안내선의 사용
⑥ 그 밖에 해양수산부령으로 정하는 사항

3.3 유조선통항금지해역 등의 설정 및 관리

1) 의의

이 규정은 우리나라 연안에서 자주 발생하는 석유 또는 유해액체물질을 운송하는 선박(이하 "유조선"이라 한다)의 해양사고와 이로 말미암아 배출된 선박유류의 오염손해를 예방하기 위하여 유조선 통항금지해역을 법정하고 있다. 동시에 유조선 선장에게 운항항적 등의 기록 유지의무를 부과함으로써 통항금지해역에 의해 출입제한 준수의무를 규정하고 있다. 또한 선박건조 중 선박의 조종성능 시험을 위한 시운전 도중에 충돌 등 발생가능성이 높은 해양사고의 예방을 위해 시운전금지해역을 설정하고 있다.

2) 유조선 통항금지해역

가) 유조선 통항금지해역의 의의

유조선 통항금지해역이라 함은 선장 또는 항해당직을 수행하는 항해사가 유조선 등의 안전운항을 확보하고 해양사고로 인한 해양오염을 방지하기 위하여 유조선등의 통항을 금지한 해역을 말한다. 이는 해양환경상의 대재앙이라고 할 수 있는 유류오염사고가 연안해역에서 발생하는 경우에 그 심각성이 더 할 수 있기 때문에 이를 미연에 방지하고자 하는 목적이기도 하다. 즉 연안항해의 경우에 통항량의 증가 및 각종 항행상 장애물이 많을 수 밖에 없으므로 연안으로부터 일정한 거리만큼 떨어져 항행하도록 함으로써 항행상의 안전을 확보할 뿐만 아니라 만일의 해양사고의 경우에도 해양생태계를 보호하고자 하는 목적이라 할 수 있다.

이러한 통항금지해역에 해당되는 선박으로는 원유, 중유, 경유 또는 이에 준하는 「석유 및 석유대체연료 사업법」의 탄화수소유[44], 가짜석유제품[45], 석유대체연료[46] 중 원유

44) 탄화수소유: 항공유, 용제(溶劑), 아스팔트, 나프타, 윤활기유(조유(粗油)를 포함한다. 이하 같다), 석유중간제품(유분(溜分)을 말한다) 및 부생연료유(부생연료유: 등유나 중유를 대체하여 연료유로 사용되는 부산물인 석유제품을 말한다).

45) "유사석유제품"이란 조연제(助燃劑), 첨가제(다른 법률에서 규정하는 경우를 포함한다), 그 밖에 어떠한 명칭이든 다음 각 목의 어느 하나의 방법으로 제조된 것으로서 「자동차관리법」 제2조제1호에 따른 자동차 및 대통령령으로 정하는 차량 · 기계(휘발유 또는 경유를 연료로 사용하는 것만을 말한다)의 연료로 사용하거나 사용하게 할 목적으로 제조된 것(제11호의 석유대체연료는 제외한다)을 말한다.

·중유·경유에 준하는 것으로 해양수산부령으로 정하는 기름 1천 500킬로리터 이상을 화물로 싣고 운반하는 선박 및 해양환경관리법상 유해액체물질로 규정된 물질을 1천 500톤 이상 싣고 운반하는 선박 등이 해당된다(해상교통안전법 제11조).

나) 유조선 통항금지해역의 예외규정

유조선등은 엄격하게 유조선통항금지해역 안에서의 항행이 금지되어 있으나 다음과 같은 경우에 한하여 항행할 수 있다.

① 기상상황의 악화로 인하여 선박의 안전에 현저한 위험이 발생할 가능성이 있는 경우
② 인명 또는 선박을 구조하기 위한 경우
③ 응급환자가 발생한 경우
④ 항만을 입항·출항하는 경우. 이 경우 유조선은 출입해역의 기상 및 수심, 그 밖의 해상상황 등 항행여건을 충분히 헤아려 유조선통항금지해역의 바깥쪽 해역에서부터 항구까지의 거리가 가장 가까운 항로를 이용하여 입항·출항하여야 한다.

3) 시운전금지해역

가) 시운전금지해역의 의의

우리나라 연안해역에서는 통항량도 많을 뿐만 아니라 조선산업의 발달로 인해 건조중 선박에 대한 시운전 등으로 인한 타선박과의 해양사고 개연성이 높은 편이다. 이는 연안해역에서의 시운전 도중 발생하는 급선회, 정선 등 불규칙적인 통항패턴으로 인한 일반 선박의 교통 패턴과의 상이함으로 인해 시운전 부근 해역에서 타선박의 오인으로 인한 선박사고의 위험도가 높은 것이다.

가. 석유제품에 다른 석유제품(등급이 다른 석유제품을 포함한다)을 혼합하는 방법
나. 석유제품에 석유화학제품(석유로부터 물리·화학적 공정을 거쳐 제조되는 제품 중 석유제품을 제외한 유기화학제품으로서 지식경제부령으로 정하는 것을 말한다. 이하 같다)을 혼합하는 방법
다. 석유화학제품에 다른 석유화학제품을 혼합하는 방법
라. 석유제품이나 석유화학제품에 탄소와 수소가 들어 있는 물질을 혼합하는 방법

46) "석유대체연료"란 석유제품 연소 설비의 근본적인 구조 변경 없이 석유제품을 대체하여 사용할 수 있는 연료(석탄과 천연가스는 제외한다)로서 대통령령으로 정하는 것을 말한다.

이를 예방하기 위해 교통량이 많은 연안 인근에 "시운전금지해역"을 설정하고, 금지해역에서의 길이 100미터 이상 시운전 선박의 조종성능 시험을 제한함으로써 시운전 선박의 충돌 등 해양사고를 방지하기 위한 제도를 확립하고 있다. 여기에서 말하는 시운전이라 함은 조선소 등에서 선박을 건조·개조·수리 후 인도 전까지 또는 건조·개조·수리 중 시험운전하는 것을 말한다(해상교통안전법 제12조).

나) 시운전금지해역의 범위 및 금지되는 시운전

시운전금지해역의 범위는 시행령 별표 2의2에서 규정하고 있으며, 금지해역에서 길이 100미터 이상의 선박에 대하여 금지되는 시운전은 다음과 같다.

① 선박의 선회권(旋回圈) 등 선회 성능을 확인하기 위한 시운전
② 선박의 침로(針路)를 좌·우로 바꿔 지그재그로 항해하는 등 선박의 운항 성능을 확인하기 위한 시운전
③ 전속력 또는 후진(後進)으로 항해하거나 급정지하는 등 선박의 기관 성능을 확인하기 위한 시운전
④ 비상 조타 기능 등 선박의 조타 성능을 확인하기 위한 시운전
⑤ 그 밖에 선박의 침로나 속력의 급격한 변경 등으로 인하여 다른 선박의 항행안전을 저해할 우려가 있는 시운전

4. 해상교통안전관리

4.1 해상교통안전진단

1) 의의

해양사고는 일단 발생하면 인명과 환경에 돌이킬 수 없는 피해를 주게 되며, 복구에 막대한 비용이 소요된다. 따라서 해양사고를 유발할 가능성이 있는 해양개발사업을 시행할 경우에 그것이 해상교통안전에 미치게 될 영향을 미리 평가하고 고려함으로써 해양사고를 예방하려는 제도가 해상교통안전진단제도이다.

2) 해상교통안전진단의 절차

〈그림 1-7-26〉 안전진단 보고서 제출 사업의 절차

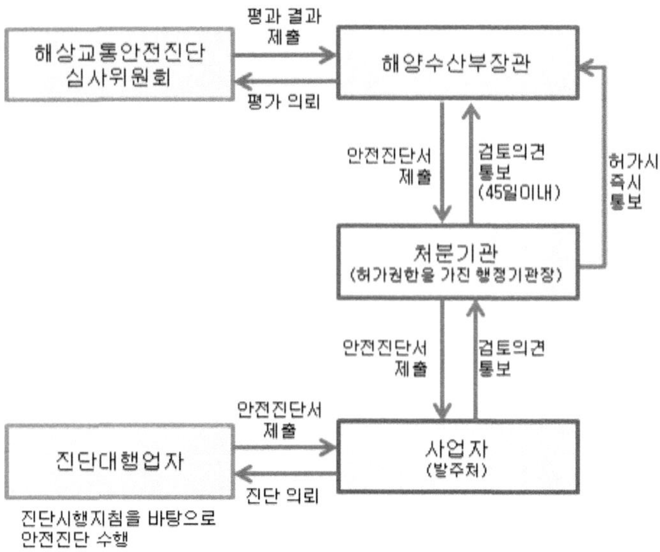

가) 실시 및 결과보고서 제출

해양수산부장관은 안전진단대상사업을 하려는 자(국가기관의 장 또는 지방자치단체의 장인 경우는 제외한다. 이하 "사업자"라 한다)에게 해양수산부령으로 정하는 안전진단기준에 따른 해상교통안전진단을 실시하도록 하여야 한다(해상교통안전법 제13조 제1항).

사업자는 안전진단대상사업에 대하여 「항만법」, 「공유수면 관리 및 매립에 관한 법률」 및 「선박의 입항 및 출항 등에 관한 법률」 등 해양의 이용 또는 보존과 관련된 관계 법령에 따른 허가·인가·승인·신고 등(이하 "허가 등"이라 한다)을 받으려는 경우 해상교통안전진단의 결과(이하 "안전진단서"라 한다)를 허가 등의 권한을 가진 행정기관(이하 "처분기관"이라 한다)의 장에게 제출하여야 한다.

나) 안전진단대상사업의 범위

해상교통안전진단을 실시하고 안전진단서를 제출하여야 하는 안전진단대상사업의 범위는 다음과 같다(해상교통안전법 제13조 제3항).

〈표 1-7-9〉 안전진단대상사업의 범위

구분	안전진단대상사업의 범위
1. 항로 또는 정박지의 지정·고시 또는 변경	가. 길이 100미터 이상의 선박이 통항하는 수역에 다음의 어느 하나에 해당하는 항로를 지정·고시하려는 경우 1) 법 제31조 제1항에 따른 항로 2) 「선박의 입항 및 출항 등에 관한 법률」 제10조에 따른 항로 3) 「항만법」 제2조 제5호 가목(1)에 따른 항로 나. 가목에 따른 항로를 다음의 범위 이상으로 변경하려는 경우 1) 거대선이 이용하는 항로: 항로의 길이, 중심선의 교각(交角) 또는 폭을 10퍼센트 이상 변경하려는 경우 2) 그 밖의 항로: 항로의 길이, 중심선의 교각 또는 폭을 20퍼센트 이상 변경하려는 경우 다. 길이 100미터 이상의 선박이 통항하는 수역에 다음의 어느 하나에 해당하는 정박지를 지정·고시하려는 경우 1) 「선박의 입항 및 출항 등에 관한 법률」 제5조에 따른 정박구역 또는 정박지 2) 「항만법」 제2조 제5호 가목(1)에 따른 정박지 라. 다목에 따른 정박지(정박구역을 포함한다)를 다음의 범위 이상으로 변경하려는 경우 1) 거대선이 이용하는 정박지: 정박지의 면적을 10퍼센트 이상 변경하려는 경우 2) 그 밖의 정박지: 정박지의 면적을 20퍼센트 이상 변경하려는 경우
2. 선박의 통항을 금지하거나 제한하는 수역의 설정 또는 변경	가. 길이 100미터 이상의 선박이 통항하는 수역에 다음의 어느 하나에 해당하는 구역 등을 설정·지정하는 사업을 실시하려는 경우. 다만, 해당 수역의 해도에 표시된 수심이 4미터 미만인 경우는 제외한다. 1) 「광업법」 제3조 제3호의3에 따른 채굴권을 설정하여 광물을 채취하려는 경우 2) 「골재채취법」 제21조의2 또는 같은 법 제34조에 따라 골재채취 예정지 또는 골재채취단지를 지정하거나 같은 법 제22조에 따른 골재채취 허가를 받아 골재를 채취하려는 경우 나. 가목에 해당하는 구역 등의 면적을 10퍼센트 이상 확장하려는 경우

구분	안전진단대상사업의 범위
3. 수역에 설치되는 교량·터널·케이블 등 시설물의 건설·부설 또는 보수	가. 길이 100미터 이상의 선박이 통항하는 수역에 「도로법」 등에 따른 교량을 건설하거나 터널(수심이 변경되거나 해상공사가 이루어지는 경우에 한정한다)을 부설하려는 경우. 다만, 해당 수역의 수심이 4미터 미만인 경우는 제외한다. 나. 가목에 해당하는 교량(교각을 포함한다)이나 터널의 위치, 교량의 수면상 높이 또는 터널의 수면하 깊이를 변경하려는 보수 다. 이 법, 「선박의 입항 및 출항 등에 관한 법률」 또는 「항만법」에 따라 지정·고시된 항로 또는 정박지(정박구역을 포함한다)를 횡단하는 해월(海越)케이블을 설치하려는 경우. 다만, 해당 수역의 수심이 4미터 미만인 경우는 제외한다. 라. 다목에 해당하는 해월케이블의 위치 또는 수면상 높이 또는 터널의 수면하 깊이를 변경하려는 보수 마. 다음의 어느 하나에 해당하는 시설물(선박 계류시설은 제외한다)을 설치하는 사업으로서 공유수면의 점용·사용 또는 공유수면 매립 수역의 길이가 200미터 이상이거나 면적이 2만 제곱미터 이상인 경우. 다만, 해당 수역의 수심이 4미터 미만인 경우는 제외한다. 1) 「공유수면 관리 및 매립에 관한 법률」 제8조에 따른 공유수면 점용·사용의 허가를 받아야 하는 시설물을 설치하는 사업 2) 「공유수면 관리 및 매립에 관한 법률」 제10조에 따른 공유수면의 점용·사용 협의 또는 승인을 받아야 하는 시설물을 설치하는 사업 3) 「공유수면 관리 및 매립에 관한 법률」 제28조에 따른 공유수면 매립면허를 받아야 하는 시설물을 설치하는 사업 4) 「공유수면 관리 및 매립에 관한 법률」 제35조에 따른 공유수면 매립협의 또는 승인을 받아야 하는 시설물을 설치하는 사업 바. 마목에 해당하는 시설물의 점용·사용 수역 면적 또는 매립 수역 면적을 10퍼센트 이상 확장하려는 경우
4. 항만 또는 부두의 개발·재개발	가. 「항만법」 제3조 제1항에 따른 무역항 또는 연안항을 새로 지정하려는 경우 나. 「항만법」 제3조 제1항 제1호에 따른 무역항의 항만구역 또는 무역항의 항만구역으로부터 10킬로미터 이내의 수역에 다음의 어느 하나에 해당하는 항만을 지정하려는 경우 1) 「마리나항만의 조성 및 관리 등에 관한 법률」 제2조 제1호에 따른 마리나항만 2) 「어촌·어항법」 제2조 제3호 가목에 따른 국가어항 다. 길이 100미터 이상 선박이 이용하는 계류시설의 건설 라. 다목에 해당하는 계류시설의 변경 1) 거대선이 이용하는 계류시설: 해당 계류시설의 길이 또는 접안능력을 10퍼센트 이상 연장하거나 상향하려는 경우 2) 그 밖의 계류시설: 해당 계류시설의 길이 또는 접안능력을 20퍼센트 이상 연장하거나 상향하려는 경우 마. 이 표에 따라 안전진단대상사업의 범위에 포함되는 항로, 정박지, 계류시설로부터 해당 항로, 정박지, 계류시설을 이용하는 최대 선박의 길이의 3배 안의 수역에 방파제·파제제(波除堤)·방조제를 건설하려는 경우. 다만, 사업을 하려는 수역의 해도에 표시된 수심이 4미터 미만인 경우는 제외한다.

구분	안전진단대상사업의 범위
	바. 마목에 해당하는 방파제 · 파제제 · 방조제의 길이 또는 면적을 10퍼센트 이상 확장하려는 경우
5. 그 밖에 해상교통안전에 영향을 미치는 사업	가. 최고 속력이 60노트 이상인 선박을 투입하여 「해운법」 제2조 제2호에 따른 해상여객운송사업을 하려는 경우 나. 최고 속력이 60노트 이상인 선박을 투입하여 「해운법」 제2조 제3호에 따른 해상화물운송사업을 하려는 경우

비고

1. "길이 100미터 이상의 선박이 통항하는 수역"이란 길이 100미터 이상의 선박이 1일 평균 4회 이상 통항하는 수역을 말한다. 이 경우 선박의 통항량이나 규모를 알 수 없는 경우에는 「기상법 시행령」 제8조제2항에 따른 폭풍해일주의보 · 지진해일주의보 · 태풍주의보 · 풍랑주의보 또는 폭풍해일경보 · 지진해일경보 · 태풍경보 · 풍랑경보의 기상특보가 발효되지 않은 3일 이상의 기간에 「선박안전법」 제30조에 따른 선박위치발신장치의 위치정보를 사용한 교통조사를 실시하여 길이 100미터 이상의 선박이 1일 평균 4회 이상 통항하는 것으로 확인되면 길이 100미터 이상의 선박이 통항하는 수역으로 본다.
2. 제1호에도 불구하고 위 표 제3호 가목 또는 나목에 따라 교량의 건설, 위치 변경 또는 수면상 높이를 변경하려는 경우에 길이 100미터 이상의 선박이 통항하는 수역인지 여부는 「항만법」 제5조에 따른 항만기본계획, 같은 법 제51조에 따른 항만재개발기본계획 또는 「신항만건설 촉진법」 제3조에 따른 신항만건설기본계획에 따라 길이 100미터 이상의 선박이 대상수역을 통항할 가능성을 고려하여 판단한다.
3. 다른 법령에 따라 허가 · 인가 등을 받은 것으로 의제(擬制)되는 사업이 위 표에 따른 안전진단대상사업의 범위에 포함되는 경우에는 안전진단대상사업으로 본다.

다) 제출 및 처분통보

안전진단서를 제출받은 처분기관은 허가 등을 하기 전에 사업자로부터 이를 제출받은 날부터 10일 이내에 해양수산부장관에게 제출하여야 한다.

해양수산부장관은 처분기관으로부터 안전진단서를 제출받은 날부터 45일 이내에 안전진단서를 검토한 후 해양수산부령으로 정하는 바에 따라 그 의견(이하 "검토의견"이라 한다)을 처분기관에 통보하여야 한다. 이 경우 안전진단서의 서류를 보완하거나 관계 기관과의 협의에 걸리는 기간은 통보기간에 산입하지 아니한다. 처분기관은 해양수산부장관으로부터 검토의견을 통보받은 날부터 10일 이내에 이를 사업자에게 통보하여야 한다.

그리고 안전진단서의 작성, 제출시기, 검토, 공개 및 진단기술인력에 대한 교육 등 해상교통안전진단에 필요한 사항은 해양수산부령으로 정하고 있으므로 하위규정을 참고하여야 한다.

4.2 안전진단서 제출이 면제되는 사업

1) 안전진단 면제사업

사업자는 안전진단대상사업이 다음의 어느 하나에 해당하여 안전진단서 제출이 필요하지 아니하다고 판단하는 경우 해양수산부령으로 정하는 바에 따라 해당 사업의 목적, 내용, 안전진단서 제출이 필요하지 아니한 사유 등이 포함된 의견서를 해양수산부장관에게 제출하여야 한다(해상교통안전법 제14조).

① 선박통항안전, 재난대비 또는 복구를 위하여 긴급히 시행하여야 하는 사업
② 그 밖에 선박의 통항에 미치는 영향이 적은 사업으로 해양수산부장관이 정하여 고시하는 사업

2) 안전진단 면제사업의 절차

의견서를 제출받은 해양수산부장관은 해양수산부령으로 정하는 바에 따라 의견서를 검토한 후 의견서를 제출받은 날부터 30일 이내에 안전진단서 제출 필요성 여부를 결정하여 그 결과를 통보하여야 한다. 이 경우 의견서의 서류를 보완하는 데 걸리는 기간은 통보기간에 산입하지 아니한다.

해양수산부장관이 사업자에게 안전진단서를 제출하라고 통보한 경우 사업자는 해양수산부장관에게 안전진단서를 제출하여야 한다.

해양수산부장관은 사업자로부터 안전진단서를 제출받은 날부터 45일 이내에 안전진단서를 검토한 후 검토의견을 사업자에게 통보하여야 한다. 이 경우 안전진단서의 서류를 보완하거나 관계 기관과의 협의에 걸리는 기간은 통보기간에 산입하지 아니한다.

4.3 항행장애물의 보고 및 표시

1) 항행장애물의 보고

다음의 어느 하나에 해당하는 항행장애물을 발생시킨 선박의 선장, 선박소유자 또는 선박운항자(이하 "항행장애물제거책임자"라 한다)는 해양수산부령으로 정하는 바에 따라

해양수산부장관에게 지체 없이 그 항행장애물의 위치와 제26조에 따른 위험성 등을 보고하여야 한다(해상교통안전법 제24조).

① 떠다니거나 침몰하여 다른 선박의 안전운항 및 해상교통질서에 지장을 주는 항행장애물
② 「항만법」 제2조 제1호에 따른 항만의 수역, 「어촌 · 어항법」 제2조 제3호에 따른 어항의 수역, 「하천법」 제2조 제1호에 따른 하천의 수역(이하 "수역등"이라 한다)에 있는 시설 및 다른 선박 등과 접촉할 위험이 있는 항행장애물

항행장애물제거책임자가 보고해야 하는 사항은 ① 선박의 명세에 관한 사항, ② 선박소유자 및 선박운항자의 성명(명칭) 및 주소에 관한 사항, ③ 항행장애물의 위치에 관한 사항, ④ 항행장애물의 크기 · 형태 및 구조에 관한 사항, ⑤ 항행장애물의 상태 및 손상의 형태에 관한 사항, ⑥ 선박에 선적된 화물의 양과 성질에 관한 사항(항행장애물이 선박인 경우만 해당한다), ⑦ 선박에 선적된 연료유 및 윤활유를 포함한 기름의 종류와 양에 관한 사항(항행장애물이 선박인 경우만 해당한다)을 포함하여야 한다.

그리고 대한민국선박이 외국의 배타적 경제수역에서 항행장애물을 발생시켰을 경우 항행장애물제거책임자는 그 해역을 관할하는 외국 정부에 지체 없이 보고하여야 하며, 이러한 보고를 받은 해양수산부장관은 항행장애물 주변을 항행하는 선박과 인접 국가의 정부에 항행장애물의 위치와 내용 등을 알려야 한다.

2) 항행장애물의 표시

항행장애물제거책임자는 항행장애물이 다른 선박의 항행안전을 저해할 우려가 있는 경우에는 지체 없이 항행장애물에 위험성을 나타내는 표시를 하거나 다른 선박에게 알리기 위한 조치를 하여야 한다. 다만, 항행장애물 중 침몰 · 좌초된 선박에 대하여는 「항로표지법」 제8조 제1항에 따라 조치하여야 한다.

해양수산부장관은 항행장애물제거책임자가 표시나 조치를 하지 아니하는 경우 항행장애물제거책임자에게 그 표시나 조치를 하도록 명할 수 있으며, 항행장애물제거책임자가 명령을 이행하지 아니하거나 시급히 표시하지 아니하면 선박의 항행안전에 위해(危害)를 미칠 우려가 큰 경우 해양수산부장관은 직접 항행장애물에 표시할 수 있다(해상교통안전법 제25조).

4.4 항행장애물의 제거 및 비용징수

1) 항행장애물의 제거

항행장애물 제거책임자는 항행장애물을 제거하여야 하며, 항행장애물 제거책임자가 항행장애물을 제거하지 아니하는 때에는 해양수산부장관은 그 항행장애물 제거책임자에게 항행장애물을 제거하도록 명할 수 있다.

항행장애물 제거책임자가 명령을 이행하지 아니하거나 항행장애물이 제26조에 따라 위험성이 있다고 결정된 경우 해양수산부장관이 직접 항행장애물을 제거할 수 있다(해상교통안전법 제27조).

2) 비용징수

해양수산부장관은 제25조 제3항 및 제27조 제3항에 따른 항행장애물의 표시·제거에 드는 비용의 징수에 대비하여 필요한 경우에는 선박소유자에게 비용 지불을 보증하는 서류의 제출을 요구할 수 있다. 이 경우 항행장애물의 표시·제거에 쓰인 비용은 항행장애물제거책임자의 부담으로 하되, 항행장애물제거책임자를 알 수 없는 경우에는 대통령령으로 정하는 바에 따라 그 항행장애물 또는 항행장애물을 발생시킨 선박을 처분하여 비용에 충당할 수 있다(해상교통안전법 제28조).

4.5 항로 등의 보전

1) 항행장애물의 제거

가) 의의

선박이 출입하는 항로는 육상의 도로나 철도와 같이 기본적인 교통로이다. 그러므로 항로는 선박의 통항을 최우선으로 보장할 필요가 있고 이를 법정하여 제도화할 필요가 있다. 이 규정은 항로를 보호하기 위하여 절대 금지행위와 허가행위를 구분하여 규제하는 법적 근거를 마련한 것이다.

나) 감독

해양경찰서장을 감독권자로 한다. 선박의 방치와 어망 등의 설치와 투기는 절대적 금지행위로서 해양경찰서장이 제거명령권자이다. 만일 방치선박이나 어구 등의 설치자가 이 명령을 거부하는 경우에는 해양경찰서장이 항로의 안전을 위하여 먼저 제거하고, 제거비용은 방치선 소유자 또는 어구 등의 소유자 재산에 대하여 국세징수의 행정대집행법을 근거로 징수권을 행사할 수 있게 규정할 필요가 있다고 본다.

그리고 항만해역은 해상교통이 밀집하고 또 하역지이므로 항만도시의 시민이 해상 스포츠 장소로 이용하기가 부적당하다. 그러므로 해양경찰서장은 항만해역의 해상교통의 질서를 보호하기 위하여 해상 스포츠를 허가사항으로 하여 규제하고 있다.

특히 선박의 입항 및 출항 등에 관한 법률에 규정한 무역항의 수상구역과 항만법에 의한 항만수역 또는 어항법에 의한 어항수역 중에 해상교통여건 등을 고려하여 해양경찰서장이 지정하여 고시하는 수역에서는 스킨다이빙 · 스쿠버다이빙 · 윈드서핑[47] 등과 같이 선박의 해상교통질서를 해할 수 있는 행위를 금지하고 있다(해상교통안전법 제33조).

다) 해양레저활동의 허가

해양경찰서장은 해상교통안전에 장애가 되지 아니한다고 인정되어 해양경찰서장의 허가를 받은 경우와 「체육시설의 설치 · 이용에 관한 법률」 제20조에 따라 신고한 체육시설업과 관련된 해상에서 행위를 하는 경우에는 가능하도록 하고 있다.

해양레저활동의 허가를 받으려는 사람은 구명설비 등 안전에 필요한 장비를 갖추고 해양수산부령으로 정하는 바에 따라 관할 해양경찰서장에게 허가신청서(전자문서로 된 신청서를 포함한다)를 제출하여야 하며, 해양경찰서장은 허가신청을 받은 경우에는 해상교통안전에의 장애 여부 및 해상교통 여건을 종합적으로 고려하여 허가 여부를 결정하여야 한다(시행령 제11조).

47) 또한 ① 요트, ② 수상오토바이, ③ 수상자전거, ④ 스쿠터, ⑤ 수상스키, ⑥ 페러세일링 보트, ⑦ 고무보트, ⑧ 모터보트, ⑨ 조정, ⑩ 잠수장비, ⑪ 카약, ⑫ 카누, ⑬ 호버크래프트, ⑭ 워터슬레드, ⑮ 노보트, 서프보드 등의 레저기구 또는 장비를 이용하는 행위도 금지하고 있다.

4.6 조타기 조작 등 금지

1) 술에 취한 상태에서의 조타기 조작 등 금지

가) 음주 제한

술에 취한 상태에 있는 사람은 운항을 하기 위하여 「선박직원법」 제2조 제1호에 따른 선박[총톤수 5톤 미만의 선박과 같은 호 나목 및 다목에 해당하는 외국선박을 포함하고, 시운전선박(국내 조선소에서 건조 또는 개조하여 진수 후 인도 전까지 시운전하는 선박을 말한다) 및 이동식 시추선·수상호텔 등 「선박안전법」 제2조 제1호에 따라 해양수산부령으로 정하는 부유식 해상구조물은 제외한다.]에 따른 선박의 조타기(操舵機)를 조작하거나 조작할 것을 지시하는 행위 또는 「도선법」 제2조 제1호에 따른 도선(이하 "도선"이라 한다)을 하여서는 아니 된다(해상교통안전법 제39조 제1항).

나) 음주 측정 권한

해양경찰청 소속 경찰공무원은 다음의 어느 하나에 해당하는 경우에는 운항을 하기 위하여 조타기를 조작하거나 조작할 것을 지시하는 사람(이하 "운항자"라 한다) 또는 도선을 하는 도선사가 술에 취하였는지 측정할 수 있으며, 해당 운항자 또는 도선사는 해양경찰청 소속 경찰공무원의 측정 요구에 따라야 한다. 다만, 해양사고가 발생한 경우에는 반드시 술에 취하였는지를 측정하여야 한다(해상교통안전법 제39조 제2항).

① 다른 선박의 안전운항을 해치거나 해칠 우려가 있는 등 해상교통의 안전과 위험방지를 위하여 필요하다고 인정되는 경우
② 위의 사항을 위반하여 술에 취한 상태에서 조타기를 조작하거나 조작할 것을 지시하였거나 도선을 하였다고 인정할 만한 충분한 이유가 있는 경우
③ 해양사고가 발생한 경우

그리고 술에 취하였는지를 측정한 결과에 불복하는 사람에 대하여는 해당 운항자 또는 도선사의 동의를 받아 혈액채취 등의 방법으로 다시 측정할 수 있다.

다) 음주 제한 농도

이 규정에서는 술에 취한 상태의 기준은 혈중알코올농도 0.03퍼센트 이상으로 한다.

이는 음주로 인한 항해과실은 대규모의 인적·물적 손해와 제2차적으로 선박의 화물과 연료유의 배출로 해양오염 손해를 발생시킬 수 있으므로 음주의 한계를 엄격하게 규정하여 적용하는 것으로 그 벌칙도 상당히 엄격한 편이다.

라) 해기사면허의 취소 및 정지 요청

해양경찰청장은 「선박직원법」 제4조에 따른 해기사면허를 받은 자가 ① 술에 취한 상태에서 운항을 하기 위하여 조타기를 조작하거나 그 조작을 지시한 경우, ②술에 취한 상태에서 조타기를 조작하거나 조작할 것을 지시하였다고 인정할 만한 상당한 이유가 있음에도 불구하고 해양경찰청 소속 경찰공무원의 측정요구에 따르지 아니한 경우에는 해양수산부장관에게 해당 해기사면허를 취소하거나 1년의 범위에서 해기사면허의 효력을 정지할 것을 요청할 수 있다(해상교통안전법 제42조).

2) 약물복용 등의 상태에서 조타기 조작 등 금지

가) 약물복용 상태의 조작 금지

약물(「마약류 관리에 관한 법률」 제2조 제1호에 따른 마약류를 말한다. 이하 같다)·환각물질(「화학물질관리법」 제22조 제1항에 따른 환각물질을 말한다. 이하 같다)의 영향으로 인하여 정상적으로 다음의 행위를 하지 못할 우려가 있는 상태에서는 해당 행위를 하여서는 아니 된다(해상교통안전법 제40조).

① 「선박직원법」 제2조 제1호에 따른 선박의 조타기를 조작하거나 조작할 것을 지시하는 행위
② 「선박직원법」 제2조 제1호에 따른 선박의 도선

나) 해기사면허의 취소 및 정지 요청

해양경찰청장은 「선박직원법」 제4조에 따른 해기사면허를 받은 자가 약물·환각물질의 영향으로 인하여 정상적으로 조타기를 조작하거나 그 조작을 지시하지 못할 우려가 있는 상태에서 조타기를 조작하거나 그 조작을 지시한 경우에는 해양수산부장관에게 해당 해기사면허를 취소하거나 1년의 범위에서 해기사면허의 효력을 정지할 것을 요청할 수 있다.

5. 선박 및 사업장의 안전관리

5.1 선박의 안전관리체제 수립

1) 의의

선박의 안전관리체제는 최근 발생한 해양사고의 80% 이상이 인적요인에 의해 발생하고 있음을 감안하여 선박소유자의 안전의식 및 안전관리능력의 제고함으로써 해양사고의 재발을 막고 나아가 해양환경을 보호하고자 하는 제도이다. 이를 위해 제정한 ISM CODE를 국내법으로 해상교통안전법에 수용하고 있는 것이다. 특히 이 가운데 제46조는 선박 안전관리체제 수립의 대상선박을 규정하고 해상에서의 안전 및 환경보호에 관한 기본방침 등 안전관리체제에 포함될 사항을 규정하고 있다. 또한 누구든지 선박의 안전을 위한 선장의 전문적인 판단을 방해하거나 간섭하여서는 아니 된다고 규정하여 선박의 안전관리체제의 최종적인 책임은 선장에게 있음을 명시하고 있다(해상교통안전법 제45조).

2) 대상선박 및 적용시기

다음의 어느 하나에 해당하는 선박(해저자원을 채취·탐사 또는 발굴하는 작업에 종사하는 이동식 해상구조물을 포함)을 운항하는 선박소유자는 안전관리체제를 수립하고 시행하여야 한다. 다만, 「해운법」 제21조에 따른 운항관리규정을 작성하여 해양수산부장관으로부터 심사를 받고 시행하는 경우에는 안전관리체제를 수립하여 시행하는 것으로 본다(해상교통안전법 제46조 제2항).

① 「해운법」 제3조에 따른 해상여객운송사업에 종사하는 선박
② 「해운법」 제23조에 따른 해상화물운송사업에 종사하는 선박으로서 총톤수 500톤 이상의 선박[기선(機船)과 밀착된 상태로 결합된 부선(艀船)을 포함한다]
③ 국제항해에 종사하는 총톤수 500톤 이상의 어획물운반선과 이동식 해상구조물
④ 수면비행선박
⑤ 그 밖에 대통령령으로 정하는 선박[48]

3) 안전관리체제의 내용

선박의 안전관리체제를 수립함에 있어 포함되어야 할 내용은 다음과 같다. 다만, 제2항 제5호에 따른 그 밖에 대통령령으로 정하는 선박의 경우의 안전관리체제에는 해양수산부령에 따라 그 일부를 포함시키지 아니할 수 있다(해상교통안전법 제46조 제3항).

① 해상에서의 안전과 환경 보호에 관한 기본방침
② 선박소유자의 책임과 권한에 관한 사항
③ 제5항에 따른 안전관리책임자와 안전관리자의 임무에 관한 사항
④ 선장의 책임과 권한에 관한 사항
⑤ 인력의 배치와 운영에 관한 사항
⑥ 선박의 안전관리체제 수립에 관한 사항
⑦ 선박충돌사고 등 발생 시 비상대책의 수립에 관한 사항
⑧ 사고, 위험 상황 및 안전관리체제의 결함에 관한 보고와 분석에 관한 사항
⑨ 선박의 정비에 관한 사항
⑩ 안전관리체제와 관련된 지침서 등 문서 및 자료 관리에 관한 사항
⑪ 안전관리체제에 대한 선박소유자의 확인·검토 및 평가에 관한 사항

5.2 인증심사

1) 의의

안전관리체제의 수립 및 이행을 확인하기 위한 제도로서 인증심사제도를 두고 있다. 이에 따라 안전관리체제를 수립하고 시행하여야 하는 선박소유자는 해양수산부장관의 인증을 받도록 하고 있으며, 최초·갱신·중간·수시인증심사 등 그 종류를 규정하고 있다.

48) 그 밖의 선박으로서 대통령령으로 정하는 선박으로 다음과 같다(시행령 제15조).
1. 「해운법」 제23조에 따른 해상화물운송사업에 종사하는 선박으로서 총톤수 100톤 이상 500톤 미만의 유류·가스류 및 화학제품류를 운송하는 선박(기선과 밀착된 상태로 결합된 부선을 포함한다)
2. 「선박안전법 시행령」 제2조제1항제3호가목 본문에 따른 평수(平水)구역 밖을 운항하는 선박으로서 다음 각 목의 어느 하나에 해당하는 부선이나 구조물을 끌거나 미는 선박
가. 총톤수가 2천톤 이상이거나 길이가 100미터 이상인 부선
나. 길이가 100미터 이상인 구조물
다. 각각의 부선의 총톤수의 합이 2천톤 이상인 2척 이상의 부선
라. 밀리거나 끌리는 각각의 구조물의 길이의 합이 100미터 이상인 2개 이상의 구조물
마. 밀리거나 끌리는 부선이나 구조물의 길이의 합이 100미터 이상인 부선과 구조물
3. 국제항해에 종사하는 총톤수 500톤 이상의 준설선(浚渫船)

2) 인증심사의 종류(해상교통안전법 제49조 제1항)

가) 최초인증심사 : 안전관리체제의 수립 · 시행을 확인하기 위하여 최초로 행하는 심사

나) 갱신인증심사 : 선박안전관리증서 또는 안전관리적합증서의 유효기간이 만료된 때에 행하는 심사

다) 중간인증심사 : 최초인증심사와 갱신인증심사 사이 또는 갱신인증심사와 갱신인증심사 사이의 해양수산부령이 정하는 시기에 행하는 심사[49]

라) 임시인증심사: 최초인증심사를 받기 전에 임시로 선박을 운항하기 위하여 ① 새로운 종류의 선박을 추가하거나 신설한 사업장, ② 개조 등으로 선종이 변경되거나 신규로 도입한 선박에 대하여 하는 심사

마) 수시인증심사 : 위의 인증심사 외에 선박의 해양사고 및 외국항에서의 항행정지 예방 등을 위하여 해양수산부령으로 정하는 경우에 사업장 또는 선박에 대하여 하는 심사[50]

3) 인증심사에 합격하지 아니한 선박의 항행 금지

선박소유자는 인증심사에 합격하지 아니한 선박을 항행에 사용하여서는 아니 된다. 다만, 천재지변 등으로 인하여 인증심사를 받을 수 없다고 인정되는 등 해양수산부령으로 정하는 다음의 경우는 그러하지 아니하다(해상교통안전법 제49조 제2항).

① 「선박안전법」 제8조부터 제12조까지의 규정에 따른 선박의 검사를 받기 위하여 해당 항만 또는 인근해역에서 시운전을 하는 경우(수면비행선박은 제외한다)

---

49) 여기서 말하는 중간인증심사의 시행시기는 ① 사업장의 경우: 안전관리적합증서의 유효기간 개시일부터 매 1년이 되는 날 전후 3개월 이내, ② 선박의 경우 : 선박안전관리증서의 유효기간 개시일부터 2년 6월이 되는 날 전후 6월 이내. 다만, 선박소유자의 요청이 있는 경우에는 유효기간 개시일부터 매 1년이 되는 날 전후 3월 이내로 한다.

50) 수시인증심사를 받아야 경우는 다음과 같다(시행규칙 제36조).
① 법 제56조 제1항 및 제2항에 따라 사업장이나 선박에 대한 점검 결과 선박의 안전 확보를 위하여 필요하다고 인정하는 경우
② 법 제58조 제1항에 따른 지도 · 감독 결과 해양사고를 방지하고 해사안전관리 업무를 효율적으로 수행하기 위하여 필요하다고 인정하는 경우
③ 「해양사고의 조사 및 심판에 관한 법률」 제2조 제1호에 따른 해양사고가 발생한 경우로서 해당 선박의 안전 확보를 위하여 필요하다고 인정하는 경우

② 「선박안전법」 제18조 제1항에 따른 선박의 형식승인을 얻기 위하여 해당 항만 또는 인근해역에서 시운전을 하는 경우(수면비행선박은 제외한다)
③ 국제항해에 종사하지 아니하는 선박의 수리를 위하여 국제항해를 왕복하는 경우. 이 경우 왕복 횟수는 1회만 해당한다.
④ 외국으로부터 선박을 구입하여 국내(국내항으로 입항 전 수리·검사 등을 위하여 외국항으로 항해하는 경우를 포함한다)로 국제항해를 하는 경우
⑤ 그 밖에 천재지변 및 불가항력 등 해양수산부장관이 정하여 고시하는 불가피한 사유로 인하여 인증심사를 받을 수 없는 경우

4) 인증심사대상

선박소유자는 다음 각 호의 구분에 따른 사람을 인증심사에 참여하도록 하거나 직접 해당 인증심사(사업장에 대한 인증심사의 경우만 해당한다)에 참여하여야 한다. 이 경우 선박소유자는 특별한 사유가 없는 한 인증심사에 필요한 협조를 하여야 한다(시행규칙 제39조).

① 사업장에 대한 인증심사의 경우: 선박소유자의 직무를 대행하는 사람
② 선박에 대한 인증심사의 경우: 인증심사의 항목에 따라 선장·기관장 또는 그 직무를 대행하는 「선원법」 제2조 제5호에 따른 직원

5.3 선박안전관리증서 등의 발급

1) 증서의 발급

안전관리체제내에서 최초인증심사 또는 갱신인증심사에 합격한 경우의 선박에 대하여는 선박안전관리증서를, 사업장에 대하여는 안전관리적합증서를 각각 발급하도록 하고 있다. 또한 임시인증심사에 합격하면 그 선박에 대하여는 임시선박안전관리증서를 내주고, 그 사업장에 대하여는 임시안전관리적합증서를 내주어야 한다(해상교통안전법 제51조 제1항, 제2항).

2) 증서의 비치의무 및 유효기간

가) 증서의 비치의무

선박소유자는 선박에는 선박안전관리증서 또는 임시선박안전관리증서의 원본과 안전관리적합증서 또는 임시안전관리적합증서의 사본을, 사업장에는 안전관리적합증서 또는 임시안전관리적합증서의 원본을 각각 비치하도록 하고 있다. 이는 SOLAS 협약상 삽입되어 있는 ISM CODE의 특성상 이행의 강제화를 담보하는 역할을 하고 있다. 즉 각 지역별 항만국통제 수행시 검사관에 의해서 안전관리체제의 이행을 확인할 수 있는 하나의 방편으로 증서의 선내비치 의무를 부여하고 있다.

나) 증서의 유효기간

선박안전관리증서와 안전관리적합증서의 유효기간은 각각 5년으로 하고 있다. 그리고 임시안전관리적합증서의 유효기간은 1년으로, 임시선박안전관리증서의 유효기간은 6개월로 하고 있다.

이에 대한 선박안전관리증서 및 안전관리적합증서의 유효기간 기산은 다음의 구분에 따른다. 다만, 임시선박안전관리증서 및 임시안전관리적합증서의 경우에는 해당 인증심사의 완료일로 한다.

① 최초인증심사를 받은 경우: 해당 인증심사의 완료일
② 유효기간 만료일 전 3개월 이내에 갱신인증심사를 받은 경우: 유효기간 만료일의 다음날
③ 유효기간 만료일 3개월 전에 갱신인증심사를 받은 경우: 해당 인증심사의 완료일

3) 증서의 효력정지

선박소유자가 중간인증심사에 합격하지 못한 경우에는 합격될 때까지 선박안전관리증서와 안전관리적합증서의 효력이 정지되도록 규정하고 있다. 이는 안전관리체제의 운영을 효과적으로 하기 위한 수단이기도 하다. 더구나 안전관리적합증서의 효력이 정지된 경우에는 당해 사업장에 속한 모든 선박의 선박안전관리증서의 효력도 정지되므로 각별히 주의가 요망되며 이에 대한 효과도 극대화되리라 본다.

5.4 해사안전 우수사업자의 지정

1) 해사안전 우수사업자의 지정

해양수산부장관은 다음의 어느 하나에 해당하는 자 중 해사안전의 수준 향상과 해양사고 감소에 기여한 자로서 해양수산부령으로 정하는 기준에 적합한 자를 해사안전 우수사업자로 지정할 수 있다(해상교통안전법 제59조 제1항).

① 「해운법」 제4조 제1항에 따라 해상여객운송사업의 면허를 받은 자
② 「해운법」 제24조 제1항에 따라 내항 화물운송사업의 등록을 한 자
③ 「해운법」 제24조 제2항에 따라 외항화물운송사업의 등록을 한 자
④ 그 밖에 해사안전관리 또는 해상운송과 관련된 사업으로서 해양수산부장관이 정하여 고시하는 사업을 영위하는 자

해양수산부장관은 해사안전 우수사업자로 지정된 자에 대하여 우수사업자로 지정되었음을 나타내는 표지의 제공 등 해양수산부령으로 정하는 지원을 할 수 있다.

2) 지정 효력의 정지 등

해양수산부장관은 해사안전 우수사업자로 지정된 자가 다음의 어느 하나에 해당하는 경우에는 그 지정을 취소하거나 3개월 이내의 기간을 정하여 지정의 효력을 정지할 수 있다. 다만, ①에 해당하는 경우에는 그 지정을 취소하여야 한다(해상교통안전법 제59조 제5항).

① 거짓이나 그 밖의 부정한 방법으로 해사안전 우수사업자의 지정을 받은 경우
② 해양수산부령으로 정하는 해사안전 우수사업자의 지정 기준에 적합하지 아니하게 된 경우
③ 해사안전 우수사업자가 다음 각 목의 어느 하나에 해당하는 위반행위를 한 경우
  ㉠ 제47조제2항 본문을 위반하여 인증심사에 합격하지 아니한(제49조제6항 및 제7항에 따라 선박안전관리증서나 안전관리적합증서의 효력이 정지된 경우를 포함한다) 선박을 항행에 사용한 경우
  ㉡ 제58조에 따른 지도 · 감독을 거부 · 방해하거나 기피한 경우
  ㉢ 제59조에 따른 개선명령을 따르지 아니한 경우

제 8 장

국제항해선박 및 항만시설의 보안에 관한 법률

1. 의의
2. 국제항해선박의 보안확보를 위한 조치
3. 항만시설의 보안확보를 위한 조치
4. 보안심사관 및 보안교육훈련

제8장 국제항해선박 및 항만시설의 보안에 관한 법률

1. 의의

1.1 개요

국제항해선박 및 항만시설의 보안에 관한 법률(약칭: 국제선박항만보안법)은 국제항해에 이용되는 선박과 그 선박이 이용하는 항만시설의 보안에 관한 사항을 정함으로써 국제항해와 관련한 보안상의 위협을 효과적으로 방지하여 국민의 생명과 재산을 보호하는데 이바지함을 목적으로 한다(법 제1조).

국제해사기구(IMO)에서 채택하여 2004년 7월 1일부터 국제적으로 시행중인 "국제선박 및 항만시설 보안규칙(ISPS Code)"의 국내 수용 규정인 "국제선박 및 항만시설 보안에 관한 규정"(2003.10.25., 해양수산부 고시)에 미비된 사항을 보완하여 법률을 제정함으로써 국제협약 시행에 만전을 기하고, 선박과 항만시설에 대한 보안위협을 예방하여 국민의 생명과 재산을 보호하기 위하고자 한다.

나날이 증가하는 테러사건 등 국제적인 해상보안상의 위협에 효과적으로 대응하고 국제항해에서 차지하는 우리나라 선사·선박 및 항만시설의 위상에 걸맞는 해상보안책임을 확립할 수 있도록 국가적인 차원의 종합적이고 장기적인 해상보안체제를 마련하는 등 국제항해에 이용되는 선박과 그 선박이 이용하는 항만시설의 보안에 관한 기본사항을 정하되, 국제해사기구에서 2004년 7월 1일부터 국제협약에 따라 시행하고 있는 국제적인 해상보안기준에 맞추어 선박과 항만시설에 대한 보안책임자의 지정·운영, 보안평가의 실시, 보안계획서의 작성·비치 및 보안심사제도 등을 국내법 체계에 맞게 수용함으로써 국제항해와 관련한 보안상의 위협을 효과적으로 예방하여 국민의 생명과 재산을 보호하는데 이바지하려는 것이다.[51)]

■ 국제선박 및 항만시설 보안규칙

- 영문 : International Code for the Security of Ships and of Port Facilities(ISPS Code)
- 목적 : 당사국 정부, 정부기관, 주관청과 해운 및 항만산업 간에 해상보안 관련 국제적 협조체제를 구축하고 보안등급의 변화에 대응하기 위한 계획과 절차를 수립함으로써 보안위협에 대한 예방조치 및 적절한 보안조치에 대한 신뢰성을 보장
- 시행방법 : 선박보안평가를 실시하여 선박보안계획서를 수립 후 승인을 받아야 하며, 승인된 선박보안계획서에 따른 선내보안업무 시행 후 심사를 통하여 동 규칙에 적합한 경우 국제선박보안증서 교부

1.2 주요 용어(법 제2조)

① "국제항해선박"이란 「선박안전법」 제2조제1호에 따른 선박으로서 국제항해에 이용되는 선박을 말한다.

② "항만시설"이란 국제항해선박과 선박항만연계활동이 가능하도록 갖추어진 시설로서 「항만법」 제2조제5호에 따른 항만시설 및 해양수산부령으로 정하는 시설을 말한다.

③ "선박항만연계활동"이란 국제항해선박과 항만시설 사이에 승선·하선 또는 선적·하역과 같이 사람 또는 물건의 이동을 수반하는 상호작용으로서 그 활동의 결과 국제항해선박이 직접적으로 영향을 받게 되는 것을 말한다.

④ "선박상호활동"이란 국제항해선박과 국제항해선박 또는 국제항해선박과 그 밖의 선박 사이에 승선·하선 또는 선적·하역과 같이 사람 또는 물건의 이동을 수반하는 상호작용을 말한다.

⑤ "보안사건"이란 국제항해선박이나 항만시설을 손괴하는 행위 또는 국제항해선박이나 항만시설에 위법하게 폭발물 또는 무기류 등을 반입·은닉하는 행위 등 국제항해선박·항만시설·선박항만연계활동 또는 선박상호활동의 보안을 위협하는 행위 또는 그 행위와 관련된 상황을 말한다.

51) 국제항해선박 및 항만시설의 보안에 관한 법률(2007년 8월 3일 제정)의 제정이유 참조.

⑥ “보안등급”이란 보안사건이 발생할 수 있는 위험의 정도를 단계적으로 표시한 것으로서 「1974년 해상에서의 인명안전을 위한 국제협약」(이하 “협약”이라 한다)에 따른 등급구분 방식을 반영한 것을 말한다.

보안등급은 아래와 3단계로 구분된다(시행령 제4조).

1. 보안 1등급 : 국제항해선박과 항만시설이 정상적으로 운영되는 상황으로 일상적인 최소한의 보안조치가 유지되어야 하는 평상수준
2. 보안 2등급 : 국제항해선박과 항만시설에 보안사건이 일어날 가능성이 증대되어 일정기간 강화된 보안조치가 유지되어야 하는 경계수준
3. 보안 3등급 : 국제항해선박과 항만시설에 보안사건이 일어날 가능성이 뚜렷하거나 임박한 상황이어서 일정기간 최상의 보안조치가 유지되어야 하는 비상수준

⑦ “국제항해선박소유자”란 국제항해선박의 소유자 · 관리자 또는 국제항해선박의 소유자 · 관리자로부터 선박의 운영을 위탁받은 법인 · 단체 또는 개인을 말한다.

⑧ “항만시설소유자”란 항만시설의 소유자 · 관리자 또는 항만시설의 소유자 · 관리자로부터 그 운영을 위탁받은 법인 · 단체 또는 개인을 말한다.

⑨ “국가보안기관”이란 국가정보원 · 국방부 · 관세청 · 경찰청 및 해양경찰청 등 보안업무를 수행하는 국가기관을 말한다.

⑩ “보안합의서”란 선박보안책임자와 항만시설보안책임자가 선박항만연계활동 또는 선박상호활동을 함에 있어서 상호 간에 이행하여야 하는 구체적인 보안조치사항에 대한 합의서를 작성하여 교환할 수 있는데, 이를 보안합의서라 말한다(법 제35조).

보안사건이 발생하는 등 선박보안책임자와 항만시설보안책임자로 하여금 보안합의서를 작성 · 교환하는 경우는 다음과 같다(법 제42조).

1. 국제항해선박과 국제항해선박 간 또는 국제항해선박과 그 선박이 이용하는 항만시설 간의 보안등급이 다른 경우
2. 대한민국과 다른 특정 국가 간을 운항하는 국제항해선박에 대하여 당사국 간 협정이 있는 경우
3. 국제항해선박이나 항만시설에 보안사건이 발생하거나 보안상의 위협이 있는 경우

1.3 보안등급의 설정, 조정 등(법 제6조)

해양수산부장관은 국제항해선박 및 항만시설에 대하여 보안등급을 설정하여야 하며, 보안등급을 설정하거나 조정하는 경우에 ① 보안사건을 일으킬 수 있는 위험에 관한 정보의 구체성, 긴급성 및 신뢰성, ② 보안사건이 일어날 때 예상되는 피해 정도를 고려하여야 한다.

해양수산부장관은 위에 따라 설정된 보안등급의 근거가 되는 보안사건의 발생 위험의 정도가 변경되는 때에는 그 보안등급을 조정하여야 한다.

해양수산부장관은 국제항해선박에 대하여는 선박의 종류·항로 또는 해역별로 그 운항 특성을 고려하여 보안등급을 설정하거나 조정할 수 있으며, 항만시설에 대하여는 항만별 또는 항만시설 단위별로 그 기능별 특성을 고려하여 보안등급을 설정하거나 조정할 수 있다(시행령 제4조).

해양수산부장관은 설정·조정된 보안등급을 해당 국제항해선박소유자 또는 항만시설소유자에게 해양수산부령으로 정하는 바에 따라 즉시 통보하여야 한다.

보안등급 설정·조정의 통보는 해양수산부장관이 지방해양수산청장을 거쳐서 국제항해선박소유자 또는 항만시설소유자에게 서면(전자문서를 포함한다)으로 하되, 서면 통보에 추가하여 전화·전자우편·팩스 등을 이용하여 통보하거나 인터넷 홈페이지 등에 게시할 수 있다(시행규칙 제3조).

해양수산부장관은 보안등급을 설정하거나 조정하는 경우 보안위원회의 심의를 거쳐야 한다. 다만, 해양수산부장관은 긴급한 필요가 있는 경우 관계 국가보안기관의 장과 미리 협의할 수 있다. 아울러 해양수산부장관은 예상하지 못한 보안사고의 발생 등 필요하다고 인정되는 때에는 준수하여야 하는 보안조치를 별도로 지시할 수 있다.

2. 국제항해선박의 보안확보를 위한 조치

2.1 총괄보안책임자/선박보안책임자

1) 총괄보안책임자(법 제7조)

국제항해선박소유자는 그가 소유하거나 관리·운영하는 전체 국제항해선박의 보안업무를 총괄적으로 수행하게 하기 위하여 소속 선원 외의 자 중에서 해양수산부령으로 정하는 전문지식 등 자격요건을 갖춘 자를 보안책임자(이하 "총괄보안책임자"라 한다)로 지정하여야 한다. 이 경우 선박의 종류 또는 선박의 척수에 따라 필요하다고 인정되는 때에는 2인 이상의 총괄보안책임자를 지정할 수 있으며, 국제항해선박소유자가 1척의 국제항해선박을 소유하거나 관리·운영하는 때에는 그 국제항해선박소유자 자신을 총괄보안책임자로 지정할 수 있다.

국제항해선박소유자가 총괄보안책임자를 지정한 때에는 7일 이내에 해양수산부령으로 정하는 바에 따라 그 사실을 해양수산부장관에게 통보하여야 한다. 총괄보안책임자를 변경한 때에도 또한 같다.

총괄보안책임자는 다음의 사무를 수행한다.

가) 선박보안평가
나) 선박보안계획서의 작성 및 승인신청
다) 내부보안심사
라) 그 밖에 해양수산부령으로 정하는 사무(시행규칙 제4조)
① 선박에서 발생할 수 있는 보안사건 등 보안상 위협의 종류별 대응방안 등에 대한 정보의 제공
② 법 제10조제1항에 따른 선박보안계획서의 시행 및 보완
③ 법 제36조에 따른 내부보안심사 시 발견된 보안상 결함의 시정
④ 국제항해선박 소속 회사의 선박보안에 관한 관심 제고 및 선박보안 강화를 위한 조치
⑤ 보안등급이 설정·조정된 경우의 해당 보안등급과 관련한 정보의 선박보안책임자에 대한 전파
⑥ 국제항해선박의 선장에 대한 선원 고용, 운항일정 및 용선계약에 관한 정보의 제공

⑦ 선박보안계획서에 다음 각 목에 관한 선장의 권한과 책임의 규정에 관한 사항
- 국제항해선박의 안전과 보안에 관한 의사결정 및 대응조치
- 국제항해선박의 보안을 유지하기 위하여 필요한 인적·물적 자원의 확보

⑧ 외국 항만의 보안등급 조정, 보안사건 및 국제항해선박·선원에 대한 보안상 위협 등과 관련한 주요 정보의 해양수산부장관에 대한 보고

⑨ 그 밖에 국제항해선박과 소속 회사의 보안에 관한 업무

〈표 1-8-10〉 총괄보안책임자 및 선박보안책임자의 자격요건(시행규칙 별표2)

구 분	총괄보안책임자	선박보안책임자
경력 요건	다음 각 호의 어느 하나에 해당하는 경력이 있거나 국제항해선박 승무경력, 보안업무에 종사한 경력 또는 해양수산업 관련 단체에서 근무한 경력을 합산한 경력이 5년 이상인 자 1. 국제항해선박 승선경력이 3년 이상인 자 2. 보안업무에 종사한 경력이 3년 이상인 자 3. 해양수산업 관련 단체에 근무한 경력이 3년 이상인 자	「선박직원법」에 따른 선박직원으로서의 승무한 경력이 3년 이상인 자
전문 지식 요건	법 제40조에 따른 보안교육기관에서 제50조제6항 각 호(제3호·제4호 및 제6호는 선박에 관련된 내용만 해당됨)의 내용이 포함된 보안교육을 18시간 이상 받은 자	법 제40조에 따른 보안교육기관에서 제50조제6항 각 호(제3호·제4호 및 제6호는 선박에 관련된 내용만 해당됨)의 내용이 포함된 보안교육을 12시간 이상 받은 자

2) 선박보안책임자(법 제8조)

국제항해선박소유자는 그가 소유하거나 관리·운영하는 개별 국제항해선박의 보안업무를 효율적으로 수행하게 하기 위하여 소속 선박의 선원 중에서 해양수산부령으로 정하는 전문지식 등 자격요건을 갖춘 자를 보안책임자(이하 "선박보안책임자"라 한다)로 지정하여야 한다.

선박보안책임자는 다음의 사무를 수행한다.

가) 제10조에 따른 선박보안계획서의 변경 및 그 시행에 대한 감독
나) 보안상의 부적정한 사항에 대한 총괄보안책임자에의 보고
다) 해당 국제항해선박에 대한 보안점검
라) 그 밖에 해양수산부령으로 정하는 사무(시행규칙 제5조)
① 화물이나 선용품의 하역에 관한 항만시설보안책임자와의 협의·조정
② 선원에 대한 보안교육 등 국제항해선박 내 보안활동의 시행
③ 총괄보안책임자 및 관련 항만시설보안책임자와의 선박보안계획서의 시행에 관한 협의·조정
④ 선박보안계획서의 이행·보완·관리·보안 유지 및 법 제15조제1항에 따른 선박보안기록부의 작성·관리
⑤ 보안장비의 운용·관리
⑥ 선박보안계획서, 국제선박보안증서, 선박이력기록부 등 서류의 비치·관리
⑦ 입항하려는 외국 항만의 항만당국에 대한 국제항해선박 보안등급 정보의 제공, 국제항해선박과 해당 항만의 보안등급이 다른 경우 이를 일치시키기 위한 보안등급의 조정 및 입항하려는 해당 항만의 보안등급에 관한 정보의 해양수산부장관 또는 총괄보안책임자에 대한 보고
⑧ 그 밖에 해당 국제항해선박의 보안에 관한 업무

2.2 선박보안평가/선박보안계획서

1) 선박보안평가(법 제9조)

국제항해선박소유자는 그가 소유하거나 관리·운영하는 개별 국제항해선박에 대하여 보안과 관련한 시설·장비·인력 등에 대한 보안평가(이하 "선박보안평가"라 한다)를 실시하여야 한다.

선박보안평가를 실시한 때에는 해양수산부령으로 정하는 바에 따라 그 결과를 문서로 작성하여 주된 사무소(국제항해선박소유자가 개인인 경우 그의 주소지를 말한다)에 보관하여야 하며, 그 내용을 선박보안계획서에 반영하여야 한다.

선박보안평가의 평가항목 등에 관한 사항은 다음과 같다(시행규칙 제6조).

선박보안평가 항목(시행규칙 제6조)
1. 출입제한구역의 설정 및 제한구역에 대한 일반인의 출입 통제
2. 국제항해선박에 승선하려는 자에 대한 신원확인 절차 마련 여부
3. 선박의 갑판구역과 선박 주변 육상구역에 대한 감시 대책
4. 국제항해선박에 근무하는 자와 승선하는 자가 휴대하거나 위탁하는 수하물에 대한 통제 방법
5. 화물의 하역절차 및 선용품(船用品)의 인수절차
6. 국제항해선박의 통신 · 보안장비와 정보의 관리
7. 선박보안계획서에 따른 조치 등 보안활동
8. 국제항해선박에서의 보안상 위협의 확인과 이에 대응하기 위한 절차 및 조치
9. 국제항해선박의 보안시설 · 장비 · 인력 및 보안의 취약요인 확인과 대응절차의 수립 · 시행

2) 선박보안계획서(법 제10조)

국제항해선박소유자는 제9조에 따른 선박보안평가의 결과를 반영하여 보안취약요소에 대한 개선방안과 보안등급별 조치사항 등을 정한 보안계획서(이하 "선박보안계획서"라 한다)를 작성하여 해당 선박에 비치하고 동 계획서에 따른 조치 등을 시행하여야 한다.

선박보안계획서에는 보안사고와 같은 보안상의 위협으로부터 선원 · 승객 · 화물 · 선용품 및 선박 등을 보호하는데 필요한 보안조치사항이 포함되어야 하며, 그 세부적인 내용은 다음과 같다.

선박보안계획서의 세부내용(시행규칙 제7조)
1. 다음 각 목에 해당하는 구역에 대한 제한구역의 설정, 허가받지 않은 사람의 통제 및 무단출입 금지의 표시 등 제한구역의 관리
   가. 선박의 기관실 중 주기관, 발전기 및 보일러 등 주요 기관설비가 있는 구역과 그 기관설비에 대한 제어시스템이 설치되어 있는 구역
   나. 보안장비와 운항 · 조명을 제어하기 위한 시스템이 설치되어 있는 구역
   다. 통풍이나 공기조화장치가 설치된 구역
   라. 식수탱크, 펌프 또는 매니폴드(여러 개의 가지관)의 출입구가 있는 구역
   마. 위험물과 유해물질을 보관 · 관리하는 구역
   바. 화물펌프와 화물펌프 제어장치가 있는 구역(액체 화물을 운반하는 국제항해선박만 해당한다)
   사. 화물과 선용품이 보관된 구역
   아. 승무원이 거주하는 구역
   자. 그 밖에 국제항해선박의 보안을 위하여 총괄보안책임자가 지정한 구역
2. 선박항만연계활동 또는 선박상호활동을 해칠 수 있는 보안상의 위협이나 침해에 대한 대응절차와 대피절차
3. 보안 3등급에서 정부의 지시를 이행하기 위한 절차

4. 내부보안심사 절차
5. 선박보안계획서의 시행을 위한 교육 · 훈련
6. 선박보안책임자와 총괄보안책임자의 성명과 연락처
7. 법 제17조제1항에 따른 선박보안경보장치 작동설비의 위치 및 관리
8. 보안장비의 유지 · 관리
9. 법 제35조제1항에 따른 보안합의서의 작성 · 시행
10. 그 밖에 국제항해선박의 보안에 관한 법령과 국제협약의 이행

선박보안계획서를 작성한 때에는 해양수산부장관의 승인을 받아야 한다. 선박보안계획서의 내용 중 해양수산부령으로 정하는 중요한 사항(시행규칙 제7조제1호부터 제3호까지, 제7호 및 제9호에 해당하는 사항)을 변경하는 때에도 또한 같다. 해양수산부장관은 선박보안계획서를 승인함에 있어서 대통령령으로 정하는 선박에 대하여 선박보안계획서를 승인하는 경우에는 관계 국가보안기관과 미리 협의하여야 한다.

국가보안기관 협의 대상 선박(시행령 제5조)
1. 「보안업무규정」 제32조에 따라 국가보호장비로 지정된 선박
2. 법 제3조제1항에 따른 국제항해선박 중 여객선
3. 폭발물 또는 무기류 등 국가안보상 필요한 물품을 운송하는 선박으로서 국가보안기관의 장이 협의를 요청한 선박
4. 그 밖에 해양수산부장관이 법 제10조에 따른 선박보안계획서(를 승인할 때 국가보안기관의 장과 협의가 필요하다고 인정한 선박

선박보안계획서의 승인절차에 관하여 필요한 사항은 해양수산부령(시행규칙 제9조)으로 정한다.

2.3 선박보안심사 및 증서

1) 선박보안심사(법 제11조)

국제항해선박소유자는 그가 소유하거나 관리 · 운영하는 개별 국제항해선박에 대하여 선박보안계획서에 따른 조치 등을 적정하게 시행하고 있는지 여부를 확인받기 위하여 해양수산부장관에게 다음의 구분에 따른 보안심사(이하 "선박보안심사"라 한다)를 받아야 한다.

① 최초보안심사 : 제12조제1항에 따른 국제선박보안증서를 처음으로 교부받으려는 때에 행하는 심사
② 갱신보안심사 : 제13조에 따른 국제선박보안증서등의 유효기간이 만료되기 전에 해양수산부령으로 정하는 시기에 행하는 심사
③ 중간보안심사 : 최초보안심사와 갱신보안심사 사이 또는 갱신보안심사와 갱신보안심사 사이에 해양수산부령으로 정하는 시기에 행하는 심사

국제항해선박소유자는 최초보안심사를 받기 전에 임시로 국제항해선박을 항해에 사용하려는 경우로서 해양수산부령으로 정하는 때(시행규칙 제10조제2항)에는 해양수산부장관에게 선박보안평가의 실시, 선박보안계획서의 작성·시행 등에 관한 이행 여부를 확인하는 보안심사(이하 "임시선박보안심사"라 한다)를 받아야 한다.

시행규칙 제10조(갱신보안심사 및 중간보안심사의 시기 등) 제2항
1. 새로 건조된 선박을 국제선박보안증서가 교부되기 전에 국제항해에 이용하려는 때
2. 국제선박보안증서의 유효기간이 지난 국제항해선박을 국제선박보안증서가 교부되기 전에 국제항해에 이용하려는 때
3. 외국 국제항해선박의 국적이 대한민국으로 변경된 때
4. 국제항해선박소유자가 변경된 때

해양수산부장관은 국제항해선박에서 보안사건이 발생하는 등 해양수산부령으로 정하는 사유가 있는 때(시행규칙 제10조제3항)에는 그 국제항해선박에 대하여 선박보안계획서의 작성·시행 등에 관한 이행 여부를 확인하는 보안심사(이하 "특별선박보안심사"라 한다)를 실시할 수 있다.

시행규칙 제10조(갱신보안심사 및 중간보안심사의 시기 등) 제3항
1. 국제항해선박이 보안사건으로 외국의 항만당국에 의하여 출항정지 또는 입항거부를 당하거나 외국의 항만으로부터 추방된 때
2. 외국의 항만당국이 보안관리체제의 중대한 결함을 지적하여 통보한 때
3. 그 밖에 국제항해선박 보안관리체제의 중대한 결함에 대한 신뢰할 만한 신고가 있는 등 해양수산부장관이 국제항해선박의 보안관리체제에 대하여 보안심사가 필요하다고 인정하는 때

2) 국제선박보안증서

가) 국제선박보안증서의 교부(법 제12조)

해양수산부장관은 최초보안심사 또는 갱신보안심사에 합격한 선박에 대하여 해양수산부령으로 정하는 국제선박보안증서를 교부하여야 한다. 해양수산부장관은 중간보안심사 또는 특별선박보안심사에 합격한 선박에 대하여는 국제선박보안증서에 해양수산부령으로 정하는 바에 따라 그 심사 결과를 표기하여야 한다. 해양수산부장관은 임시선박보안심사에 합격한 선박에 대하여 임시국제선박보안증서를 교부하여야 한다.

국제항해선박소유자는 국제선박보안증서 또는 임시국제선박보안증서(이하 "국제선박보안증서등"이라 한다)의 원본을 해당 선박에 비치하여야 한다.

나) 국제선박보안증서 유효기간(법 제13조)

국제선박보안증서등의 유효기간은 5년의 범위에서 대통령령(시행령 제6조)으로 정한다. 다만, 임시국제선박보안증서의 유효기간은 6개월을 초과할 수 없다.

해양수산부장관은 국제선박보안증서등의 유효기간을 5개월의 범위에서 대통령령으로 정하는 바에 따라 연장할 수 있다.

중간보안심사에 불합격한 선박의 국제선박보안증서의 유효기간은 해당 심사에 합격될 때까지 그 효력이 정지된다.

다) 국제선박보안증서 비치(법 제14조)

누구든지 국제선박보안증서등을 비치하지 아니하거나 그 효력이 정지되거나 상실된 국제선박보안증서등을 비치한 선박을 항해에 사용하여서는 아니 된다. 다만, 부득이하게 일시적으로 항해에 사용하여야 하는 때로서 해양수산부령(시행규칙 제14조)으로 정하는 경우에는 그러하지 아니하다.

시행규칙 제14조(국제선박보안증서등 미소지 선박의 항해 허용)

1. 법 제13조제1항 및 영 제6조제1항 · 제2항에 따른 국제선박보안증서등의 유효기간이 끝난 경우로서 「선박안전법」 제8조부터 제12조까지에 따른 검사를 받거나 같은 법 제18조제1항에 따른 형식승인을 받기 위하여 시운전을 하는 경우
2. 국제항해선박에 해당하지 아니하는 선박을 수리하기 위하여 왕복 1회만 항해하는 경우
3. 국제항해선박에 해당하지 아니하는 선박을 외국에서 수입하여 국내로 1회만 항해하는 경우

2.4 선박이력기록부(법 제16조)

국제항해선박소유자는 그가 소유하거나 관리 · 운영하는 개별 국제항해선박에 대하여 해양수산부령으로 정하는 바에 따라 그 선박의 선명, 제18조제1항에 따른 선박식별번호, 소유자 및 선적지 등이 기재된 장부(이하 "선박이력기록부"라 한다)를 해양수산부장관으로부터 교부받아 선박에 비치하여야 한다.

국제항해선박소유자는 선박이력기록부의 기재사항 중 변경사항이 발생한 때에는 3개월 이내에 해양수산부장관으로부터 선박이력기록부를 다시 교부받아 이를 선박에 비치하여야 한다.

국제항해선박소유자는 그가 소유하거나 관리 · 운영하는 개별 국제항해선박의 국적이 변경된 경우 그 사실을 해양수산부장관에게 통보하여야 한다. 이 경우 해양수산부장관은 해양수산부령으로 정하는 바에 따라 그 사실을 해당 국가의 해운관청에 통보하여야 한다.

선박이력기록부의 서식 등에 관하여 필요한 사항은 해양수산부령(시행규칙 제16조)으로 정한다.

2.5 선박보안경보장치 등(법 제17조)

국제항해선박소유자는 그가 소유하거나 관리 · 운영하는 개별 국제항해선박에 대하여 선박에서의 보안이 침해되었거나 침해될 위험에 처한 경우 그 상황을 표시하는 발신장치(이하 "선박보안경보장치"라 한다), 선박보안평가의 결과 선박의 보안을 유지하는데 필요하다고 인정되는 시설 또는 장비를 설치하거나 구비하여야 한다.

해양수산부장관은 해양수산부령(시행규칙 제17조)으로 정하는 바에 따라 선박보안경보장치에서 발신하는 신호(이하 "보안경보신호"라 한다)를 수신할 수 있는 시설 또는 장비를 갖추어야 한다.

해양수산부장관은 국제항해선박으로부터 보안경보신호를 수신한 때에는 지체 없이 관계 국가보안기관의 장에게 그 사실을 통보하여야 하며, 국제항해선박이 해외에 있는 경우로서 그 선박으로부터 보안경보신호를 수신한 때에는 그 선박이 항행하고 있는 해역을 관할하는 국가의 해운관청에도 이를 통보하여야 한다.

국가보안기관의 장이 보안경보신호의 수신을 통보 받은 때에는 해당 선박의 보안확보에 필요한 조치를 하여야 한다.

선박보안경보장치의 성능요건 · 설치장소 등에 관한 세부사항은 해양수산부령(시행규칙 제17조)으로 정한다.

3. 항만시설의 보안확보를 위한 조치

3.1 항만시설보안책임자(법 제23조)

항만시설소유자는 그가 소유하거나 관리·운영하는 항만시설의 보안업무를 효율적으로 수행하게 하기 위하여 해양수산부령으로 정하는 전문지식 등 자격요건을 갖춘 자를 보안책임자(이하 "항만시설보안책임자"라 한다)로 지정하여야 한다. 이 경우 항만시설의 구조 및 기능에 따라 필요하다고 인정되는 때에는 2개 이상의 항만시설에 대하여 1인의 항만시설보안책임자를 지정하거나 1개의 항만시설에 대하여 2인 이상의 항만시설보안책임자를 지정할 수 있다.

항만시설소유자가 항만시설보안책임자를 지정한 때에는 7일 이내에 해양수산부령으로 정하는 바에 따라 그 사실을 해양수산부장관에게 통보하여야 한다. 항만시설보안책임자를 변경한 때에도 또한 같다.

항만시설보안책임자는 다음의 사무를 수행한다.

가) 제25조에 따른 항만시설보안계획서의 작성 및 승인신청
나) 항만시설의 보안점검
다) 항만시설 보안장비의 유지 및 관리
라) 그 밖에 해양수산부령으로 정하는 사무(시행규칙 제27조)
① 법 제24조에 따른 항만시설보안평가의 준비
② 국제항해선박소유자, 총괄보안책임자 및 선박보안책임자와 법 제25조에 따른 항만시설보안계획서시행에 관하여 협의·조정하는 일
③ 항만시설보안계획서의 이행·보완·관리 및 보안유지
④ 법 제27조제1항에 따른 항만시설적합확인서의 비치·관리
⑤ 법 제30조에 따른 항만시설보안기록부의 작성·관리
⑥ 법 제31조에 따른 경비·검색인력과 보안시설·장비의 운용·관리
⑦ 법 제32조에 따른 항만시설보안정보의 보고 및 제공
⑧ 법 제39조제2항에 따른 항만시설의 종사자에 대한 보안교육 및 훈련의 실시
⑨ 선박보안책임자가 요청하는 승선 요구자 신원확인에 대한 지원
⑩ 보안등급 설정·조정내용의 항만시설 이용 선박 또는 이용예정 선박에 대한 통보
⑪ 그 밖에 해당 항만시설의 보안에 관한 업무

〈표 1-8-11〉 항만시설보안책임자의 자격요건(시행규칙 별표2)

구 분	항만시설보안책임자
경력 요건	항만시설 운영에 종사한 경력 또는 보안업무에 종사한 경력이 3년 이상인 자
전문 지식 요건	법 제40조에 따른 보안교육기관에서 제50조제6항 각 호(제3호 · 제4호 및 제6호는 항만시설에 관련된 내용만 해당됨)의 내용이 포함된 보안교육을 20시간 이상 받은 자

3.2 항만시설보안평가/항만시설보안계획서

1) 항만시설보안평가(법 제24조)

해양수산부장관은 항만시설에 대하여 보안과 관련한 시설 · 장비 · 인력 등에 대한 보안평가(이하 "항만시설보안평가"라 한다)를 실시하여야 한다. 이 경우 관계 국가보안기관의 장과 미리 협의하여야 한다.

해양수산부장관은 항만시설보안평가를 실시한 때에는 항만시설보안평가의 결과를 문서로 작성하여 해당 항만시설소유자에게 통보하여야 한다.

해양수산부장관은 항만시설보안평가에 대하여 5년마다 재평가를 실시하여야 한다. 다만, 해당 항만시설에서 보안사건이 발생하는 등 항만시설의 보안에 관하여 중요한 변화가 있는 때에는 즉시 재평가를 실시하여야 한다.

항만시설보안평가의 평가항목 및 평가방법 등에 관하여 필요한 사항은 해양수산부령(시행규칙 제28조)으로 정한다.

2) 항만시설보안계획서(법 제25조)

항만시설소유자는 항만시설보안평가의 결과를 반영하여 보안취약요소에 대한 개선방안과 보안등급별 조치사항 등을 정한 보안계획서(이하 "항만시설보안계획서"라 한다)를 작성하여 주된 사무소에 비치하고 동 계획서에 따른 조치 등을 시행하여야 한다.

항만시설보안계획서에는 보안사고와 같은 보안상의 위협으로부터 항만시설(항만운영과 관련된 정보와 전산 · 통신시스템을 포함한다) · 선박 · 화물 · 선용품 및 사람 등을 보호하는데 필요한 보안조치사항이 포함되어야 하며, 그 세부적인 내용은 다음과 같다.

항만시설보안계획서의 세부내용(시행규칙 제29조)
1. 폭발물 또는 무기류 등 허용되지 아니한 물품이나 장비를 항만시설 또는 선박으로 반입하거나, 항만시설 또는 선박에서 반출하는 것을 막기 위하여 필요한 조치
2. 항만시설에 계류 중인 국제항해선박이나 항만시설 내 법 제33조제1항제3호에 따른 지역을 정당한 출입절차 없이 무단으로 출입하는 것을 방지하기 위한 조치
3. 항만시설과 선박항만연계활동에 대한 보안상의 위협 또는 보안상의 침해에 대한 대응절차
4. 보안 3등급에서 정부의 지시를 이행하기 위한 절차
5. 항만시설보안책임자와 보안담당자의 임무
6. 항만시설보안계획서의 보완절차
7. 법 제32조에 따른 보안사건의 보고절차
8. 내부보안심사 절차
9. 항만시설보안책임자의 성명과 연락처
10. 항만시설에 있는 국제항선박에서 선박보안경보장치가 작동되는 경우의 조치
11. 항만시설과 국제항해선박에 대한 선원 및 방문자의 출입 절차
12. 보안합의서의 작성 · 시행에 관한 사항
13. 항만시설 내 폐쇄회로 텔레비전(CCTV)의 설치 간격, 기종, 감시방향 등을 나타내는 평면도
14. 그 밖에 항만시설의 보안에 관한 법령과 국제협약의 이행에 필요한 사항

항만시설보안계획서를 작성한 때에는 해양수산부장관의 승인을 받아야 한다. 항만시설보안계획서의 내용 중 해양수산부령(시행규칙 제30조)으로 정하는 중요한 사항을 변경하는 때에도 또한 같다.

시행규칙 제30조(항만시설보안계획서의 중요한 변경)
1. 대상 항만시설의 규모를 변경하는 때
2. 해당 항만시설에서 중대한 보안사건이 발생하여 항만시설의 보안관리체제 등 보안조치사항을 변경하는 때
3. 해당 항만시설의 경비 · 검색인력 및 보안시설 · 장비를 변경하는 때

해양수산부장관은 항만시설보안계획서를 승인하는 경우에는 미리 관계 국가보안기관의 장과 미리 협의하여야 한다. 항만시설보안계획서의 승인절차에 관하여 필요한 사항은 해양수산부령(시행규칙 제31조)으로 정한다.

3.3 항만시설보안심사 및 증서

1) 항만시설보안심사(법 제26조)

항만시설소유자는 그가 소유하거나 관리·운영하고 있는 항만시설에 대하여 제25조에 따른 항만시설보안계획서에 따른 조치 등을 적정하게 시행하고 있는지 여부를 확인받기 위하여 해양수산부장관에게 다음의 구분에 따른 보안심사(이하 "항만시설보안심사"라 한다)를 받아야 한다.

① 최초보안심사 : 제27조제1항에 따른 항만시설적합확인서를 처음으로 교부받으려는 때에 실시하는 것으로서 해양수산부령으로 정하는 시기에 행하는 심사
② 갱신보안심사 : 제28조에 따른 항만시설적합확인서의 유효기간이 만료되기 전에 해양수산부령으로 정하는 시기에 행하는 심사
③ 중간보안심사 : 최초보안심사와 갱신보안심사 사이 또는 갱신보안심사와 갱신보안심사 사이에 해양수산부령으로 정하는 시기에 행하는 심사

항만시설소유자는 최초보안심사를 받기 전에 임시로 항만시설을 운영하는 경우로서 "항만시설에 국제항해선박을 접안시켜 하역장비 등 항만운영에 필요한 시설·장비 및 폐쇄회로텔레비전 등 항만보안에 필요한 시설·장비·인력을 시험 운영하려는 때"(시행규칙 제32조제2항)에는 해양수산부장관에게 항만시설보안계획서의 작성·시행 등에 관한 이행 여부를 확인하는 보안심사(이하 "임시항만시설보안심사"라 한다)를 받아야 한다.

해양수산부장관은 항만시설에서 보안사건이 발생하는 등 해양수산부령(시행규칙 제32조제3항)으로 정하는 사유가 있는 때에는 그 항만시설에 대하여 항만시설보안계획서의 작성·시행 등에 관한 이행 여부를 확인하는 보안심사(이하 "특별항만시설보안심사"라 한다)를 실시할 수 있다. 이 경우 관계 국가보안기관의 장과 미리 협의하여야 한다.

시행규칙 제32조(항만시설보안심사의 시기 등) 제3항
1. 항만시설에서 보안사건이 발생하였을 때
2. 항만시설 보안관리체제의 중대한 결함에 대한 신뢰할 만한 신고가 있는 등 관할 지방해양수산청장이 항만시설의 보안관리체제에 대하여 보안심사가 필요하다고 인정할 때
3. 법 제25조제3항 후단에 따라 항만시설보안계획서의 중요한 사항을 변경한 경우 관련된 항만시설에 대하여 변경된 항만시설보안계획서의 이행 여부에 관한 보안심사를 하려는 때

2) 항만시설적합확인서

가) 항만시설적합확인서 등의 교부(법 제27조)

해양수산부장관은 최초보안심사 또는 갱신보안심사에 합격한 항만시설에 대하여 해양수산부령으로 정하는 항만시설적합확인서를 교부하여야 한다. 해양수산부장관은 중간보안심사 또는 특별항만시설보안심사에 합격한 항만시설에 대해서는 항만시설적합확인서에 해양수산부령(시행규칙 제34조)으로 정하는 바에 따라 그 심사 결과를 표기하여야 한다.

해양수산부장관은 임시항만시설보안심사에 합격한 항만시설에 대하여 해양수산부령으로 정하는 임시항만시설적합확인서를 교부하여야 한다. 항만시설소유자는 항만시설적합확인서 또는 임시항만시설적합확인서(이하 "항만시설적합확인서등"이라 한다)의 원본을 주된 사무소에 비치하여야 한다.

나) 항만시설적합확인서 등의 유효기간(법 제28조)

항만시설적합확인서의 유효기간은 5년의 범위에서 대통령령(시행령 제10조)으로 정하고, 임시항만시설적합확인서의 유효기간은 6개월의 범위에서 대통령령으로 정한다. 해양수산부장관은 항만시설적합확인서의 유효기간을 3개월의 범위에서 대통령령(시행규칙 제10조)으로 정하는 바에 따라 연장할 수 있다.

중간보안심사에 불합격한 항만시설의 항만시설적합확인서의 유효기간은 적합한 항만시설보안심사에 합격될 때까지 그 효력이 정지된다.

3.4 국제항해여객선 승객 등의 보안검색 (법 제30조의2)

여객선으로 사용되는 대한민국 국적 또는 외국 국적의 국제항해선박(이하 "국제항해여객선"이라 한다)에 승선하는 자는 신체·휴대물품 및 위탁수하물에 대한 보안검색을 받아야 한다.

보안검색은 해당 국제여객터미널을 운영하는 항만시설소유자가 실시한다. 다만, 파업 등으로 항만시설소유자가 보안검색을 실시할 수 없는 경우에는 지도·감독 기관의 장이 소속직원으로 하여금 보안검색을 실시하게 하여야 한다.

항만시설소유자가 위에 따라 실시하는 보안검색 중 신체 및 휴대물품의 보안검색의 업무에 대하여는 관할 경찰관서의 장이 지도·감독하고, 위탁수하물의 보안검색에 대하여는 관할 세관장이 지도·감독한다.

보안검색의 실시방법과 절차 등에 관하여 필요한 사항은 해양수산부령(시행규칙 제37조의2)으로 정한다.

4. 보안심사관 및 보안교육훈련

4.1 내부보안심사(법 제36조)

국제항해선박소유자 및 항만시설소유자는 선박 및 항만시설에서 이루어지고 있는 보안상의 활동을 확인하기 위하여 보안에 관한 전문지식을 갖춘 자를 내부보안심사자로 지정하여 1년 이내의 기간을 주기로 내부보안심사를 실시하여야 한다.

내부보안심사의 내용·절차 및 내부보안심사자의 자격요건 등은 해양수산부령(시행규칙 제44조)으로 정한다.

> 시행규칙 제44조 (내부보안심사의 내용 · 절차 등)
> ① 법 제36조제2항에 따라 내부보안심사는 다음 각 호의 내용을 포함하여야 한다.
> 1. 선박보안계획서나 항만시설보안계획서에 따른 보안활동 이행상태
> 2. 선박보안계획서나 항만시설보안계획서에 따른 보안시설 · 장비의 운용상태
> 3. 보안교육 · 훈련의 이행상태
> 4. 보안책임자와 보안담당자의 선박보안계획서나 항만시설보안계획서의 숙지상태 등
>
> ② 내부보안심사는 선박보안계획서나 항만시설보안계획서에 따라 시행하고, 각각의 계획서에 따라 보안활동이 이루어졌는지를 확인하고 이를 해당 보안계획서에 반영하도록 하며, 해당 내부보안심사 결과에 관한 보고서는 다음 선박보안심사나 항만시설보안심사를 받을 때까지 보관하여야 한다.
> ③ 내부보안심사자의 자격요건은 국제항해선박의 경우 별표 2에 따른 총괄보안책임자의 자격요건을, 항만시설의 경우 같은 표에 따른 항만시설보안책임자의 자격요건을 각각 준용한다.
> ④ 국제항해선박소유자 및 항만시설소유자는 해당 내부보안심사 업무와 이해관계가 없는 자를 내부보안심사자로 지정하여야 한다. 다만, 소속 회사나 해당 선박 또는 항만시설의 규모 · 특성에 비추어 부득이하다고 인정되는 경우에는 그러하지 아니하다.
> ⑤ 국제항해선박소유자 및 항만시설소유자가 제3항 및 제4항에 따라 내부보안심사자를 지정한 경우에는 지정한 날부터 7일 이내에 별지 제23호의2서식의 내부보안심사자 지정 통보서로 지방해양수산청장에게 알려야 한다.

4.2 보안심사관(법 제37조)

해양수산부장관은 소속 공무원 중에서 해양수산부령(시행규칙 제45조 및 별표 5)으로 정하는 자격을 갖춘 자를 선박보안심사관으로 임명하여 다음에 해당하는 업무를 수행하게 할 수 있다.

① 제10조제3항에 따른 선박보안계획서의 승인
② 제11조제1항부터 제3항까지에 따른 선박보안심사 · 임시선박보안심사 및 특별선박보안심사
③ 제12조제1항부터 제3항까지에 따른 국제선박보안증서등의 교부 등
④ 제16조에 따른 선박이력기록부의 교부 · 재교부
⑤ 제19조에 따른 항만국통제에 관한 업무

해양수산부장관은 소속 공무원 중에서 해양수산부령으로 정하는 자격을 갖춘 자를 항만시설보안심사관으로 임명하여 항만시설보안심사 · 임시항만시설보안심사 및 특별항만시설보안심사 업무를 수행하게 할 수 있다.

■ 국제항해선박 및 항만시설의 보안에 관한 법률 시행규칙 [별표 5] 〈개정 2020. 8. 19.〉

보안심사관의 자격기준(제45조 관련)

1. 선박보안심사관은 다음 각 목의 요건을 모두 갖춰야 한다.
 가. 선박보안심사(최초보안심사 · 갱신보안심사 또는 중간보안심사)에 1회 이상 참여한 경력이 있을 것
 나. 다음의 어느 하나에 해당할 것
  1) 해양수산계 대학(「고등교육법」 제2조제1호에 따른 대학을 말한다) 또는 전문대학(같은 법 제2조제4호에 따른 전문대학을 말한다)에서 선박의 항해, 기관 또는 운항과 관련된 학과를 졸업한 후 또는 법령에 따라 이와 같은 수준의 학력을 갖춘 후 국제항해선박에서 2년 이상 승선한 경력이 있는 사람
  2) 선박의 안전 또는 보안 분야에서 10년 이상 실무에 종사한 경력이 있는 사람
  3) 1)에 따라 국제항해선박에서 승선한 경력과 2)에 따라 선박의 안전 또는 보안 분야에서 실무에 종사한 경력을 합하여 5년 이상의 경력이 있는 사람
 다. 법 제40조에 따른 보안교육기관에서 다음의 교육을 모두 받았을 것
  1) 「국제선박 및 항만시설보안 규칙」(International Ship and Port Facility Security Code, ISPS Code)의 내용: 7시간
  2) 선박보안계획서의 작성 · 이행과 승인요령: 7시간
  3) 선박보안평가와 선박보안심사 요령: 7시간
  4) 선박 및 항만 보안시설 · 설비의 운용 · 관리: 4시간
  5) 선박보안 일반: 3시간
2. 항만시설보안심사관은 다음 각 목의 요건을 모두 갖춰야 한다.
 가. 항만시설보안심사(최초보안심사 · 갱신보안심사 또는 중간보안심사)에 1회 이상 참여한 경력이 있을 것
 나. 다음의 어느 하나에 해당할 것

1) 항만시설 보안 관련 업무에 3년 이상 종사한 경력이 있는 사람
2) 항만시설보안책임자로서 2년 이상 종사한 경력이 있는 사람
3) 5급 이상의 공무원 중 다음의 요건을 모두 갖춘 사람
가) 해양수산 분야 근무 경력이 3년 이상일 것
나) 항만시설 보안 관련 경력이 1년 이상일 것(5급 이상의 직급에서의 경력으로 한정한다)
4) 제1호에 따른 선박보안심사관의 자격이 있는 사람

다. 다음의 어느 하나에 해당하는 교육을 받았을 것
1) 법 제40조에 따른 보안교육기관에서 실시하는 교육으로서 별표 2에 따라 항만시설보안책임자에게 요구되는 보안교육: 20시간
2) 해양수산인재개발원에서 실시하는 항만시설보안 실무: 20시간

비고
1. 선박보안심사관은 3년 단위로 외국 국적 국제항해선박을 포함한 국제항해선박에 대한 최초보안심사 · 갱신보안심사 또는 중간보안심사 중 어느 하나에 참여하여 보안심사경력을 유지해야 한다.
2. 위의 보안심사경력을 유지하지 못한 선박보안심사관은 제1호다목 1)부터 3)까지의 교육은 각 2시간 이상, 4) 및 5)의 교육은 각각 1시간 이상, 총 8시간 이상의 보수교육을 받아야 하고, 보수교육을 받은 때부터 3년 이내에 최초보안심사 · 갱신보안심사 또는 중간보안심사 중 어느 하나에 1회 이상 참여해야 한다.

4.3 보안심사업무 등의 대행(법 제38조)

해양수산부장관은 필요하다고 인정되는 경우에는 항만시설보안심사 및 국제항해선박의 보안에 관한 보안심사관의 업무를 해양수산부장관이 정하는 기준을 충족하는 자(이하 "대행기관"이라 한다)를 지정하여 대행하게 할 수 있다. 이 경우 해양수산부장관은 대통령령으로 정하는 바에 따라 대행기관과 협정을 체결하여야 한다.

해양수산부장관은 대행기관이 다음의 어느 하나에 해당하는 경우에는 그 지정을 취소하거나 6개월 이내의 기간을 정하여 그 업무를 정지할 수 있다. 다만, 제①호에 해당하는 경우에는 그 지정을 취소하여야 한다.

① 거짓이나 그 밖의 부정한 방법으로 지정받은 경우
② 제1항에 따른 대행기관의 지정기준에 미달하게 된 경우
③ 제41조제2항에 따른 보고 또는 자료 제출을 거부한 경우

④ 제41조제3항에 따른 출입 또는 점검을 거부하거나 방해 또는 기피하는 경우
⑤ 제41조제6항에 따른 개선명령 또는 시정 등의 조치를 이행하지 아니하는 경우

해양수산부장관은 위에 따른 지정의 취소를 하는 때에는 청문을 실시하여야 한다.

대행기관의 지정기준과 행정처분의 세부기준 및 지도·감독 등에 관하여 필요한 사항은 해양수산부령으로 정한다.

4.4 보안교육 및 훈련(법 제39조)

국제항해선박소유자 및 항만시설소유자는 총괄보안책임자·선박보안책임자 및 항만시설보안책임자(이하 "보안책임자"라 한다)와 보안책임자 외의 자로서 항만시설에서 보안업무를 담당하는 자(이하 "보안담당자"라 한다)에 대한 보안교육 및 훈련에 관한 계획을 수립·시행하여야 한다.

국제항해선박소유자와 항만시설소유자는 각자의 소속 보안책임자로 하여금 해당 선박의 승무원과 항만시설의 경비·검색인력을 포함한 보안업무 종사자에 대하여 3개월 이내의 기간을 주기로 보안훈련을 실시하게 하여야 한다.

국제항해선박소유자와 항만시설소유자는 보안책임자 및 보안담당자 등이 공동으로 참여하는 합동보안훈련을 해양수산부령으로 정하는 바에 따라 매년 1회 이상 실시하여야 한다. 이 경우 보안훈련의 간격은 18개월을 초과하여서는 아니 된다.

국제항해선박소유자는 그가 소유하거나 관리·운영하고 있는 국제항해선박이 외국의 정부 등이 주관하는 국제적인 합동보안훈련에 참여한 경우 해양수산부령(시행규칙 제50조)으로 정하는 바에 따라 그 사실을 해양수산부장관에게 보고하여야 한다.

보안교육 및 훈련 등에 관하여 필요한 사항은 해양수산부령(시행규칙 제50조)으로 정한다.

시행규칙 제50조(보안교육 및 훈련 등)

① 법 제39조제3항에 따른 합동보안훈련에는 다음 각 호의 어느 하나에 해당하는 훈련을 포함하여야 한다.

1. 파괴행위로부터 항만시설이나 국제항해선박을 보호하기 위한 훈련
2. 국제항해선박 또는 승선자의 납치 또는 강탈을 방지하기 위한 훈련
3. 국제항해선박과 국제항해선박의 설비, 화물 또는 선용품을 이용한 보안사건에 대응하기 위한 훈련

4. 대량살상무기를 포함한 폭발물 또는 무기류의 밀수나 밀항을 방지하기 위한 훈련
5. 항만 출입구, 갑문 또는 진입수로 등의 봉쇄에 관한 훈련
6. 핵무기나 생화학 공격에 대비한 훈련

② 제1항에 따른 합동보안훈련은 다음 각 호의 어느 하나에 해당하는 방법으로 실시할 수 있다.
1. 모의훈련 또는 세미나
2. 그 밖의 지방해양수산청장이 실시하는 다른 훈련 · 연습과의 병행

③ 제2항제1호에 따른 모의훈련은 선박보안경보 수신 및 전파 훈련을 병행하여 할 수 있다. 이 경우 국제항해선박소유자는 유선 · 무선 · 위성통신이나 팩스로 해양수산부장관에게 미리 통보하여야 한다.

④ 국제항해선박소유자는 법 제39조제4항에 따른 국제적인 합동보안훈련에 참여한 경우에 다음 각 호의 사항을 팩스, 전자우편 또는 서면으로 해양수산부장관에게 보고하여야 한다.
1. 합동훈련의 일시, 장소, 개요 및 참여 선박
2. 합동훈련의 결과

⑤ 선박보안책임자는 법 제39조제5항에 따라 해당 국제항해선박 승선인원의 4분의 1 이상이 교체된 경우에는 선원이 교체된 날부터 일주일 이내에 그 선원에 대한 보안훈련 · 교육을 하여야 한다. 이 경우 최근 3개월 이내에 보안교육 · 훈련에 참여하지 아니한 선원이 있으면 그 선원도 함께 보안훈련 · 교육을 하여야 한다.

⑥ 국제항해선박소유자 및 항만시설소유자는 법 제39조제5항에 따라 보안책임자 및 보안담당자에 대한 보안교육 · 훈련계획을 수립 · 시행할 때는 다음 각 호의 사항이 포함되어야 한다.
1. 국제항해선박과 항만시설의 보안에 관하여 국제적으로 발효된 국제협약에 관한 사항
2. 국제항해선박과 항만시설의 보안에 관한 국가보안기관의 책임과 기능에 관한 사항
3. 선박보안평가 및 항만시설보안평가에 관한 사항
4. 선박보안계획서 또는 항만시설보안계획서에 관한 사항
5. 보안장비의 종류 및 기능에 관한 사항
6. 국제항해선박 또는 항만시설에 대한 보안상 위협의 유형, 대응방법 및 보안조치에 관한 사항
7. 보안사건에 대한 준비 및 대응계획에 관한 사항
8. 보안 관련 정보의 취급 및 통신 요령에 관한 사항
9. 보안 행정 및 훈련에 관한 사항
10. 무기 등 위험물질의 탐지에 관한 사항

⑦ 항만시설소유자는 항만시설보안책임자 및 보안담당자가 매년 제6항 각 호의 사항이 포함된 보안교육 · 훈련을 6시간 이상 받을 수 있도록 계획을 수립 · 시행하여야 한다. 이 경우 제3호, 제4호 및 제6호는 항만시설에 관련된 내용만 해당한다.

4.5 보안감독(법 제41조)

해양수산부장관은 보안사건의 발생을 예방하고 국제항해선박 및 항만시설의 보안에 관한 업무를 효율적으로 수행하기 위하여 소속 공무원을 보안감독관으로 지정하여 국제항해선박 및 항만시설의 보안에 관한 점검업무를 수행하게 하여야 한다.

해양수산부장관은 위에 따른 점검업무 수행을 위하여 필요하다고 인정되는 경우에는 국제항해선박소유자, 항만시설소유자, 대행기관 및 보안교육기관 등 관계인에 대하여 필요한 보고를 명하거나 자료를 제출하게 할 수 있다.

해양수산부장관은 이에 따른 보고내용 및 제출된 자료의 내용을 검토한 결과 그 목적달성이 어렵다고 인정되는 때에는 보안감독관으로 하여금 직접 해당 선박·항만시설 또는 사업장(이하 이 조에서 "선박등"이라 한다)에 출입하여 선박과 항만시설의 보안에 관한 사항 등을 점검하게 할 수 있다.

해양수산부장관은 위에 따른 점검을 하는 경우에는 점검 7일전까지 점검자, 점검 일시·이유 및 내용 등이 포함된 점검계획을 국제항해선박소유자, 항만시설소유자, 대행기관 및 보안교육기관 등에게 통보하여야 한다. 다만, 선박의 항해일정 등에 따라 긴급을 요하거나 사전통보를 하는 경우 증거인멸 등으로 인하여 위에 따른 점검의 목적달성이 어렵다고 인정되는 경우에는 통보절차를 생략할 수 있다.

위에 따른 점검을 하는 보안감독관은 그 권한을 나타내는 증표를 지니고 이를 관계인에게 내보여야 하며, 해당 선박등에 출입시 성명·출입시간·출입목적 등이 표시된 문서를 관계인에게 주어야 한다.

해양수산부장관은 이에 따라 선박등을 점검한 결과 이 법 또는 이 법에 따른 명령을 위반하거나 보안을 유지하는 데 장애가 있다고 인정되는 때에는 해당 선박등에 대하여 개선명령 또는 시정 등의 조치를 명할 수 있다.

해양수산부장관은 필요하다고 인정되거나 관계 국가보안기관의 장의 요청이 있는 때에는 해양수산부령(시행규칙 제54조)으로 정하는 바에 따라 위에 따른 점검을 관계 국가보안기관과 합동으로 실시할 수 있다.

보안감독관의 자격·지정·운영 및 점검업무 등에 관하여 필요한 세부사항은 해양수산부령(시행규칙 제54조)으로 정한다.

■ 국제항해선박 및 항만시설의 보안에 관한 법률 시행규칙 [별표 6의2] 〈신설 2021. 2. 19.〉

보안감독관의 자격기준(제54조제2항 관련)

1. 선박보안감독관은 다음 각 목의 요건을 모두 갖춰야 한다.
 가. 별표 5 제1호에 따른 선박보안심사관의 자격기준을 갖추었을 것
 나. 다음의 어느 하나에 해당하는 사람일 것
  1) 법 제37조제1항에 따른 선박보안심사관으로서 1년 이상 해당 업무를 수행한 사람
  2) 「선박안전법」 제68조에 따른 항만국통제업무 또는 같은 법 제69조제2항 · 제3항에 따른 특별점검업무를 1년 이상 수행한 사람

2. 항만시설보안감독관은 다음 각 목의 어느 하나의 요건을 갖춰야 한다.
 가. 항만시설 보안 · 운영업무에 3년 이상 종사한 공무원일 것
 나. 별표 5 제2호에 따른 항만시설보안심사관의 자격기준을 갖추었을 것
 다. 법 제23조에 따른 항만시설보안책임자 또는 법 제36조에 따른 항만시설의 내부보안심사자로서 5년 이상 종사한 사람일 것
 라. 보안업무 관련 박사학위를 취득한 후 「국민보호와 공공안전을 위한 테러방지법」 제10조제1항에 따른 국가중요시설(이하 "국가중요시설"이라 한다) 보안 분야에서 2년 이상 종사한 사람일 것
 마. 보안업무 관련 석사학위를 취득한 후 국가중요시설 보안 분야에서 4년 이상 종사한 사람일 것
 바. 보안업무 관련 학사학위를 취득한 후 국가중요시설 보안 분야에서 6년 이상 종사한 사람일 것
 사. 학사학위 이상을 취득한 후 국가중요시설 보안 분야에서 8년 이상 종사한 사람일 것
 아. 국가중요시설 보안 분야에서 9년 이상 종사한 사람일 것

제 2 편

국제협약

제 1 장

SOLAS

1. 의의
2. 일반규정
3. 방화 및 소화
4. 구명설비
5. 항해안전
6. 안전운항을 위한 관리
7. 해상보안 강화를 위한 특별조치

제1장 SOLAS

1. 의의

1.1 협약의 연원 및 개요

『해상에 있어서의 인명 안전을 위한 국제협약(International Convention for the Safety of Life at Sea, 이하 SOLAS)』은 선박의 안전에 있어서 가장 중요한 협약이다. 1912년 타이타닉 침몰사고 이후 1914년 최초로 채택되었으며, 이후 1929년, 1948년, 1960년 개정된 SOLAS가 채택 되었다. 현재 적용되고 있는 SOLAS는 1974년 채택된 협약으로 1978년과 1988년 두 번의 의정서를 통해 개정·적용되고 있는 협약이다.[52] 1974년 SOLAS가 과거 채택된 협약들과 가장 다른 것은 협약 개정을 위해 '묵시적 수락 절차(Tacit Acceptance Procedure)'를 도입하고 있다는 것이다, 이는 협약의 개정사항이 있을 경우 반대의사가 일정조건 이상의 당사국으로부터 정해진 기한내에 표명되지 않을 경우 개정안이 자동적으로 수락되고 발효되는 절차이다.[53] 묵시적 수락 절차는 당사국의 명시적 수락의사를 요구하는 일반적 협약 개정 절차보다 수락의사가 없는 경우 당사국이 동의한 것으로 간주하여 상대적으로 협약개정 수락을 용이하게 한다. 따라서 이러한 묵시적 수락 절차는 최신의 기술개발과 최근 현안이 협약에 적정히 반영되도

52) 우리나라는 1948년 이후 채택된 모든 SOLAS협약과 개정의정서의 당사국이다. (법제처 국가법령정보센터, 검색일: 2022. 5. 15., https://www.law.go.kr/LSW/trtySc.do?section=&menuId=1&subMenuId=25&tabMenuId=135&eventGubun=060101&query=%ED%95%B4%EC%83%81%EC%97%90+%EC%9E%88%EC%96%B4%EC%84%9C%EC%9D%98).

53) IMO, International Convention for the Safety of Life at Sea, 1974, Retrieved on 14. 4. 2022 at https://www.imo.org/en/About/Conventions/Pages/International-Convention-for-the-Safety-of-Life-at-Sea-(SOLAS),-1974.aspx#:~:text=The%20SOLAS%20Convention%20in%20its,and%20the%20fourth%20in%201960.

록 하여, 안전에 관한 제도의 흠결이 발생하지 않도록 한다.

SOLAS협약의 목적은 해상에서의 선박의 안전을 확보하기 위해 선박의 구조, 설비, 운항에 관한 최저기준을 구체적으로 설정하는 것이다. 그리고 기국(Flag States)은 SOLAS 협약에서 정하고 있는 이러한 기준들과 요건들이 자국의 선박에게 실효적으로 적용되도록 하는 국가 책임을 가진다. 기국은 자국의 선박들이 SOLAS협약의 요건들을 지키는지 확인하기 위해 SOLAS협약에서 정하고 있는 다양한 증서들을 발급받도록 요구해야 한다. 만약, 자국의 선박이 원거리에 있어 당해 기국이 SOLAS협약의 요건들을 자국 선박이 지키고 있는지 확인하지 못할 경우, SOLAS협약의 다른 당사국이 자국의 항만에 자발적으로 입항한 선박을 대상으로 항만국 통제(Port State Control) 제도를 통해 선박검사를 실시하고 이러한 선박들이 SOLAS협약의 조건들을 준수하는지 확인할 수 있다.

1.2 협약의 구조

SOLAS협약과 개정의정서는 당사국 정부의 일반적 의무, 협약의 채택, 개정, 발효 등을 정하고 있는 협약본문과 분야별로 14개의 장으로 구성된 기술규정으로 구성되어져 있다. 이들 협약본문과 기술규정은 불가분의 관계로 하나의 SOLAS협약을 구성하며, SOLAS협약을 비준한다는 것은 협약본문과 더불어 기술규정 또한 국내적으로 수용한다는 것을 의미한다.

협약본문은 다른 일반적인 조약과 마찬가지로 협약의 효력과 관련하여 당사국의 일반적 의무, 적용범위, 예외규정, 과거 협약과의 관계, 협약의 개정, 서명, 비준, 수락, 승인 및 가입, 발효 등에 관한 일반 규정을 정하고 있다. 이와 더불어 14개의 기술규정은 먼저, 제1장 일반규정에서 기술규정의 구체적인 적용범위, 용어의 정의, 예외규정, 기술규정이 어떻게 적용되는지를 확인하는 선박 검사와 그에 따른 증서발급에 관한 사항과, 해양사고 조사 의무에 관한 규정을 정하고 있다. 기술규정 제2장부터는 제14장까지는 선박에게 적용되는 구체적인 기술기준을 정하고 있다. 본 교재는 해사안전관리사를 위해 개발된 것으로 SOLAS협약의 14개 기술규정 중 일반규정(제1장), 방화, 화재탐지 및 소화(제2-2장), 구명설비 및 장치(제3장), 항해의 안전(제5장), 선박의 안전 운항을 위한 관리(제9장), 해상보안 강화를 위한 특별조치(제11-2장) 등 6개장에 대해서만 살펴본다.

〈표 2-1-14〉 SOLAS협약 기술규정 장별 구성

장	제목
제1장	일반규정
제2-1장	건조-구조, 구획, 복원성, 기관 및 전기설비
제2-2장	건조-방화, 화재탐지 및 소화
제3장	구명설비 및 장치
제4장	무선통신
제5장	항해의 안전
제6장	화물 및 연료유의 운송
제7장	위험물의 운송
제8장	원자력선
제9장	선박의 안전 운항을 위한 관리
제10장	고속선의 안전 조치
제11-1장	해상안전 강화를 위한 특별조치
제11-2장	해상보안 강화를 위한 특별조치
제12장	산적화물선에 대한 추가 안전조치
제13장	준수에 대한 검증
제14장	극지해역을 운항하는 선박들에 대한 안전조치
부록	증서 양식

2. 일반규정

제1장 일반규정은 총3편의 내용으로 구성되어 있다. A편은 총칙규정으로 적용범위, 용어정의, 예외규정, 면제 규정 등을 정하고 있으며, B편은 선박종류별 검사의 종류와 검사후 발급받아야 하는 증서, 증서의 유효기간, 양식 등을 정하고 있다. 마지막으로 C편은 SOLAS협약 당사국에게 해양사고가 발생하였을 경우 자국 선박에 대해 필요에 따라 조사를 실시하도록 의무를 부과하고 있다.

2.1 적용, 용어의 정의 등

1) 적용과 적용제외

제1장 일반규정의 A편 제1규칙(Regulation 1)은 적용에 관한 사항으로 SOLAS협약의 기술규정이 국제항해에 종사하는 선박에 대하여 적용되도록 정하고 있다. 그러나 본 일반규정의 제4규칙(Regulation 4)은 국제항해에 종사하는 선박이라 하더라도 예외적인 상황에서 단일의 국제항해를 할 경우 SOLAS협약의 일부 기술규정을 면제할 수 있도록 정하고 있고((a)항), 같은 규칙에서 신기술을 적용하는 선박의 경우 당사국이 선박의 전반적 안전을 보증할 수 있다고 생각한 경우 기술규정의 일부(제2-1장, 제2-2장, 제3장, 제4장)를 적용면제할 수 있음을 정하고 있다((b)항). 이와 더불어 제3규칙(Regulation 3)은 별도의 적용제외 선박을 정하고 있으며, 이 규칙에 따라 별도의 명문 규정이 없는 한 (i) 군함 및 상륙강습함 등 전쟁에 사용되는 선박, (ii) 총톤수 500톤 미만의 화물선, (iii) 기계로 추진되지 아니하는 선박, (iv) 원시적 구조의 목선, (v) 무역업에 종사하지 않는 유람요트, (vi) 어선은 SOLAS협약 기술규정의 적용을 받지 않는다. 마지막으로 제5규칙(Regulation 5)은 선박이 SOLAS협약의 기술규정에서 정하고 있는 부속물, 선체 부착물, 설비 등과 다른 설비를 설치하고자 할 때, 당사국 정부가 정하고 있는 기술 기준을 만족해야 하며, 이 기술 기준의 수준은 SOLAS협약에서 정하고 있는 것과 동일한 실효성을 가져야 할 것을 정하고 있다.

2) 용어의 정의

제2규칙은 SOLAS협약 기술규정의 일관된 적용을 위해 다양한 용어에 대해 구체적인 정의를 정하고 있다. 특히, 이 규칙에 따라 "국제항해(International voyage)"는 SOLAS 협약이 적용되는 한 국가에서 그 국외의 항에 이르는 항해 또는 그 반대의 항해를 의미하며, "여객(Passenger)"은 선장과 선원 또는 자격여하를 불문하고 승선하여 선박의 업무에 고용되거나 종사하는 기타의 자 또는 1세 미만의 유아에 해당하지 않는 모든 자를 의미한다. 그리고 "여객선(Passenger Ship)"은 이러한 사람들이 13인 이상 여객으로 운송되는 선박을 의미한다. "신선(New Ship)"은 1980년 5월 25일 이후에 용골을 거치하거나 동등한 건조 단계 있는 선박을 의미하며, "현존선(Existing Ship)"은 신선이 아닌 모든 선박을 의미한다. "탱커선(Tanker)"이란 인화성(Inflammable or flammable) 액체화물을 산적하여 운송하기 위해 건조되거나 개조된 화물선을 의미하며, 여기서 "화물선(Cargo ship)"은 여객선이 아닌 모든 선박을 의미한다. 이들 외에도 제2규칙은 "원자력선(Nuclear ship)"과 "어선(fishing vessel)"에 대해 정의하고 있으며, 원자력선은 원자력 시설을 설비한 모든 선박을 의미하며, 어선은 어류, 고래류, 해표, 바다코끼리 또는 기타 해양 생물자원을 포획하기 위해 사용되는 선박을 의미한다. 마지막으로 "주관청(Administration)"은 선박이 그 국가의 국기를 게양할 자격을 가진 국가의 정부를 의미하며, 주로 기국의 관리청을 의미한다.

2.2 검사 및 증서

1) 점검 및 검사

주관청은 제6규칙(Regulation 6)에 따라 SOLAS협약의 기술규정이 관련 선박에게 실질적으로 적용되고 있는지를 확인하기 위해 자국의 기를 게양하는 선박에 대하여 점검(Inspection)과 검사(Survey)를 SOLAS협약의 관련 규정에 따라 실시해야 한다(제6규칙(a)). 그러나 주관청은 이러한 점검 또는 검사를 전문 단체 또는 검사원을 지명하여 위임하여 실시할 수 있으며, 지명된 단체 또는 검사원은 적어도 선박의 수리를 요구하는 권한을 가질 수 있다(제6규칙(b)). 주관청은 지명된 검사원 또는 단체에게 위임되는 구체적인 책임과 권한, 조건 등은 국제해사기구에 통보해야 한다.

지명된 검사원 또는 단체에 의해 점검과 검사가 실시될 경우, 이들 검사원 또는 단체는 선박과 그 설비가 증서의 기재사항과 일치하는지를 확인해야 하며, 선박 또는 설비가 증서의 기재사항과 현저히 일치하지 않거나, 당해 선박이 선박 자체와 승선원에게 위험이 되어 항행에 적합하지 않다고 인정하는 경우, 당해 선박에 대하여 시정조치가 신속히 이루어지도록 요구해야 하며, 이는 주관청에 통보되어야 한다(제6규칙(c)). 검사원 또는 단체가 요구한 시정조치가 선박에 의해 처리되지 않을 경우, 검사원 또는 단체는 관련 증서를 회수해야 하며, 이러한 사항을 주관청에 통보하여야 한다. 그리고 만약 당해 선박이 타 당사국의 항구에 있는 경우, 관련 항만국에 이러한 사항이 통보되어야 하고, 필요에 따라 관련 항만국은 위험 없이 선박이 항해할 수 있을 때까지 또는 적절한 수리 조선소로 위험 없이 항해할 목적으로 출항할 수 있을 때까지 출항을 금지시켜야 한다(제6규칙(c)).

주관청은 모든 경우에 선박에 대한 점검과 검사가 완전하면서 실효성 있게 이루어질 수 있도록 보장해야 하며, 이것은 하나의 국가 의무로서 완전히 이행될 때까지 필요한 조치가 이루어져야 한다(제6규칙(d)).

2) 여객선의 검사

모든 여객선은 제7규칙(Regulation 7)에 따라 취항 직전 최초검사를 받아야 하며, 그 이후 12개월마다 정기검사를 받아야 한다. 그 외 필요한 경우 추가검사(임시검사)를 받을 수 있다(제7규칙(a)). 여기서 최초검사는 선저외부와 보일러를 포함한 선체, 기관, 선박설비에 대한 완전한 검사를 지칭하는 것으로 선박의 모든 부분 및 설비의 작업상태가 SOLAS협약 기술규정에서 요구하는 바에 따라 모든 점에서 만족하는지를 확인하고, 국제해상충돌예방규칙에서 요구하는 등화, 형상물, 음향신호 및 조난신호 장치가 적절히 비치되어 있고 그 작업상태가 규칙에 따라 작동하는지를 확인하는 것이다. 정기검사 또한 선저외부, 선체, 보일러, 압력용기, 기관, 선박설비에 대한 검사를 실시하는 것으로 최초검사 후 선종별로 정해진 시기에 실시되는 검사이며, 추가검사는 점검 또는 검사 요구된 수리 또는 선박의 구조를 변경시키는 중요한 수리나 신환이 있을 때 실시되는 검사이다. 여객선에 대한 최초검사 또는 정기검사를 실시한 후에는 여객선안전증서라는 증서가 발급된다(제12규칙(a)).

〈표 2-1-15〉 여객선 검사종류별 검사항목(SOLAS협약 제1장 제7규칙)

검사종류(검사시기)	검사항목
최초검사(취항 직전)	선체, 보일러, 기타 압력용기, 부속품, 주기관, 보조기관, 전기설비, 무선설비(구명설비에 사용되는 것 포함), 방화설비, 화재안전장치와 그 설비, 구명설비와 그 배치, 선박용 항해설비, 해사간행물, 도선사용 승하선장치 및 기타 설비, 국제해상충돌예방규칙의 규정에 따른 등화, 형상물, 음향신호, 조난신호 장치
정기검사 (최초검사 이후 매12개월마다)	
추가검사 (검사시 요구된 수리 또는 선박의 구조를 변경시키는 수리시)	수리 또는 신환된 설비의 재료 및 작업상태

3) 화물선의 구명설비와 기타 설비의 검사

총톤수 500톤 이상의 화물선의 구명설비와 기타 설비에 대한 검사는 취항 직전 받는 최초검사, 주관청이 5년을 초과하지 아니하는 간격으로 규정한 정기검사, 최초검사 또는 정기검사를 받은 날로부터 2년이 되는 날 전후 3개월 이내 또는 3년이 되는 날 전후 3개월 이내의 중간검사(연차검사가 있는 날은 중간검사가 연차검사를 대체), 정기검사를 받은 날로부터 다음 정기검사가 도래하는 날까지 매년 받는 연차검사(매년 1년이 되는 날 전후 3개월), 그리고 추가검사가 있다(제8규칙). 화물선의 구명설비 및 기타설비에 대한 최초검사 또는 정기검사가 실시된 후에는 화물선안전설비증서가 발급된다(제12규칙(a)).

〈표 2-1-16〉 화물선의 구명설비 및 기타 설비 검사종류별 검사항목(SOLAS협약 제1장 제8규칙)

검사종류(검사시기)	검사항목
최초검사(취항 직전)	SOLAS협약 기술규정 제2-1장, 제2-2장, 제3장, 제5장이 적용되는 화재 안전장치 및 설비, 구명설비(무선 장치는 제외), 선박용 항해설비, 도선사용 승하선 장치 및 기타 설비, 화재제어도, 해사간행물, 국제해상충돌예방규칙에 따른 등화, 형상물, 음향신호 및 조난신호장치
정기검사 (주관청이 5년을 초과하지 아니한 간격으로 규정한 시기)	
중간검사 (화물선안전설비증서를 발급받은 날로부터 2년 또는 3년이 되는 날의 전후 3개월 이내)	
연차검사 (화물선안전설비증서를 발급받은 날로부터 매년 전후 3개월 이내)	
추가검사 (검사시 요구된 수리 또는 선박의 구조를 변경시키는 수리시)	수리 또는 신환된 설비의 재료 및 작업상태

※ 화물선안전설비증서는 최초검사 직후 발급되며 매5년마다 갱신

〈그림 2-1-30〉 화물선의 구명설비 및 기타 설비 검사시기(SOLAS협약 제1장 제8규칙)

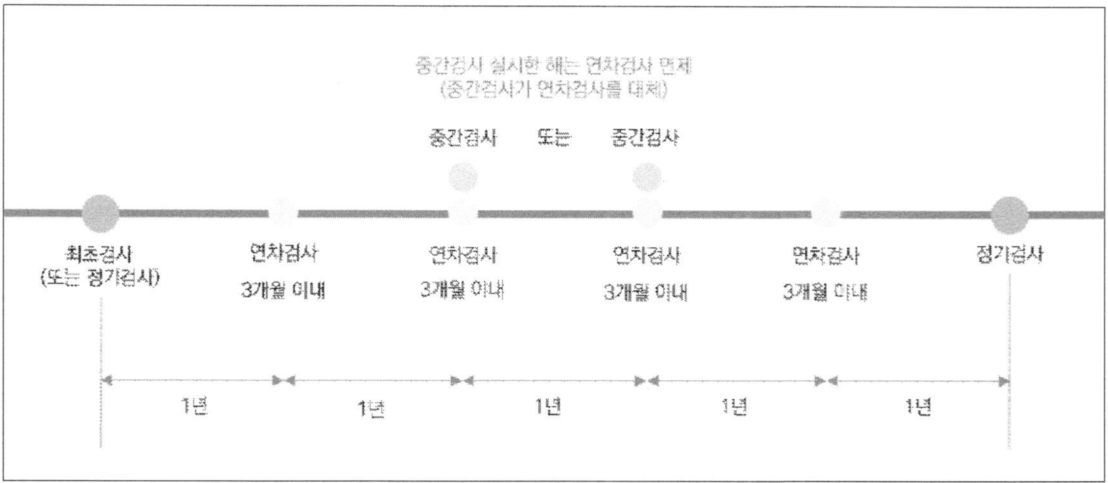

*출처: SOLAS 규정을 참조하여 저자 작성

4) 화물선의 무선설비 검사

총톤수 500톤 이상 화물선의 무선설비가 받아야 하는 검사는 선박 취항 전 받는 최초검사, 5년을 초과하지 않는 범위 내에서 주관청이 정한 간격의 정기검사, 최초검사, 또는 정기검사 이후 매 연차일 전후 3개월 이내 정기 검사, 여객선에게 요구되는 추가 검사가 있다(제9규칙). 화물선의 무선설비에 대한 최초검사 또는 정기검사가 실시된 후에는 화물선안전무선증서가 발급된다(제12규칙(a)).

〈표 2-1-17〉 화물선의 무선설비 검사(SOLAS협약 제1장 제9규칙)

검사종류(검사시기)	검사항목
최초검사 (취항 직전)	화물선의 무선설비(구명설비에 사용되는 것을 포함)의 완전한 검사로 SOLAS 기술규칙의 요건에 적합한 것임을 확인
정기검사 (주관청이 5년을 초과하지 아니한 간격으로 규정한 시기)	
정기적검사 (화물선안전무선증서를 발급받은 날로부터 매년 전후 3개월 이내)	
추가검사 (검사시 요구된 수리 또는 선박의 구조를 변경시키는 수리시)	수리 또는 신환된 설비의 재료 및 작업상태

5) 화물선의 구조, 기관 및 설비의 검사

화물선의 구조, 기관 및 설비의 검사는 총톤수 500톤 이상 화물선의 구조, 기관, 설비 등에 대하여, 조타장치와 조타장치 관련 제어계통, 전기설비, 기타 설비를 포함한 구조, 보일러, 기타 압력용기, 부속물, 주기관과 보조기관의 배치, 재료, 치수, 공작이 SOLAS의 기술규정에 적합한지를 확인하고, 선박 용도에 적합하고 복원성 자료가 제공되고 있는지를 확인하는 것이다. 이러한 검사 중 화물선안전설비증서(제8규칙)와 화물선안전무선증서(제9규칙)를 발급받기 위해 실시되는 검사사항은 이 검사의 확인사항에서 제외된다(제10규칙(a), (b)). 화물선의 구조, 기관 및 설비 검사의 종류는 선박이 취항하기 전 선저외판의 검사를 포함한 최초검사, 5년을 넘지 않는 범위내에서 주관청이 정한 간격의 정기검사, 화물선안전구조증서의 제2년차일 또는 제3년차일의 전후 3개월 이내 중간검사, 화물선안전구조증서의 매 연차일 전후 3개월 이내의 연차검사가 있다. 정기검사와 정기검사 사이의 5년 기간 동안 최소한 2회의 선저외판 검사가 실시되어야 하며, 선저외판 검사와 다음 선저외판 검사의 간격은 36개월을 초과할 수 없다. 화물선에 대한 최초검사 또는 정기검사가 실시된 후에는 화물선안전구조증서가 발급된다(제12규칙(a)).

〈표 2-1-18〉 화물선의 구조, 기관 및 설비의 검사(SOLAS협약 제1장 제10규칙)

<table>
<tr><th>검사종류(검사시기)</th><th>검사항목</th><th>검사내용</th></tr>
<tr><td>최초검사
(취항 직전)</td><td rowspan="5">화물선의 구조, 기관 및 설비의 완전한 검사로 조타장치와 관련 제어계통 장치, 전기설비와 그 기타 설비를 포함한 구조, 보일러와 기타 압력용기, 그 부속물, 주기관과 보조기관의 배치, 재료, 치수, 공작이 SOLAS의 기술규정에 적합한지를 확인하고, 선박 용도에 적합하고 복원성 자료가 있는지를 확인</td><td>검사항목에 관한 완전한 검사</td></tr>
<tr><td>정기검사
(주관청이 5년을 초과하지 아니한 간격으로 규정한 시기)</td><td>SOLAS 기술규정을 만족하고 선박의 용도에 적합함을 확인</td></tr>
<tr><td>중간검사
(화물선안전구조증서의 제2년차일 전후 3개월 이내 또는 제3년차일 전후 3개월 이내)</td><td>주기관 및 보조기관에 관한 사항을 제외한 모든 검사항목에 대해 선박의 용도를 위하여 만족하게 유지되고 있는 확인</td></tr>
<tr><td>연차검사
(화물선안전구조증서의 매 연차일 전후 3개월 이내)</td><td>검사항목에 관한 전반적인 검사로, 이들 설비가 적합하게 유지·보수되고 있는지를 확인</td></tr>
<tr><td>선저외판검사
(각 검사가 36개월을 초과하지 않는 기간으로 5년에 최소 2회)</td><td>수면하에 잠기는 선박의 외판을 포함한 선체 외부의 모든 표면에 대한 상태 검사</td></tr>
</table>

2.3 검사 후의 상태 유지

선박 및 그 설비의 상태는 검사시 외에도 모든 점에서 위험이 선박 또는 승선자에게 미치지 아니하고 항해할 수 있도록 하기 위하여 SOLAS 기술규정에 적합하도록 유지되어야 한다(제11규칙(a)). 또한, 상기의 선박 검사를 완료한 후, 주관청으로부터 허가를 받지 아니하고 검사의 대상이 되는 구조, 기관, 설비 등을 변경해서는 안된다(제11규칙(b)). 이러한 상태 유지 노력에도 불구하고 선박의 사고 또는 결함으로 선박의 안전 또는 구명설비나 기타 설비에 영향을 미쳐 이들의 유효성 또는 완전성에 영향을 주게 되는 경우, 당해 선박의 선장이나 선주는 가능한 신속히 검사 또는 관계증서의 발급에 대하여 책임 있는 주관청, 지명 검사원 또는 인정 단체에 보고를 하여야 한다. 이러한 통보를 받은 주관청, 검사원 또는 단체는 SOLAS의 기술규정에 따라 요구된 검사가 필요한지를 판단하기 위해 조사를 실시해야 하며, 이 경우 당해 선박이 다른 당사국의 항구에 있다면, 선장 또는 소유자는 항만국에게 이러한 사실을 보고하여야 하며, 지명된 검사원 또는 인정된 단체는 그러한 보고가 이루어졌는지 확인하여야 한다(제11규칙(c)).

2.4 증서의 유효기간 및 효력

여객선안전증서는 12개월을 초과하지 않는 기간으로 발급되며, 화물선안전구조증서, 화물선안전설비증서, 화물선안전무선증서는 주관청이 규정한 5년을 초과하지 않는 기간으로 발급된다(제14규칙(a)). 특정 선박에 대해 검사항목의 일부 또는 전부를 면제하는 경우, 상기의 증서에 추가하여 면제증서가 발급된다(제11규칙(a)). 이러한 면제증서 또한 관련증서의 유효기간이 만료되는 시점에 그 효력을 상실한다(제14규칙(a)).

정기검사가 현 증서의 만료일 전 3개월 이내에 완료되는 경우, 유효기간은 여객선의 경우, 현 증서의 만료일로부터 12개월을 초과하지 않는 날짜이며, 화물선은 현 증서의 만료일로부터 5년을 초과하지 않는 날짜까지가 유효기간이 된다. 이러한 유효기간은 현 증서의 만료일 전 정기검사가 시작되어 만료일 이후에 검사가 완료된다 하더라도 동일하게 적용된다. 다만, 현 증서의 만료일의 3개월 이전에 정기검사가 완료되는 경우, 새롭게 받게 되는 증서의 유효기간은 정기검사 완료일로부터 여객선의 경우 12개월, 화물선의 경우 5년이 되게 된다(제14규칙(b)).

그리고 증서가 만료되는 시점에 선박이 검사를 받기로 한 항구에 위치하지 않을 경우, 주관청은 증서의 유효기간을 연장할 수 있다. 그러나, 이 연장기간은 3개월을 넘길 수 없으며, 연장도 선박이 검사를 받기로 한 항구까지의 항행을 완료할 수 있도록 하기 위한 것에 한하여 주관청이 승인 또는 허가하여야 한다. 또한 증서의 유효기간이 연장되어 정기검사를 완료한다 하더라도 새롭게 받게 되는 증서의 유효기간은 기존 증서의 만료일로부터 그대로 여객선의 경우 12개월, 화물선의 경우 5년이 되게 된다. 단거리 항해 선박이 증서의 유효기간이 만료되었으나 유효기간 연장을 받지 못한 경우, 주관청이 1개월 넘지 않는 범위에서 증서 유효기간 유예를 승인 또는 허가할 수 있다. 마지막으로, 증서기간 만료이후 정기검사가 완료된 경우, 주관청이 특별한 상황이라고 인정하는 경우 새롭게 받게 되는 증서의 유효기간을 정기검사 완료일부터 여객선의 경우 12개월, 화물선의 경우 5년으로 조정할 수 있다(제14규칙(e)~(g)).

2.5 통제

타당사국 정부의 항구에 입항한 모든 선박은 당해 정부로부터 권리를 부여받은 공무원의 통제를 받아야 한다. 그러나 이 통제는 발급된 증서와 관련하여 유효성을 확인하는 것으로 국한되어야 한다(제19규칙(a)). 이러한 통제가 선박 또는 그 설비의 상태가 실질적으로 증서의 기재사항과 일치하지 않거나, 제11규칙에 따른 검사후 상태 유지를 위한 SOLAS의 기술규정에 적합하지 않다고 하는 명확한 근거를 확인하는 경우 증서의 유효성이 부인될 수 있다(제19규칙(b)). 선박의 증서가 효력이 부인되어 정지된 경우 통제를 행하는 공무원은 선박 또는 승선자가 위험없이 적당한 수리 조선소에 갈 목적으로 항해 또는 출항할 수 있을 때까지 선박의 출항을 금지시켜야 한다. 이러한 조치를 취할 경우, 기국의 현지 영사 또는 외교대표에게 서면으로 조치의 필요와 관련된 상황을 통보하여야 하고, 이에 더해 증서를 발급한 검사원 또는 인정된 단체에도 이러한 사항을 통보하여야 한다. 조치를 취한 경우 IMO에 이러한 사실을 보고하여야 한다(제19규칙(c)~(d)). 통제를 행하는 권한있는 공무원은 부당하게 선박이 억류되거나 지체되지 않도록 가능한 모든 노력을 하여야 한다. 만약 선박이 부당하게 억류 또는 지체되어 피해를 입은 경우 그 손실 또는 손상에 대해 보상을 청구할 수 있다(제19규칙(f)).

3. 방화 및 소화

SOLAS 기술규정 제2-2장에서 선박의 방화, 화재탐지, 소화에 관한 기술규정을 두고 있다. 이 장은 A편 일반규정, B편 화재 및 폭발의 예방, C편 화재의 진압, D편 탈출, E편 운항요건, F편 대체설계 및 배치, G편 특별요건 등 선박의 화재 진압을 위한 이론적 배경과 더불어 폭넓은 기술규정을 정하고 있다. 그러나 본 교재가 선박안전관리사 양성을 위한 지식함양을 목적으로 하고 있으므로 이러한 점을 고려하여 이 절에서는 선박의 소화 설비, 휴대식 소화기, 고정식 가스소화장치, 화재시스템과 관련된 SOLAS의 기술규정만을 살펴본다.

3.1 정의

별도의 명문 규정이 없는 한 SOLAS 제2-2장은 2012년 7월 1일 이후에 건조된 선박에 적용한다(제1규칙). 특히, 제2-2장은 관련 규정의 원활한 적용을 위해 제3규칙에서 특별히 사용되는 용어를 정의하고 있다. 특히, 선박의 방화구역을 A~C급으로 나누어 각 구획마다 요구되는 기술사항을 정하고 있으며, 이를 통해 구획마다 요구되는 방화정도를 달리하고 있다.

〈표 2-1-19〉 선박의 방화구역 ((SOLAS협약 제2-2장 제3규칙)

급수	요건
A급 구획	다음 기준에 적합한 격벽 또는 갑판으로 형성된 구획 1. 강 또는 기타 이와 동등한 재료로 건조 2. 적절히 보강된 것 3. 아래의 표시된 일정한 시간 내, 노출되지 아니한 쪽의 평균 온도가 최초의 온도보다 섭씨 140도를 초과 상승하지 않고, 또 이음매를 포함한 어느 한 점에서의 온도가 최초의 온도보다 섭씨 180도를 초과 상승하지 않도록 승인된 불연성 재료로 방열이 시공 - A-60급 : 60분 / A-30급 : 30분 / A-15급 : 15분 / A-0급 : 0분
B급 구획	다음의 기준에 적합한 격벽, 갑판, 천정 또는 내장판으로 형성된 구획 1. 승인된 불연성 재료로 건조되어야 하며 또한 B급 구획을 제조 및 조립할 때에 사용되는 재료 또한 불연성이어야 함. 다만, 가연성 베니어판을 사용할 경우 SOLAS 제2-2장에서 정하고 있는 요건을 만족한 것이어야 함

급수	요건
	2. 아래의 표시된 일정한 시간내에 화염에 노출되지 아니한 ㅈ고의 평균 온도가 최초의 온도보다 섭씨 140도를 초과하여 상승하지 아니하며, 이음매를 포함한 어느 한 점에서의 온도도 최초의 온도보다 섭씨 225도를 초과하여 상승하지 아니하는 방열치를 보유하여야 함 - B-15급 : 15분 / B-0급 : 0분
C급 구획	승인된 불연성 재료로 건조된 구획. 이 구획은 연기 및 화염통과에 관한 요건과 온도 상승에 관한 제한 요건에 적합하지 않아도 됨. 다만 가연성 베니어판은 SOLAS 제2-2장에서 정하고 있는 요건을 만족한 것이어야 함

3.2 소방

선박에는 SOLAS 기술규정 제2-2장 제10규칙의 요건을 만족하는 소화펌프, 소화주관, 소화전, 호스가 비치되어야 한다.

1) 소화주관과 소화전

소화주관과 소화전에 사용되는 재료는 열에 의해 유효성을 쉽게 상실하지 않도록 적합하게 보호된 재료여야 하며, 소화관과 소화전은 소화호스를 용이하게 연결할 수 있도록 배치되어야 한다.

가) 급수의 신속한 이용

총톤수 1,000톤 이상의 여객선은 최소한 한 줄기의 효과적인 사수를 선박 내부에 있는 어느 소화전에서도 즉시 사용할 수 있도록 신속한 급수 이용이 가능해야 하며, 이는 요구되는 하나의 소화펌프의 자동 기동으로 연속적인 방수를 보장해야 한다. 총톤수 1,000톤 미만의 여객선의 경우, 최소한 한 대의 소화펌프가 자동으로 기동되거나 또는 최소한 한 대의 소화펌프가 항해 선교에서 원격 시동되어야 한다. 이 경우 소화펌프가 자동으로 기동이 되거나 또는 펌프를 원격으로 시동하는 장소에서 흡입밸브를 열 수 없다면, 흡입밸브는 항상 열린 상태를 유지하여야 한다. 정기적으로 무인상태가 되는 기관구역이 설치되어 있는 여객선의 경우, 주관청은 고정식수소화장치에 관한 요건을 정하여야 하며, 이는 통상적으로 인원이 배치되어 있는 기관구역과 동등하게 설정되어야 한다.

화물선의 경우 급수의 신속한 이용을 위해 주관청이 만족하는 시설을 설치해야 한다. 이와 더불어, 정기적으로 무인상태가 되는 기관구역이 있는 화물선 또는 당직에 1인이 요구되는 화물선의 경우, 항해선교와 만약 설치되어 있다면, 화재제어장소에서 원격조작에 의하여 주소화펌프 중 1대를 원격으로 시동시키거나 또는 주소화펌프 중 1개로 주소화계통을 항구적으로 가압하여 주소화계통으로부터 적합한 압력으로 즉시 물을 공급할 수 있어야 한다. 총톤수 1,600톤 미만의 화물선의 경우 기관구역에 있는 소화펌프 기동설비가 쉽게 접근할 수 있는 장소에 있다면, 주관청은 상기의 요건을 면제할 수 있다.

나) 소화주관의 직경

소화주관과 물 공급관의 직경은 일반적으로 동시에 작동하는 2개의 소화펌프로부터 요구되는 최대 송수량을 효과적으로 배분하기에 충분한 것이어야 한다. 다만, 화물선의 경우, 소화주관과 물 공급관의 직경이 매시 140세제곱미터를 송수하기에 충분한 것이어야 한다.

다) 소화전의 수 및 위치

소화전의 수 및 위치는 같은 소화전으로부터 방출되지 아니하는 최소한 두 줄기의 사수가(그 중의 한 줄기는 단일 소화호스로부터 방출되는) 선박이 항행하는 동안 여객 또는 선원이 통상 접근할 수 있는 선박의 어느 부분, 비어있을 때의 화물구역의 어느 부분, 어느 로로구역 또는 차량구역에도 도달할 수 있어야 한다.

라) 소화전의 압력

소화주관의 직경에서 정하고 있는 양의 물을 송수하도록 2개의 요구된 소화펌프를 작동시 2개의 소화전을 통하여 송수하는 경우에도 다음 표의 최소압력이 모든 소화전에서 유지되어야 한다.

〈표 2-1-20〉 선종별 소화전의 압력

선종	총톤수	압력
여객선	총톤수 4,000톤 이상	매 제곱밀리미터 당 0.40 뉴톤
	총톤수 4,000톤 미만	매 제곱밀리미터 당 0.30 뉴톤
화물선	총톤수 6,000톤 이상	매 제곱밀리미터 당 0.27 뉴톤
	총톤수 6,000톤 미만	매 제곱밀리미터 당 0.25 뉴톤

상기 표의 요건과 더불어, 모든 소화전에서의 최고압력은 소화호스의 효과적인 제어가 행하여질 수 있는 압력을 초과하여서는 안된다.

마) 국제육상시설연결구

총톤수 500톤 이상의 선박에는 화재안전장치코드에 적합한 최소한 1개의 국제육상시설연결구를 비치하여야 한다. 그리고 이러한 국제육상시설연결구를 선박의 양측에서 사용하는 것이 가능하도록 설비가 되어야 한다.

2) 소화펌프

선박은 아래 표에서 정하고 있는 수의 독립 구동 소화펌프가 설치되어야 한다.

〈표 2-1-21〉 선종별 소화펌프의 수

선종	총톤수	소화펌프 수
여객선	총톤수 4,000톤 이상	최소한 3대
	총톤수 4,000톤 미만	최소한 2대
화물선	총톤수 1,000톤 이상	최소한 2대
	총톤수 1,000톤 미만	최소한 2대의 동력구동펌프 ※ 이 중에 1대는 독립동력으로 구동 되어야 함

이 경우 총톤수 1,000톤 이상의 여객선에서는 어느 1개의 구획실의 1건의 화재로 인하여 모든 소화펌프가 작동 불능이 되지 않아야 한다. 그리고 총톤수 1,000톤 미만의 여객선과 화물선에서 어느 1개의 구획실 내에서 1건의 화재로 인하여 모든 소화펌프가 작동 불능이 될 우려가 있는 경우에는, 주소화펌프 또는 펌프의 동력원이 있는 장소의 외부에 위치한 동력원 및 해수연결관을 가지는, 화재안전장치코드의 규정에 적합한, 비상소화펌프로 구성된 대체 수단이 있어야 한다.

3) 소화호스와 노즐

소화호스는 주관청으로부터 승인받은 썩지 않는 재료로 제작되어야 하며, 사용의 필요성이 있는 모든 장소에 사수를 방출하기에 충분한 길이어야 한다. 각 소화호스는 1개의 노즐 및 필요한 커플링이 함께 비치되어야 하고, 소화전 또는 연결구 근처의 눈에 잘 뜨이는 곳에 즉시 사용을 위해 비치되어야 한다.

여객선은 각 소화전마다 최소한 1개의 소화호스가 비치되어야 한다. 37인 이상의 여객을 운송하는 여객선은 내부에 소화호스를 항상 소화전에 연결시켜 두어야 한다. 소화호스의 길이는 최소 10미터이어야 하며, 기관구역에서는 최대 15미터, 그 밖의 장소와 개방갑판에서는 최대 20미터, 최대선폭이 30미터를 초과하는 선박의 개방갑판에서는 최대 25미터가 되어야 한다.

총톤수 1,000톤 이상의 화물선은 선박의 길이 매30미터마다 소화호스 1개와 예비 소화호스 1개가 있어야 하며, 어떠한 경우에도 합계 5개 이상의 소화호스가 비치되어야 한다. 이 수는 기관실 또는 보일러실에 비치된 소화호스를 포함하지 아니한다. 위험물을 운송하는 선박은 위에서 요구되는 것에 추가하여 3개의 소화호스 및 노즐을 비치하여야 한다. 총톤수 1,000톤 미만의 화물선도 매30미터마다 소화호스 1개와 예비 소화호스 1개를 비치하여야 하고, 어떠한 경우에도 3개 이상의 소화호스가 비치되어야 한다.

3.3 휴대식 소화기 및 고정식 소화장치

1) 휴대식 소화기

선박의 거주구역, 업무구역, 제어장소에는 주관청이 만족하는 적합한 형식과 충분한 수의 휴대식 소화기가 비치되어야 하되, 총톤수 1,000톤 이상의 선박은 최소한 5개의 휴대식 소화기가 비치되어야 하며, 모든 장소에서 휴대식 소화기들 중 1개는 그 장소의 출입구 부근에 비치되어야 한다. 다만, 선박의 안전에 필요한 전기 또는 전자 장비 또는 설비가 있는 제어장소, 기타 구역에서는 소화 매체가 전기적으로 전도성이 없고 장비와 설비에 해롭지 않은 소화기로 비치되어야 한다. 휴대식 소화기는 쉽게 보이는 장소로 화재가 발생할 경우 어느 때나 빠르고 쉽게 접근하여 사용할 수 있으며, 날씨, 진동 또는 외적인 요소에 의해 편의성이 손상되지 않도록 비치되어야 한다. 휴대식 소화기는 소화기가 사용되었는지를 나타내는 장치가 제공되어야 한다. 마지막으로 각 분말 또는 이산화탄소 소화기 용량은 5kg 이상이어야 하며, 각 포말 소화기 용량은 9리터 이상이어야 한다. 모든 휴대식소화기의 무게는 23kg을 초과해서는 안되며, 이들 소화기는 9리터 액체 소화기의 소화능력과 동등이상의 소화능력을 가져야 한다.

2) 고정식 가스소화장치

SOLAS 기술규정 제2-2장에서 정하고 있는 고정식소화장치는 크게 가스소화장치, 고팽창포말소화장치, 그리고 가압수분무장치로 나뉜다. 이러한 고정식소화장치는 기름보일러, 연료유장치, 또는 내연기관이 있는 A류 기관구역에 설치하여야 하며, 화물구역에도 필요에 따라 설치되어야 한다. 이 경우 기관실과 보일러실이 완전히 분리되어 있지 아니한 경우 또는 연료유가 보일러실에서 기관실로 유입할 수 있는 경우, 기관실과 보일러실을 합하여 1개의 구획으로 간주한다. 화물구역의 고정식소화장치의 경우, 화물구역에 위험물을 운송하는 선박에 대하여 고정식 탄산가스 또는 불활성가스 소화장치를 설치하여야 하며, 그 외 1,000톤 이상의 여객선의 화물구역을 가지는 선박 또한 탄산가스 또는 불활성가스 소화장치를 설치하여 화물구역을 보호하여야 한다. 2,000톤 이상의 화물선 또한 화물구역에 탄산가스 또는 불활성가스 소화장치를 설치하여야 하지만, 이 때 화물구역에서 로로 및 차량구역은 제외된다.

고정식 가스소화장치가 사용되는 곳의 경우, 보호되는 구역으로 공기가 침입하거나 또는 보호되는 구역으로부터 가스가 유출될 수 있는 개구부는 보호되는 구역의 외부에서 폐쇄될 수 있도록 설비되어야 한다. 그리고 이러한 고정식 가스소화장치의 소화제양은 2개 이상의 구역을 보호하도록 요구된다 하더라도, 어느 1개 구역에 대하여 요구되는 최대량을 초과할 필요가 없다. 이 경우, 최소 A-0급 구획에 의하여 분리되지 아니한 독립적인 환기장치를 가진 인접한 구역들은 동일한 구역으로 간주된다. 그리고 고정식 가스소화장치에는 해당 구역에 소화제를 직접 투입하도록 배치된 상시 폐쇄된 제어밸브가 부착되어야 한다. 마지막으로 고정식 가스소화장치의 소화제는 보호되는 구역 외부에 보관될 때 충돌격벽 후방에 위치하고 다른 용도로 사용되지 아니하는 장소에 보관되어야 한다. 소화제 보관실에 대한 입구는 가급적 개방갑판에 있어야 하며 보호되는 구역으로부터 독립되어야 한다. 만약, 보관장소가 갑판 하부에 위치하는 경우에는 개발갑판 직하 갑판에 위치하여야 하며 개방갑판으로부터 계단이나 사다리에 의하여 직접 접근할 수 있어야 한다. 갑판 하부에 위치한 구역 또는 개방갑판으로부터 입구가 설치되지 않은 곳에는 그 장소의 하부로부터 공기를 배기할 수 있도록 설계되고 적어도 매시 6회 이상의 환기가 가능하고 기계식 통풍장치가 설치되어야 한다. 이러한 장소의 입구문은 바깥쪽으로 열리는 것이어야 하며, 문 및 부착된 개구를 폐쇄하는 다른 수단을 포함하여 그런 장소와 인접하는 폐위구역 사이의 경계를 형성하는 격벽이나 갑판은 가스밀폐식이어야 한다.

3.4 화재 사고 후에 작동상태로 있어야 할 시스템

길이 120미터 이상인 선박 또는 3개 이상의 주 수직구획을 가진 선박으로서 2010년 7월 1일 이후 건조된 여객선은 사고분계점[54]이 초과되는 경우 화재로 인하여 어느 하나의 주 수직구획이 사용 불가한 경우에도 질서정연한 탈출과 퇴선을 지원하기 위하여 다음의 시스템이 작동상태를 유지하도록 배치 및 분리되어야 한다.

〈표 2-1-22〉 작동상태를 유지하도록 배치, 분리되어야 하는 시스템

번호	시스템 명치
1	소화주관
2	내부 통신(여객과 승무원에게의 통지, 탈출에 요구되는 소화를 지원하기 위한)
3	외부 통신수단
4	소화수를 제거하기 위한 빌지 배출장치
5	탈출로, 집합장소와 구명설비 탑승장소에서의 조명
6	탈출을 위한 안내 시스템

상기 시스템은 사용 불가능한 주 수직구역의 외부에는 손상이 없다는 가정을 기초로 적어도 3시간 동안 작동 가능하여야 한다. 그러나 이들 시스템이 사용 불가능한 주 수직구역 내에 위치한 경우 작동상태의 유지가 요구되는 것은 아니다.

54) SOLAS 기술규정 제2-2장 제21규칙 3. 사고분계점
화재와 관련하여 사고분계점은 다음 사항을 포함한다.
1. 가장 가까운 "A"급 경계까지 화재가 발생한 구역의 손실. 화재가 발생한 구역이 고정식 소화장치에 의해 보호되는 경우, 화재가 발생한 구역의 일부가 될 수도 있다.
2. 화재가 발생한 구역 및 화재가 발생한 구역의 일부가 아닌 인접 구역의 가장 가까운 "A"급 경계까지의 손실.

4. 구명설비

SOLAS 기술규정 제3장 선박의 구명설비와 관련 장비에 관한 구체적인 기준을 정하고 있으며, A편 일반규정, B편 선박 및 구명설비 요건, C편 대체 설계 및 배치로 분류하여 정하고 있다. 이 교재의 목적에 따른 선박의 구명설비를 알아보기 위해 SOLAS 기술규정 제3장에서 정하고 있는 정의, 통신, 개인용 구명설비, 비상 훈련 및 교육, 작동 준비, 정비, 검사, 생존정 및 구조정의 일반적 요건에 대해서 알아본다.

4.1 정의

구명설비와 관련하여 많은 용어의 정의가 있지만, 주요 용어의 정의를 정리하면 다음과 같다. “자유낙하진수”라 함은 인원 및 장비를 실은 생존정이 이탈되어 어떠한 억제장치가 없이 바다로 낙하될 수 있도록 하는 생존정 진수방식을 말한다. “팽창식 설비”라 함은 부력유지를 위하여 가스로 채워진, 딱딱하지 아니한 부력실에 의존하며, 사용전까지는 팽창되지 아니한 상태로 유지되는 설비를 말한다. “국제구명설비코우드(LSA Code)”라 함은 해상안전위원회에 의하여 결의 MSC.48(66)으로 채택된 국제구명설비코우드를 의미한다. “진수설비 또는 장치”라 함은 생존정 또는 구조정을 탑재위치에서 안전하게 수면까지 내릴 수 있는 수단을 말한다. “해상탈출설비”라 함은 선박의 승정갑판으로부터 물위에 떠 있는 생존정으로 사람을 신속히 옮길 수 있게 하는 장치를 말한다. “구조정”이라 함은 조난 중에 있는 사람을 구조하고 또한 생존정을 향도하기 위하여 설계된 보트를 말한다. “생존정”이라 함은 퇴선시로부터 조난중에 있는 사람의 생명을 유지시켜 줄 수 있는 배를 말한다. “단국제항해” 함은 항해중 그 선박으로부터 여객과 선원을 안전하게 내려줄 수 있는 장소가지의 거리가 200해리를 넘지 아니하는 국제항해를 말한다. 항해가 시작된 국가의 최종 기항지로부터 최종 목적항까지의 거리 또는 그 귀항거리의 어느 것도 600해리를 넘어서는 안되며, 최종 목적항은 항해가 시작된 국가로 귀항하기 위하여 출발하는 예정된 항해에 있어서의 최종 기항지이다.

4.2 통신

1) 무선구명설비

모든 여객선과 총톤수 300톤 이상의 모든 화물선은 아래 표에 따른 무선구명설비를 비치하여야 한다.

〈표 2-1-23〉 무선구명설비(SOLAS 기술규정 제3장 B편 제1절 제6규칙)

설비 종류	선박 종류	요건
쌍방향 VHF 무선전화장치	모든 여객선 총톤수 500톤 이상 모든 화물선	최소 3대
	총톤수 300톤 이상 500톤 미만 모든 화물선	최소 2대
수색과 구조 위치확인장치	모든 여객선 총톤수 500톤 이상 모든 화물선	각 현에 최소 1대
	총톤수 300톤 이상 500톤 미만 모든 화물선	최소 1대

2) 조난 화염신호

12개 이상의 로켓 낙하산 화염신호가 항해선교 또는 그 가까이에 비치되고 보관되어야 한다.

3) 선내통신과 경보장치

고정식이거나 휴대식인 설비 또는 양쪽 모두를 포함하고 있는 어떤 비상수단이 비상통제위치, 소집 및 승정위치 그리고 기타 필요한 위치 사이에서 쌍방 통신이 가능하도록 비치되어야 한다.

경보와 관련하여 총비상경보장치가 설치되어야 하며, 여객과 선원을 소집위치로 소집하여 비상배치표상의 행동을 취하도록 하기 위하여 사용되어야 한다. 이러한 총비상경보장치는 선내방송장치나 다른 적당한 통신수단에 의하여 보충될 수 있으며, 총비상경보장치가 작동할 때에는 오락방송시스템은 자동적으로 정지되어야 한다. 총비상경보장치는 모든 거주구역 및 통상의 선원 작업장소에서 들을 수 있어야 하며, 여객선의 경우, 총비상경보장치를 모든 개방갑판 상에서 들을 수 있어야 한다. 해상탈출설비가 설치된 선박에서는 승정장소와 플랫폼 또는 생존정간의 통신이 보장되어야 한다.

4.3 개인용 구명설비

1) 구명부환

구명부환은 선박의 양현에서 쉽게 이용될 수 잇고 가능한 한 선박의 현측에 이르는 모든 개방갑판에서 이용될 수 있도록 분산배치 되어야 한다. 그리고 적어도 하나는 선미 부근에 위치하여야 하며, 신속히 떼어내어 던질 수 있도록 보관되고 어떤 방법으로든 고박되어서는 안된다. 선박의 각 현에 적어도 한 개의 구명부환은 선박의 최대경하상태의 흘수선상에서 보관위치까지의 높이의 2배 이상 또는 30미터중 큰 쪽의 길이와 같은 부양성 구명줄이 부착되어 있어야 한다. 이러한 구명부환의 총수량의 반 이상은 적합한 자기점화등을 갖추어야 하며 이들 중 둘은 자기발연신호를 갖추고 항해선교로부터 신속히 이탈시킬 수 있는 것이어야 한다. 그리고 자기점화등을 갖춘 구명부환과 자기점화등과 자기발연신호를 갖춘 구명부환은 선박의 양현에 균등히 배치되어야 하며 이들 구명부환은 구명줄을 부착하여서는 안된다. 마지막으로 각 구명부환에는 그 선박의 선명 및 선적항이 로마식 알파벳의 고형문자로 표시되어 있어야 한다.

2) 구명동의

구명동의는 승선인원 전부에게 제공할 수 있도록 비치하여야 하며 이에 더하여 24시가 미만을 항해하는 여객선에는 여객정원의 적어도 2.5%에 상당하는 유아용 구명동의를 비치하여야 한다. 그리고 24시가 이상을 항해하는 여객선의 경우 승선하는 각 유아당 1개씩의 유아용 구명동의를 비치하여야 한다. 여객정원의 적어도 10%에 상당하는 어린이용 구명동의 또는 각 어린이당 1개씩의 구명동의를 제공하는 수 중 큰 쪽의 수를 비치하여야 하며, 당직요원 및 멀리 떨어진 생존정 위치에서 이용할 수 있는 충분한 수의 구명동의를 배치하여야 한다. 당직선원용 구명동의는 선교, 기관실 등 당직이 필요한 모든 개소에 비치되어야 한다. 만일 비치된 성인용 구명동의가 몸무게 140kg까지, 가슴둘레 1,750mm까지의 사람에게도 적합하도록 설계되지 않은 경우에는 구명동의를 묶을 수 있는 적절한 부속품을 충분히 비치하여야 한다. 구명동의 또한 쉽게 접근할 수 있는 곳에 보관하여야 하며, 그 위치는 명확히 표시되어 있어야 한다. 구명동의가 선박의 특수한 설비로 쉽게 접근할 수 없는 곳에 보관되어 있다며, 구명동의의 수를 증가시키는 것과 같이 주관청이 인정하는 대체수단이 이루어져야 한다. 전폐형 구명정에 쓰일 구명동의는 자유낙하식 구명정을 제외하고 구명정의 출입 또는 좌석 벨트의 조작을 포함하여 착석에 방해가 되지 아니하여야 한다. 자유낙하식 구명정용 구명동의 그리고 이들 구명동의의 휴대 또는 활용방법은 구명정의 출입, 탑승자의 안전, 또는 구명정의 조작에 방해가 되어서는 안된다.

4.4 비상 훈련 및 연습

SOLAS 적용을 받는 모든 선박은 SOLAS 기술규정 제3장에서 정하고 있는 비상훈련 및 연습을 실시하여야 한다.

1) 안전설비와 소집훈련에 대한 적용

안전설비 및 소집훈련과 관련하여 비상임무를 부여받은 모든 선원은 항행이 개시되기 전 안전설비와 소집에 관하여 익숙하여야 한다. 승객들의 경우 24시간 이상 승선하기로 계획된 항행에 종사하는 선박의 경우, 여객들에 대한 소집훈련을 출항 직전 또는 출항 직후에 행해져야 하며, 여객들은 이 때 구명동의 사용법과 비상시의 조치에 대해 교육받아야 한다. 새로운 여객이 승선할 때마다, 여객에 대한 안전 브리핑을 출항 직전 또는 직후에 행해야 하며, 이러한 브리핑은 여객이 이해할 수 있는 한 종류 또는 그 이상의 언어로 된 방송의 방식으로 이루어져야 한다. 방송은 선내방송장치를 이용하거나 또는 항해 동안 브리핑을 한번도 듣지 못한 여객을 위하여 최소한 다른 동등한 수단에 의하여 이루어질 수 있으며, 브리핑은 소집훈련시 실시할 수도 있다. 정보 제공 카드, 포스터 또는 선박의 비디오 기기를 통해 브리핑 방송을 보조할 수 있으나, 이러한 것들이 선내방송장치를 대체하여서는 안된다.

2) 훈련

실행가능한한 훈련은 실제 비상상태에 준하여 수행되어야 하며, 모든 선원은 매달 1회의 퇴선훈련과 1회의 소화훈련에 참가하여야 한다. 총 선원의 25%를 초과하는 선원이 직전월에 그 선박의 선상퇴선과 소화훈련에 참가하지 않았다면 선박 출항후 24시간 이내에 선원의 훈련이 행해져야 한다. 선박이 최초로 운항을 시작할 경우, 또는 선박에 대한 주요한 개조가 이루어진 후, 또는 새로운 선원이 선박에 승선한 경우, 이러한 훈련은 항해를 개시하기 전 실시되어야 한다. 이와 더불어 밀폐구역의 진입 또는 구조 임무를 담당하는 선원들은 선상에서 최소한 매 2개월에 한 번 개최되는 밀폐구역의 진입 및 구조 훈련에 참여하여야 한다.

가) 퇴선훈련

퇴선훈련은 다음을 사항을 포함한다.

〈표 2-1-24〉 퇴선훈련 내용

번호	퇴선훈련 내용
1	선내방송 및 다른 통신수단에 의한 훈련 방송에 이어 경보에 의하여 여객 및 선원을 소집장소에 소집하고 퇴선 절차를 숙지하고 있는지를 확인
2	지휘소에 보고하고 비상배치표에 명기된 바에 따라 소집위치에 집합하여 맡은 바 임무를 준비
3	여객과 선원이 적절한 복장을 취하고 있는 지를 점검
4	구명동의를 정확히 착용하고 있는가를 점검
5	필요한 진수 준비후에 적어도 하나의 구명정을 강하
6	구명정 엔진을 시동하고 작동
7	구명뗏목 진수용 데비트를 작동
8	전용실에 갇힌 여객에 대한 모의수색 및 구조를 시행
9	무선통신구명설비의 사용법 교육

퇴선훈련 시 구명정은 전회 내렸던 구명정이 아닌 다른 구명정을 내려야 하며, 각 구명정은 적어도 3개월에 한번 퇴선훈련 시행 중 진수되어 수면 위에서 지정된 작동요원에 의해 조정되어야 한다. 자유낙하 진수 구명정의 경우, 퇴선훈련 중 3개월마다 적어도 한번은 선원들이 구명정에 승정하여 각자 좌석에서 적절하게 고정하고 실제 구명정의 이탈 없이 진수절차를 시작해야 한다. 그 후 구명정에 요구되는 작동인원만을 태우고 자유낙하 진수하거나, 또는 작동인원을 태우거나 작동인원 없이 2차 진수수단에 의해 수면 상으로 강하시켜야 한다. 이 후 구명정은 수면 위에서 지정된 작동요원에 의해 조종되어야 한다. 6개월을 넘지 않는 간격으로 지정된 작동요원만을 태우고 자유낙하 진수하거나 모의진수가 시행되어야 한다. 만약 단국제항해에 종사하는 선박이 기항하는 항구에서의 접안방법과 운항형태로 인해 어느 한쪽의 구명정 진수가 불가능한 경우 주관청은 당해 현으로의 진수를 요구하지 아니할 수 있다. 그럼에도 불구하고 적어도 매 3개월에 1회는 강하되고 매년 1회는 진수되어야 한다. 또한 구명정겸 구조정인 것을 제외하고 구조정은 지정된 선원을 태우고 실행 가능한한 매월 1회 진수되고 물위에서 조종되어야 한다. 구명정과 구조정 진수 훈련이 선박의 항진중 행해진다면, 이러한 훈련은 그 위험성을 고려하여 보호된 수역에서만 행하여야 하고, 경험 있는 사관의 감독하에

행하여져야 한다. 또한 퇴선훈련시 해상탈출설비가 설치되어 있는 선박은 훈련에서 실제로 장치를 펼치는 데에 필요한 절차를 수행하는 것을 훈련에 포함해야 한다. 마지막으로 소집 및 퇴선을 위한 비상조명은 각 퇴선 훈련시마다 점검하여야 한다.

나) 소화훈련

소화훈련은 선박과 그 선박에 적재하는 화물의 형태에 따라 발생할 수 있는 다양한 비상사태에 대한 정기적인 훈련을 고려하여 계획하여야 하며, 훈련의 내용은 다음의 내용을 포함하여야 한다.

〈표 2-1-25〉 소화훈련 내용

번호	소화훈련 내용
1	비상배치표에 명기된 바에 따라 소집위치에 집합하고 맡은 바 임무를 준비
2	소화장치가 정상작동 상태에 있는지를 확인하기 위하여 소화펌프를 시동하여 규칙에서 요구하는 적어도 2개의 물분사기를 사용
3	소방원 장구 및 개인 구조장비를 점검
4	관련 통신장비를 점검
5	수밀문, 방화문, 방화 댐퍼와 여습구역내의 주요통풍장치의 흡입구와 배기구를 점검
6	퇴선에 필요한 장치를 점검

다) 밀폐구역 진입 및 구조 훈련

밀폐구역 진입 및 구조 훈련은 안전한 방식으로 실행되어야 한다.

〈표 2-1-26〉 밀폐구역 진입 및 구조 훈련 내용

번호	밀폐구역 진입 및 구조 훈련 내용
1	밀폐구역 진입을 위해 필요한 개인보호장구의 점검과 사용
2	통신장비의 점검 및 사용/통신절차의 확인
3	밀폐구역내 대기 등을 측정하기 위한 장비의 점검 및 사용
4	구조 장비의 점검 및 사용과 구조 절차 확인
5	응급조치 지침에 대한 숙지/응급상황 발생 시 소생 기술 등에 대한 지침

라) 선내훈련 및 지침

생존정의 의장품 및 선박 구명설비의 사용을 위한 선상훈련, 그리고 소화설비 사용에 관한 교육은 선원이 승선한 후 가능한 빨리 실시되야 하며, 늦어도 2주 이내에는 실시되어져야 한다. 그러나 만일 선원이 규칙적으로 교대하거나, 배치계획에 따라 승선한 경우 이러한 훈련은 당해 선박에 최초로 승선한 때로부터 2주 이내에 실시되어져야 한다. 선박의 소화장치, 구명설비 사용에 관한 지침과 해상에서 생존에 관한 지침은 훈련과 같은 간격으로 실시되어야 한다. 이 경우 선박의 구명설비와 소화설비의 다른 부분들에 대해 개별적 지침교육을 제공할 수 있지만, 선박의 모든 구명설비와 소화설비에 대하여 2개월 이내에 지침 교육이 이루어져야 한다. 모든 선원이 받아야 하는 지침의 예시는 다음과 같으나, 아래에 한정되지는 않는다.

〈표 2-1-27〉 모든 선원이 받아야 하는 지침 예시

번호	지침
1	팽창식 구명뗏목의 작동과 사용방법
2	체온저하 문제에 관한 지침, 관련 구급 처치법/기타 적정 구급절차
3	황천 및 황천 항해와 관련하여 선박의 구명설비 사용을 위한 특별교육
4	소화설비의 작동에 관한 지침과 설비의 사용방법
5	밀폐구역 진입에 있어서 위험요소, 밀폐구역 또는 그러한 구역에 안전 진입을 위한 절차

상기의 지침과 더불어 데비트 진수식 구명뗏목의 사용에 관한 선내훈련은 그러한 설비를 갖추고 있는 모든 선박에서 4개월 이내의 간격으로 행해져야 한다. 가능한 모든 경우에 구명뗏목 팽창과 하강이 훈련에 포함되어야 한다. 이러한 훈련시 훈련용 구명뗏목을 사용할 수 있으나, 이러한 훈련용 구명뗏목은 본선의 구명설비의 일부가 될 수 없으며, 훈련용 구명뗏목으로 눈에 띄도록 표시되어야 한다.

4.5 작동준비, 정비, 검사

SOLAS 적용을 받는 모든 선박은 SOLAS 기술규정 제3장에서 정하고 있는 작동준비, 정비, 검사에 관한 사항을 적용 받는다.

1) 작동준비

선박이 출항전 그리고 항해중에는 항시 모든 구명설비가 작동가능하고 또한 즉시 사용될 수 있는 상태에 있어야 한다.

2) 정비

구명설비의 정비, 시험, 검사는 그러한 설비의 신뢰성을 보장할 수 있는 방법으로 시행되어야 한다. 구명설비의 선내 정비에 관한 지침서가 갖추어져야 하며, 그에 따라 적절히 정비되어야 한다. 주관청은 지침서를 대신하여 일정한 요건에 따라 선내 정비계획을 인정할 수 있다.

가) 폴의 정비

진수를 위하여 사용되는 폴은 활차를 통해 지난 부위에 대한 특별한 주의와 함께 주기적으로 점검하여야 하며, 폴의 마모 등으로 필요한 경우 또는 5년을 넘지 아니하는 간격 중 빠른 쪽의 기간내에 신환하여야 한다.

나) 예비품과 의장품

구명설비, 과도한 마모나 소비가 쉬운 부품, 규칙적으로 교환이 필요한 부품 등에 있어서는 예비품과 수리용 의장품이 갖추어져야 한다.

다) 팽창식 구명뗏목, 팽창식 구명동의, 해상탈출설비의 정비 및 팽창된 구조정의 유지 및 보수

모든 팽창식 구명뗏목, 팽창식 구명동의 그리고 해상탈출설비는 12개월을 초과하지 아니하는 간격으로 정비되어야 하나, 이러한 기간은 17개월까지 주관청이 인정하는 경우 연장할 수 있다. 정비는 정비할 능력과 적절한 정비시설을 갖추고 적절히 훈련된 정비요원이 있는 승인된 정비장소에서 행해져야 한다. 각각의 해상탈출설비는 이에 더하여 매6년마다 적어도 한번씩은 전개되어야 하며, 주관청은 이 기간을 고려하여 전개 순환주기를 정할 수 있다.

팽창된 구조정의 모든 쉴와 정비는 제조자의 지침에 따라서 행해져야 한다. 응급 수리는 선내에서 실시될 수 있으나, 영구수리는 승인된 정비장소에서 행해져야 한다.

라) 수압이탈장치의 주기적인 정비

일회용으로 사용되는 수압이탈장치 외의 수압이탈장치는 12개월을 초과하지 아니하는 간격으로 정비되어져야 하나, 주관청이 인정하는 경우 정비기간을 17개월로 연장할 수 있다. 이러한 정비는 정비능력을 갖추고 있는 정비장소에서 적절한 시설을 갖추고 훈련(교육)된 사람에 의하여 행해져야 한다.

3) 검사

다음의 시험과 검사가 매주 또는 월간 이루어져야 하며 점검기록이 항해일지에 등재되어야 한다.

〈표 2-1-28〉 주간 및 월간검사

검사	검사내용
주간검사	1. 모든 생존정, 구조정 그리고 지수설비가 사용준비 상태에 있음을 확인하기 위하여 육안으로 검사. d 검사에는 훅과 구명정에 연결되는 부분, 그리고 적절하고 완벽하게 재장착 되어 있는 부하상태이탈기의 상태가 포함 2. 구명정과 구조정의 모든 엔진은 주위온도가 엔진을 시동하고 작동하는데 요구되는 최저온도를 상회하는 조건으로서 3분 이상 작동하여 보아야 함. 이 시간 기어박스와 기어장치가 만족스럽게 연동되는지 확인하여야 하며, 구조정에 붙어 있는 선외 발동기의 특성상 프로펠러가 물속에 잠긴 상태가 아니고서는 3분간의 운전을 허용하지 아니하는 경우에는 적절한 물의 공급이 이루어지도록 하여 엔진을 시동해 보아야 함 3. 자유낙하구명정을 제외한 화물선의 구명정은 날씨와 해상상태가 허락한다면 승선인원 없이 적재위치로부터 진수장치가 만족스럽게 작동한다는 것을 시험할 수 있는 범위까지 움직여 보아야 함 4. 총비상경보장치를 시험
월간검사	1. 자유낙하구명정을 제외한 모든 구명정은 날씨와 해상상태가 허락된다면 승선인원 없이 적재위치로부터 밖으로 향하도록 움직여 보아야 함 2. 구명정의 의장품을 포함한 구명설비의 검사가 점검표를 사용하여 그것들이 완전하고 작동 가능한 상태에 있는가를 확인

진수설비, 고속구조정 이탈기, 자유낙하 구명정 이탈장치를 포함한 구명정 및 구조정의 이탈기, 데비트 진수형 구명뗏목 자동이탈 훅은 연차검사시 정밀검사를 실시하여야 한다. 이러한 검사 완료 후 진수설비는 최대 강하속도에서 윈치 브레이크의 동적시험을 시행해야 한다. 그 외 이탈기 및 자동이탈 훅 또한 작동시험을 행해야 한다. 고속구조정을 포함한 구명정 및 구조정 또한 연차검사 정밀검사를 실시해야 한다. 이러한 모든 정밀검사는 선내 정비계획에 따라 시행되어야 한다.

4.6 생존정 및 구조정

1) 생존정

생존정은 탑재장치와 함께 다른 진수위치에 있는 생존정 또는 구조정의 작동을 방해하지 않도록 탑재되어야 한다. 또한, 안전하고 실행가능한 한 수면에 가깝게 생존정은 탑재되어야 하고 투하진수식 구명뗏목 이외의 생존정의 경우 승정장소에 있는 생존정이 만재상태에서 선박의 종경사 10도와 횡경사 20도 또는 선박의 폭로갑판의 끝단이 물에 잠기기 시작하는 각도중 작은 각도가지 횡경사되어 있는 불리한 상태에서 흘수선상 2m 이상의 위치에 탑재하여야 한다. 그리고 생존정은 두 사람의 선원이 5분내에 승정 및 진수를 할 수 있도록 항상 준비상태에 있어야 한다. 그 외 SOLAS에서 요구하는 설비를 충분히 비치하고 있어야 하며, 가능한한 안전하고 보호된 위치에서 화염과 폭발에 의하여 손상을 받지 않는 위치에 탑재되어야 한다.

2) 구명정

선박의 현측으로 내리는 구명정은 프로펠러로부터 가능한한 앞쪽으로 멀리 탑재하여야 한다. 길이 80m 이상 120m 미만의 화물선에 있어서 구명정은 그 후방 끝단이 프로펠러의 전방으로 구명정의 길이 이상 떨어져서 탑재되어야 한다. 길이 120m 이상의 여객선에 있어서 구명정은 그 후방 끝단이 프로펠러의 전방으로 구명정의 길이의 한 배반 이상 떨어져서 탑재되어야 한다. 구명정은 실행 가능한한 선박에 있어서는 그 탑재된 위치에서 높은 파도에 의해서 손상받지 아니하도록 탑재되어야 한다. 이러한 구명정 진수설비와 함께 탑재되어야 한다.

3) 구조정

구조정은 5분 이내에 진수할 수 있도록 계속 준비된 상태이어야 하며, 팽창형인 경우 항상 완전히 팽창된 상태이어야 한다. 진수 및 회수하기에 적당한 위치에 있어야 하며, 구조정이나 그 탑재장치가 다른 진수위치에 있는 어떤 생존정의 작동을 방해하지 아니 하여야 한다. 그리고 구조정이 구명정이라면 SOLAS에서 요구하는 요건을 만족하여야 한다.

5. 항해안전

SOLAS 기술규정 제5장 항해의 안전은 선박의 안전한 항해를 위해 항해경보, 기상업무 및 경보, 선박보고제도, 선박통항관제 서비스, 설비의 유지보수 등 선박의 안전과 관련된 광범위한 사항의 기술기준을 정하고 있다. 그러나 이 교재의 목적상 이번 절 항해안전에서는 SOLAS 기술규정 제5장에서 정하고 있는 사항 중 선박보고제도(제5장 제11규칙), 선박통항관제 서비스(제5장 제12규칙), 항해선교의 시야(제5장 제22규칙), 도선사용 승강장치(제5장 제23규칙), 조난상황시 임무와 절차(제5장 제33규칙)에 대해서 알아본다.

5.1 선박보고제도 및 선박통항 관제

1) 선박보고제도

해상에서의 인명과 항행의 안전을 확보하고 선박운항의 효율성과 해양환경 보호를 위해 IMO 당사국 정부는 선박보고제도를 수립하고 채택할 수 있다. 선박보고제도를 채택하는 당사국은 제도를 채택하기 전 관련 계획을 IMO에 회부하여야 한다. 선박보고제도의 수립 및 책택은 당사국 정부의 책임하에 있지만 이러한 제도를 수립할 때 당사국은 IMO의 지침 및 기준[55]을 고려해야 한다. 선박보고제도 채택을 위해 반드시 IMO에 보고하거나 IMO의 정해진 지침 및 기준을 따를 의무는 없다. 다만 국제해사기구의 인정을 받기 위해서는 관련 계획을 제출하고 정해진 기준에 적합하도록 당사국은 선박보고제도를 수립해야 한다. 이에 다음 단락부터는 IMO 당사국 정부가 선박보고제도를 채택할 때, 고려해야 하는 IMO 지침 및 기준을 설명한다.

가) 목적

선박보고제도는 해상에서의 인명 안전, 항해의 안전과 효율성 그리고 해양환경의 보호를 향상시키기 위한 목적으로 채택되어져야 한다.

---

55) IMO 결의서 MSC.43(64).

나) 통신

선박과 육상무선국의 통신은 선박보고제도 목적상 필수적인 정보만을 교환하도록 하여야 하며, 이러한 정보는 해상에서의 인명 안전 또는 해양환경 오염 위협 등 긴급한 상황을 제외하고 다른 목적을 위해 사용되어서는 안 된다. 통신은 간결하면서도 분명하게 할 수 있도록 설계되어야 하며, 선장, 당직항해사, 도선사 등에게 불필요한 업무를 부과해서는 안 된다. 통신을 위한 언어는 육상무선국과 선박 모두 이해할 수 있는 언어로 이루어져야 하며, 언어 장벽이 존재하는 경우 표준해사통신영어를 사용한 영어 또는 상호 협의한 언어를 사용하여 통신하여야 한다. 선박보고제도가 채택된 해역에 진입하는 선박에게 최초로 요구되는 정보는 선명, 호출부호, IMO 선박식별번호, 선박위치로 제한되어야 한다. 만약, 해양환경에 위협이 존재하거나 긴급한 경우, 육상무선국은 선박에서 적재하고 있는 위험화물에 대한 상세 정보를 요구할 수 있다.

다) 육상무선국과 선박

육상무선국은 보고된 정보를 보관, 갱신, 보완, 검색할 수 있는 데이터베이스를 가져야 하고, 보관된 정보는 조난, 안전, 해양환경보호에 대응하기 위한 목적으로만 선택적으로 사용되어져야 한다. 선박은 선박보고제도가 채택된 해역에서 진입할 때 관련 육상무선국에게 지체없이 요구되는 정보를 알려야 하며, 그 해역에서 떠날 때에도 선박보고제도에서 요구하는 바에 따라 관련 정보를 보고해야 한다. 만약 선박 무선통신장비 고장으로 선박보고제도에서 요구하는 통신이 어려운 경우, 선장은 이러한 사실을 선박 항해일지에 이를 기록해야 하면, 이러한 사실은 선박보고제도에서 정한 규칙을 위반한 것으로 간주되지 아니한다.

2) 선박통항 관제

선박통항관제서비스(Vessel Traffic Service, VTS)는 해상인명안전과 항해에 있어서 안전 및 효율성을 확보하고, 해양환경을 보호하며, 인접해안지역, 작업수역, 해양설비 등이 해상교통에 잠재적으로 미칠 부정적 영향을 방지하기 위해 설치된다. 당사국 정부는 해상 교통량 또는 교통의 위험 정도를 고려하여 선박통항관제서비스 설립이 필요하다고 판단되는 해역에 대하여 선박통항관제서비스의 설립 등 필요한 조치를 해야할 의무를 가진다. 선박통항관제서비스를 시행하는 당사국은 가능한 IMO에서 정한 지침을 따라야 한다. 그리고 당사국은 이러한 선박통항관제서비스가 자국의 영해내에서만 강제 적용되도록 시행해야 한다. 이를 위해, IMO에서 정한 규정과 지침은 국제항해 또는 군도수역 항해에 사용되는 해협과 관련한 국제법과 법제도상 당사국의 권리와 의무를 침해하지 않는다.

5.2 항해 선교의 시야

1) 적용

모든 여객선, 국제항해에 종사하는 총톤수 300톤 이상의 모든 선박과 국제항해에 종사하지 아니하는 총톤수 500톤 이상의 화물선 중 길이 55 m 이상의 선박으로 1998년 7월 1일 이후에 건조된 선박에게 적용한다.

2) 요건

모든 흘수, 트림 및 갑판적 화물의 상태에서 선수의 전방으로 선박의 조종 위치에서부터 정선수를 기준으로 좌우 10도까지의 해면의 시야는 선박 길이의 2배 또는 500m 중 작은 수의 거리까지 가려져서는 안된다. 또한 조종위치에서 바라볼 때 해면의 시야를 방해하는 선교의 정횡보다 전방에 있는 화물, 외부의 하역장치 또는 기타 방해물로 인한 단일 맹목구간은 10도를 초과하여서는 안된다. 맹목 구간들의 총합계 각도는 20도를 초과하여서는 안되며, 맹목구간 사이의 가시구역은 5도 이상 이어야 한다. 그러나, 정선수를 기준으로 좌우 10도 사이 시야의 각 맹목구간은 5도를 초과하여서는 안된다. 조종 위치에서 수평시야는 225도 이상이어야 한다. 즉 전방 180도와 선박의 양현에서 후방으로 각각 22.5도 이상이어야 한다. 선교 양현에서 수평시야는 각각 225도 이상이어야 한다. 즉 정선수에서 반대현 쪽으로 45도와 정선수에서 바로 선미까지 같은 현에서 180도 이상이어야 한다.

〈그림 2-1-2〉 항해선교의 시야
(출처: IACS, Publication; Recommendation, Rec 95 Rev1 CLN)

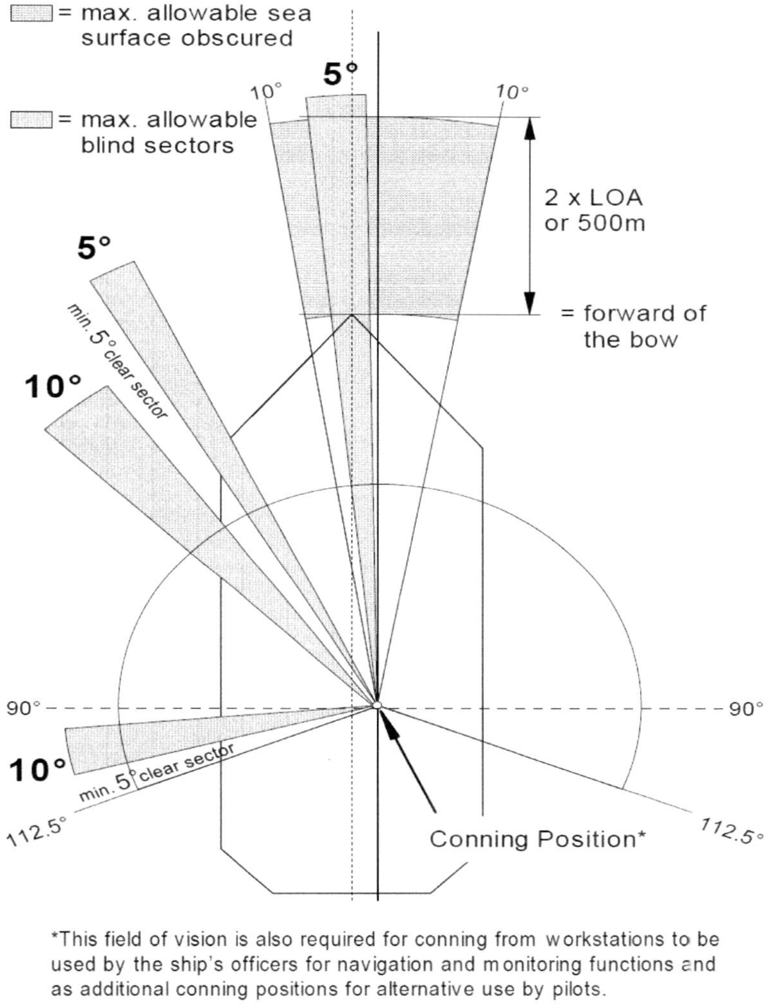

주 조타위치에서 수평시야는 정선수를 기준으로 최소한 좌우 60도의 범위에 달해야 하며 선교의 양형 끝에서 선체의 측면을 볼 수 있어야 한다. 선교갑판상의 항해선교 정면창문의 하단부의 높이는 가능한 낮아야 하며, 어떠한 경우라도 이 창문의 하단부가 이 규칙에서 정하는 전방시야를 방해해서는 안된다. 항해 선교 정면창문의 상단부는 황천 항해중 선박의 선수미 횡요시 조종 위치에서 선교 갑판상방 1,800 mm의 눈높이를 가진 사람의 전방 수평시야를 방해하여서는 안 된다. 1,800 mm의 눈높이가 불합리하고 실행 불가능한 경우 주관청은 눈높이를 1,600 mm 이상으로 감하는 것을 허용할 수 있다.

5.3 도선사용 승강장치

1) 적용

도선사를 이용할 가능성이 있는 항로에서 항해에 종사하는 모든 선박은 도선사용 승강장치를 설치하여야 한다.

2) 요건

도선사의 승상에 사용되는 모든 장치는 도선사가 안전하게 승선 및 하선할 수 있는 것이어야 한다. 장치는 깨끗하고 양호한 상태로 정비, 탑재되고 정기적으로 점검을 실시하여 사용상 안전하다는 것을 확인하여야 한다. 그리고 이러한 장치는 오직 도선사의 승하선용으로만 사용되어야 한다.

가) 승강장치

도선사가 선박의 양현 어느 측에서든지 안전하게 승선 및 하선할 수 있도록 하기 위한 장치를 설치하여야 한다. 수면으로부터 1.5 m 이상 9 m 이하의 높이까지 올라가야 하는 경우, 도선사용 승강장치는 선박으로부터 나오는 어떠한 배출물에도 영향을 받지 않도록 설치되고 고정되어야 한다. 또한 선체 길이 방향의 평행으로 가능한 선박길이 1/2 이내의 선체 중앙부에 설치하여야 한다. 그리고 도선사용 승강장치의 각 발판은 선체 외부에 확실히 닿아야 하며, 단일 길이의 도선사용 사다리는 선박에의 출입을 위한 위치에서부터 수면까지 도달할 수 있어야 하고, 또한 선박의 적하 및 트림의 모든 상태와 15도 반대 경사에 대하여 충분히 고려하여 설치되어야 한다.

수면으로부터 선박의 출입을 위한 위치가 9 m를 넘는 모든 경우, 도선사용 사다리와 결합된 현측 사다리 또는 이와 동등한 안전하고 용이한 다른 장치를 설치하여야 한다. 현측 사다리는 선미 방향으로 향하게 설치되어야 하며, 사용시, 현측 사다리의 하부 끝단 및 하부 플랫폼을 선측에 견고하게 고박할 수 있는 수단이 제공되어야 한다. 이는 선체 종방향 평행부 및, 선박 길이의 1/2 이내의 선체 중앙부에 위치하여야 하며 선박으로부터의 모든 배출물에 영향을 받지 않아야 한다. 또한 도선사의 승하선을 위하여 복합적인 배치가 사용되는 경우, 현측 사다리의 최하부 플랫폼 상부 1.5 m 위치에 도선사용 사다리 및 맨로프를 선측에 고박할 수 있는 수단이 제공되어야 한다. 최하부 플랫폼에 문이 있는 현측 사다리와 결합하여 사용하는 경우, 도선사용 사다리 및 맨로프는 문을 통하여 플랫폼 상부의 핸드레일 높이까지 연장되도록 배치하여야 한다.

〈그림 2-1-3〉 도선사용 승강장치 요건

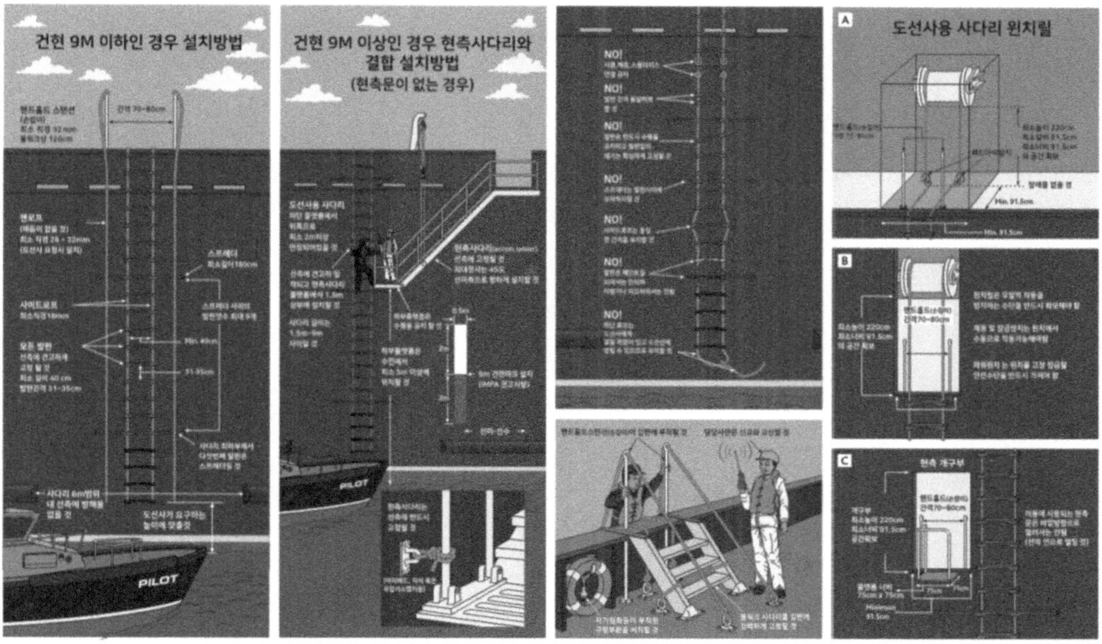

*출처: 마산항 도선사회 웹페이지, 도선일반, 일반사항

5.4 조난상황시 임무와 절차

해상에서 구조를 제공해 줄 수 있는 위치에 있는 선박의 선장은, 사람이 해상에서 조난 중에 있다는 정보를 수신한 경우, 조난 중인 사람들을 구하기 위해 전속력으로 항행해야 하며, 가능한 본선이 구조에 종사하고 있는 것을 정보를 발신한 발신원 또는 수색구조단체에 연락하여야 한다. 이 구조 임무는 조난자의 국적이나 상태 또는 그들이 처해있는 상황에 관계없이 적용된다. 조난 신호를 수신한 선박이 구조에 임하는 것이 불가능하거나 특수한 사정이 있어서 그것이 불합리 또는 불필요하다고 인정될 때, 선장은 IMO의 권고 사항을 고려하여, 그에 따른 적절한 수색 및 구조업무를 통보하기 위하여 조난자의 구조에 임하지 아니한 이유를 항해일지에 기록하여야 한다.

조난선박의 선장 또는 관련 수색 구조단체는 가능한 조난신호에 응한 선박의 선장들과 협력하여야 한다. 조난선박의 선장 또는 수색 구조단체는 조난신호에 응한 선박중 구조를 하는데 가장 적당하다고 생각되는 1척 이상의 선박을 소집할 권리를 가지며, 소집된 선박의 선장은 조난자의 구조를 위해 전속력으로 조난장소까지 항해하여 소집에 응하여야 한다. 조난신호에 응한 선박의 선장이 자기 선박은 소집되지 아니하고 1척 이상의 타선이 소집되어 소집에 응하고 있다는 것을 안 때에는 상기에 언급한 의무로부터 면제된다. 조난신호에 응한 선박의 선장은 조난자로부터 또는 수색 구조단체 또는 조난자가 있는 곳에 도달한 다른 선박의 선장으로부터 구조가 더 이상 필요하지 아니하다는 것을 통보받은 경우에도 상기에 언급한 의무로부터 면제된다. 마지막으로 해상에서 조난자가 승선한 선박의 선장은 선박의 능력과 한도내에서 인도적으로 조난자를 대우하여야 한다.

6. 안전운항을 위한 관리

선박의 안전운항을 위한 관리는 SOLAS 기술규정 제9장에 규정되어 있으며, 이 장에서는 선박의 안전관리를 위한 요건, 적용범위, 관련 증서발급 등에 관한 기준을 정하고 있다. 이와 더불어, 선박 안전운항 관리에 관한 구체적인 사항은 IMO 총회결의서로 채택된 "국제안전관리규약(International Safety Management Code, 이하 ISM Code)"에서 정하고 있다. 이 안전운항을 위한 관리는 선박의 안전을 실질적으로 확보하기 위해 선박자체의 기술적인 안전성능 외에 선박을 운영하는 회사의 관리시스템이 안전관리경영을 실현하고 있는지를 평가하고 검증한다. ISM Code는 이러한 규정의 목적의 실현을 위해 해운회사가 그 규모와 특성에 맞게 어떠한 시스템을 갖추어야 하는지를 정하고 있으며, 이는 화물과 운송에 따라 다양한 형태를 가지는 해운회사의 특성과 조건을 고려하여 각 회사에 적합한 안전경영 시스템이 어떻게 구축되어야 하는지 기준을 제공한다. 따라서 이번 안전운항을 위한 관리에서는 SOLAS 기술규정 제9장에서 정하고 있는 정의 및 적용범위를 살펴보고, ISM Code에서 정하고 있는 안전관리요건을 살펴본 뒤, 관련된 요건을 만족하였을 때 발급되는 증서에 관한 사항을 알아본다.

6.1 정의 및 적용

1) 정의

SOLAS 기술규정 제9장에서는 특별히 안전운항 관리를 위해 적용받는 "회사"를 제1규칙에 따로 정의하고 있으며, 이 규칙에 따라 "회사(Company)"는 선박소유자로부터 선박의 운항책임을 맡은 그리고 그러한 책임을 맡을 때 ISM Code에 따라 부과되는 모든 의무와 책임을 지기로 동의한 선박 소유자 또는 관리자와 같은 여타 조직이나 사람, 또는 나용선사를 말한다고 규정된다. 이와 더불어 이 규칙에서는 "유탱커"를 SOLAS 기술규정 제2-1장의 제2.22규칙에서 정하고 있는 것으로 73/78 해양오염방지협약(Protocol of 1978 relating to the International Convention for the Prevention of Pollution from Ships, 1973, 이하 73/78 MARPOL)의 부속서 1의 제1규칙에서 정하는 유탱커를 의미한다고 정의하고 있으며, "케미칼탱커"를 SOLAS 기술규정 제7장 제8.2규칙에서 정하고 있는 것으로 국제산적화학물 코드의 제17장에 수록된 액체 제품의 산적운송을 위하여 건조되거나 개조 사용되는 화물선으로 정의하고 있다. 또한 이 규칙에서는 "가스캐리어"를 SOLAS 기술규정 제7장 제11.2규칙에서 정하는 액화가스 및 국제가스운송선 코드의 제19장에 수록된 다른 제품의 산적 운송을 위하여 건조되거나 개조 사용되는 화물선으로 정의하고 있고, "산적화물선"을 화물구역내에 일반적으로 단일 갑판, 톱사이드 탱크 및 사이드 탱크를 가지는 구조로 건조되고, 주로 건화물을 산전 운송하기 위한 선박을 의미하며 이에는 광석 운반선 및 겸용선과 같은 형태의 선박을 포함한다고 정의하고 있다. 이 규칙은 또한 "이동식 해상 구조물(Mobile offshore drilling unit, MODU)"에 대해서도 정의하고 있으며, 이 MODU는 액체상태 또는 가스 상태의 탄화수소, 유황 또는 소금과 같은 해저 자연자원의 탐사 또는 개발하는 발굴작업에 종사할 수 있는 능력을 가진 선박을 의미하며, 마지막으로 "고속선"을 SOLAS 기술규정 제10장의 제1규칙에서 정하고 있는 선박으로 최대선속이 기준 이상의 속력을 낼 수 있으며, 고속선의 안전을 위한 국제코드의 적용을 받는 선박으로 정의하고 있다.

2) 적용

SOLAS 제9장 선박의 안전 운항을 위한 관리는 여객 고속정을 포함한 모든 여객선에 대해 1998년 7월 1일부터 적용되어오고 있으며, 총톤수 500톤 이상의 유탱커, 케미칼 탱커, 가스케리어, 산적화물선, 화물고속선에 대해서도 1998년 7월 1일부터 적용되어 오고 있다. 이오 총톤수 500톤 이상의 모든 화물선과 이동식 해상 구조물의 경우 2002년 7월 1일부터 이 규정의 적용을 받고 있다. 다만 이 장의 규정은 비상업적 목적으로 하는 정부 소유 또는 운항하는 선박에 대해서는 적용되지 않는다.

6.2 안전관리요건

안전운항을 위한 관리와 관련한 안전관리요건은 ISM Code에서 정하고 있으며, 이 Code에서는 해운회사 등 사업장에서 1) 안전 및 환경보호 방침; 2) 관련 국제 협약 및 기국의 법령에 따라 선박의 안전운항 및 환경보호를 보장하는 절차 및 지침; 3) 육상 및 해상 직원 간에 그리고 그들 각자 간에 지휘체계 의사소통 체계의 규정; 4) 이 Code의 요건에 따른 사고 및 부적합사항의 보고 절차; 5) 비상상황에 대한 대비 및 대응 절차; 그리고 6) 내부심사(감사) 및 경영검토 절차 등을 포함하는 안전경영시스템을 수립, 실행, 유지하도록 그 요건을 정하고 있다.

이러한 안전경영시스템의 목표는 선박의 안전운항에 관한 실무를 보장하고 안전한 작업환경을 제공해야하며, 선박, 인원 및 환경에 대하여 구분된 모든 위험성에 대하여 평가하고 평가에 따라 안전장치가 수립될 수 있도록 해야 하며, 마지막으로 선박의 안전 및 환경보호에 대한 비상대책 등 육상 및 해상 직원에 대한 지속적인 안전경영기술의 향상이 이루어질 수 있도록 해야 한다.

해운회사 등 사업장들은 ISM Code에서 정하고 있는 안전경영시스템의 운영을 위해 선박운항에 대한 책임이 있는 주체가 선주가 아닌 경우, 선주가 선박운항의 책임을 지는 주체의 상호와 세부사항을 기국정부에 보고하도록 정하고 있다. ISM Code에 따라 선주를 대신하여 선박운항의 주체가 되는 사업장은 선박의 안전 및 오염과 관련된 모든 업무에 대하여 직원의 책임, 권한, 직원들간의 관계를 문서화하도록 해야 한다. 이와 더불어 ISM Code에 적용을 받는 모든 회사와 사업장은 최고경영자에게 선박의 안전운항과 관련된 사항을 직접 보고할 수 있는 안전관리책임자를 지정해야 한다. 안전관리책임자와 더불어, 모든 회사와 사업장은 안전 및 환경보호 방침의 이행, 이러한 방침에 대한 선원들의 준수, 명령 및 지침 전달, 규정된 요건의 준수 검증, 안전경영시스템의 주기적 검토와 결함 사항 보고 등과 관련한 선장의 책임 및 권한을 규정화하고 문서화하여야 한다.

모든 회사와 사업장은 안전경영시스템과 관련하여 선장이 적절한 지휘 능력을 가질 수 있도록 관련 시스템을 충분히 숙지시켜야 하며, 선장이 관련된 직무를 적절히 수행할 수 있도록 필요한 자원을 제공해야 한다. 이를 위해 안전운항을 위한 최소승무정원 규정을 지켜야 하며, 지원되는 모든 선원은 의학상 건강에 문제가 없어야 하며, 국내 및 국제 규정에서 정하고 있는 적합한 자격과 증서를 갖추고 있어야 한다. 모든 회사와 사업장은 안전 및 환경보호와 관련하여 새로이 일하게 된 신입직원 또는 새로운 직무를 맡게 된 전입직원에 대하여 해당직무가 익숙해질 수 있도록 절차를 수립해야 하며, 안전경영시스템과 관련된 모든 인원들이 관련법규, 규칙, ISM Code, 지침 등을 이해할 수 있도록 보장하는 제도를 수립해야 한다. 이를 위해 안전경영시스템의 운영에 필요한 교육을 수립해서 제공해야 하며, 해당업무의 원활한 이행을 위해 해상직원들에게 그들의 익숙한 언어로 안전경영시스템에 관한 정보가 제공될 수 있도록 회사와 사업장은 절차를 수립해야 한다. 이를 통해 안전경영시스템 관련 직무 수행이 효과적인 의사소통을 통해 이루어질 수 있도록 회사와 사업장은 보장해야 한다.

회사와 사업장 등은 인명 및 선박의 안전 및 환경보호에 관한 필수적인 선박업무를 위한 적절한 점검표를 포함하는 절차, 계획 및 지침을 수립해야 하며, 선박에서 발생할 수 있는 잠재적인 비상상황을 구분하여 이를 대응하기 위한 절차를 수립하고 관련 훈련 및 연습프로그램도 수립해야 한다. 이와 더불어 선박안전과 관련된 위험, 사고, 비상상황에 대응할 수 있는 수단 또한 회사와 사업장은 제공해야 한다.

모든 회사와 사업장 등은 안전경영시스템을 개선할 목적으로 부적합사항, 사고, 위험상황 등이 사업장 등에 보고되고, 조사, 분석되도록 절차를 수립해야 하며, 관련된 사항의 재발방지를 위한 조치와 시정조치 또한 적절히 시행될 수 있도록 절차를 수립해야 한다. 선박과 관련 설비는 안전경영시스템에서 정하고 있는 목표를 달성하기 위해 국내 및 국제 규정에서 정하고 있는 사항에 따라 적합하게 유지되도록 해야하며, 이를 위해 일정 주기의 검사, 부적합사항과 관련 사항 원인의 보고, 시정조치 및 관련 조치의 시행, 관련 기록 유지 등이 이루어질 수 있도록 회사와 사업장은 보장해야 한다. 특히 사업장과 모든 회사는 특정 선박의 설비 기능이 정지할 경우 위험한 상황을 가져올 수 있는 설비와 기술시스템을 구분하여 이를 대응하고 시스템의 신뢰성을 향상시키기 위한 특정 수단을 제공해야 한다.

마지막으로 이러한 안전경영시스템 유지를 위해 모든 회사와 사업장은 모든 관련 문서와 자료를 관리하도록 절차를 마련해야 하고 이러한 문서가 모든 장소에서 활용 가능하고 문서의 제·개정이 권한 있는 직원에 의해 검토 및 승인될 수 있도록 보장해야 하며, 폐지된 문서를 신속히 제거할 수 있도록 해야 한다. 이러한 안전경영시스템은 12개월을 넘지 않는 간격으로 사업장과 선박에서 내부심사로 검증되어야하며, 예외적인 경우, 내부심사 간격을 3개월 이내로 연장하여 실시할 수 있도록 해야 한다.

6.3 증서발급, 확인 및 통제

주관청 또는 주관청의 요청을 받은 타당사국 또는 주관청으로부터 위임을 받은 단체는 정기적으로 선박에서 안전관리체제가 적절히 유지되고 있는지 확인해야 한다. 이와 더불어, 이 규정에 적용을 받는 선박은 SOLAS 기술규정 제11장 제4규칙에 따른 항만국 통제 또한 받아야 한다.

이러한 확인 및 통제를 위해 안전관리요건을 만족한 선박과 사업장은 주관청, 또는 주관청이 인정한 기관, 또는 주관청의 요청을 받은 협약의 타당사국 정부가 발행하는 안전관리적합증서(Document of Compliance, DOC)를 발급받게 된다. 이 안전관리적합증서는 그 증서에 표기된 선종에 대해서만 유효하며, 5년을 초과하지 않는 기간으로 주관청이 정한 기간내에 발급되어야 한다. 안전관리적합증서를 유효하게 인정받기 위해서는 매년 연차 심사를 주관청 또는 주관청이 인정한 기관, 또는 주관청의 요청을 받은 타당사국 정부로부터 받아야 한다.

선박과 사업장은 주관청 또는 주관청이 인정한 단체, 또는 주관청의 요청을 받은 협약의 타당사국 정부에서 발급하는 선박안전관리증서(Ship Management System, SMS)를 5년을 넘지 않는 기간으로 발급받아야 하며, 이는 승인된 안전경영시스템에 따라 사업장 및 선박의 안전관리가 이루어지고 있음을 확인한 후에 발급된다. 선박안전관리증서의 유효성은 5년의 기간을 넘지 않는 기간내 1회의 중간인증심사를 통해 유지될 수 있으며, 이 중간인증심사는 선박안전관리증서를 발급받은 날로부터 2년과 3년 사이에 시행되어야 한다. 중간인증심사가 신청되지 않거나, ISM Code상 중부적합사항의 증거가 있는 경우, 주관청 또는 주관청의 요청을 받아 관련 증서와 관련된 협약의 타당사국 정부는 당해 선박안전관리증서를 취소해야 한다.

5년의 유효기간을 갱신하기 위한 갱신인증심사가 현행 안전관리적합증서 또는 선박안전관리증서의 만료일전 3개월 이내에 완료된 경우, 새로운 안전관리적합증서 또는 선박안전관리증서의 유효기간은 기존 증서의 유효기간 만료일로부터 5년간 유효하며, 갱신인증심사가 기존 증서의 유효기간 만료일로부터 3개월보다 더 일찍 완료된 경우, 갱신인증심사 완료일부터 5년간 유효기간이 인정된다. 갱신인증심사가 기존 증서의 유효기간 5년이 만료된 후 완료된 경우에도 갱신인증심사 완료일부터 5년의 기간을 유효기간으로 한다.

7. 해상보안 강화를 위한 특별조치

해상보안 강화를 위한 특별조치는 2001년 9월 11일 미국 뉴욕의 세계무역센터 항공기 테러 이후, 해상화물 운송선박 및 항만시설에 대한 테러 가능성이 제기됨에 따라 해상분야의 보안강화를 위하여 IMO에 의해 SOLAS 기술규정 제11-2장으로 새롭게 추가된 장이다. SOLAS 기술규정 XI-2의 자세한 규제 사항은 IMO 총회에서 결의서로 채택한 국제선박 및 항만시설보안 코드(International Ship and Port Facility Security Code, 이하 ISPS Code)에서 정하고 있으며, 이 ISPS Code는 강제사항인 A편과 권고사항인 B편으로 구성되어 있다. 다만 교재의 목적상 본 절에서는 SOLAS 기술규정 XI-2에서 정하고 있는 정의 및 적용에 관한 사항과, 선박보안경보시스템, 선장의 재량권, 통제 및 이행조치 등에 대해서 살펴본다.

7.1 정의 및 적용

1) 정의

SOLAS의 타기술규정과 달리 제11-2장은 항만시설에도 적용되기에 항만과 관련된 용어와 보안에 관한 정의규정을 추가로 정하고 있다. 특히 이 장에서는 "선박/항만 인터페이스"를 선박에 대한 또는 선박으로부터의 항만서비스의 공급, 인원 또는 물품의 이동과 관련된 행위에 의하여, 선박이 직접적이고 즉각적으로 영향을 받을 때 발생하는 상호작용으로 정의하고 있으며, "항만시설"을 선박/항만 인터페이스가 발생하는 당사국 정부 또는 지정당국에 의하여 결정된 장소를 의미하며, 이는 묘박지, 대기선석, 해상으로부터의 진입수역 등을 포함하는 것으로 정의하고 있다. 여기서 "지정당국"은 항만시설의 관점에서 항만 시설보안과 선박/항만 인터페이스와 관련하여 SOLAS 기술규정 제11-2장에서 정하는 사항의 이행에 대해 당사국 정부 내의 책임있는 기관으로 조직 또는 주관청을 의미한다. 그리고 이 장에서는 "보안사건"을 이동식 해상구조물과 고속선을 포함하여 선박 또는 항만시설 또는 선박/항만 인터페이스 또는 선박 대 선박활동의 보안을 위협하는 의혹행위 또는 상황을 말하며, "보안등급"은 보안사건이 시도되거나 발생할 수 있는 위험 정도를 의미하며, "보안선언서"는 각 주체가 실행하는 보안조치의 구체적 상호 작용에 관한 선박과 항만시설 또는 타 선박간의 합의문을 의미한다.

2) 적용

SOLAS 제11-2장은 국제항해에 종사하는 고속여객선을 포함한 여객선, 총톤수 500톤 이상의 고속선을 포함한 화물선 그리고 이동식 해상구조물에 적용되며, 이와 더불어 국제항해에 종사하는 상기의 선박들이 이용하는 항만시설에도 적용된다. 당사국 정부는 국제항행 선박이 간헐적으로 사용하는 항만시설에 대해서 ISPS Code A편의 적용범위를 결정해야 하며, 이 때 당사국 정부는 ISPS Code A편 규정에 따른 항만시설보안평가를 바탕으로 결정해야하고, 이러한 결정이 SOLAS 제11-2장에서 정하고 있는 보안사항과 ISPS Code A편에서 정하고 있는 보안수준에 손상을 주어서는 안된다. SOLAS 제11-2장 또한 군함, 해군 보조함 또는 당사국 정부가 소유하거나 비상업적으로 사용되는 선박에는 적용되지 아니한다.

7.2. 선박보안경보시스템

SOLAS 기술규정 제11-2장의 적용을 받는 모든 선박은 선박보안경보시스템이 제공되어져야 한다. 이 선박보안경보시스템을 작동시킬 때, 이 시스템은 먼저 선박 및 위치를 식별하고 선박의 보안이 위협 또는 침해되는 상황을 나타내는 선박 대 육상 보안경보를 발생시켜, 이를 주관청이 지정한 기관당국에 전송하여야 한다. 또한 이 시스템은 여타 선박에 선박보안경보를 송신하여서는 안되며, 선내에 어떠한 알람도 발생시키지 아니하여야 하며, 이러한 선박보안경보가 작동해제 또는 재설정 될 때까지 지속되어야 한다. 그리고 이러한 선박보안경계시스템은 항해선교로부터 작동가능하여야 하며, 항해 선교 이외의 1개 이상의 장소에서도 작동가능해야 한다. 그리고 이러한 선박보안경보시스템을 작동시킬 수 있도록 설비가 된 작동 개소들은 선박보안경보의 부주의한 발생을 방지하도록 설계되어야 한다. 주관청이 선박보안경보 통보를 접수하면, 그 주관청은 즉시, 현재 선박이 운항하는 지역의 인근 정부에 이를 통보하여야 하며. 어느 한 당사국 정부가 타당사국 정부의 기를 게양하는 선박으로부터 선박보안경보 통보를 접수하면, 경보를 접수한 당사국 정부는 즉시 해당 기국의 주관청, 그리고 가능한 경우, 현재 선박이 운항하는 지역의 인근 정부에 이를 통보하여야 한다.

7.3 선장의 재량권

SOLAS 기술규정 제11-2장의 제8규칙은 선박의 안전 및 보안과 관련하여 선장의 재량의 범위를 정하고 있다. 이 규정에 따르면, 선장은 그의 전문적인 판단으로, 선박의 안전 및 보안유지에 필요한 어떠한 결정을 취하거나 시행함에 있어서, 회사, 용선주 또는 기타 인원에 의해 구속받아서는 안된다. 이러한 선장의 재량권은 당사국 정부에 의해 구별된 사람을 제외하고 모든 사람과 그들의 소지품에 대한 접근거부, 그리고 컨테이너 또는 밀폐된 화물을 포함한 화물 적재의 거부를 할 수 있는 권한까지 포함한다.

선장은 또한 그의 전문적인 판단으로, 선박의 운항중 선박에 적용될 수 있는 안전 및 보안 요건들 사이에 불일치가 발생한 경우, 선장은 선박의 안전유지를 위해 필요한 요건들을 이행해야 한다. 이러한 경우 선장은 일시적인 보안조치들을 시행할 수 있으며, 이러한 사항은 주관청과 입항예정인 항만의 당사국 정부에 즉시 통보되어야 한다. 선장이 취하는 일시적 보안조치들은 취할 수 있는 가장 높은 보안 등급이 유효하도록 취해져야 하며, 주관청은 이러한 불일치 사건의 해결하고 재발하지 않도록 조치를 취해야 한다.

7.4 통제 및 이행조치

SOLAS 기술규정 제11-2장의 제9규칙은 선박보안과 관련된 조치들이 적절히 이행되며 통제되고 있는지를 관리하기 위한 규정이다. 이 규칙에 따르면, SOLAS 기술규정 제11-2장이 적용되는 모든 선박은 항만 내에서 선박과 항만의 보안유지를 위해 항만 내에서 당해 당사국에 의해 정식으로 권한을 위임받은 자의 통제를 받아야 한다. 다만, 이러한 통제는 당해 선박이 SOLAS 기술규정 제11-2장과 ISPS Code에 따르지 않는다는 명백한 근거가 없다면 선박에 비치된 국제선박보안증서가 선내에 비치되어 있는지를 심사하는 것으로 한정된다. 그러나 선박이 ISPS Code를 따르지 않는다는 명백한 근거가 있거나 권한 있는 자가 유효한 증서의 제시를 요구하였음에도 선박에서 관련 증서를 제시하지 못하는 경우, 당사국 정부는 위임받은 자를 통하여, 선박검사, 선박의 출항연기, 선박억류, 항만 내 이동을 포함한 작업제한 또는 항만으로부터 추방 등을 조치할 수 있다. 이러한 통제에 더해서 완화된 행정조치 또는 시정조치를 취할 수 있으며, 완화된 행정조치 또는 시정조치는 상기의 통제조치를 대신해서 취할 수도 있다.

타당사국 정부 항만에 입항하고자 하는 선박은 SOLAS 기술규정 제11-2장에서 정하는 목적의 실현을 위해 입항한 항만의 당사국 정부에서 요구하는 정보를 제공해야 한다. 이러한 정보는 상기의 통제조치들이 부과되는 것을 피하기 위해 항만에 입항하기 전 SOLAS 기술규정 제11-2장의 관련 규정을 준수하는지 확인하도록 당사국 정부의 권한 있는 공무원에게 제출되어져야 한다. 선박이 권한있는 공무원에게 제출해야 하는 정보는 권한 있는 기관으로부터 발행된 유효한 증서의 선박비치 사항, 선박의 현재 보안등급, 특정 시간 내 직전 항만에서의 선박/항만 인터페이스 활동시 선박의 보안등급, 특정 시간 내 직전 항만에서의 선박/항만 인터페이스 활동시 선박이 취한 특별 보안 조치 또는 추가적 보안 조치, 특정 시간 내 선박 대 선박 활동 중 선박이 취한 적절한 선박 보안 절차, ISPS Code B편의 지침을 고려하여 기타 보안과 관련된 실질적인 정보 등이 있으며, 선박 또는 회사는 요청이 있을 경우 이러한 정보들에 대해 요청한 당사국 정부에게 확인을 제공해야 한다. 타당사국 정부 항만에 입항하는 모든 선박의 선장은 상기에 언급한 정보 요청에 대해 거부할 수 있으나, 이러한 거부가 입항거부로 연결될 수 있음을 인식해야 한다.

타항만의 정부의 권한있는 공무원이 선박으로부터 제출된 모든 정보를 확인한 후 그 선박이 SOLAS 제11-2장 또는 ISPS Code A편을 준수하고 있지 않다는 명백한 근거가 확인된 경우, 그 공무원은 선박의 이러한 부적합사항을 수정하기 위해 선박의 주관청(기국), 또는 회사와 연락하여야 한다. 그러나 이러한 연락이 부적합사항의 수정으로 귀결되지 못 하거나, 권한 있는 공무원이 선박의 부적합사항과 관련하여 다른 명백한 근거를 가지고 있다면 다음과 같은 조치를 취할 수 있다. 그것은 부적합사항의 시정요구, 당사국 정부의 영해 또는 내수의 정해진 구역으로 선박의 이동 요구, 선박의 검사(선박이 만약 입항하고자 하는 항만의 당사국 정부의 영해에 소재하고 있다면), 입항 거부 등이며, 이러한 조치를 취하기 전 당사국 정부는 이러한 조치를 취하고자 하는 의도를 선장에게 전달해야 한다. 만약, 선장이 당사국 정부의 조치 의도를 인지하고 그 항만의 입항을 하지 않을 경우, 당사국 정부의 이러한 조치는 취해지지 않는다.

제 2 장

MARPOL

제2장 MARPOL

1. 의의

1.1 협약의 개요

『협약원명은 1973년 선박으로부터의 오염방지를 위한 국제협약에 관한 1978년 의정서(Protocol of 1978 relating to the International Convention for the Prevention of Pollution from Ships, 1973, 이하 MARPOL)』이며, 1978년 2월 17일 채택되고 1983년 10월 2일에 발효하였다. 우리나라는 1984년 7월에 비준하여 같은 해 10월부터 협약의 효력을 국내적으로 발효하였다. MARPOL은 1967년 3월 발생한 토리 캐년호(Torrey Canyon) 좌초 및 기름유출 사건[56]으로 당초 1973년 채택되었으나, 협약 이행을 위한 기술적 이유와 재정 분담으로 대부분의 국가들로부터 동의를 얻지 못했다. 이에, 1978년 "유조선의 안전과 오염방지에 관한 국제회의"에서 1973년 채택된 MARPOL을 대대적으로 수정하여 현재의 1978년 의정서를 통한 MARPOL을 채택하게 되었다. 이후에도 MARPOL 협약에 대한 주요한 개정이 있었으나, 주요한 틀은 1978년 의정서에서 정한 사항을 그대로 유지하고 있다.

56) 1967년 2월 영국 남서쪽 해안의 콘월(Conrnwall) 해안에서 좌초하여 약80,000톤 이상의 원유를 해상으로 유출한 선박사고이다. 이 사고로 영국, 프랑스 등 서유럽 국가의 해안이 유출된 원유로 피해를 입었다. 당시 영국 정부는 세정을 통해 유출되는 원유를 더 이상 중화시키기 힘들다고 판단하고 추가적인 피해를 막기 위해 영국 공군을 이용하여 토리 캐년호를 폭격하고 당시 남아있던 약 30,000톤의 원유와 선박을 완전히 불태웠다.

1.2 협약의 구조

MARPOL은 협약 본문 20개와 6개의 부속서로 이루어져 있으며, 각각의 부속서는 개별 국가의 사정에 따라 개별적으로 비준할 수 있다. 다만, 제1부속서와 제2부속서는 MARPOL 비준시 함께 채택해야 하며, 나머지 부속서는 개별 비준이 가능하다. 협약본문은 협약상의 의무, 적용, 분쟁 해결, 발효, 개정 등에 협약 이행에 관한 일반사항을 규정하고 있으며, 선박으로부터의 오염 방지를 위한 구체적인 규제사항은 부속서에서 정하고 있다. 제1부속서는 기름에 의한 오염방지를 위한 규칙이며, 제2부속서는 산적된 유해액체물질에 의한 오염규제를 위한 규칙, 제3부속서는 포장된 형태로 선박에 의하여 운송되는 유해물질에 의한 오염방지를 위한 규칙, 제4부속서는 선박으로부터의 오수에 의한 오염방지를 위한 규칙, 제5부속서는 선박으로부터의 폐기물에 의한 오염방지를 위한 규칙, 제6부속서는 선박으로부터의 대기오염의 방지를 위한 규칙이다. 실제 각 부속서의 발효일도 다르다. 제1부속서와 제2부속서의 경우 MARPOL의 1978년 의정서 채택과 함께 같이 채택되어 발효일이 MARPOL 1978년 의정서와 같은 1983년 10월 2일이다. 그러나 제3부속서의 경우 1992년 7월 1일에 발효되었고, 제4부속서는 2003년 9월 27일, 제5부속서는 1988년 12월 31일, 제6부속서는 2005년 5월 19일 각각 발효하였다.

MARPOL은 선박으로부터 해양오염을 방지하기 위해 선박의 연료유부터 배출 가스에 이르기까지 선박의 모든 오염원을 규제하는 방대한 규정을 담고 있다. 그러나 동 교재의 목적상 이 장에서는 MAPROL의 제1부속서에서 다루는 기름에 의한 오염방지에 관한 사항과 제6부속서의 선박으로부터의 대기오염의 방지를 위한 규칙에 관해서만 살펴본다.

2. 기름에 의한 오염방지

MARPOL 제1부속서는 선박 운항 중에 발생하는 기름에 의한 오염뿐만이 아닌 사고로 발생하는 기름 오염 피해에 대해서도 규제를 한다. 특히 1992년 개정을 통해 신조 유조선의 경우 이중선체 구조를 가지도록 강제화하고, 현존선은 단계적으로 이중선체 구조를 도입하도록 정하여 기름을 화물로 운송하는 유조선에 의한 해양오염을 방지하기 위해 선체구조 기준을 강화하여 선박에 대해 실질적인 오염방지 수단을 선박의 구조에서부터 확보하도록 하였다. 그러나 MARPOL 제1부속서의 주된 내용은 선박으로부터 기름유출로 인한 해양오염을 방지하기 위해 선박에서 갖추어야 하는 구조에 더해 선박 운항 중 선박에서 지켜야 하는 사항과 이를 확인하기 위한 검사 등에 관한 사항 또한 정하고 있다. 이에 이 절에서는 교재의 목적상 기름 유출 방지를 위한 선체 구조 및 설비에 관한 기술규칙보다 선박 운항 중 선박으로부터 기름 유출을 방지하기 위하여 선박에서 갖추어야 하는 사항들을 중심으로 알아보고자 한다.

2.1 검사 및 증서발급

1) 검사

MARPOL 제1부속서에 따라 총톤수 150톤 이상의 모든 유조선과 총톤수 400톤 이상 유조선 이외의 모든 선박은 다음에 규정된 검사를 받아야 한다.

〈표 2-2-29〉 MARPOL 제1부속서에 따른 검사종류

검사종류	검사내용	검사시기
최초검사	선박의 구조, 설비, 장치, 부착물, 배치 및 재료에 대한 완전한 검사로 이 부속서의 적용요건에 완전히 합치하고 있음을 확인하는 검사	선박이 항행에 사용되기 전 또는 MARPOL 제1 부속서 제7규칙에 의하여 요구되는 증서가 최초로 발행되기 전
정기검사	선박의 구조, 설비, 장치, 부착물, 배치 및 재료가 이 부속서의 적용요건에 완전히 따르고 있음을 확인하는 검사	5년을 초과하지 아니하는 간격

검사종류	검사내용	검사시기
중간검사	기름배출감시제어장치, 원유세정설비, 유수분리장치 및 기름필터장치를 포함한 설비와 이와 관련된 펌프 및 관장치가 이 부속서의 적용요건에 완전히 적합하고 양호한 작동상태에 있음을 확인하는 것	국제기름오염방지증서*의 2번째 연차일 전후 3개월 이내 또는 3번째 연차일 전후 3개월 이내 *중간검사는 연차검사 중의 하나를 대신함
연차검사	선박의 구조, 설비, 장치, 부착물, 배치 및 재료의 일반적인 검사를 포함하여 이 부속서의 관련 규정에 따라 정비되고 선박의 용도를 위해 만족하게 유지되는 지를 확인	국제기름오염방지증서의 매 연차일 전후 3개월 이내
추가검사	상황에 따라 전반적 또는 부분적으로 행하는 검사로 필요한 수리 또는 신환이 효과적으로 완료되었고 그러한 수리 또는 신환한 재료 및 시공이 모든 점에서 만족한 것이며 그 선박이 모든 점에서 이 부속서의 요건에 적합함을 확인하는 것	이 부속서 관련 규정에 따른 선박의 수리 후 또는 어떠한 중대한 수리나 신환이 있을 때

* 국제기름오염방지증서(International Oil Pollution Prevention Certificate, IOPP)는 최초검사 이후 발행되며, 매5년 마다 갱신

주관청은 MARPOL 제1부속서의 적용을 받지 않는 선박에 대하여 이 부속서의 적용규정에 합치하고 있는 것을 확인하기 위한 적절한 조치를 취하여야 한다. 이 부속서 규정에 따른 선박 검사는 주관청의 관리에 의해 실시되어져야 한다. 그러나, 협약의 목적을 위하여 주관청은 지명된 검사원 또는 주관청이 인정한 단체에 검사를 위임할 수 있다. 주관청이 검사를 위임할 경우, 지명된 검사원 또는 인정된 단체에 최소한 1) 선박에 수리를 요구하는 것, 2) 입항국의 당국으로부터 요청이 있을 때 검사를 실시하는 것에 관한 권한을 부여해야 한다. 주관청은 지명된 검사원이나 승인된 단체에 위임한 권한과 상세한 책임에 대하여 IMO에 통보해야 한다. 이는 MARPOL 당사국에게 정보제공을 목적으로 관련 정보를 회람하기 위해서이다.[57]

지명된 검사원 또는 승인된 단체는 선박 또는 그 설비의 상태가 증서의 기재사항과 실질적으로 일치하지 아니하거나 또는 선박이 해양환경을 부당하게 해칠 우려없이 항행하기에 적합하지 아니하다고 인정하는 때에는 즉시 시정조치를 취하도록 하여야 하고, 그 후 주관청에 정식으로 통보하여야 한다.[58] 시정조치가 취해지지 아니하는 경우에는

57) MARPOL 제1부속서 제2장 제6규칙.
58) MARPOL 제1부속서 제2장 제6규칙.

증서를 회수하고, 즉시 주관청에 통고하여야 한다. 선박이 타 당사국의 항구에 있는 경우에는 입항국의 당국에도 즉시 통보해야 하며, 주관청의 관리, 지명된 검사원 또는 승인된 단체가 입항국의 당국에 통보한 때에는 당해 입항국 정부는 이 규칙에 의한 의무를 이행하기 위하여 필요한 지원을 당해 공무원, 검사원 또는 단체에 제공하여야 한다.[59] 그 입항국의 정부는 필요에 따라 선박이 해양환경을 부당하게 해칠 우려없이 항해할 수 있을 때까지 또는 가장 가까운 적절한 수리장소로 항행할 목적으로 항구를 떠날 때까지 당해 선박의 출항 금지시켜야 한다. 모든 경우에 있어서 관련 주관청은 그 검사의 완전성 및 유효성을 충분히 보장하고 동 의무를 충족시키기 위하여 필요한 조치를 취하여야 한다.[60]

선박 및 그 설비의 상태를 이 협약의 규정에 적합하게 유지함으로써, 선박이 모든 면에서 항상 해양환경을 부당하게 해치지 아니하고 항해할 수 있도록 하여야 한다. 이 부속서에 따른 선박의 검사가 종료된 후에는 설비 또는 부착물의 직접적인 교환을 제외하고 주관청의 허가없이 검사의 대상이 되는 구조, 설비, 장치, 부착물, 배치 또는 재료의 변경을 행하여서는 안된다.[61]

선박에 사고가 발생한 때마다, 또는 선박의 본래 모습 또는 이 부속서의 대상이 되는 그 설비의 유효성이나 완전성에 실질적인 영향을 미치는 결함이 발견되었을 때에는 당해 선박의 선장 또는 소유자는 가급적 조속히 당해 증서의 발행에 책임이 있는 주관청, 승인된 단체 또는 지명된 검사원에게 보고하여야 한다.[62] 그리하여 당해 주관청, 승인된 단체 또는 지명된 검사원은 이 부속서에 따라 검사가 필요한지 여부를 결정하기 위한 조사를 개시하여야 한다. 당해 선박이 타 당사국의 항구에 있는 경우에는 당해 선박의 선장 또는 소유자는 입항국의 당국에도 즉시 보고하여야 하며 지명된 검사원 또는 승인된 단체는 당해 보고가 행하여진 것을 확인하여야 한다.[63]

2) 증서발급

MARPOL 제1부속서 제6규칙의 규정에 따라 최초검사 또는 정기검사 후 이 협약의 타 당사국의 관할권 하에 있는 항구 또는 해양터미널로의 항해에 종사하고 있는 총톤수

59) 위의 규칙.
60) 위의 규칙.
61) 위의 규칙.
62) 위의 규칙.
63) 위의 규칙.

150톤 이상의 유탱커 및 총톤수 400톤 이상의 유탱커 이외의 모든 선박에 대하여는 국제기름오염방지증서가 발행되어야 한다.[64] 이 증서는 주관청 또는 주관청에 의하여 권한을 위임받은 자 또는 단체에 의해 발행되거나 이서되어야 한다. 모든 경우에 있어서 그 주관청은 당해 증서에 대하여 전적으로 책임을 진다.[65]

이 협약의 당사국 정부는 주관청의 요청이 있을 경우에 선박을 검사할 수 있으며, 이 부속서의 규정에 적합하다고 인정하는 경우에는 이 부속서에 따라서 그 선박에 대하여 국제기름오염방지증서를 발행하거나 증서의 발행 권한을 위임할 수 있고 또한 필요에 따라 그 선박의 해당 증서에 이서하거나 이서할 권한을 위임할 수 있다.[66] 이와 같이 발행된 증서에는 그것이 주관청의 의뢰에 의하여 발행되었다는 취지 및 그것이 MARPOL 제1부속서 제7규칙에 의하여 발행된 증서와 동등한 효력을 가지며 동등한 것으로 간주된다는 취지의 기재가 포함되어야 한다.[67]

2.2 기름배출의 통제

1) 선박의 기관구역에 있어서 기름의 운항상 배출의 통제

MARPOL 제1부속서 제4규칙에 따른 적용제외 경우를 제외하고[68] 선박으로부터 기름이나 유성혼합물의 해양에의 배출은 금지된다. 다만, 이 부속서에서 정하고 있는 다음의 요건을 만족시키는 경우 배출이 가능하다.

일반적으로 해양에서 눈으로 볼 수 있는 유막이 선박 또는 그의 항적에 가까운 해면상 또는 해면 하에 생긴 경우에는 MARPOL의 당사국 정부는 합리적으로 가능한 범위

64) MARPOL 제1부속서 제7규칙.
65) 위의 규칙.
66) 위의 규칙.
67) 위의 규칙.
68) MARPOL 제1부속서 제15 및 34규칙 및 극지운항선박 코드 Part II-A/1.1.1규칙은 다음의 경우에는 적용하지 아니한다; .1 해상에 있어서 선박의 안전을 확보하거나 인명을 구조하기 위하여 필요한 기름 또는 유성혼합물의 해역에의 배출 ; 또는 .2 선박 또는 그의 설비의 손상으로부터 발생된 기름 또는 유성혼합물의 해역에의 배출: 다만, .1 손상의 발생 또는 배출의 발견 후에 배출을 방지하거나 최소로 하기 위하여 합리적인 모든 조치가 취하여져 있을 것 ; 그리고 .2 선박소유자 또는 선장이 고의로 손상을 일으키거나 손상이 생길 우려가 있는 것을 인식하고서도 그를 묵인한 경우에는 제외한다 ; 또는 .3 오염사고를 최소화 하기 위해 특수한 오염사고 방제용으로 사용되는 기름을 함유하는 물질의 바다로의 배출은 주관청에 의해 승인될 것. 그러한 배출은 그것이 행하여지리라는 것이 예상되는 장소를 관할하는 정부의 승인을 받아야 한다.

에서 이 규칙의 규정위반 유무에 관한 사실을 즉시 조사해야 한다.69) 이 조사는 특히 바람 및 해상의 상태, 당해 선박의 항행경로 및 속력, 그 부근에 눈으로 볼 수 있는 유막의 배출가능성이 있는 기타의 배출원, 그리고 관련된 기름의 배출기록에 대하여 행할 수 있다.70)

〈표 2-2-30〉 MARPOL 제1부속서에 따른 기름 배출 통제

해역	배출요건
북극해역을 제외한 특별해역 외에서의 배출	총톤수 400톤 이상의 선박으로부터 기름 또는 유성혼합물의 바다로의 배출은 다음의 모든 조건을 만족하는 경우를 제외하고 금지된다. 1. 선박이 항행 중일 것; 2. 유성혼합물이 MARPOL 제1부속서의 제14규칙의 요건에 만족하는 기름필터링장치를 통하여 처리될 것; 3. 유출액 중의 유분이 희석되지 아니하고 15ppm을 초과하지 아니할 것; 4. 유성혼합물이 유조선의 화물펌프실 빌지로부터 생성되지 않을 것; 그리고 5. 유탱커의 경우, 유성혼합물이 기름화물잔류물과 혼합되지 않을 것.
특별해역 내에서 배출	총 톤수 400톤 이상의 선박으로부터 기름 또는 유성혼합물의 바다로의 배출은 다음의 모든 조건을 만족하는 경우를 제외하고 금지된다. 1. 선박이 항행 중일 것; 2. 유성혼합물이 MARPOL 제1부속서의 제14.7규칙의 요건에 만족하는 기름필터링장치를 통하여 처리될 것; 3. 유출액 중의 유분이 희석되지 아니하고 15ppm을 초과하지 아니할 것; 4. 유성혼합물이 유조선의 화물펌프실 빌지로부터 생성되지 않을 것; 그리고 5. 유탱커의 경우, 유성혼합물이 기름화물잔류물과 혼합되지 않을 것.
북극해역 및 남극해역을 제외한 모든 해역	총 톤수 400톤 미만 선박의 경우, 기름 및 유성혼합물은 후에 수용시설에 배출하기 위하여 선내에 보유하거나 다음의 규정에 따라 바다로 배출하여야 한다. 1. 선박이 항행 중일 것; 2. 선박은 유출액 중의 유분이 희석되지 아니하고 15ppm을 초과하지 않도록 확보되는 것으로 주관청에 의해 설계승인된 작동 설비를 설치하고 있을 것; 3. 유성혼합물이 유조선의 화물펌프실 빌지로부터 생성되지 않을 것; 그리고 4. 유탱커의 경우, 유성혼합물이 기름화물잔류물과 혼합되지 않을 것.
남극지역	선박으로부터 기름 또는 유성혼합물의 어떠한 해양배출도 금지한다.

69) MARPOL 제1부속서 제15규칙.
70) 위의 규칙.

선박으로부터의 기름 배출과 관련하여 해역에의 유출액 중에는 해양환경에 대하여 위험한 양이나 농도의 화학물질 또는 기타의 물질이나, 이 규칙에 정하는 배출조건의 위반을 은폐할 목적으로 혼입시킨 화학물질 또는 기타의 물질이 포함되어서는 아니 된다. 또한 이 규칙에 따라서 바다로 배출할 수 없는 유성혼합물은 후에 수용시설에 배출하기 위하여 선내에 보유하여야 한다.71)

2) 유조선의 화물구역에 있어서 운항에 따른 기름 배출의 통제

MARPOL 제1부속서 제34규칙에 따른 다음의 요건을 만족하는 경우를 제외하고 유조선으로부터의 기름 배출은 금지된다.

〈표 2-2-31〉 MARPOL 제1부속서에 따른 기름 배출 통제

해역	배출요건
북극해역을 제외한 특별해역 외에서의 배출	MARPOL 제1부속서의 제4규칙에 따른 적용제외인 경우를 제외하고 유조선의 화물지역으로부터 기름 또는 유성혼합물의 바다로의 배출은 다음의 조건이 모두 충족되는 경우를 제외하고 금지된다. 1. 탱커가 특별해역 내에 있지 아니할 것; 2. 탱커가 가장 가까운 육지로부터 50해리 밖에 것; 3. 탱커가 항행 중일 것; 4. 유분의 순간배출율이 1해리 당 30리터를 초과하지 아니할 것; 5. 해역 내 배출되는 기름의 총량이 제1.28.1규칙에서 정의된 대로 1979년 12월 31일 이전에 인도된 유조선에 있어서는 당해 잔류물이 일부로써 구성하고 있던 개별화물총량의 15,000분의 1 이하이고, 그리고 제1.28.2규칙에서 정의된 대로 1979년 12월 31일 후에 인도된 탱커에 있어서는 당해 잔류물이 일부로써 구성하고 있던 개별화물총량의 30,000분의 1 이하일 것; 그리고 6. 탱커가 MARPOL 제1부속서의 제29 및 제31규칙에 의하여 요구되는 기름배출감시제어장치 및 슬롭탱크 장치를 작동시키고 있을 것.
특별해역 내에서 배출	청정평형수 또는 분리평형수를 제외하고, 특별해역 내에서 유조선의 화물지역으로부터 기름 또는 유성혼합물의 바다로의 배출은 금지된다.
총톤수 150톤 미만 유조선	선내 잔류 기름과 모든 오염된 세정수는 육상 수용시설로 배출, 기름을 바다로 배출하기 위해서는 MARPOL 제1부속서에 따라 기름 배출을 감시하는 적절한 모든 설비가 설치되어 있는 경우 배출 가능

71) MARPOL 제1부속서 제15규칙.

일반적으로 해양에서 눈으로 볼 수 있는 유막이 선박 또는 그의 항적에 가까운 해면상 또는 해면 하에 생긴 경우에는 이 협약의 당사국 정부는 합리적으로 가능한 범위에서 MARPOL 제1부속서 제34규칙의 위반 유무에 관한 사실을 즉시 조사해야 한다.[72] 이 조사는 특히 바람 및 해상 상태, 당해 선박의 항행경로 및 속력, 그 부근에서 눈으로 볼 수 있는 배출원, 그리고 관련된 기름배출 기록에 대하여 행할 수 있다.[73]

해양에의 배출 중에는 해양환경에 대하여 양이나 농도에 있어서 위험한 화학물질이나 기타의 물질, 또는 이 규칙에서 정하는 배출조건의 위반을 은폐할 목적으로 혼입시킨 화학물질 또는 기타의 물질이 포함되어서는 안된다. 마지막으로 MARPOL 제1부속서 제34규칙의 1항 및 3항에 의거하여 해상으로 배출할 수 없는 유성잔류물은 수용시설에 배출하기 위하여 선내에 보유되어야 한다.

2.3 기름기록부

1) 기관구역 요건

총 톤수 150톤 이상의 모든 유조선 및 유조선 이외의 총 톤수 400톤 이상의 모든 선박에는 기름기록부 제Ⅰ부(기관구역에서의 작업)를 비치하여야 한다. 기름기록부는 공식항해일지의 일부로서, IMO가 개발한 지침서에 따라 승인되어야 하는 전자기록부로서, 또는 기타 형식으로서 MARPOL 제1부속서의 정해진 서식에 따라야 한다.

선박의 기관구역에서 1) 연료유 탱크에 선박평형수 적재 또는 세정, 2) 연료유 탱크로부터 더러운 평형수 또는 세정수 배출, 3) 유성잔류물(슬러지)의 수집 또는 처분, 4) 기관구역에 고인 빌지수의 선외배출 또는 기타 방법에 의한 처분, 5) 연료유 또는 산적 윤활유의 수급 등의 작업이 행하여졌을 경우에는, 가능하다면, 탱크에서 탱크를 기본으로 각 경우마다 기름기록부를 기록하여야 한다(MARPOL 제1부속서 제17규칙).

MARPOL 제1부속서의 제4규칙에 명시된 기름 또는 유성혼합물의 배출, 동규칙에 의하여 적용 제외되어있지 아니한 사고에 의한 배출이나 기타의 예외적인 배출의 경우에는 그 배출의 상황 및 이유를 기름기록부에 기재하여야 한다.

72) MARPOL 제1부속서 제34규칙.
73) 위의 규칙.

MARPOL 제1부속서의 제17규칙에 기재된 각 작업은 기름기록부에 지체없이 완전하게 기록하여 모든 사항이 그 기록부에 완전히 기록되도록 하여야 한다. 완료된 각 작업은 담당 해기사 또는 당해 작업의 책임해기사에 의해 서명되어야 하며, 기재된 각 면 또는 전자기록들의 무리는 선장에 의하여 서명되어야 한다. 국제기름오염방지증서를 비치하고 있는 선박에서는 기름기록부를 적어도 영어, 불어 또는 스페인어로 기재하여야 한다. 선박이 그의 국기를 게양할 자격이 있는 국가의 공용어로 기재한 경우, 이는 분쟁이나 불일치가 발생한 경우 우선하여 효력을 가진다.

이와 더불어 기름필터링장치의 어떠한 고장도 기름기록부에 기록되어야 한다. 기름기록부은 모든 합당한 경우에 점검하도록 쉽게 이용가능한 장소에 보관하여야 하며, 승무원이 없는 피예인선의 경우를 제외하고 선박 내에 보관하여야 한다. 기름기록부는 최후의 기록이 행해진 뒤로부터 3년간 보존하여야 한다.

이 협약의 당사국 정부의 권한있는 당국은 이 부속서가 적용되는 선박이 당해 국가의 항구 또는 해양터미널에 있는 동안은 그 선박에 비치되어 있는 기름기록부를 점검할 수 있으며 또한 당해 기록부의 어느 기재에 대하여도 사본을 작성하여 당해 선박의 선장에게 그 사본이 당해 기재의 진정한 사본임을 증명하도록 요구할 수 있다.[74] 이와 같이 작성된 사본으로써 선박의 기름기록부의 기재의 진정한 사본임을 당해 선박의 선장이 증명한 것은 어떠한 소송절차에 있어서도 그 기재가 기술하고 있는 사실의 증거로 할 수 있다.[75] 이 항의 규정에 따라 권한있는 당국이 행하는 기름기록부의 점검 및 증명된 사본의 작성은 당해 선박에 부당한 지연을 일으키지 아니하도록 가능한 한 신속히 행하여야 한다.[76]

2) 화물/평형수 조작

총톤수 150톤 이상의 모든 유탱커에는 기름기록부 제Ⅱ부(화물유/평형수에 관한 작업)를 비치하여야 한다. 기름기록부는 공식항해일지의 일부로서, IMO가 개발한 지침서에 따라 승인되어야 하는 전자기록부로서, 또는 기타 형식으로서 MARPOL 제1부속서의 정해진 서식에 따라야 한다.

74) MARPOL 제1부속서 제36규칙.
75) 위의 규칙.
76) 위의 규칙.

선박에서 1) 화물유의 적재, 2) 항해 중 화물유의 선내 이송, 3) 화물유의 양하, 4) 화물탱크 및 지정된 청정평형수 탱크에서의 밸러스팅, 5) 원유세정을 포함한 화물탱크의 세정, 6) 분리평형수로부터의 평형수를 제외한 평형수의 배출, 7) 슬롭탱크로부터 물의 배출, 8) 슬롭탱크 배출 조작 후 모든 적용되는 밸브 또는 동등한 장치의 잠금, 9) 슬롭탱크 배출 조작 후 화물 및 스트리핑 배관으로부터 지정된 청정평형수탱크의 격리를 위한 밸브의 잠금, 10) 잔류물의 처분.다음의 화물/평형수 조작이 선박에서 행하여진 경우, 해당되는 탱크마다 기름기록부에 기록하여야 한다(MARPOL 제1부속서 제36규칙).

MARPOL 제1부속서 제34.6규칙에 적용되는 모든 유조선은 기름의 총량, 세정수의 총량 및 저장탱크로 되돌아온 세정수의 총량을 기름기록부에 기록하여야 한다. MARPOL 제1부속서 제4규칙에서 규정하는 기름 또는 유성혼합물의 배출의 경우, 사고 또는 동 규칙에서 예상하지 아니한 예외적인 기름 배출의 경우에는 그 배출의 상황 및 이유를 기름기록부에 기록하여야 한다.

MARPOL 제1부속서 제36규칙에 기재된 각 작업은 기름기록부에 지체없이 완전히 기록하여 당해 작업에 관한 모든 사항이 그 기록부에 기록되도록 하여야 한다. 완료된 각 작업은 당해 작업 책임자에 의해 서명되어야 하며 기입된 각 면 또는 전자기록들의 무리는 선장에 의해 서명되어야 한다. 기름기록부 상에 기재되는 언어는 적어도 영어, 불어 또는 스페인어이어야 한다. 그 선박의 국기를 게양할 자격이 있는 국가의 공용어에 의한 기재는 분쟁 또는 불일치가 생긴 경우에 우선하여 효력을 가진다.

기름배출감시제어장치의 어떠한 고장도 기름기록부에 기록되어야 한다. 기름기록부는 합당한 때에는 언제나 용이하게 검사할 수 있는 장소에 보관하여야 한다. 승무원이 없는 피예인선의 경우를 제외하고 선박 내에 보관하여야 한다. 기름기록부는 최후의 기록이 행하여진 날 이후 3년간 보존하여야 한다.

이 협약의 당사국 정부의 권한있는 당국은 MARPOL 제1부속서가 적용되는 선박이 당해 국가의 항구 또는 해양터미널에 있는 동안은 그 선박에 비치되어있는 기름기록부를 점검할 수 있으며 또한 당해 기록부의 어느 기재에 대하여도 사본을 작성하여 당해 선박의 선장에게 그 사본이 당해 기재의 진정한 사본임을 증명하도록 요구할 수 있다.[77] 이와 같이 작성된 사본으로 선박의 기름기록부에 기재된 것의 진정한 사본임을 당해 선박의 선장이 증명한 것은 어떠한 소송절차에 있어서도 그 기재가 기술하고 있는

77) MARPOL 제1부속서 제36규칙.

사실의 증거로 할 수 있다.[78] 이 항의 규정에 따라 권한있는 당국이 행하는 기름기록부의 점검 및 증명된 사본의 작성은 당해 선박에 부당한 지연을 야기하지 아니하도록 가능한 한 신속히 행하여야 한다.[79] 마지막으로 MARPOL 제1부속서의 제34.6규칙에 따라 운항하는 총톤수 150톤 미만의 유탱커에 대하여는 주관청에 의하여 적당한 기름기록부가 제정되어야 한다.[80]

2.4 선상기름오염비상계획서

MARPOL 제1부속서 제37규칙에 따라 총톤수 150톤 이상의 모든 유조선 및 총톤수 400톤 이상의 유조선 이외의 모든 선박은 주관청의 승인을 받은 선상기름오염비상계획서를 선내에 비치하여야 한다.[81] 이러한 선상기름오염비상계획은 IMO에 의해 개발된 지침서[82]에 따라야 하며 선장과 해기사의 통용 언어로 표기되어야 한다. 선상기름오염비상계획은 최소한 1) IMO에 의해 개발된 지침서를 근거로 하여 MARPOL의 협약본문 제8조와 의정서Ⅰ에서 요구하는 대로, 기름오염사고 보고에 대하여 선장 또는 다른 본선 책임자가 취할 절차[83], 2) 기름오염사고 발생 시 연락할 당국 또는 사람의 목록, 3) 사고에 따른 기름의 유출을 감소시키거나 통제하기 위하여 본선 선원이 신속히 취할 조치에 대한 상세, 4) 기름오염방제를 함에 있어서 국가 및 지역 당국과 함께 본선의 조치에 대해 협의하기 위한 본선의 절차 및 연락처 등에 관한 내용을 포함하여야 한다. MARPOL 부속서Ⅱ의 제17규칙이 적용되는 선박의 경우(유해액체굴질을 산적으로 운송하는 선박), 이러한 계획은 MARPOL 부속서Ⅱ의 제17규칙에서 요구되는 유해액체물질을 위한 선상해양오염비상계획서에 통합될 수 있다. 이러한 경우, 이 계획의 제목은 "선상해양오염비상계획서"가 되어야 한다. 재화중량 5,000톤 이상의 고든 유조선은 전산화된 육상기지의 손상복원성 및 잔류강도 계산프로그램에 신속히 접근할 수 있어야 한다.

---

78) 위의 규칙.
79) MARPOL 제1부속서 제36규칙.
80) 위의 규칙.
81) MARPOL 제1부속서 제37규칙.
82) 선상기름오염비상계획서의 개발을 위한 지침서를 참조할 것 (Resolution MEPC.86(44)에 의하여 개정된 Resolution MEPC.54(32))
83) 위험물질, 유해물질 및/또는 해양오염물질을 포함하는 사고보고에 대한 지침을 포함하여 선박보고제도 및 선박보고요건에 대한 일반원칙을 참조할 것 (Resolution MEPC.138(53)에 의하여 개정된 Resolution A.851(20))

2.5 수용시설

1) 특별해역 외의 수용시설

MARPOL의 각 당사국 정부는 MARPOL 제1부속서 제38규칙에 따라 기름의 선적항, 수리항 및 선박으로부터 유성잔류물을 배출할 필요가 있는 기타의 항구에 유조선 및 기타의 선박이 유성잔류물 및 유성혼합물을 수용하기 위하여 선박에 부당한 지연을 야기하지 아니하고 그를 이용하는 선박의 수요에 따를 수 있는 적절한 시설[84]의 설치를 확보하는 조치를 취하여야 한다.[85]

MARPOL 제1부속서 제38규칙에 따른 수용시설은 1) 입항 직전 72시간 이하 또는 1,200해리 이하의 평형수 항해를 종료하여 입항하기 직전에 있는 유탱커에 원유를 선적하는 모든 항구 및 터미널 2) 원유 이외의 기름을 산적으로 1일당 평균 1,000톤을 넘는 양이 선적되는 모든 항구 및 터미널, 3) 선박의 수리장소 또는 탱크세정시설을 가진 모든 항구, 4) MARPOL 제1부속서 제12규칙에 의하여 요구되는 유성잔류물(슬러지)탱크를 비치한 선박을 취급하는 모든 항구 및 터미널, 5) MARPOL 제1부속서 제15규칙 및 제34규칙 및 극지운항선박 코드 Part II-A/1.1.1규칙에 따라서 배출할 수 없는 유성빌지수 및 기타의 유성잔류물의 수용이 필요한 모든 항구, 6) 겸용선으로부터 MARPOL 제1부속서 제34규칙에 따라서 배출할 수 없는 유성잔류물의 수용이 필요한 모든 산적화물의 선적항 등에 설치되어야 한다.[86]

소도서 개발도상국들은 이러한 국가들의 독특한 상황으로 인하여 지역적 합의가 수용시설 요건을 만족하기 위한 유일하게 현실적인 수단인 경우에는 지역적 합의를 통해 MARPOL 제1부속서 제38규칙의 1항에서 3항의 요건을 만족시킬 수 있다.[87] 지역적 합의에 참여하는 당사국들은 IMO가 개발한 지침서를 고려하여 지역수용시설계획서를 개발하여야 한다. 이러한 합의에 참여하는 각 당사국 정부는 1) 지역수용시설계획서의 지침서 고려 방법, 2) 식별된 지역선박폐기물수용센터의 상세, 3) 제한된 시설을 갖추고 있는 항만들의 상세에 관한 정보를 MARPOL 협약의 당사국들에게 회람시키기 위해 IMO와 협의하여야 한다.

84) 폐기물수용시설항구의 적절성 확보를 위한 지침서를 참조할 것 (Resolution MEPC.83(44)).
85) MARPOL 제1부속서 제38규칙.
86) 위의 규칙.
87) 위의 규칙.

2) 특별해역 내 수용시설

MARPOL 제1부속서 제38규칙에 따라 특별해역에 접하는 해안선을 가진 MARPOL의 모든 당사국 정부는 당해 특별해역 내의 기름의 선적항 및 수리항에 유조선로부터의 모든 오염된 선박평형수 및 세정수를 수용하여 처리하기 위한 적절한 시설의 설치를 확보해야 한다.[88] 또한 당해 특별해역 내의 모든 항구에는 모든 선박으로부터 기타 잔류물 및 유성혼합물을 수용하기 위한 적절한 수용시설을 설치하여야 한다.[89] 이들 수용시설은 부당한 지연을 야기하지 아니하고 그것을 이용하는 선박의 요구에 따를 수 있도록 적절한 능력을 가진 것[90]이어야 한다.[91]

소도서 개발도상국가들은 이러한 국가들의 독특한 상황으로 인하여 지역적 합의가 수용시설 요건을 만족하기 위한 유일하게 현실적인 수단인 경우에는 지역적 합의를 통해 MARPOL 제1부속서 제38규칙의 5항의 요건을 만족시킬 수 있다.[92] 지역적 합의에 참여하는 당사국들은 기구가 개발한 지침서를 고려하여 지역수용시설계획서를 개발하여야 한다.[93] 이러한 합의에 참여하는 각 당사국 정부는 1) 지역수용시설계획서의 지침서 고려 방법, 2) 식별된 지역선박폐기물수용센터의 상세, 3) 제한된 시설을 갖추고 있는 항만들의 상세에 관한 정보를 MARPOL 협약의 당사국들에게 회람시키기 위해 IMO와 협의하여야 한다.

해역의 항로에 들어가기 위하여 평형수를 배출하여 흘수를 줄일 필요가 있도록 얕은 해저지형을 그의 관할권 하에 가진 모든 당사국 정부는 MARPOL 제1부속서 제38규칙 4항에 정하는 시설의 설치를 확보하는 조치를 취하여야 한다.[94] 다만, 슬롭 또는 오염된 평형수를 배출하는 것이 요구되는 선박에 대하여는 약간의 지연이 발생하는 것을 허용한다.[95]

MARPOL 제1부속서 제38규칙에도 불구하고, 남극해역에는 다음 규칙이 적용된다. 선박이 남극해역을 향하여 출발 또는 남극해역으로부터 도착하는 항구의 각 당사국 정부는 그 시설을 사용하는 선박의 필요에 따라서 지체없이 모든 선박으로부터의 모든 유성잔류

88) MARPOL 제1부속서 제38규칙.
89) 위의 규칙.
90) 폐기물수용시설항구의 적절성 확보를 위한 지침서를 참조할 것 (Resolution MEPC.83(44)).
91) MARPOL 제1부속서 제38규칙.
92) 위의 규칙.
93) 위의 규칙.
94) 위의 규칙.
95) 위의 규칙.

물(슬러지), 오염된 평형수, 탱크세정수와 다른 유성잔류물 및 혼합물의 수용을 위한 적절한 수용시설을 실행 가능한 한 조속히 확보하도록 한다.[96] 그리고 협약 당사국 정부는 그의 국기를 게양할 자격이 있는 모든 선박이 남극해역에 들어가기 전에 그 해역에서 운항 중 모든 유성잔류물(슬러지), 오염된 평형수, 탱크세정수와 다른 유성잔류물 및 혼합물의 수용을 위한 충분한 용량의 탱크를 선내에 설치하고 그 구역을 떠난 후 수용시설에 그러한 유성잔류물을 배출하기 위한 장치를 갖춘 것을 확인하여야 한다.[97]

96) MARPOL 제1부속서 제38규칙.
97) 위의 규칙

3. 선박으로부터의 대기오염의 방지

3.1 적용 및 정의

1) 적용

MARPOL 제6부속서에 따른 선박으로부터의 대기오염방지를 위한 규칙은 모든 선박에 적용한다. 다만, 해상에서 인명을 구조하거나 선박의 안전을 확보하기 위해 필요한 대기오염물질 배출, 또는 선박 또는 그 설비의 손상으로 인한 대기오염물질의 배출은 이 부속서의 적용대상에서 제외된다. 또한 선박의 배출 감소와 통제기술 및 기관 설계 프로그램의 개발을 위한 시운전을 위해 이 부속서의 특별한 조항의 면제를 받을 수 있다.[98] 이러한 경우 면제를 위한 증서를 발급받아야 한다. 그리고 해저 광물 자원의 탐험, 탐사 및 관련 발굴 작업으로부터 직접 발생하는 배출은 이 부속서의 규정으로부터 면제된다. 비자항 무인 바지선의 경우 MARPOL의 관련 요건을 만족하는 검사를 5년이 넘지 않는 범위에서 받고 국제대기오염방지 면제 증서를 발급받는다면, 이 부속서의 적용에서 면제될 수 있다.

2) 정의

MARPOL 제6부속서 적용을 위해 이 부속서 제2규칙에서 정하고 있는 용어 중 주요한 것은 먼저 "배출", "배출통제지역", "비합리적인 배출제어 방법", "NOx Technical Code", "오존파괴물질", "비자항 무인 바지선", "연간 운항(적) 탄소집약도지수(CII) 계산값", "에너지효율설계지수(EEDI) 계산값 및 허용값", "현존선에너지효율지수(EEXI) 계산값 및 허용값" 등이 있다. 먼저 이 부속서 제2규칙에 따른 "배출"이라 함은 이 부속서에 의해 통제되는 선박으로부터 대기 또는 해상으로의 모든 배출을 의미한다. "배출통제지역"함은 NOx, SOx 및 미립자(P.M) 또는 이 세 가지 형태의 배출로 인한 대기오염 그리고 이것들로 인한 인간의 건강과 환경에 미치는 나쁜 영향을 방지, 감소 또는 통제하기 위하여 선박으로부터의 배출에 대한 특별한 강제조치의 채택이 요구되는 지역을 말한다. 배출 통제지역은 이 부속서 제13 및 14규칙에 명기되거나 지정되어 있다.

98) MARPOL 제6부속서 제3규칙.

"비합리적인 배출제어 방법"이란 선박이 정상작동 상태에 있을 때, 적용되는 배출 시험 절차에서 예상되는 수준 아래 단계로 배출제어장치의 유효성을 감소시키는 방법이나 수단을 의미한다. "NOx Technical Code"란 1997년 MARPOL 회의의 결의서 2에 의해 채택된 선박용 디젤 기관으로부터 질소 산화물의 배출 통제에 관한 기술적인 코드로 개정이 MARPOL 협약본문 제16조의 규정에 따라 채택되고 발효되는 조건으로 IMO에 의해 개정된 기술적 코드를 말한다. "오존파괴물질"이라 함은 이 부속서의 적용 또는 해석 당시에 발효 중인「1987 오존층을 파괴하는 물질에 대한 몬트리올 의정서」의 부속서 A, B, C 또는 E에 등재된 제1조 제4항에 정의되어 통제되는 물질을 의미한다. 선박에서 볼 수 있는 "오존파괴물질"은 Halon 1211 Bromochlorodifluoromethane, Halon 1301 Bromotrifluoromethane, Halon 2402 1,2 - Dibromo - l,l,2,2 - tetrafluoroethane, CFC-11 Trichlorofluoromethane, CFC-12 Dichlorodifluoromethane, CFC-113 1.1.2 -Trichloro-l,2,2-trifluoroethane, CFC-114 1.2-Dichloro-l,l,2,2-tetrafluoroethane을 포함하지만 이에 국한된 것은 아니다. "비자항 무인 바지선"은 기계적인 동력이 없으며, MARPOL 제6부속서가 규제하는 배기가스를 배출하는 장치, 기구 또는 기기가 없고, 사람이나 살아있는 동물이 승선하지 않는 선박을 말한다. "연간 운항(적) 탄소집약도지수(Carbon Intensity Indicator, 이하 CII) 계산값"은 MARPOL 제6부속서의 제26규칙과 제28규칙에 따라 개별 선박이 달성한 운항 탄소 집약도 지표 값이다. "에너지효율설계지수(Energy Efficiency Design Index, 이하 EEDI) 계산값"이란 이 부속서의 제22규칙에 따라서 개별 선박이 달성한 EEDI 값이다. "현존선에너지효율지수(Energy Efficiency Existing Ship Index, 이하 EEXI) 계산값"이란 이 부속서의 제23규칙에 따라서 개별 선박이 달성한 EEXI 값이다. "연간 운항(적) 탄소집약도지수(CII) 허용값"은 특정 선박 유형 및 크기에 대해 이 부속서의 제26규칙 및 제28규칙에 따라 달성된 연간 운항적 탄소집약도지수의 목표 값이다. "에너지설계지수(EEDI) 허용값"이란 특정 선종 및 크기에 대하여 이 부속서의 제24규칙에서 허용하는 실측 EEDI의 최대값이다. "현존선에너지지수(EEXI) 허용값"이란 특정 선종 및 크기에 대하여 이 부속서의 제25규칙에서 허용하는 실측 EEXI의 최대값이다.

3.2 검사

MARPOL 제6부속서 규정에 따른 선박 검사는 주관청의 권한있는 검사관에 의해 수행되어야 하며, 주관청은 그 목적을 위해 지명된 검사원 또는 승인된 단체에 관련된 검사를 위임할 수 있다.[99] 그런 단체는 IMO에 의해 채택된 지침을 준수하여야 한다. 지정된 검사원 또는 승인된 단체가 장비의 상태가 증서의 내용과 근본적으로 일치하지 않다고 판단할 때에는 시정조치가 취해지도록 하고 적절한 방법으로 주관청에 통지하여야 한다.[100] 그러한 시행조치가 취해지지 않는다면, 증서는 주관청에 의해 즉시 회수되어야 하며, 만약 선박이 타당사국의 항내에 있다면, 그 항구의 항만당국에 즉시 통보해야 한다.[101] 주관청의 검사관, 지정된 검사원 또는 승인단체가 항만당국에 통지하였을 때, 항만당국의 정부는 이 규칙에 의한 의무를 수행할 수 있도록 검사관, 검사원 또는 승인된 단체에 필요한 지원을 해야 한다.[102] 어떠한 경우에도, 해당 주관청은 검사의 완벽성 및 효율성을 완전하게 보증하여야 하며 이 의무를 만족시키기 위한 필요한 조치를 확보하도록 하여야 한다.

선박의 설비는 MARPOL 제6부속서의 규정에 적합하게 유지되어야 하며 검사를 받는 설비, 장치, 부착물, 배치 또는 재료는 주관청의 서면 승인 없이는 변경되어서는 아니된다. 이 부속서의 규정을 준수하는 설비 및 부속품의 직접적인 교환은 허용된다. 이 부속서에 적용을 받는 장비의 효율 또는 완전성에 본질적으로 영향을 주는 사고가 선박에서 발생하거나 결함이 발견될 때는 선장 또는 선박 소유자는 관련증서의 발급에 책임을 지고 있는 주관청, 지정된 검사원 또는 승인된 단체에 최대한 가장 빠른 시간 이내에 보고를 하여야 한다.

1) 선박으로부터의 배출 규제를 위한 검사

MARPOL 제6부속서 제5규칙에 따라 총톤수 400톤 이상의 모든 선박 그리고 모든 고정식 및 부유식 시추선과 기타 플랫폼들은 MARPOL 제6부속서 제3장에 적합함을 확인하기 위해 다음의 검사를 받아야 한다. 총톤수 400톤 미만의 선박의 경우, 주관청은 이 부속서의 제3장의 적용 가능한 규정을 준수하는 것을 확보하기 위하여 적절한 조치를 강구할 수 있다.

99) MARPOL 제6부속서 제5규칙.
100) 위의 규칙.
101) 위의 규칙.
102) 위의 규칙.

〈표 2-2-32〉 MARPOL 제6부속서에 따른 검사종류

검사종류	검사내용	검사시기
최초검사	이 검사는 MARPOL 제6부속서에 의한 선박의 설비, 장치, 부착물, 배치 및 재료가 이 부속서 제3장의 적용규정을 충분히 만족하는 것	선박이 운항하기 전 또는 이 부속서의 제6규칙에 의한 증서가 최초로 발행되기 전
정기검사	선박의 설비, 장치, 부착물, 배치 및 재료가 MARPOL 제6부속서 제3장의 규정을 충분히 만족하는 것	5년을 초과하지 아니하는 간격
중간검사	선박의 설비 및 배치가 MARPOL 제6부속서 제3장의 적용요건에 완전히 적합하고 양호한 작동 상태에 있음을 확인	국제대기오염방지증서의 2번째 연차일 전후 3개월 이내, 또는 3번째 연차일 전후 3개월 이내 한번 *중간검사는 연차검사 중의 하나를 대신함
연차검사	MARPOL 제6부속서 제5규칙 제1.1항에 언급된 설비, 장치, 부착물, 배치 및 재료의 일반적인 검사를 포함하는 것으로 이들이 이 규칙 제5항에 따라 정비되고 선박의 용도에 만족하게 유지되는 것을 확인	국제대기오염방지증서의 매 연차일 전후 3개월 이내
추가검사	필요한 수리 또는 신환이 효과적으로 완료되었고 그러한 수리, 신환 재료 및 시공이 모든 점에서 만족하며, 그 선박이 MARPOL 제6부속서의 제3장의 요건에 적합함을 확인	MARPOL 제6부속서 제5규칙의 제5항에 규정된 중요한 수리나 신환이 있을 때마다 또는 이 규칙 제6항에 규정된 조사 결과에 따른 수리 후

2) 선박의 에너지효율을 위한 검사

MARPOL 제6부속서 제4장이 적용되는 선박은 IMO가 개발한 지침서[103]를 고려하여 다음과 같이 검사를 받아야 한다. 먼저, 최초검사는 신선이 운항하기 전 또는 국제에너지효율 증서(International Energy Efficiency Certificate, 이하 IEE)가 발행되기 전에 받아야 한다. 이 검사는 실측 EEDI가 MARPOL 제6부속서 제4장의 요건에 따르고 있는지, 그리고 이 부속서 제26규칙에서 요구하는 선박에너지효율관리계획(SEEMP)이 본선에 있는지를 검증한다. 그리고 전반적 또는 부분적 검사는 이 규칙이 적용되는 신조 선박의 주요 개조 후 실시한다. 이 검사는 필요시 실측 EEDI를 재계산하고 제24규

103) 에너지효율설계지수(EEDI)의 검사 및 증서 발급을 위한 지침서를 참조할 것. (resolution MEPC.254(67), as amended by resolutions MEPC.261(68) and MEPC.309(73)); consolidated text: MEPC.1/Circ.855/Rev.2, as may be further amended.).

칙의 요건을 만족하는지 확인하여야 한다.

또한 신선 또는 현존선의 주요개조가 매우 광범위하여 주관청이 새로이 건조되는 선박으로 간주하는 경우, 주관청은 EEDI 계산값에 대한 최초검사의 필요성 여부를 결정하여야 한다.[104] 이러한 검사가 필요하다고 결정하는 경우, EEDI 계산값이 계산되고 MARPOL 제6부속서 제24규칙의 요건을 만족하여야 한다. 이 검사는 제26규칙에서 요구하는 에너지효율관리계획(SEEMP)이 선박에 비치되어 있는지 여부를 확인한다.

현존선의 경우, 제22규칙에 따른 에너지효율관리계획(SEEMP)의 선박 비치 요건에 대한 검증은 2013년 1월 1일 이후 첫 번째 중간 또는 정기검사 시에 실시한다.

주관청은 MARPOL 제6부속서 제27규칙을 적용받는 선박에 대하여, 선박에너지효율관리계획(SEEMP)이 이 부속서 제26.2규칙을 준수함을 확인해야 한다.

주관청은 MARPOL 제6부속서 제28규칙이 적용되는 각 선박에 대해 에너지효율관리계획(SEEMP)이 이 부속서의 제26.3.1규칙을 준수함을 보장해야 한다. 이는 2023년 1월 1일 전에 수행되어야 한다. 관련 확인증 (confirmation of compliance)은 선박에 제공되고 본선에 비치되어야 한다.

선박의 EEXI 계산값이 이 부속서의 제23규칙과 제25규칙의 요건에 부합한다는 검증은 2023년 1월 1일 이후에 첫 번째 연간, 중간 또는 정기 검사 또는 최초검사 중 먼저 적용되는 검사에서 이루어져야 한다. 이러한 규칙에도 불구하고 상황에 따라 이 부속서의 제23규칙이 적용되는 선박의 주요 개조 후에 시행되는 전반적 또는 부분적 검사는 필요에 따라 EEXI계산값이 재계산되고 이 부속서의 제25규칙의 요구 사항을 충족하는지 확인해야 한다.

3.3 증서 등의 발행 또는 이서

1) 국제 대기오염 방지 증서

국제대기오염방지증서는 MARPO 제6부속서 제5규칙의 규정에 의하여 최초 또는 정기검사를 한 후 다음의 선박에 발행되어야 한다. 먼저, 타 당사국의 관할 항구 또는 해상 터미널로 향하는 항해에 종사하고 있는 400톤 이상의 모든 선박 그리고 타 당사국의 관할 또는 주권하에 있는 수역으로 향하는 항해에 종사하고 있는 플랫폼과 시추선

104) MARPOL 제6부속서 제5규칙.

등의 선박에 발행되어야 한다. MARPOL 제6부속서가 발효되기 전에 건조된 선박에 대해서는 발효일 후 행하는 계획된 최초의 입거검사 시까지 국제대기오염방지증서를 발급받아야 한다. 그러나 어떠한 경우에도 이러한 증서를 발급받는 시기가 발효일 후 3년을 초과하여서는 아니된다. 증서는 주관청, 권한을 위임 받은 검사원 또는 승인된 단체에 의해서 발행되어야 한다. 어떠한 경우에도 증서에 대한 모든 책임은 주관청에 있다.[105]

2) 국제에너지효율증서

국제에너지효율(IEE) 증서는 총 톤수 400톤 이상의 선박이 타당사국의 관할 항구 또는 해상 터미널로 향하는 항해에 종사하기 전에 MARPOL 제6부속서 제5.4규칙의 조항에 따른 검사 후 발행하여야 한다. 이 증서는 주관청 또는 주관청에 의해 위임 받은 단체에 의해 발행 또는 이서되어야 한다. 어떠한 경우에도, 증서에 대한 모든 책임은 주관청에 있다.[106]

3) 연료유 소모량 보고와 탄소 집약도 지수에 관한 적합 확인서

MARPOL 제6부속서의 제27.3규칙에 따라 보고된 데이터를 수신하고 이 부속서의 제28.2규칙에 따라 연간 운항 CII를 획득하면, 주관청 또는 주관청에 의해 정당하게 권한을 부여 받은 단체는 데이터가 이 부속서의 제27규칙 에 따라 보고되었는지를 결정해야 한다. 보고된 연간 운항 CII 계산값이 이 부속서의 제27규칙에 따라 제출된 데이터를 기반으로 계산되었음 확인해야 한다. 검증된 연간 운항 CII 계산값을 기반으로 이 부속서의 제28.6규칙에 따라 선박의 운영 탄소 집약도 등급을 결정해야 한다. 그리고 이 부속서의 제6.6.1규칙에서 제6.6.3규칙에 따른 결정 및 검증 시, 연초부터 5개월 이내에 연료유 소비 보고 및 운항 탄소 집약도 등급과 관련된 적합확인서를 선박에 발행해야 한다. 이 부속서의 제27.4, 27.5 또는 27.6규칙에 따라 보고된 데이터를 수신한 경우, 주관청 또는 주관청에 의해 정당하게 권한을 부여 받은 단체는 데이터가 제27규칙에 따라 보고되었는지 여부를 즉시 결정하고 그러한 경우 해당 선박에 적합 확인서를 발행해야 한다. 이 부속서의 제28규칙에 따라 3년 연달아 D 등급 또는 E 등급을 부여 받은 선박은 시정 조치 계획이 정당하게 개발되고 SEEMP에 반영되어야 하며 주관청 또는 이 부속서 제28.7 및 28.8규칙에 따라 정당하게 승인된 기관이 확인하지 않는 한

105) MARPOL 제6부속서 제6규칙.
106) 위의 규칙.

적합확인서는 발행되지 않는다.

주관청의 요청에 의해서, 당사국은 선박의 검사가 시행되도록 할 수 있으며, 이 부속서에 적용되는 규정을 만족하는 경우, 이 부속서에 따라 그 선박에 대한 국제대기오염방지증서 또는 국제에너지효율증서를 발행하거나 증서의 발행에 대한 권한을 위임하여야 하며, 그리고 적합하다면, 그 증서를 이서하거나 증서의 이서에 대한 권한을 위임해야 한다.[107] 증서 및 보고서의 사본은 가능한 빨리 요청한 주관청에 송부해야 하며, 이와 같이 발행된 증서에는 증서가 주관청의 요청에 의해 발행되었다는 취지 및 이 증서는 이 부속서 제6규칙에 의하여 발행된 증서와 동일한 효력을 가지며 동등한 것으로 인정된다는 취지의 내용이 포함되어야 한다.[108] 국제대기오염방지증서 또는 국제에너지효율증서 또는 무인자항선 면제증서는 체약국이 아닌 기국의 선박에 발행되어서는 아니된다.[109]

3.4 연료유 소모량에 관한 증서 등의 유효기간 및 효력

1) 국제대기오염방지증서

국제대기오염방지증서는 5년을 넘지 않는 범위에서 주관청이 정하는 기간으로 발행되어야 한다. 이러한 요건에도 불구하고, 현증서의 만료일 전 3개월 이내에 정기 검사가 완료되는 경우, 새 증서는 정기검사의 만료일부터 현 증서의 만료일 후의 5년을 넘지 아니 하는 날까지 유효하다. 정기검사가 현증서의 만료일 후에 완료되는 경우, 새 증서는 정기 검사의 만료일로부터 현증서의 만료일 후의 5년을 넘지 아니하는 날까지 유효하다. 정기검사가 현증서의 만료일의 3개월 전에 완료되는 경우, 새 증서는 정기검사의 완료일로부터 정기검사의 완료일 후의 5년을 넘지 아니하는 날까지 유효하다.[110]

증서가 5년 미만의 유효기간으로 발행되면, 주관청은 그 만료일을 초과하여 MARPOL 제6부속서 제9규칙의 제1항에 규정된 5년의 최대기간까지 그 증서의 유효기간을 연장할 수 있다. 단, 증서가 5년의 기간으로 발행되는 경우 적용 가능한 이 부속서의 제5.1.3 및 5.1.4규칙에 규정된 검사가 적절히 시행되어야 한다.[111]

107) MARPOL 제6부속서 제7규칙.
108) 위의 규칙.
109) 위의 규칙.
110) MARPOL 제6부속서 제9규칙.

정기검사가 완료되었으나 새 증서를 현증서의 만료일 전에 발행할 수 없거나, 또는 그 선박에 비치할 수 없는 경우, 주관청에 의하여 권한을 위임받은 자 또는 단체는 현 증서에 이서할 수 있으며 그러한 증서는 현 증서의 만료일로부터 5개월을 초과하지 아니하는 연장기간에 대하여 유효한 것으로 인정된다.[112]

증서가 만료되는 시점에, 선박이 검사를 받기로 되어 있는 항구에 있지 않는 경우, 주관청은 그 증서의 유효기간을 연장할 수 있지만, 이 연장은 단지 그 선박이 검사를 받기로 되어 있는 항구까지의 항해를 완료할 수 있도록 하기 위한 때에 한하며 특히 그것이 적당하고 합리적인 경우에 한해서 허용되어야 한다.[113] 어떠한 증서도 3개월을 초과하여 연장될 수 없으며, 연장을 허가받은 선박이 검사를 받기로 되어 있는 항구에 도착했을 때는 새 증서를 발급받지 아니하는 한 그러한 연장에 의해 그 항구를 출항할 수 없다. 정기검사가 완료되는 경우, 새 증서는 연장이 허용되기 전의 현 증서의 만료일로부터 5년을 초과하지 아니하는 날까지 유효하다.[114]

MARPOL 제6부속서 제9규칙에 따라 위와 같이 증서가 연장 되지 아니한 단거리 항해에 종사하는 선박에 발행된 증서는, 주관청에 의하여 그 증서에 기재된 만료일로부터 1개월까지의 유예기간에 대하여 연장될 수 있다.[115] 정기검사가 완료되는 경우, 새 증서는 연장이 허용되기 전의 현증서의 만료일로부터 5년을 초과하지 아니하는 날까지 유효하다.[116]

주관청이 특별한 상황이라고 인정하는 경우에 있어서는, 새 증서를 MARPOL 제6부속서 제9규칙에서 요구하는 대로 현증서의 만료일로부터 시작할 필요는 없다. 이러한 특별한 상황에서, 새 증서는 정기검사 완료일로부터 5년을 초과하지 않는 날까지 유효하다.[117]

연차검사 또는 중간검사가 MARPOL 제6부속서의 제5규칙에 규정된 기간 전에 완료되는 경우, 증서에 기재된 연차일은 검사완료일 후 3개월을 넘지 않는 일자로 이서하여 수정되어야 하며, 이 부속서의 제5규칙에서 요구되는 그 후의 연차검사 또는 중간검사는 새로운 연차일을 사용하여 이 규칙에 규정된 간격으로 만료되어야 한다.[118] 다

111) MARPOL 제6부속서 제9규칙.
112) 위의 규칙.
113) 위의 규칙.
114) 위의 규칙.
115) 위의 규칙.
116) 위의 규칙.
117) 위의 규칙.
118) 위의 규칙.

만, 이 부속서 제5규칙에 규정된 검사 사이의 최대간격을 초과하지 아니하도록 1회 이상의 연차검사 또는 중간검사를 적절히 실행하는 경우에는 만료일을 변경하지 아니해도 된다.[119]

MARPOL 제6부속서의 제6규칙 또는 제7규칙에 따라서 발행된 증서는 검사가 이 부속서의 제5.1규칙에 명시된 기간 내에 완료되지 아니한 경우, 증서가 이 부속서 제5.1.3규칙 또는 제5.1.4규칙에 따라서 이서되지 아니한 경우, 선박의 국적을 타국적으로 변경하는 경우에 그 효력을 상실한다. 새 증서를 발행하는 국가가 그 선박이 이 부속서의 제5.4규칙의 요건에 적합하다는 것을 충분히 만족할 때에만 새 증서는 발행되어야 한다.[120] 협약당사국 사이의 국적변경의 경우, 변경 후 3개월 이내에 요청을 받으면, 선박이 이전에 그 국기를 게양할 자격이 있었던 당사국 정부는, 국적변경 전 선박에 비치된 증서의 사본과 가능하면 관련 검사보고서의 사본을 가능한 한 조속히 주관청에 송부하여야 한다.[121]

2) 국제에너지효율증서

국제에너지효율증서는 다음과 같은 상황을 제외하고 선박의 일생동안 유효하다. 먼저, 선박이 운항을 중단하거나 선박의 주요개조 후 새로운 증서가 발행되는 경우, 선박의 국적을 타국적으로 변경하는 경우, MARPOL 제6부속서의 제3규칙이 적용되지 않는 한, 이 부속서 제5.5규칙에 규정된 바와 같이, 검사에 포함된 선박의 장비, 시스템, 부속품, 배치 또는 재료가 주관청의 명시적인 승인 없이 변경된 경우를 제외하고 국제에너지효율증서의 효력은 선박의 일생동안 유지된다. 새로운 증서의 발행과 관련하여 새 증서를 발행하는 국가가 그 선박이 MARPOL 제6부속서 제4장의 요건에 적합하다는 것을 충분히 만족할 때에만 새 증서를 발행해야 한다.[122] 협약당사국 사이의 국적변경의 경우, 변경 후 3개월 이내에 요청을 받으면, 선박이 이전에 그 국기를 게양할 자격이 있었던 당사국 정부는, 국적변경 전 선박에 비치된 증서의 사본과, 가능하면 관련 검사보고서의 사본을 가능한 한 조속히 주관청에 송부하여야 한다.[123]

119) MAPOL 제6부속서 제9규칙.
120) 위의 규칙.
121) 위의 규칙.
122) 위의 규칙.
123) 위의 규칙.

3) 적합확인서 – 연료유소모량 보고 및 운항 탄소 집약도 지수 관련

MARPOL 제6부속서 제6.6규칙에 따라 발행된 적합확인서는 해당 증서가 발행된 역년 및 다음해 첫 5개월까지 유효하다. 이 부속서 제6.7규칙에 따라 발행된 적합확인서는 해당 증서가 발행된 역년, 다음해 및 다다음해 첫 5개월까지 유효하다. 모든 적합확인서는 적어도 5년간 본선에 보관되어야 한다.

제 3 장

STCW

1. 의의
2. 안전보안교육
3. 당직근무

제3장 STCW

1. 의의

1.1 협약의 개요

『선원의 훈련, 자격증명 및 당직근무의 기준에 관한 국제협약(International Convention on Standards of Training, Certification and Watchkeeping for Seafarers, 이하 STCW)』은 처음으로 1978년 7월 7일에 채택되어 1984년 4월 28일 발효하였다. STCW 또한 MARPOL과 마찬가지로 영국의 남동해안 도버해협에서 좌초한 토리캐년호(Torrey Canyon)의 영향을 받아 채택되었으며, 특히 이 협약을 통해 국제사회는 인적과실에 의한 해양사고를 최대한 방지하기 위해 선원이 갖추어야 하는 최저 능력을 선원의 훈련과 자격으로 규제하기 시작하였다. 그러나 1978년 STCW는 협약 당사국에게 재량권을 다수 부여하여 국가마다 설정한 제도의 수준에 따라 선원의 능력과 해기교육에 많은 편차를 보였다. 이에 IMO는 이러한 편차를 축소하고 선원에게 요구되는 해기능력의 통일된 최저기준을 확보하기 위해 개정 STCW을 1995년 7월 7일 채택하였다. 이 개정 STCW는 일부 규정을 제외하고 1997년 2월 1일 발효를 하였으며, 특히 이 개정 협약은 선박의 자동화, 대형화 등 기술발전에 대응하기 위해 선원이 갖추어야 하는 최저의 해기능력을 규정으로 정하여 전통적인 선내 조직의 변화를 수용했다고 평가받고 있다. 그러나 이렇게 개정된 STCW도 급속도로 발전하는 선박의 고속화, 대형화, 자동화와 관련하여 2000년대 들어 적절하지 않다는 평가가 지속적으로 제기되어 2006년 IMO 선원훈련 및 당직 소위원회(Subcommittee on Standards of Traning Watchkeeping, 이하 STW)에서 1995년 개정 STCW의 또 다른 전면 개정을 추진하기 시작하였다. 이후 IMO STW는 약 6차례의 회의를 거쳐 2010년 1월 최종 개정안을 마련하였고, IMO 해사안전위원회(Maritime Safety Committee, 이하 MSC)의 동의를 거쳐 2010년 6

월 25일 필리핀 마닐라에서 개최된 외교회의에서 개정안을 채택하였다. 현재의 적용되고 있는 STCW는 2010년 개정된 마닐라 개정협약으로 2012년 1월 1일부터 발효되어 적용되고 있다.

1.2 협약의 구조

2010년 개정된 STCW는 협약본문과 8개의 장으로 이루어진 부속서, A편과 B편으로 나누어진 STCW Code가 있다. STCW Code 중 A편은 강제규정이며, B편은 권고규정이다. 부속서는 각 장별로 1장은 일반규정, 2장은 선장과 갑판부, 3장은 기관부, 4장은 무선통신과 무선통신사, 5장은 특정선박 종사자에 대한 특별훈련요건, 6장은 비상, 직업안전, 보안, 의료관리 및 생존기능, 7장은 다기능해기사 자격증명, 8장은 당직근무에 관한 사항을 정하고 있으며, STCW Code A와 B편 또한 STCW 부속서와 같은 구조로 각 장에서 STCW 부속서에 관한 구체적인 요건과 훈련사항을 정하고 있다. 따라서 STCW의 전체적인 내용을 이해하기 위해서는 협약에서 정하고 있는 일반적인 의무 사항은 협약의 부속서의 각 장을 통해 이해해야 하고, 구체적인 요건은 STCW Code를 보아야 한다. 다만, 교재의 목적상 해사안전관리사의 교육과 필요한 지식을 위해 여기서는 안전보안교육과 당직근무에 관한 STCW의 규정들을 살펴본다.

2. 안전보안교육

STCW는 모든 선원에 대한 기초안전과 상급소화훈련, 보안관련 훈련과 관련하여 부속서 제6장에서 당사국에게 최저요건을 지킬 의무를 부과하고 있으며, 이 최저요건에 대한 구체적인 강제요건 사항을 STCW Code A편의 제6장에서 정하고 있다.

2.1 기초훈련과 상급소화훈련

1) 안전친숙훈련

STCW 부속서 제6장 제6-1규칙은 모든 선원이 STCW Code A편 제A-Ⅵ/1조에서 정하고 있는 안전친숙훈련과 기초훈련의 최저요건을 이수해야 할 것으로 정하고 있다. 먼저, STCW Code A편 제A-Ⅵ/1조에서 정하고 있는 안전친숙훈련은 해상에서의 개인생존기술을 익히는 것으로 모든 선원에게 요구되는 것이다. 이에 따르면 모든 선원은 선박의 안전문제와 관련하여 선내에 있는 타인과 의사소통을 하고 안전정보표지, 표시 및 경보신호를 이해할 수 있어야 한다. 그리고 모든 선원은 사람이 선외로 추락하거나, 선박에서 화재 또는 연기가 탐지되거나, 또는 화재 또는 퇴선신호가 울렸을 때 자신의 임무가 무엇인지 알고 있어야 하며, 비상소집 및 승정장소와 비상탈출로를 구분하여 인지할 수 있어야 한다. 또한, 모든 선원은 구명동의가 어디에 비치되어 있는지 알고 착용할 수 있어야 하며, 화재시 화재경보를 울리고 휴대식 소화기를 사용할 수 있어야 하고, 사고 또는 응급사태에 직면하였을 때 선내에서 추가의 의료지원을 받기 전에 즉각적인 조치를 취할 수 있어야 하며, 선체개구부가 아닌 방화문, 풍우밀문과 수밀문을 개폐할 수 있어야 한다.

2) 기초훈련

다음으로 STCW Code A편 제A-Ⅵ/1조에서 정하고 있는 기초훈련은 선박의 운항과 관련하여 직무에 종사하는 선원에게 선내임무를 수임하기 전에 갖추어야 할 능력으로, 선박의 안전 또는 오염방지를 위해 선내구성원으로서 익혀야 할 내용이다. 이러한 내용은 개인생존기술, 방화 및 소화기술, 기초응급처치, 개인안전과 사회적 책임에 관한 사항으로 나누어진다.

가) 개인생존기술

개인생존기술은 선박퇴선시 해상에서의 생존과 관련된 것으로 관련 선원은 이를 위해 충돌, 화재, 침몰 등 발생할 수 있는 비상사태의 유형을 파악하고 있어야 하며, 통상적으로 선박에 비치된 구명설비의 유형에 대해서 알고 있어야 하고, 생존정의 의장품, 개인생존장비의 위치 등을 파악하고 있어야 한다.

나) 방화 및 소화

방화 및 소화와 관련하여 선원에게 최저로 요구되는 해기능력과 지식은 화재위험의 최소화와 화재를 동반하는 비상상태에 대응하기 위한 준비 상태 유지에 관한 화재 발생 전 단계의 지식과 진화와 소화로서 화재 발생 이후 대응을 위한 지식으로 나누어진다. 먼저 화재 발생 전 단계 비상상태 대응을 위한 지식으로 선상 화재 대응을 위한 조직체계를 이해해야 하고, 소화설비의 위치와 비상탈출경로를 숙지해야 하며, 화재와 폭발의 요소를 이해해야 하고, 점화의 형식과 점화원에 대해 이해해야 하며, 가연물질, 화재 위험 및 화재의 확산에 대해 알고 있어야 하며, 경계의 필요성에 대해 알고 있어야 하며, 선내에서 취해야 할 행동과 화재 · 연기탐지 · 자동경보시스템에 대해서 숙지해야 하고 화재의 분류와 적용가능한 소화기의 용제를 알고 있어야 한다. 그리고 화재 발생 이후 진화와 소화를 위해 선원은 소화설비의 위치를 파악하고 있어야 하며, 고정식 설비, 소방원장구, 개인장치, 소화설비 및 장치, 소화방법, 소화기 약제, 소화절차, 진화와 구조를 위한 호흡구(자장식 호흡구 등) 등에 대한 사용방법 및 지침을 숙지하고 있어야 한다.

다) 기초응급처치

기초응급처치에 관한 선원에게 요구되는 최저 해기능력은 선원이 사고 또는 기타 의료 응급사태 발생시 취하는 즉각적인 조치로서 먼저 부상자에게 필요한 것과 자신의 안전에 대한 위협을 평가할 수 있어야 하며, 인체구조와 기능에 관해 개괄적으로 이해해야 한다. 그리고 선원은 비상시 취해야 할 즉각적인 조치로서 부상자의 자세잡기, 인공호흡기술의 적용, 출혈의 제어, 기초적인 쇼크관리에 관한 적절한 조치 적용, 전류에 의하여 야기된 사고를 포함한 화상과 열상 사고시 적절한 조치의 적용, 부상자의 구조와 이송, 붕대사용법과 응급의료함의 물품 사용에 대해서 적절한 지식을 갖추고 있어야 한다.

라) 개인안전과 사회적 책임

선원은 개인안전과 사회적 책임을 위하여, 선상의 비상절차를 준수해야 한다. 그리고 비상절차의 준수를 위해 충돌, 화재, 침몰과 같은 발생할 수 있는 비상사태의 유형을 이해해야하며, 비상사태에 대응하기 위한 선내비상계획에 관한 지식을 갖추어야 하며, 비상신호 및 비상배치표 상에 선원에게 할당되어 있는 특정의 임무, 소집장소, 개인 안전장구의 올바른 사용법을 알고 있어야 한다. 이와 더불어, 화재, 충돌, 침몰 및 선내로의 침수를 포함한 잠재적 비상사태 발견시 취하여야 할 조치에 대해서 알고 있어야 하며, 탈출구와 내부통신 및 경보시스템에 관한 지식을 갖추어야 한다.

또한 선원은 해양환경의 오염을 방지하기 위한 예방조치에 관한 지식으로 해운이 해양환경에 미치는 영향과 운항상 오염과 사고오염이 해양환경에 미치는 영향에 대해 기초적 지식을 갖추고 있어야 하며, 환경보호를 위한 기초적인 절차, 해양환경의 다양성과 복잡성에 대한 기본적인 지식도 갖추고 있어야 한다.

이러한 지식과 더불어, 선원은 안전한 작업 관행을 준수하여야 하며, 안전을 위해 선내에서 효과적인 의사소통을 할 수 있도록 기여해야 하며, 선내에서 효과적인 인간관계가 이루어질 수 있도록 기여해야 한다. 마지막으로 선원은 자신의 피로관리를 위해 필수적 휴식, 피로에 관한 수면, 스케쥴, 생체리듬의 영향에 대해서 이해해야 하고, 신체적 스트레스요인, 선내·외의 환경적 스트레스 요인, 스케줄 변화 등으로 인한 피로 영향에 관한 지식을 갖추고 있어야 한다.

3) 상급소화훈련

상급소화능력은 소화작업을 통제하는 임무가 부여된 선원에게 요구되는 최저 해기능력으로 소화조직, 소화전략, 지휘가 특별히 강조된 소화기술을 갖추도록 요구되는 것이다. 이를 위해 STCW Code A편 제A-VI/3조는 그 표에서 선박 소화작업의 통제, 소화대의 조직과 훈련, 화재탐지와 소화시스템과 장치의 검사 및 서비스, 화재를 동반하는 사고의 조사와 보고서의 수집으로 요구되는 지식을 나누어 설명하고 있다.[124)]

먼저 선박 소화작업의 통제와 관련하여서, 관련 선원은 소화조직, 전술 및 지휘에 특히 중점을 둔 해상 및 항내에서의 소화절차, 소화를 위한 물의 사용, 선박의 복원성에

124) STCW Code A편 제A-VI/3조.

관한 효과, 예방 및 수정절차, 소화작업 중 통신과 조정, 연기제거기를 포함한 통풍제어, 연료와 전기시스템의 제어, 소화작업 진행중의 위험, 위험화물과 관련한 소화, 재료의 저장 및 취급과 관련한 화재예방조치 및 위험, 부상자의 관리 및 통제, 육상 소방원과의 조정절차에 관한 지식을 갖추어야 한다.[125]

그리고 소화대의 조직 및 훈련과 관련하여, 관련 선원은 비상계획의 준비, 소화대에 대한 인원의 구성 및 할당, 선박의 다양한 구역에서의 화재를 통제하기 위한 전략 및 전술에 관한 지식을 갖추어야 한다.

화재탐지와 소화시스템과 장치의 검사 및 서비스와 관련해서, 관련 선원은 화재탐지시스템, 고정식소화시스템, 설비 · 펌프 · 구조 · 구난 · 인명지원 · 개인보호 및 통신장치에 관한 지식과, 법정검사와 선급검사에 대한 요건 등을 구분하여 인지하고 있어야 한다.

마지막으로 화재를 동반하는 사고의 조사와 보고서 수집과 관련하여, 관련 선원은 화재를 동반하는 사고의 원인에 관해 평가할 수 있는 지식을 갖추고 있어야 한다.

2.2 탱커선 안전교육 요건

1) 유조선 및 케미컬 탱커선

STCW Code A편 제A-V/1-1조에 따라 유조선 및 케미컬탱커선의 화물과 하역장치에 관련된 특정한 임무와 책임을 담당하는 해기사와 부원은 유조선 및 케미컬 탱커의 하역작업에 대한 기초교육 이수증을 소지해야 한다.[126] 이러한 기초교육 이수증을 받고자 하는 모든 자는 STCW Code A편 제A-V/1조에 따라서 기초교육을 이수하고, 최소한 3개월의 유조선 및 케미컬탱커에서의 승인된 승무경력과 STCW Code A편 제A-V/1조에서 규정하는 해기능력을 충족시키거나, 유조선 및 케미컬탱커의 하역작업을 위한 승인된 기초교육과 STCW Code A편 제A-V/1조 제1항에서 규정하는 해기능력을 충족하여야 한다.

그리고 유조선과 케미컬탱커선에서 선장, 기관장, 1등항해사, 1등기관사와 선적, 양화, 화물의 이송 및 취급, 탱크 청소 또는 기타 화물 관련 작업에 대하여 직접 책임을

125) STCW Code A편 제A-VI/3조.
126) STCW Code A편 제A-V/1-1조.

지는 모든 사람은 유조선과 케미컬탱커선의 하역작업을 위한 상급교육 이수증을 소지하여야 한다.[127] 상급교육 이수증을 소지하고자 하는 자는 기초교육 이수증을 소지하고, 케미컬탱커 하역작업을 위한 상급교육을 이수하여야 하며, STCW Code A편 제A-V/1-2조 제2항에서 규정하는 해기능력의 기준을 충족해야 한다. 이와 더불어 상급교육 이수증을 받고자 하는 자는 유조선 또는 케미컬탱커에서 최소한 3개월의 승인된 승무경력을 가지고 있거나, 또는 정원 외의 직무자로 케미컬 탱커에서 최소 1개월의 승인된 승무경력을 가지면서 그간 최소 3회 이상의 적하 및 양하 작업에 종사한 경력을 가지고 있어야 한다. 승무경력과 관련하여서는 STCW Code 제B편의 제B-V/1조를 고려한 승인된 훈련기록부를 갖추고 있어야 한다. 이들 기초교육과 상급교육에 관한 자세한 내용은 STCW Code A편 제5장 제A-V/1-1조에서 정하고 있다.

2) 액화가스탱커

액화가스탱커의 화물과 하역장치에 관련된 특정한 임무와 책임을 담당하는 해기사와 부원은 액화가스 탱커의 하역작업에 대한 기초교육 이수증을 소지하여야 한다. 이러한 이수증을 받기 위해서는 STCW Code A편 제A-V/1조에 따른 기초교육을 이수하고, 최소한 3개월의 액화가스탱커에서의 승인된 승무경력과 STCW Code A편 제A-V/1조에서 규정하는 해기능력을 갖추거나, 또는 액화가스탱커의 하역작업을 위한 승인된 기초교육과 STCW Code A편 제A-V/1-2조 제1항에서 규정하는 해기능력의 기준을 충족하여야 한다.

액화가스탱커에서 선장, 기관장, 1등항해사, 1등기관사와 선적, 양화, 화물의 이송 및 취급, 탱크 청소 또는 기타 화물 관련 작업에 대하여 직접 책임을 지는 모든 사람은 액화가스 탱커 하역작업에 대한 상급교육 이수증을 소지하여야 한다.[128] 액화가스탱커 하역작업을 위한 상급교육 이수증을 받고자 하는 자는 액화가스탱커의 하역작업을 위한 기초교육 이수증 발급요건을 충족하여 기초교육 이수증을 소지하고, 액화가스탱커 하역작업을 위한 상급교육을 이수하여야 하고, STCW Code A편 제A-V/1-2조 제2항에서 규정하는 해기능력의 기준을 충족해야 한다. 이와 더불어 상급교육 이수증을 발급받고자 하는 자는 액화가스탱커에서 최소한 3개월의 승인된 승무경력을 가지거나, 또는 정

127) STCW Code A편 제A-V/1-1조.
128) STCW Code A편 제A-V/1-2조.

원 외의 직무자로 액화가스탱커에서 최소 1개월 이상의 승인된 승무경력을 가지면서 그 간 3회 이상의 적하 및 양하 작업에 참여한 경력이 있어야 한다. 정원 외의 직무자가 이러한 승무경력을 인정받기 위해서는 STCW Code B편 제B-V/1조를 고려한 승인된 훈련기록부에 관련 기록이 기재되어 있어야 한다.

이들 기초교육과 상급교육과 관련된 자세한 요건은 STCW Code A편 제A-V/1-2조에서 정하고 있다.

2.3 선박보안교육

1) 선박보안책임자의 적임증명서 발급

선박보안책임자 적임증명서를 받기 위한 모든 지망자는 12개월 이상의 승무경력을 가지거나 적절한 승무경력과 선박운항지식을 갖추고 있어야 한다. 혹은 이러한 자는 STCW Code A편 제A-VI/5조 제1항부터 제4항까지에서 규정된 선박보안책임자의 해기능력의 기준을 충족해야 한다.

2) 모든 선원에 대한 보안관련 훈련 및 소개과정

선원은 STCW Code A편 제A-VI/6조 제1항부터 제4항까지어 따른 보안관련 친숙 및 보안 인식훈련 또는 소개과정을 이수하여야 한다. 그리고 관련 규정에서 정하고 있는 적절한 해기능력의 기준을 충족하여야 한다.

증명성의 발급을 위한 자격에 보안 인식이 포함되지 아니한 경우에는 그 소지자가 보안 인식 훈련에 참여하였다는 것을 나타내기 위한 적임증명서가 발급되어야 한다.

모든 당사국은 STCW Code A편 제A-VI-6조 제4항에 규정되어 있는 것과 이들 규정이 발효되기 전에 자격을 갖추었거나 문서를 소지하고 있는 선원에게 필요한 보안 관련 훈련 또는 소개고정을 비교하여야 하며, 그들에게 자격을 최신화하도록 요구할 필요성이 있는지를 결정하여야 한다.

3) 지정보안업무 담당선원

지정보안업무를 담당하는 선원은 STCW Code A편 제A-VI/6조 제6항부터 제8항에서 규정하는 해기능력의 기준을 충족하여야 한다. 증명서의 발급을 위한 자격에 지정보안업무에 관한 훈련이 포함되지 아니한 경우에는, 그 소지자가 지정보안업무 훈련에 참여하였다는 것을 타나내기 위한 적임증명서가 발급되어야 한다. 이와 더불어 모든 당사국은 STCW Code A편 제A-VI/6조 제8항에서 규정하는 것과 이들 규정이 발효되기 전에 자격을 갖추었거나 문서를 소지한 선원에게 필요한 보안관련 훈련 또는 소개과정을 비교하여야 하며, 그들에게 자격을 최신화하도록 요구할 필요성이 있는지를 결정하여야 한다.

3. 당직근무

당직근무에 관한 사항은 STCW 부속서 제8장에서 정하고 있다. 이 장은 제Ⅷ/1규칙에서 당직임무에 대한 적합성, 제Ⅷ/2규칙에서 당직배치와 준수되어야 할 원칙을 정하고 있다.

3.1 당직임무에 대한 적합성

각 주관청은 피로를 방지하기 위한 목적으로 당직근무자와 STCW Code A편 제A-Ⅷ/1조에 따라 안전, 보안 그리고 오염방지 업무에 종사하도록 지정된 자에 대한 휴식기간을 정하고 시행해야 한다. 그리고 주관청은 당직제도가 모든 당직자의 효율을 보장할 수 있도록 피로가 당직자의 업무를 침해되지 않도록 요건을 정해야 한다.

이러한 규정은 특히 선원의 피로로 인하여 선박의 안전과 보안 운항에 위험을 야기하지 않도록 제정되어야 한다. 이를 위해 당직을 담당하는 해기사 또는 당직의 일부를 구성하는 부원으로서 안전과 오염방지 그리고 보안업무를 담당하는 모든 사람은 최소한 임의의 24시간의 기간 내에 최소한 10시간의 휴식시간을 취해야 한다.[129] 그리고 이러한 선원에게는 매7일의 기간마다 적어도 77시간의 휴식시간이 주어져야 한다. 이러한 휴식시간은 2회 이내로 나눌수 있으며, 그 기간 중 하나는 적어도 6시간이상이어야 한다. 그리고 연속된 휴식시간간의 간격은 14시간을 초과할 수 없다.[130] 다만 이러한 휴식규정에도 불구하고 비상시 또는 그 밖의 우선되는 운항조건인 경우에는 위의 휴식시간의 요건을 준수하지 않을 수 있다. 그러나 소집, 소화, 구명정 훈련, 국내 법령과 국제규범에 규정된 훈련은 휴식시간에 대한 방해를 최소화하고 피로를 유발하지 않는 방식으로 시행되어야 한다.[131]

또한 주관청은 항해 개시시 첫 번째 당직과 그 다음 당직이 충분히 휴식할 수 있도록 업무를 제도를 조직해야 하며, 혹은 당직업무에 적절할 수 있도록 업무를 조정할 수 있도록 제도를 정해야 한다. 이를 위해 주관청은 당직계획표가 잘 볼 수 있는 곳에 게시되도

129) STCW Code A편 제A-Ⅷ/1조.
130) 위의 규정.
131) 위의 규정.

록 규정을 정해야 하며, 무인기관실 운항시 등 선원이 호출되어 정상적인 휴식시간이 작업에 대한 호출로서 방해되었다면, 적당한 보상 휴식시간이 제공될 수 있도록 해야 한다.

휴식시간의 준수를 확인하기 위해 선원의 일별 휴식시간의 기록이 통용언어 또는 선박의 통상적인 언어와 영어로 표준화된 형식으로 유지되어야 하며, 선원은 자신과 관계된 기록의 사본을 받을 수 있으며, 선장 또는 선장이 지명하는 사람 그리고 선원이 서명하도록 해야 한다.[132]

선장은 선박, 선내의 인명, 화물의 당면한 안전을 위하거나 해상에서 조난을 당한 선박이나 인명을 구조하기 위하여 필요한 일체의 작업을 수행하도록 선원에게 요구할 수 있으며, 긴급한 상황이 종료될 때까지 계획된 휴식시간을 중지하고 선원들에게 필요한 작업을 수행하도록 요구할 수 있다.[133] 다만, 이러한 긴급한 상황이 종료하고 정상 상황으로 회복된 후 실행 가능한 선장은 계획된 휴식기간 중에 근로를 한 선원에게 적절한 기간의 휴식을 제공하여야 한다.[134]

당사국은 휴식시간이 임의의 7일의 기간마다 70시간 이상일 것을 조건으로, 상기에 건급한 최소휴식시간에 대해 예외를 인정할 수 있다. 그러나 매7일 최소77시간의 휴식시간에 대한 예외는 연속된 2주 이상의 기간으로 허용될 수 없으며, 선내에서 2개의 예외기간 간의 간격은 그 예외기간의 2배 이상이어야 한다. 24시간 이내 최소 10시간 이상의 휴식시간은 최대 3개를 초과하여 분할하여서는 아니되며, 그 중 하나는 6시간 이상이어야 하며, 나머지 2개의 휴식시간 또한 1시간 이상이어야 한다. 연속적인 휴식시간 사이의 간격은 14시간을 초과하지 않아야 한다. 이러한 예외는 임의의 7일간에 2회의 24시간 이상 확대되지 않아야 한다.[135]

이와 더불어 각 주관청은 마약과 알콜남용을 방지하기 위한 목적으로 STCW Code B편 제B-Ⅷ/1조에 있는 지침서를 고려하여 STCW Code A편 제A-Ⅷ/1조에 따라서 적절한 조치가 마련되도록 해야 한다. 특히 알코올 남용을 방지하기 위하여, 주관청은 선장, 해기사와 안전, 보안 그리고 해양환경 업무를 수행하도록 지정된 선원에 대해서는 혈중알코올농도 0.05% 이하 또는 호흡중알코올 0.25mg/l 이하 또는 이러한 알코올도수에 이르게 하는 제한치를 규정하여야 한다.[136]

132) STCW Code A편 제A-Ⅷ/1조.
133) 위의 규정.
134) 위의 규정.
135) 위의 규정.
136) 위의 규정.

3.2 항해당직중 준수되어야 할 원칙

주관청은 모든 선박의 선장에게 당시의 상황과 조건을 고려한 안전한 당직과 당직들을 유지하기 위한 적절한 당직배치가 시행되도록 요구하여야 하며, 또한 선장의 일반적인 지시에 따라 항해당직을 담당하는 해기사가 자신이 물리적으로 선교 또는 그에 바로 연결된 해도실 또는 선교제어실과 같은 장소에 위치하고 있을 때에 언제나 자신의 임무기간 중 선박을 안전하게 항해할 책임을 다하도록 해야 한다.[137]

이를 위해 항해 또는 갑판 당직을 담당하는 해기사는 STCW Code A편 제2장 또는 제7장의 규정 중 항해 또는 갑판당직임무에 관련한 규정에 따라 적절한 자격을 갖추어야 한다.[138]

일반적으로 모든 선박의 선장은 당직근무배치를 적절하게 하여 안전한 항해 당직이 유지되게 하여야 하고, 선장의 일반적인 지시에 따라, 항해 당직을 담당하는 해기사는 당직 기간 중 선박을 안전하게 운항해야 하며, 충돌과 좌초를 피하는 데에 특별한 주의를 기울여야 한다.[139] 이와 더불어 해양환경보호를 위하여 선장, 해기사, 부원은 해양환경의 운항상 또는 사고상 오염의 심각한 영향을 숙지하여야 하며, 이러한 오염을 방지하기 위해 특히 관련 국제협약 및 항만규칙의 기초 내에서 취할 수 있는 모든 가능한 예방조치를 강구하여야 한다.[140] 이러한 사항과 더불어 항해 당직을 수행하는 자는 구체적으로 다음과 같은 사항을 준수해야 한다.

1) 경계

항해당직을 담당하는 해기사는 선장의 대행자로서 항상 선박의 안전항해와『1972 국제해상충돌예방규칙』의 준수를 위하여 일차적인 책임을 진다.[141] 따라서 항해당직을 담당하는 해기사는『1972 국제해상충돌예방규칙』제5조에 따른 적절한 경계를 유지해야 하며, 이러한 경계를 수행하는 중에는 이체의 다른 임무를 수행해서는 안된다. 경계자와 조타자의 임무는 분리되어야 하며, 조타자는 조타 중에 경계자로 간주되어서는 안된다.[142] 다만 조타위치에서 사방의 심야에 제한을 받지 않으며, 또한 야간경계의 장해

137) STCW Code A편 제A-Ⅷ/2조
138) 위의 규정.
139) 위의 규정.
140) 위의 규정
141) 위의 규정.
142) STCW Code A편 제A-Ⅷ/2조.

또는 기타 적절한 경계유지의 방해가 없는 소형선박의 경우는 이를 예외로 한다.[143] 그리고 항해당직을 담당하는 해기사는 주간에 단독으로 경계를 할 수 있는데, 이러한 단독 경계는 상황을 주의깊게 검토하여, 그렇게 하여도 안전하다는 것이 의심없이 확인되었을 경우, 특히, 기상상태, 시정, 해상교통량, 항해위험물에 대한 근접도, 통항분리제도 수역내 또는 그 부근을 항해중일 때 필요한 주의 등을 충분히 고려한 경우 단독 경계를 수행할 수 있다.[144] 다만, 이러한 경우라도 상황의 변화에 의하여 필요한 때에는 보조자가 즉시 선교에 호출될 수 있어야 한다.[145]

2) 당직배치

선교당직을 조직할 때는 다음 사항을 고려하여 결정하여야 하며. 고려해야 할 사항은 선교를 비우지 않을 것, 기상조건, 시정, 주야, 항해당직을 담당하는 해기사에게 부가적인 항행상의 임무를 수행하게 하는, 항해상의 위험에 대한 근접도, 레이더 또는 전자선위표시장치 및 선박의 안전항해에 영향을 미치는 일체의 기타 장치 등과 같은 항해 장비의 사용과 작동상태, 선박에 자동조타장치가 설치되어 있는지의 여부, 무선통신임무를 수행해야 하는지의 여부, 선교에 설치된 무인기관구역의 제어, 경보 및 지시장치와 그 사용절차 및 한계, 특별한 운항상황의 결과로 야기되는 항해당직에 관한 일체의 비통상적 필요 등이다.

3) 당직의 인계

항해당직을 담당하는 해기사는 당직을 인계받을 해기사가 당직임무를 유효하게 수행할 수 없다고 믿을만한 이유가 있을 경우에는 그에게 당직을 인계하여서는 안되며, 이러한 경우에 항해당직을 담당하는 해기사는 선장에게 보고하여야 한다.[146] 인계를 받는 해기사는 당직의 구성원이 자신의 임무를 충분히 수행할 수 있는지를 확인하여야 하며, 특히 어둠에 눈이 적응하는데에 주의하여야 한다.[147] 인계를 받는 해기사는 자신의 눈이 조명상태에 완전히 적응할 때까지 당직을 인계받아서는 안된다.[148] 당직을 인계받기

143) 위의 규정.
144) 위의 규정.
145) 위의 규정.
146) 위의 규정.
147) STCW Code A편 제A-Ⅷ/2조.
148) 위의 규정.

전에 인계를 받는 해기사는 선박의 추정위치 또는 진위치를 스스로 확인하여야 하며, 선박의 예정항로, 침로와 속력 및 해당하는 경우에는 무인기관시스템 제어상태를 확인해야 하고, 당직 중에 조우할 것으로 예상되는 일체의 항해상의 위험물에 유의하여야 한다.[149] 인계를 받는 해기사는 스스로 확인해야 할 사항은, 선박의 항행과 관련한 선장의 당직지침 기타의 특별 지시사항, 선박의 위치, 침로, 속력 및 흘수, 현재와 앞으로 예상되는 조석, 조류, 기상, 시정과 이들 요소가 침로와 속력에 미치는 영향, 주기관의 선교 조종시 선박을 조종하기 위한 주기관의 사용절차, 일반적인 항해상황 등이다.[150] 교대될 시각에 선박의 조종 또는 어떠한 피험 조치가 진행중인 경우, 항해당직을 담당하는 해기사의 교대는 그러한 조치가 완료될 때까지 연기되어야 한다.[151]

4) 항해당직의 수행

항해당직을 담당하는 해기사는 선교에서 당직을 수행해야 하며, 어떠한 상황하에도 적절히 당직이 교대될 때까지 선교를 떠나서는 안되며, 선장이 선교에 있다고 하더라도 선장이 항해 당직을 담당하는 해기사에게 책임을 맡겠다는 것을 특별히 통지하고 이것을 서로 이해할 때까지는 그 선박의 안전항해에 대하여 항해당직을 담당하는 해기사가 계속 책임을 진다.[152] 항해당직을 담당하는 해기사는 당직중 선박이 계획항로를 따라가고 있는지를 확인해야 하고, 이를 위해 필요하고 가능한 모든 항해 장비를 이용하여 충분히 자주 조타 침로, 선위 및 속력을 점검하여야 한다.[153] 항해당직을 담당하는 해기사는 선내의 모든 안전장치와 항해장치의 위치 및 작동에 관하여 숙지하여야 하며, 이들 장치의 작동상의 한계를 인지하고 있어야 하며, 선박의 안전항해를 방해할 수 있는 어떠한 임무를 할당받거나 또는 수행하여서는 아니된다.[154]

가) 레이더의 사용

항해당직 해기사는 레이더의 사용과 관련하여 『1972 국제해상충돌방지규칙』에서 정하고 있는 레이더의 사용에 관한 규정을 준수해야 한다. 특히 시정이 제한되거나 제한

149) 위의 규정.
150) 위의 규정.
151) 위의 규정.
152) 위의 규정.
153) 위의 규정.
154) 위의 규정.

될 것이 예상될 때마가 그리고 선박이 폭주하는 수역에서는 레이더의 한계에 관하여 적절히 주의하면서 항상 레이더를 사용해야 하며, 레이더 상에서 물표를 가능한 한 빨리 발견할 수 있도록 하기 위해 충분히 자주 탐지범위를 변경하여야 한다.[155] 레이더의 사용중에는 언제나 적절한 탐지범위를 선택하여 주의깊게 화면을 관찰하여야 하며, 충분한 시간적 여유를 두고 플로팅 또는 체계적인 분석을 시작하여야 한다.[156]

나) 항해당직 중 점검사항

선내 항해장치의 작동시험은 실행가능하고 상황이 허락하는 경우 실시해야 하며, 특히 항해에 영향을 미치는 위험상태가 예견되는 경우 자주 실시하여야 하고, 이러한 작동시험의 결과를 기록하여야 한다. 이러한 작동시험은 또한 입항 및 출항 전에 행하여야 한다. 이와 더불어 항해당직 해기사는 조타하고 있는 자 또는 자동조타장치가 올바른 침로를 유지하는 지 규칙적으로 점검해야 하며, 당직중 적어도 한번, 그리고 가능한 경우 주요 변침 후 자기컴퍼스의 오차를 구하여야 하며, 자기컴퍼스와 자이로컴퍼스를 자주 비교하고 리피터가 주자이로컴퍼스와 일치하는 지 확인해야 한다.[157] 또한 자동조타장치를 한 당직에 적어도 한번 수동으로 시험해야 하며, 항해등, 신호등 및 기타 항해장치가 적절히 작동하는지, 무선통신장치가 적절히 기능을 발휘하는지, 무인기관실시스템 제어장치, 경보장치, 지시장치가 적절하게 기능하는지 확인해야 한다.[158]

다) 선장 보고사항

항해당직 해기사는 다음과 같은 경우에 선장에게 즉시 보고해야 한다. 먼저, 시정이 제한되거나 또는 제한될 것이 예상되는 경우, 선박의 통항상태 또는 다른 선박의 이동이 염려스러울 경우, 침로의 유지가 어려울 경우, 예정시각까지 육표와 항로표지를 발견하지 못하거나 또는 측심을 못하였을 경우, 예기치 아니한 육표 또는 항로표지를 발견하거나 또는 측심의 변화가 발생하였을 경우, 주기관, 추진기의 원격조정장치, 조타장치 또는 일체의 필수항해장치, 경보장치 또는 지시장치의 고장시, 무선통신장치의 오작동시, 황천속에서 기상으로 인한 선체손상이 우려되는 때, 선박이 유빙 또는 표류물 등

155) STCW Code A편 제A-Ⅷ/2조.
156) 위의 규정.
157) 위의 규정.
158) 위의 규정.

항행상의 위험물을 조우하였을 경우, 기타 모든 비상시 또는 의심이 가는 경우 등이다.[159] 이러한 당직중 선장 보고사항에도 불구하고, 필요한 경우 항해당직 해기사는 선박의 안전을 위해 즉각적인 조치를 주저없이 취하여야 한다.

라) 기타

항해당직 해기사는 필요한 경우 타(舵), 기관, 음향신호장치를 사용할 수 있어야 한다. 또한 항해당직 해기사는 정선거리를 포함한 자선의 조종특성을 숙지하고 있어야 하며, 당직중 선박의 항해에 관계되는 이동과 활동에 대해 적절히 기록하여야 한다.[160] 항해당직 해기사가 분리된 해도실에 들어갈 때에는 그렇게 하는 것이 안전하고 적절한 경계가 이루어지고 있음을 우선 확인해야 한다.[161] 또한 항해당직 해기사는 적절한 경계자를 포함한 당직근무자들에게 안전한 당직을 유지하기 위한 모든 적합한 지침과 정보를 제공해야 한다.[162] 마지막으로 STCW Code A편 제8장은 여러조건과 수역에서의 당직근무와 관련된 사항을 정하고 있으며, 이는 양호한 기상, 제한된 시정, 야간, 연안 및 선박폭주 수역, 도선사 승선시의 항해, 정박중인 선박과 관련하여 항해 당직 근무에 관한 사항을 정하기 위한 것이다.

3.3 기관당직중 준수되어야 할 원칙

주관청은 모든 선박의 선장에게 당시의 상황과 조건을 고려한 안전한 당직과 당직들을 유지하기 위한 적절한 당직배치가 시행되도록 요구하여야 하며, 또한 선장의 일반적인 지시에 따라, 기관당직을 담당하는 해기사는 STCW Code에 정의된 대로 또한 기관장의 지시에 따라, 기관구역에 출석할 것이 요청되는 즉시 출두하여야 하며 또한 필요한 경우 자신의 책임기간 중 실제적으로 기관구역에 머물러야 한다.[163]

일반적으로 기관당직을 담당하는 해기사는 기관장의 대행자로서 항상 선박의 안전에 영향을 미치는 기계의 안전하고 효율적인 작동과 유지에 대한 일차적인 책임을 지며,

159) STCW Code A편 제A-Ⅷ/2조.
160) 위의 규정.
161) 위의 규정.
162) 위의 규정.
163) 위의 규정.

또한 필요에 따라 기관당직의 책임하에 있는 모든 기계와 장치의 검사, 작동 및 시험에 대한 책임을 진다.

1) 당직배치

기관당직의 조직은 자동 또는 수동형태에 있어서 선박의 운항에 영향을 미치는 모든 기계의 안전한 작동을 확보하기에 항상 적절하여야 하며, 당시의 상황과 조건에 적합해야 한다. 기관당직의 조직을 결정할 때 적절한 자격을 갖춘 부원을 포함하여, 1) 선종과 기계의 형식과 상태, 2) 선박의 안전운항에 영향을 미치는 기계에 관한 적절한 상시 감독, 3) 기상, 유빙, 오염된 수역, 천수역, 긴급상태, 손상의 억제 또는 오염의 확산방지와 같은 조건에 의하여 지배되는 일체의 특수한 운항형태, 4) 기관당직자의 자격과 경험, 5) 인명, 선박, 화물 및 항만의 안전과 환경의 보호, 6) 국제협약, 국가법규 및 지방법규의 준수, 7) 정상적인 선박운항의 유지 등을 고려해야 한다.

2) 당직의 인계

당직을 인계받는 해기사가 당직임무를 유효하게 수행할 수 없는 것이 명백하다고 믿을 만한 이유가 있을 경우에는 그에게 당직을 인계하여서는 아니되며, 이러한 경우에 기관장에게 보고하여야 한다. 인계받는 해기사는 당직의 구성원이 명백히 효과적으로 자신의 임무를 철저히 수행할 수 있는지를 확인하여야 한다. 기관당직을 인계받기 전에 인계를 받는 해기사는 스스로 적어도 1) 선박의 여러시스템과 기계의 작동과 관련한 기관장의 당직지침과 특별지시사항, 2) 기계와 여러시스템 상에서 수행중인 모든 작업의 성격, 관련 인원 및 잠재적 위험, 3) 빌지, 평형수탱크, 슬롭탱크, 예비탱크, 청수탱크, 오수탱크 내의 물 또는 잔류물의 액위, 그 상태 그리고 그 내용물의 사용 또는 폐기를 위해 특별히 필요한 사항, 4) 예비탱크, 세틀링탱크, 데이탱크 및 기타 연료저장설비의 연료상태와 액위, 5) 위생장치의 처리에 관하여 특별히 필요한 사항, 6) 전기 배전장치를 포함한 각종의 주기 및 보조기계의 상태와 작동방식, 7) 해당되는 경우, 감시장치 및 제어반 장치의 상태, 그리고 수동으로 작동되고 있는 장치, 8) 해당되는 경우, 증기보일러의 작동과 관계되는 화염안전제어장치, 한계제어장치, 연소제어장치, 연료공급제어장치 및 기타 장치와 같은 자동보일러 제어장치의 상태와 작동방식, 9) 악천후, 유빙, 오염수 또는 천수에서 기인하는 일체의 잠재적인 악조건, 10) 장치의 고장 또는 선박의 불리한 조건으로 인하여 지배되는 일체의 특수한 운항형태, 11) 지정된 임무와 관련한 기관부원의 보고, 12) 소화설비의 이용가능성, 13) 기관일지의 작성 완료상태 등을 확인해야 한다.

3) 기관당직의 수행

기관당직을 담당하는 해기사는 수립된 당직배치가 유지되게 해야 하며, 기관당직의 일부를 구성하는 경우 기관부원은 추진기와 보조기계의 안전하고 효율적인 작동을 위해 조력하게 하여야 한다. 기관당직을 담당하는 해기사는 기관실에 기관장이 있다고 하더라도 기관장이 책임을 맡겠다는 것을 특별히 통지하고 이것을 서로 이해할 때까지는 기관구역의 운전에 대하여 계속 책임을 저야 한다.[164] 기관당직의 모든 구성원은 자신에게 부여된 당직임무를 숙지해야 하며 승무하는 선박에 관하여 1) 적절한 내부통신시스템의 상요, 2) 기관실로부터의 탈출로, 3) 기관실 경보시스템과 특히 소화제 경보와 관련하여 여러 가지 경보신호를 구별할 수 있는 것, 4) 기관실 내의 소화설비와 손상제어장치의 수, 위치 및 유형 그리고 그 사용법과 준수하여야 할 여러 안전 관련 예방조치 등에 관한 지식을 갖추어야 한다.

본래의 기능을 하지 못하거나, 오작동할 것이 예상되거나 또는 특별서비스를 필요로 하는 일체의 기계는 이미 취해진 모든 조치와 함께 숙지되어야 한다. 기관구역이 유인상태인 경우, 기관당직을 담당하는 해기사는 기관의 회전방향과 회전수의 변경 필요성에 대비하여 항상 추진장치를 작동시킬 수 있는 준비를 하고 있어야 한다. 기관실이 정기적으로 무인상태로 되는 경우 기관당직을 담당하는 지정 해기사는 즉시 이용할 수 있어야 하며, 호출시 즉시 기관실로 가야 한다. 선교의 모든 지시사항은 즉시 이행되어야 하고, 주기관의 회전방향 또는 변화는 기록되어야 한다. 기계장치, 전기장치, 전자장치, 유압장치 및 공기압장치와 그 제어기 및 관련 안전장치, 모든 거주구역의 서비스시스템용 장치, 재고의 기록 및 예비장치의 사용법을 포함한, 모든 기계의 계속적인 유지와 지원에 적절한 주의를 기울여야 한다. 기관장은 기관당직을 담당하는 해기사가 당직중 수행하고 있는 모든 예방정비, 손상제어 또는 수리작업에 관하여 통지를 하게 하여야 한다.

기관당직 해기사는 기관당직의 책임하에 작업을 하고자 하는 모든 기계의 격리, 우회 및 조정에 대하여 책임을 지며, 수행한 모든 작업내용을 기록하여야 한다. 기관실을 운전준비상태로 둔 경우, 기관당직을 담당하는 해기사는 조선(操船)중에 사용할 수 있는

164) STCW Code A편 제A-Ⅷ/2조.

모든 기계와 장치가 즉시 이용할 수 있는 준비상태에 있게 하여야 하며 또한 조타장치와 같이 다른 필요를 위해 적절한 예비동력을 이용할 수 있게 하여야 한다.

기관당직 해기사는 주추진시스템과 보조장치에 관한 감독임무를 방해할 수 있는 일체의 임무를 할당받거나 또는 수행하여서는 아니된다. 기관당직 해기사는 적절하게 교대되기 전까지는 주추진플랜트와 보조시스템을 계속 감독하여야 하며, 자신들이 담당하는 기계를 주기적으로 검사하여야 한다. 또한 기관당직 해기사는 장치의 오동작 또는 고장을 관찰 및 보고하고, 통상적인 조정, 필요한 현상유지 및 기타 필요한 일체의 과업을 수행 또는 지시할 목적으로 기관구역과 조타기실에 대한 적절한 순시가 이루어지게 하여야 한다.

기관당직 해기사는 다른 모든 기관당직 요원에게 기계에 불리한 영향을 미치거나, 인명 또는 선박의 안전을 위태롭게 할지도 모르는 잠재적인 위험상태에 관하여 자신에게 보고하도록 지시하여야 한다. 기관당직 해기사는 기관실 당직이 관리되고 있는지를 확인하고 또한 기관당직요원의 일원이 당직수행능력을 상실하는 경우에 대체 인원을 배치시킬 수 있게 하여야 한다. 기관실 당직자는 기관실플랜트 또는 조종밸브를 수동조작할 수 없는 방식으로 관리되도록 기관구역을 방치하여서는 아니된다.

기관당직 해기사는 장치의 고장, 화재, 침수, 파열, 충돌, 좌초 또는 기타 원인으로 인하여 발생하는 손상의 영향을 억제하기 위하여 필요한 조치를 취하여야 한다. 당직임무를 끝내기 전에, 기관당직을 담당하는 해기사는 주기관 및 보조기계와 관련하여 당직중 발생한 모든 사건을 적절히 기록하여야 한다. 기관당직을 담당하는 해기사는 모든 예방정비, 손상제어 및 수리작업 중 보수관리작업을 담당하는 기관사와 협력하여야 한다. 이러한 작업에는 적어도 1) 작업을 하고자 하는 기계를 격리하고 우회하는 것, 2) 정비기간 중 나머지 플랜트를 조정하여 안전하고 적절히 기능하게 하는 것, 3) 인계를 받는 해기사의 편의와 기록을 목적으로, 작업중인 장치와 관계 종사자 및 안전조치와 그 조치를 취한 자를 기관일지 및 기타 적합한 문서에 기록하는 것, 4) 필요한 경우, 수리된 기계 또는 장치를 시험하고 사용하는 것 등이 포함되어야 한다.

기관당직 해기사는 정비임무를 수행하는 모든 기관당직부원이 자동장치의 고장시 기계의 수동조작을 조력하게 하여야 한다. 기관당직 해기사는 기관의 오동작 또는 조타불능상태로부터 기인하는 속력의 변화가 해상에서 선박과 인명의 안전을 위태롭게 할 수 있다는 점을 유의하여야 한다. 화재시, 선속을 감소시킬 수 있는 기관실 내의 긴급조치, 긴박한 조타기의 고장, 선박추진장치의 정지, 또는 전력생산의 급격한 변화 또는 안전에 이와 유사한 위협을 끼치는 경우에는 즉시 선교에 보고하여야 한다. 가능한 경우, 이러한 보고는 잠재적인 해난사고의 회피를 위하여 가능한 모든 조치를 취할 수 있도록 변경을 하기 전에 실시하여 선교에 최대한의 이용가능한 여유시간을 주어야 한다.

기관당직 해기사는 1) 선박의 안전운항을 위태롭게 할 수 있는 기관손상 또는 오동작이 발생할 때, 2) 추진기, 보조기계 또는 감시와 제어장치에 손상 또는 파손을 일으킬 수 있는 오작동현상이 발생할 것으로 생각될 때, 3) 일체의 비상사태 또는 어떠한 결정 또는 조치를 취하여야 할 것인지에 대하여 의문이 있을 경우, 지체없이 기관장에게 보고하여야 한다. 이러한 긴급상황에도 불구하고 기관당직 해기사는 상황이 요구할 경우 선박, 기계 및 승무원의 안전을 위해서 즉각적인 조치를 주저없이 취하여야 한다.[165)]

기관당직을 담당하는 해기사는 당직근무자에게 안전한 당직을 수행하기 위한 모든 적절한 지침과 정보를 제공하여야 한다. 안전한 당직근무의 일부분으로서의 부수업무로 수행되는 일상적인 기계의 보수는 일상적 당직업무의 일부로 통합하여 구성되어야 한다. 선박 전체의 전기장치, 기계장치, 유압장치, 공기압장치 또는 관련 전자장치에 대한 수리를 포함한 세부적 보수관리는 기관당직을 담당하는 해기사 및 기관장의 양지 하에 수행되어야 한다. 이러한 수리사항은 기록되어야 한다.

4) 기타

STCW Code A편 제8장은 여러조건과 수역에서의 기관당직근무와 관련된 사항을 정하고 있으며, 이는 제한된 시정, 연안 및 선박폭주 수역, 정박중인 선박으로 나누어 필요한 사항을 정하고 있다.

3.4 정박중 당직근무

주관청은 모든 선박의 선장에게 당시의 상황과 조건을 고려한 안전한 당직과 당직들을 유지하기 위한 적절한 당직배치가 시행되도록 요구하여야 하며, 또한 선장의 일반적인 지시에 따라, 선박의 정박 또는 계선 중에는 적절하고 효과적인 당직 또는 당직들이 언제나 안전을 목적으로 유지되도록 하여야 하며, 또한 만약 선박이 유해한 화물을 수송하고 있다면 그러한 당직 또는 당직들을 조직함에 있어 그 유해한 화물의 성질, 양, 포장 및 적부와 또한 선내, 해상 또는 육상에서의 당시의 모든 특별한 조건이 철저

165) STCW Code A편 제A-Ⅷ/2조.

하게 고려되어야 한다.[166] 적용가능하다면, 보안목적으로 적절하고 효과거인 당직이 유지되어야 한다.

항구에서 정상적인 상황 하에 안전하게 접안되어 있거나 또는 안전하게 정박중인 모든 선박 상에서 선장은 안전의 목적을 위하여 당직을 적절하고 효과적으로 유지되게 배치하여야 한다. 특수한 형태의 선박 추진시스템 또는 보조장치에 대해서, 그리고 유해물질, 위험물질, 유독물질 또는 가연성이 높은 물질 또는 기타 특수 형태의 화물을 운송하는 선박에 대해서는 특별요건이 필요할 수도 있다.

1) 당직 배치

선박이 항내에 있을 때 갑판당직을 유지하기 위한 배치는 1) 인명, 선박, 항만의 안전 및 환경의 보호, 그리고 하역작업에 관계되는 모든 기계의 안전운전을 확보하는 것, 2) 국제협약, 국가법규 및 지방법규를 준수하는 것, 3) 선박의 질서와 통상적인 일과를 유지하는 것 등에 적합해야 한다.[167]

선장은 접안상태, 선종 및 당직임무의 특성에 따라 갑판당직의 조직과 기간을 결정하여야 한다. 선장이 필요하다고 간주할 경우 자격을 갖춘 해기사가 갑판당직을 담당하여야 한다. 필요한 장비들이 효율적인 당직근무를 할 수 있도록 준비되어야 한다.

기관장은 선장과 상의하여 항내에서의 안전한 기관당직을 유지하기에 적절하게 기관당직근무를 배치하여야 한다. 기관당직의 조직을 결정할 때 적절한 자격을 갖춘 부원을 포함하여 1) 추진동력 3,000킬로와트 이상의 모든 선박의 경우, 기관당직을 담당하는 해기사가 있어야 하는 것, 2) 추진동력 3,000킬로와트 미만의 모든 선박의 경우, 선장의 재량에 따라 또한 기관장과 상의하여 기관당직을 담당하는 해기사가 없어도 되는 것, 3) 기관당직을 담당하는 동안 해기사는 선박의 기계시스템과 관련하여 자신의 감독임무를 방해할 수 있는 일체의 과업 또는 임무를 할당받거나 또는 수행하여서는 아니되는 것 등을 고려하여야 한다.

2) 당직의 인계

갑판 또는 기관당직을 담당하는 해기사는 당직을 인계받을 해기사가 당직임무를 효과

166) STCW Code A편 제A-Ⅷ/2조.
167) 위의 규정.

적으로 수행할 수 없을 것으로 믿을만한 명확한 이유가 있을 경우에는 그에게 당직을 인계하여서는 안되며, 이 경우 선장 또는 기관장에게 그러한 사실을 적절히 보고하여야 한다.[168] 인계를 받는 해기사는 당직의 구성원이 자신들의 임무를 효율적으로 수행할 충분한 능력이 있는지를 확인하여야 한다.[169] 당직을 인계받는 순간에 중요한 임무가 수행 중인 경우, 선장 또는 기관장이 달리 지시한 경우를 제외하고는 당직을 인계하는 사람이 이를 마무리하여야 한다.[170]

가) 갑판당직의 인수

당직을 인수하기 전에, 인계받는 해기사는 갑판당직을 담당하는 해기사로부터 1) 접안장소의 수심, 선박의 흘수, 고조와 저조의 시각과 수위, 계선결속상태, 닻의 배치와 닻줄의 길이, 기타 선박의 안전에 중요한 계선 상의 특징, 주기관의 상태 및 비상시 그 사용가능성, 2) 선상에서 수행되는 모든 작업, 선적되거나 또는 남아있는 화물의 상태, 양 및 배치 그리고 양하 후 선내의 잔류물, 3) 빌지와 평형수 탱크의 양, 4) 표시되거나 또는 취명된 신호 또는 등화, 5) 선박에 남아야 할 승무원의 수와 재선 중인 그 밖의 사람의 현황, 6) 소화설비의 상태, 7) 일체의 특별한 항만규칙, 8) 선장의 당직지침과 기타 특별지시사항, 9) 비상사태 발생시 또는 지원이 필요한 경우에 항만당국을 포함한 선박과 육상요원 간의 이용가능한 통신라인, 10) 선박의 안전, 선원, 화물 또는 오염으로부터 환경을 보호하는 데에 있어 중요한 기타의 상황, 11) 선박 운항활동에서 기인하는 모든 환경오염을 관련당국에 보고하는 절차 등에 관한 사항을 통지받아야 한다.[171]

갑판당직을 인수하기 전에, 인계를 받는 해기사는 1) 계류줄과 닻줄의 결속이 적절한 것, 2) 합당한 신호 또는 등화가 적절히 울리거나 또는 표시되는 것, 3) 안전조치와 화재방지규정이 준수되고 있는 것, 4) 적양하될 일체의 유해 또는 위험화물의 특성과 누설 또는 화재시에 취하여야 할 적절한 조치, 5) 외부적 조건이나 상황이 본선을 위험에 빠뜨리지 아니하고 또 본선이 타선을 위험하게 하지 아니하는 것 등에 관한 사항을 검증하여야 한다.

168) STCW Code A편 제A-Ⅷ/2조.
169) 위의 규정.
170) 위의 규정.
171) 위의 규정.

나) 기관당직의 인수

당직을 인수하기에 전에, 당직을 인계받는 해기사는 기관당직을 담당하는 해기사로부터 1) 당일의 당직지침과 선박의 운항, 보수관리기능, 선박의 기계 또는 제어장치의 수리와 관련한 일체의 특별 지시사항, 2) 선내의 기계와 시스템 상에서 수행되고 있는 모든 작업의 특성과 관련 종사자 및 잠재적인 위험, 3) 해당될 경우, 빌지, 평형수탱크, 슬롭탱크, 오수탱크와 예비탱크의 액위 및 상태와 이들 탱크의 내용물의 사용 또는 폐기를 위하여 특별히 필요한 사항, 4) 위생시스템의 처리와 관련하여 특별히 필요한 사항, 5) 휴대식 소화장치, 고정식 소화설비 및 화재탐지시스템의 준비 조건과 상태, 6) 기관작업에 종사하고 있는 선내의 허가받은 수리요원, 그들의 작업위치, 수리기능, 기타 승선허가를 받은 사람 및 필요한 선원, 7) 선박의 유출물, 소화요건, 특히 악천후의 가능성이 있을 동안의 선박준비상태에 관한 모든 항만규칙, 8) 비상사태 발생시 또는 지원이 필요한 경우에 항만당국을 포함한 선박과 육상요원 간의 이용가능한 통신라인, 9) 선박의 안전, 선원, 화물 또는 오염으로부터 환경을 보호하는 데에 있어 중요한 기타의 상황, 10) 선박의 기관작업에서 기인하는 모든 환경오염을 관련당국에 보고하는 절차.다음 사항에 관하여 통지받아야 한다.172)

당직을 인수하기 전에, 인수하는 해기사는 인계하는 해기사로부터 상술한 내용에 관하여 자세하게 통지받아야 하며 또한 1) 현재 사용중인 그리고 사용가능한 동력원, 열원과 조명 및 그 분배에 관하여 숙지하고 있을 것, 2) 선박의 연료, 윤활유 및 모든 청수의 공급 사용가능성과 상태를 알고 있을 것, 3) 필요시 운전준비 또는 비상사태를 위해 가능한 한 선박과 기관을 준비할 것 등을 하여야 한다.

다) 갑판당직의 수행

갑판당직을 담당하는 해기사는 1) 적절한 간격으로 선내를 순찰하여 점검하는 것, 2-1) 조석의 전환시 또는 고조 및 저조의 고저차가 큰 정박지에서의 현문사다리, 닻줄 또는 계류줄의 상태와 결속상태 그리고 필요시 이들을 정상적인 작동상태로 두기 위한 조치를 취하는 것, 2-2) 하역작업 중 또는 평형수 작업 중에 위험한 횡경사 또는 종경사를 피하기 위한 선박의 흘수, 선저 수심 및 선박의 일반적 상태, 2-3) 기상과 해상상태, 2-4) 안전과 방화에 관한 모든 규정의 준수, 2-5) 빌지와 탱크내의 수위, 2-6)

172) STCW Code A편 제A-Ⅷ/2조.

선내에 있는 모든 사람과 그 위치, 특히 원격구역 또는 차폐구획에 있는 사람의 위치, 2-7) 신호와 등화의 표시와, 적절한 경우, 울리는 것, 3) 황천시 또는 폭풍경보를 수신한 즉시 선박, 승무원 및 화물을 보호하기 위하여 필요한 조치를 취하는 것, 4) 본선에 의한 환경오염을 방지하기 위한 모든 예방조치를 취하는 것, 5) 선박의 안전을 위협하는 비상사태시 경보를 울리고, 선장에게 보고하며 선박에 대한 손상을 방지하기 위한 모든 가능한 수단을 강구하며, 그리고 필요시 육상의 당국, 또는 부근의 선박으로부터의 원조를 요청하는 것, 6) 화재시, 선박을 위험에 빠뜨리지 아니하고 육상의 소방당국에게 선내에 소화수를 사출할 수 있는 개략적 수량에 관하여 조언을 할 수 있도록 선박복원성의 상태를 알고 있는 것, 7) 조난중인 선박 또는 자에게 원조를 제공하는 것, 8) 추진기가 회전되려고 할 때 사고나 손상을 방지하기 위하여 필요한 예방조치를 취하는 것, 9) 선박에 영향을 미치는 모든 중요한 사건을 적절한 일지에 기입하는 것 등을 준수하여야 한다.173)

라) 기관당직의 수행

기관당직을 담당하는 해기사는 1) 자신의 담당인 모든 분야에서의 위험상태와 그 방지에 관한 모든 명령, 특별 작동절차 및 규정의 준수, 2) 계기와 제어시스템, 작동중인 모든 동력공급장치, 기기 및 시스템의 감시, 3) 지방당국의 오염방지규정를 위반하지 아니하게 하기 위하여 필요한 기술, 방법 및 절차, 4) 빌지의 상태 등에대하여 특별한 주의를 기울여야 한다.

기관당직을 담당하는 해기사는 1) 비상사태시, 상황이 그렇게 요구한다고 스스로 생각할 때 경보를 울리고 선박, 선내에 있는 사람 및 화물에 대한 손상을 방지하기 위한 모든 가능한 조치를 취할 것, 2) 화물의 적양하와 평형수의 부가적 요건에 관계하여 필요한 장치 그리고 기타 선박의 복원성 제어장치와 관련하여 갑판해기사에게 요구되는 것을 인식할 것, 3) 장치의 오동작 또는 고장의 가능성을 확인하기 위하여 빈번하게 순찰하고, 또 선박, 하역작업, 항만 및 항만환경의 안전을 확보하기 위하여 즉각적인 복구조치를 취할 것, 4) 자신의 책임범위 내에서 선박의 각종 전기, 전자, 유압, 공기압 및 기계 시스템의 사고 또는 손상을 방지하기 위하여 필요한 예방조치를 취하게 할 것, 5) 선박기계의 작동, 조정 또는 수리에 영향을 미치는 모든 중대한 사고가 적절하게 기록되게 할 것 등을 준수하여야 한다.

173) STCW Code A편 제A-Ⅷ/2조.

마) 유해 화물을 운송하는 선박의 항구에서의 당직

폭발성, 가연성, 유독성, 건강을 위협하거나 또는 환경을 오염시키는 화물을 운송하는 모든 선박의 선장은 안전하게 당직이 유지되게 당직을 배치하여야 한다.[174] 산적으로 유해화물을 운송하는 선박의 경우, 비록 선박이 항만 내에서 안전하게 계류되어 있거나 또는 안전하게 정박중일지라도, 정당하게 자격을 갖춘 해기사 또는 해기사들 그리고, 적절한 경우, 부원을 언제든지 사용가능한 준비상태로 하여 놓음으로써 이러한 목적이 달성될 수 있다.[175] 산적형태가 아닌 유해화물을 운송하는 선박의 경우, 선장은 유해화물의 성질, 양, 포장 및 적부와 선내, 해상 및 육상의 모든 특별한 상태를 충분하게 고려하여야 한다.[176]

바) 화물 당직

하역작업을 계획하고 수행하는 책임을 지는 해기사는, 선원이 아닌 사람이 관련된 때를 포함하여, 하역작업이 특정 위험에 대한 통제를 통하여 안전하게 수행되도록 하여야 한다.

174) STCW Code A편 제A-Ⅷ/2조.
175) 위의 규칙.
176) 위의 규칙.

제 4 장

LOADLINES

1. 의의
2. 만재흘수선을 결정하기 위한 규칙
3. 국제만재흘수선증서

제4장 LOADLINES

1. 의의

1.1 협약의 개요

협약의 원명은 『1966년 국제 만재흘수선 협약(International Convention on Load Lines, 1966, 이하, 만재흘수선협약)』이며, 1966년 4월 5일 IMO를 통해 최초로 채택되었고, 1968년 7월 21일에 발효되었다. 협약의 목적은 풍우(風雨)와 선박의 외부환경으로부터 선박의 수밀을 확보·보전하기 위한 국제적인 통일규칙을 확립하는 것이다.

선박의 화물 적재에 있어서 흘수(draught)를 제한하는 것은 전통적으로 선박의 안전을 확보하는데 많은 기여를 해 왔다. 그러나 과거에는 선박의 적재량을 제한하기 위해 흘수의 깊이에 한계를 둔다고 해도 흘수는 선박의 수면하 깊이이므로 실제 흘수를 측량하는 것은 쉽지 않았다. 이에, 흘수보다 먼저 눈에 보이는 수면으로부터 갑판상 높이인 건현의 높이 통제를 통해 간접적으로 흘수의 깊이를 제한하기 시작했다.

1930년 최초로 채택된 국제 만재흘수선 협약은 대부분 규정이 선박의 부력을 유지하기 위한 규정으로 이루어져 있었다. 일정한 건현의 확보가 선박의 복원성을 확보하고 과적으로 인한 선체의 과도한 응력을 방지하는데 도움이 된다는 사실을 이 당시에도 알고 있었지만 대부분의 규정이 선박의 부력 확보에 관련되어 있었다. 그러나 1966년 IMO에 의해 채택된 국제 만재흘수선 협약은 구획으로 나눈 선박의 건현을 결정하고 손상 복원성 계산을 근거로 선박이 구획별로 복원성 또한 유지될 수 있도록 규정이 개선되었다. 1966년 국제 만재흘수선 협약은 다양한 해역과 계절대역에서 나타나는 잠재적인 위험을 고려할 수 있도록 건현의 높이를 규정하고 있으며, 이 협약의 기술부속서는 선박의 개구부, 해치, 방수구 등과 관련한 안전한 위치, 크기, 치수 등을 부가적으로 규정하고 있다. 이러한 모든 규정은 선체의 수밀 보전성을 확보하기 위한 것으로 특히 선박의 상갑판 이하 선체의 복원성을 확보하고자 하는 것이다.

1966년 국제 만재흘수선 협약의 개정 시도가 1971년, 1975년, 1979년, 1983년 등에 이루어졌지만, 모두 명시적 수락을 요구하는 개정으로 발표되지 못하였고, 1988년에 IMO에서 채택된 의정서만 2000년 2월 3일 발효되었다. 그러나 1988년 의정서는 그동안 발효되지 못한 과거의 개정사항을 포함하여 SOLAS와 MARPOL에 수록된 협약에 따른 검사와 증서 요건 또한 국제 만재흘수선 협약에도 통일적으로 적용되게 하였다. 실제 1971년 개정은 국제 만재흘수선 협약과 관련한 기술규칙의 문구 수정, 해역과 계절대역의 개선을 포함하고 있으며, 1975년 개정은 협약에 묵시적 수락철차 도입을 다루고 있으며, 1979년 개정은 호주 연안해역을 변경하는 사항, 1983년 개정은 칠레남부 연안의 하기대역과 열대대역의 변경에 관한 사항을 포함하고 있었다.

1.2 협약의 구조

1966년 국제 만재흘수선 협약은 당초 협약본문과 3개의 기술부속서로 이루어져 있었다. 그러나 1988년 의정서를 통해 1966년 협약의 대부분 규정이 개정되어 협약은 개정 의정서의 협약본문과 부속서 A(1966년 국제 만재흘수선 협약의 개정된 조문)와 부속서 B(1966년 국제 만재흘수선 협약에 관한 1988년 의정서에 의해 개정된 부속서)로 새롭게 구성되었다. 현재는 부속서 B내에 개정된 1966년 국제 만재흘수선 협약 3개의 기술부속서가 포함되어 있으며, 이와 더불어 2014년 개정으로 IMO 회원국 감사를 도입하는 부속서 4가 포함되어 있다. 협약본문은 다른 IMO협약과 마찬가지로 협약의 시행을 위한 일반적인 사항으로 당사국정부의 협약준수 의무, 용어의 정의, 적용대상 및 검사, 협약의 가입, 발효요건 및 개정방법 등을 정하고 있다. 그리고 부속서 1에서는 만재흘수선을 결정하기 위한 규칙, 부속서 2는 대역, 구역 및 계절기간, 부속서 3은 증서, 부속서 4는 준수에 대한 검증 등을 정하고 있다. 현재 국제 만재흘수선 협약은 1988년 의정서에 의해 많은 부분이 개정되었지만, 대부분의 기술규정이 1966년 채택된 협약의 내용을 그대로 유지하고 있어, 1966년 국제만재흘수선협약이라 칭하고 있다.

이번 교재는 해사안전관리사 교육을 목적으로 하고 있어 협약 부속서에서 정하고 있는 대부분의 기술사항과 관련한 내용(대부분 내용이 선박 설계시 건현을 고려하기 위한 선박 개구부의 위치, 규격 등을 담고 있음)을 다루기보다 협약의 목적에 근거하여 만재흘수선을 결정하기 위한 규칙, 건현지정의 조건, 건현, 대역, 구역 및 계절기간, 국제만재흘수선증서 발급에 관한 사항에 대해서만 살펴본다.

2. 만재흘수선을 결정하기 위한 규칙

2.1 정의 및 적용

1) 정의

1988년 의정서 부속서 1은 만재흘수선을 결정하기 위한 규칙을 정하고 있으며, 이를 위해 선박의 건현 계산을 위한 선체의 다양한 부위에 대해 명칭을 정하고 있다. 그러나 이 교재의 목적이 건현 계산이 아닌 선박의 안전을 위한 협약의 내용이해를 목적으로 하고 있어, 모든 용어의 정의를 알아보기 보다 주요한 용어의 정의에 대해 알아본다. 먼저, 1966년 국제 만재흘수선 협약에서 말하는 선박의 "길이"(L)는 용골의 상면으로부터 측정한 최소 형깊이의 85%에 있는 수선에서 전길이의 96% 또는 그 수선상의 선수재의 전면으로부터 타두재의 중심까지 길이 중 큰 것을 말한다. 그리고 타두재가 없는 선박의 경우, "길이(L)"는 최소 형깊이의 85%에 있는 흘수선의 96%로 한다. 선수재의 윤곽선이 최소형 깊이의 85%에 있는 수선상부에서 오목한 경우, 전길이의 최전단부와 선수재의 전면은 각각 선수재 윤곽선의 (그 흘수선 상부의) 최후부 지점에서 그 흘수선에 수직으로 내린 곳으로 하여야 한다. (〈그림 2-4-1〉 참조)

〈그림 2-4-37〉 선박 건현용 길이(L)

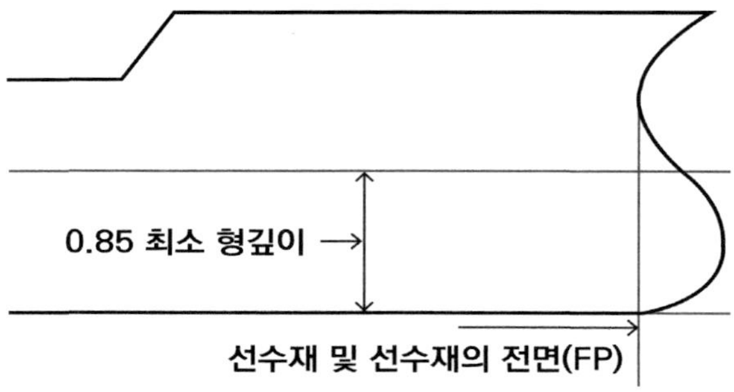

*출처: 선박만재흘수선기준(해양수산부고시 제2015-85호) 제2조 정의

다만, 용골이 경사되도록 설계된 선박에서 이 길이를 측정하는 흘수선은 건현갑판의 형 현호선에 접하는 선박(스케그 포함)의 용골선에 평행인 선을 그어 형성되는 최소 형깊이의 85%에서 계획 흘수선과 평행하여야 한다. 최소 형깊이는 접점에서 용골의 상면으로부터 현측 건현갑판보의 상면까지의 수직거리이다.(〈그림 2-4-2〉 참조)

〈그림 2-4-38〉 용골이 경사된 선박의 건현용 길이(L)

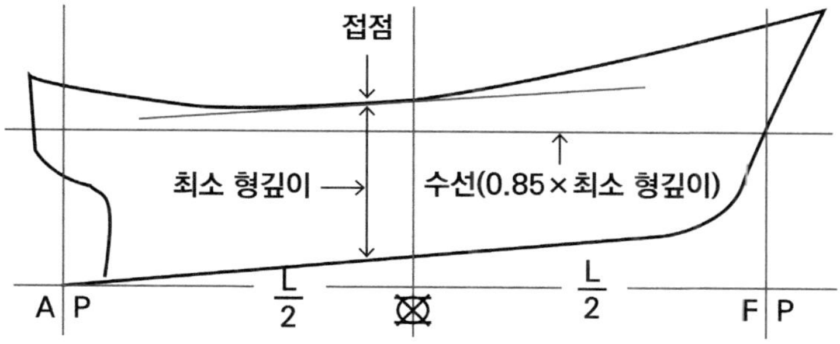

*출처: 선박만재흘수선기준(해양수산부고시 제2015-85호) 제2조 정의

"선박의 중앙"이라 함은 길이(L)의 중앙을 말한다. "너비(B)"는, 별도 명문 규정이 없는 한, 선박의 중앙에 있어서 금속제 외판을 가진 선박에 있어서는 늑골의 형선까지, 기타재료의 외판을 가진 선박에 있어서는 선체외면까지 측정한 선박의 최대폭을 말한다. "형 깊이"라 함은 용골의 상면에서 선측에 있어서의 건현갑판보의 상면까지 측정한 수직 거리를 말한다. 목선 및 복합재료선에 있어서 이 거리는 용골의 래빗트하단으로부터 측정하는 것으로 한다. 중앙 횡단면하부의 형상이 오목한 상태인 경우 또는 두꺼운 용골익판이 붙어있는 경우에 이 거리는 선저의 평평한 선을 안쪽에 연장한 선이 용골의 측면과 교차하는 점에서 측정하는 것으로 한다. 둥근 거널을 가진 선박에 있어서, 형깊이는 갑판의 형선과 선측의 형선을 거널이 각진 경우와 같이 연장하여 서로 교차하는 점까지 측정하여야 한다. 건현갑판이 계단형이고 그 갑판의 융기부분이 형깊이가 결정되어진 점 위로 연장되는 경우에 형깊이는 그 갑판의 낮은 부분에서 융기부분에 평행하게 그은 연장선까지 측정하여야 한다. "건현용 깊이(D)"라 함은 선박의 중앙에 있어서의 형깊이에 현측에서의 건현갑판 두께를 더한 것을 말한다. 너비(B)의 4퍼센트가 넘는 반경의 둥근 거널을 가지는 선박 또는 통상과 상이한 형상인 상부현측을 가지는 선박의 건현용 깊이(D)는 중앙횡단면 현측이 수직이며 같은 캠버를 갖는 선박으로서 상부단면적이 실제 중앙 횡단면적과 같은 선박의 건현용 깊이로 한다.

"지정된 건현"이라 함은 선박의 중앙에 있어서 갑판선의 상간에서 해당되는 만재흘수선의 상단까지 수직하방으로 측정한 거리를 말한다. "건현갑판"이라 함은 통상적으로 외기 및 해수에 노출된 최상층의 전통갑판으로서 그 노출부에 있는 모든 개구에 상설폐쇄장치를 가지고 있고 하방의 선측에 있는 모든 개구에는 상설수밀폐쇄장치를 가진 것을 말한다.

"선루"라 함은 건현갑판상에 설치된 상부에 갑판을 가지고있는 구조물로서 선측에서 선측까지 달하거나 선측외판으로부터 안쪽으로 너비(B)의 4퍼센트를 넘지 아니하는 위치에 그 측판을 가지고 있는 것을 말한다. “폐위선루”라 함은 1) 유효한 구조의 폐위된 격벽, 2) 출입구가 있을 경우 제12규칙의 요건에 적합한 문으로서 격벽에 있는 출입구, 3) 선루의 측부 또는 단부에 있고 또한 유효한 풍우밀폐쇄장치가 설치되어 있는 다른 모든 개구 등과 같은 것을 가지고 있는 선루를 말한다. “선루의 높이”라 함은 선측에 있어 선루갑판보의 상면에서 건현갑판보의 상면까지 측정한 최소수직높이를 말한다. “선루의 길이(S)”라 함은 길이(L)의 범위 내에 있는 선루부분의 평균길이를 말한다. “선교루”라 함은 전부 또는 후부수선까지 연장되지 아니하는 선루를 말한다. “선미루”라 함은 후부수선으로부터 앞쪽으로 전부수선의 후방에 있는 지점까지 연장되는 선루를 말한다. 선미루는 후부수선의 후방에 있는 지점에서 시작될 수도 있다. “선수루”라 함은 전부수선으로부터 뒤쪽으로 후부수선의 전방에 있는 지점까지 연장되는 선루를 말한다. 선수루는 전부수선의 전방에 있는 지점으로부터 시작될 수도 있다. “전통선루”라 함은 최소한 전부수선에서 후부수선까지 연장되는 선루를 말한다. “선루갑판”이라 함은 선루의 상부경계를 이루는 갑판을 말한다. “평갑판선”이라 함은 건현갑판상에 선루를 가지지 아니하는 선박을 말한다. “풍우밀”이라 함은 어떠한 해상상태에 있어서도 물이 선내에 침입하지 아니하는 것을 말한다. “수밀”이라 함은 어떤 구조가 지탱하여야 하는 최대수두에 상당하는 압력하에서 적당한 저항 여유를 갖고 그 구조의 어느 방향으로던 물이 통과되는 것을 방지할 수 있음을 말한다. “웰”이란 외기에 노출된 갑판상에서 물이 고일 수 있는 구역을 말한다. 웰이란 두 개 이상의 면이 갑판구조에 의하여 경계를 이루는 갑판구역이라고 본다.

2) 적용

당사국 정부의 국가에 등록된 선박 또는 자국 정부가 당사국 정부로 되어 있는 국가의 국기를 게양하고 있으나 등록 되지 않은 선박으로서 국제항해에 종사하는 선박에 국제 만재흘수선 협약은 적용된다. 다만 당사국 정부에 등록되거나 그 기를 게양한다 하더라도, 군함, 길이 24m 미만의 신조선, 총톤수 150톤 미만의 현존선, 운송업에 종사하지 않는 유람요트, 어선에는 이 협약을 적용하지 않는다. 그리고 북미 오대호와 쎄인트 로랜스강의 수역으로서 로시어협과 앤티코스티도의 웨스트 포인트를 연결하는 항정선(앤티코스티도의 북쪽에 있어서는 서경 63도의 자오선)을 동단으로 하는 선이내만을 항해하거나, 카스피 해 안에서만 항해하거나, 플라테강, 파라나강 및 우루과이강의 수역으로서 아르헨티나의 푼타 라사(카보 산 안토니오)와 우루과이의 푼타 텔 에스테를 연결하는 항정선을 동단으로 하는 선이내만 항해하는 선박은 이 협약의 적용에서 제외된다.

이 협약의 적용을 받는 선박 중 기계적인 추진장치를 가진 선박 또는 독립된 추진장치를 가지지 아니한 부선, 바지 또는 기타의 선박은 1988년 의정서에 의해 개정된 1966년 국제 만재흘수선 협약 부속서 제1규칙부터 제40규칙까지의 규정에 따라 건현을 지정받아야 한다. 갑판적 목재화물을 운반하는 선박은 이 규칙 (1)항에서 규정하는 건현에 추가하여 이 부속서 제41규칙부터 제45규칙까지의 규정에 따라 목재건현을 지정받을 수 있다.[177] 돛이 유일한 추진장치이거나 보조장치이거나를 불문하고 범장을 하도록 설계된 선박과 예선은 이 부속서 제1규칙부터 제40규칙까지의 규정에 따라 건현을 지정받아야 한다.[178] 주관청이 결정하는 바에 추가 건현이 요구될 수 있다. 목선, 복합 재료선, 주관청이 승인한 기타재료를 사용한 선박 또는 이 부속서의 규정을 적용하는 것이 불합리하거나 실행 불가능한 구조상의 특성을 가진 선박은 주관청이 결정하는 바에 따라 건현을 지정받아야 한다.[179] 1988년 의정서에 의해 개정된 1966년 국제 만재흘수선 협약 부속서의 제10규칙부터 제26규칙까지의 규정은 최소건현이 지정되는 모든 선박에 적용한다.[180] 최소건현보다 큰 건현이 지정되는 선박에 대하여는 주관청이 정하는 안전조건에 충족될 것을 조건으로 이들 요건의 경감이 허용될 수 있다.[181]

지정된 하기 건현이 증가하여 그에 따른 흘수가 동형선의 최소 하기건현에 상당하는 흘수보다 크지 아니하나, 실제 건현갑판의 하방으로 표준 선루 높이와 최소한 동등한 거리에 위치한 가상 건현갑판이 지정되는 경우, 1988년 의정서에 의해 개정된 1966년 국제 만재흘수선 협약 부속서의 제12규칙, 제14-1규칙부터 제20규칙까지, 제23, 24 및 25규칙 중 해당되는 규칙에 따른 실제 건현갑판에 대한 지정 조건은 선루갑판에 대하여 요구되는 조건대로 할 수 있다. 별도의 명문규정이 없는 한, 이 부속서의 규칙은 2005년1월1일 이후에 용골이 거치되거나 이와 동등한 건조단계에 있는 선박에 적용하여야 한다. 2005년1월1일 전에 용골이 거치되거나 이와 동등한 건조단계에 있는 선박에 대하여, 주관청은 1988 검사 및 증서발급의 조화제도에 관한 국제회의에서 채택된, 1988의정서에 의하여 개정된 1966년 국제만재흘수선 협약에 의하여 적용되는 요건에 적합하도록 하여야 한다.[182] IMO 해사안전위원회 결의 MSC.97(73)으로 채택된 2000

177) 만재흘수선협약 제1부속서 제1장 제2규칙.
178) 위의 규칙.
179) 위의 규칙.
180) 위의 규칙.
181) 위의 규칙.
182) 만재흘수선협약 제1부속서 제1장 제2규칙.

고속선안전국제코드(2000 HSC Code)의 요건에 적합하며 동 코드의 규정에 따라 검사 및 증서를 받은 선박은 이 부속서의 요건에 적합한 것으로 간주된다. 2000 HSC 코드에 의하여 발급된 증서 및 허가는 이 부속서에 의하여 발급된 증서와 동일한 효력과 인정을 받는다.

2.2 만재흘수선표와 함께 사용하는 선

1988년 의정서에 의해 개정된 1966년 국제 만재흘수선 협약 부속서의 규칙에 따라 지정된 만재흘수선을 표시하는 선은 원의 중심에서 선수방향으로 540 mm의 위치에 표시된 너비 25 mm의 수직선에 직각으로, 또한 별도의 명문규정이 없는 한 그 선에서 선수방향으로 그은 길이 230 mm, 너비 25 mm의 수평선으로 한다. (〈그림 2-4-3〉 참조)

〈그림 2-4-39〉 만재흘수선표 및 이 표에 사용되는 선

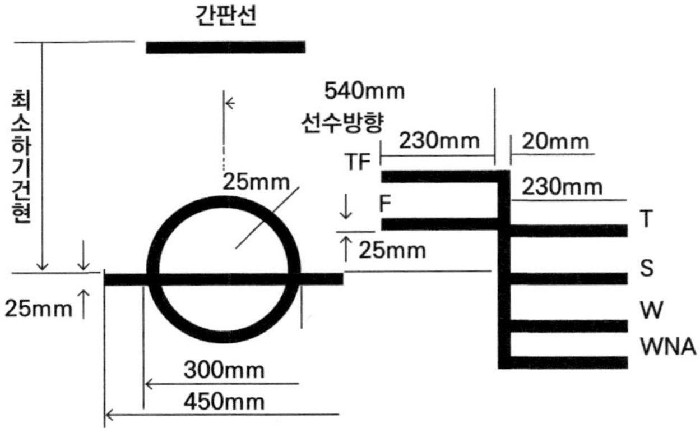

*출처: 선박만재흘수선기준(해양수산부고시 제2015-85호) 별표 3

하기만재흘수선은 선의 상단이 원의 중심을 지나가고 기호 S를 표시한 선에 의하여 표시된다. 동기만재흘수선은 기호 W를 표시한 선의 상단에 의하여 표시된다. 동기 북대서양 만재흘수선은 기호 WNA를 표시한 선의 상단에 의하여 표시된다. 열대만재흘수선은 기호 T를 표시한 선의 상단에 의하여 표시된다. 하기담수만재흘수선은 기호 F를 표시한 선의 상단에 의하여 표시된다. 하기담수만재흘수선은 수직선에서 선미로 향하여 표시된다. 하기담수만재흘수선과 하기만재흘수선과의 차는 다른 만재흘수선에 대한 담수에 있어서의 적재에 대하여 인정되는 여유의 량으로 한다. 열대담수만재흘수선은 기호 TF를 표시한 선의 상단에 의하여 표시되며 수직선에서 선미로 향하여 표시된다.

1988년 의정서에 의해 개정된 1966년 국제 만재흘수선 협약 부속서의 규칙에 따라 목재건현이 지정되는 경우에는 그 목재만재흘수선은 보통의 만재흘수선에 부가하여 목재만재흘수선을 표시하여야 한다. 이러한 만재흘수선은 원의 중심에서 선미방향으로 540 mm의 거리에 표시된 너비 25 mm의 수직선에 직각으로, 드한 별도의 명문 규정이 없는 한 그 선에서 선미방향으로 향하여 그은 길이 230 mm, 너비 25 mm의 수평선으로 한다. (〈그림 2-4-4〉 참조)

〈그림 2-4-40〉 목재만재흘수선표 및 이 표에 사용되는 선

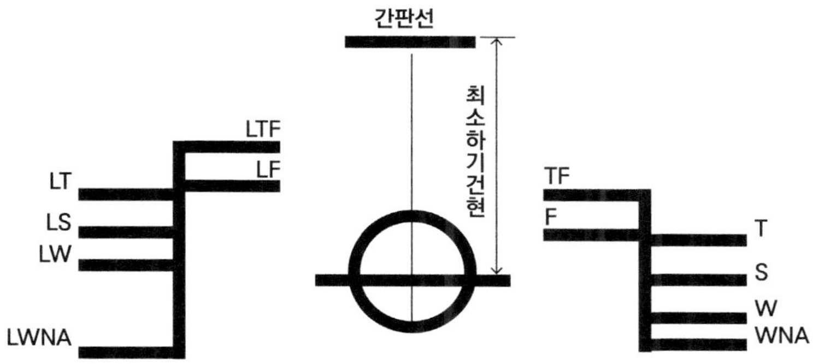

*출처: 선박만재흘수선기준(해양수산부고시 제2015-85호) 별표 7

목재만재흘수선의 하기목재만재흘수선은 기호 LS를 표시한 선의 상단에 의하여 표시된다. 동기목재만재흘수선은 기호 LW를 표시한 선의 상단에 의하여 표시된다. 동기 북대서양 목재만재흘수선은 기호 LWNA를 표시한 선의 상단에 의하여 표시된다. 열대목재만재흘수선은 기호 LT를 표시한 선의 상단에 의하여 표시된다. 하기담수목재만재흘수선은 기호 LF를 표시한 선의 상단에 의하여 표시되며 수직선에서 선수로 향하여 표시된다. 하기담수목재만재흘수선과 하기목재만재흘수선과의 차는 다른 목재만재흘수선에 대한 담수에 있어서의 적재에 대하여 인정되는 여유의 량으로 한다. 열대담수목재만재흘수선은 기호 LTF를 표시한 선의 상단에 의하여 표시되며 수직선에서 선수로 향하여 표시된다.

선박의 특성 또는 선박의 용도 및 항로제한의 성질에 따라 어떤 계절선이 적용되지 아니하는 경우에는 이 계절선을 생략할 수 있다. 최소 건현보다 큰 건현을 지정받기 때문에 만재흘수선이 이 의정서에 의하여 최소 건현으로 지정되는 가장 낮은 계절만재흘수선에 일치하거나 또는 그보다 낮은 위치에 표시되는 선박은 담수만재흘수선만을 표시하면 된다. 동기 북대서양 만재흘수선이 같은 수직선의 동기만재흘수선과 일치할 때에

는 이 만재흘수선에는 기호 W를 표시하여야 한다. 현재 유효한 다른 국제협약에 의하여 요구되는 대체의 또는 별도의 만재흘수선은 이 규칙 (1)항에 규정한 수직선에 직각으로 선미로 향하여 표시할 수 있다.

2.3 건현지정의 조건

건현지정을 위해 1988년 의정서에 의해 개정된 1966년 국제 만재흘수선 협약 부속서는 선루단 격벽, 문, 창구, 출입구 및 통풍통, 화물창구, 창구코우밍, 현창, 방수구 등 선박의 다양한 개구부, 해치, 수밀문 등의 규격에 대해 정하고 있으나, 모두 선박 설계와 관련된 상세한 기술규정을 다루고 있어 이 교재에서는 선장에게 제공할 자료와 건현지정의 조건 일반에 대해서만 살펴본다.

1) 선장에게 제공할 자료

모든 신선의 선장에게는 그의 선박구조상 허용불가한 응력의 발생을 피할 수 있는 방법으로 해당선박의 적하와 밸러스트를 조정할 수 있게 하기위한 충분한 자료가 제공되어야 한다.[183] 다만 이러한 요건은 주관청이 필요하지 아니하다고 인정할 경우 특정의 길이, 설계 또는 종류의 선박에 대하여 적용하지 아니하여도 된다.[184]

자료는 주관청 또는 대행기관에 의하여 승인된 양식으로 선장에게 제공되어야 한다.[185] 복원성자료와 선박의 강도와 관련된 적하자료는 그 자료가 주관청에 의하여 승인되었다는 증거와 함께 항상 본선에 비치되어야 한다.[186]

SOLAS에 의하여 선박건조완료시에 경사시험이 요구되지 아니하는 선박은 선장이 통상적인 운항에서 조우할 수 있는 모든 조건하에서 선박의 복원성에 관한 정확한 지침[187]을 신속하고 간단한 과정을 통해 얻을 수 있도록 하는 데 필요한 자료를 당해선박의 선장이 사용하도록 제공하여야 한다.

183) 만재흘수선협약 제1부속서 제2장 제10규칙.
184) 위의 규칙.
185) 위의 규칙.
186) 위의 규칙.
187) IMO가 결의 A.749(18)로(후속개정사항 포함) 채택한' "IMO 규칙을 적용받는 모든 종류의 선박에 대한 비손상복원성에 관한 코드"를 참조

선내에는 항시 선박의 승인된 복원성자료가 주관청이 승인한 것이라는 증거와 함께 비치하여야 한다.[188] 선장에게 제공된 적하 또는 복원성자료에 실질적으로 영향을 미치는 선박개조를 한 경우에는 개정된 자료를 제공하여야 한다. 필요하다면 그 선박은 경사시험을 하여야 한다.

2) 건현지정의 조건 일반

건현은 선박의 중앙에 있어서 갑판선의 상단에서 해당되는 만재흘수선의 상단까지 수직하방으로 측정한 거리를 말한다. 이러한 건현의 지정은 만재흘수선을 지정하는 것과 상호교환가능한 의미로 사용되며, 화물 적재에 의해 배가 일정 깊이 이상 잠기는 것을 법적으로 제한하기 위해 이루어진다. 이에 국제 만재흘수선 협약의 부속서 기술규정들은 선박의 충분한 복원성을 확보토록 하기 위해 해당 선박에 필요한 최소 건현을 지정하고, 바다라는 특수한 환경에서 선박이 내항성을 확보하고 충분한 예비 부력을 유지하여 선박의 안정성을 확보하는데 그 목적이 있다. 국제 만재흘수선 협약의 기술규정들은 당해 선박에 지정된 건현에 상응하는 흘수와 관련하여 선박이 충분한 구조강도를 갖도록 요구하고 있으며, 이에 최소 건현은 이러한 선박의 치수와 특성에 따라 정해진다. 다만, 선박의 최소 건현에 대응하는 흘수보다 낮은 흘수로 운항하도록 설계하고 그에 맞춘 부재 치수를 사용한다며, 부재 치수의 설계 기준이었던 흘수에 대응하는 건현을 지정받을 수도 있다.

3) A형 선박에 대한 지정의 특별조건

A형 선박은 1988년 의정서에 의해 개정된 1966년 국제 만지흘수선 협약 부속서 1의 제27규칙에 따라 산적 액체 화물만을 운송하도록 설계된 선박과 수밀 가스켓이 붙은 강 또는 동등 재료로 된 덮개에 의하여 폐쇄되고 갑판에서 화물구획으로 통하는 작은 출입구만이 존재하여 노출된 갑판이 고도의 완전성을 가진 선박과 적재된 화물구획에 낮은 침수율을 가진 선박을 의미한다.

가) 기관실 위벽

'A'형 선박의 기관실위벽은 적어도 표준높이의 폐위 선미루 또는 선교루, 혹은 동등한 높이 동등한 강도의 갑판실 등의 방식의 배치에 의하여 보호되어야 한다. 그러나,

188) 만재흘수선협약 제1부속서 제2장 제10규칙.

건현갑판에서 기관구역에 직통하는 개구가 없는 경우 기관실위벽(圍壁)은 노출될 수 있다. 이 부속서의 제12규칙의 규정에 적합한 문을 기관실위벽(圍壁)에 설치하는 것은 인정된다. 단, 그 문은 동 위벽(圍壁)과 같은 강도로 건조되고 강 또는 동등한 재료의 제2의 풍우밀 문에 의하여 기관실 쪽으로 연결되는 계단으로부터 분리되어 있는 장소 또는 통로로 인도하여야 한다.

나) 상설보행로 및 통로

'A'형 선박에서 선박의 중앙에 선교루 또는 갑판실이 있는 경우에는 이러한 선교류 또는 갑판실과 선미루 사이에 선루갑판높이에 해당하는 이 부속서 관련 규정에 따른 전후방향의 상설보행로가 설치되어야 한다. 분리된 선원거주구역들 사이 및 선원거주구역과 기관구역 사이에는 상설보행로의 층으로부터의 안전한 통로를 이용할 수 있어야 한다.

다) 창구

'A'형 선박의 건현갑판상 및 선수루갑판상 또는 팽창트렁크 정부의 노출된 창구에는 강 또는 기타 동등한 재료의 유효한 수밀덮개가 비치되어야 한다.

라) 방수(放水)설비

불워크가 있는 'A'형 선박은 노출갑판 길이의 적어도 반에 걸쳐서 설치된 개방난간이나 다른 동등한 방수설비를 갖추어야 한다. 불워크 하부의 방수구의 면적이 전체 불워크 면적의 33%가 될 경우에는 동등한 방수설비로 인정할 수 있다. 현측후판의 상단은 실행 가능한 한 낮추도록 하여야 한다. 선루가 트렁크에 의하여 연결되어 있는 경우에는 건현갑판의 노출부의 전장에 걸쳐서 개방난간을 설치하여야 한다.

2.4 건현

1) 선박의 형식

A형 선박은 1988년 의정서에 의해 개정된 1966년 국제 만재흘수선 협약 부속서 1의 제27규칙에 따라 산적 액체 화물만을 운송하도록 설계된 선박과 수밀 가스켓이 붙은 강 또는 동등 재료로 된 덮개에 의하여 폐쇄되고 갑판에서 화물구획으로 통하는 작

은 출입구만이 존재하여 노출된 갑판이 고도의 완전성을 가진 선박과 적재된 화물구획에 낮은 침수율을 가진 선박을 의미한다. B형 선박은 A형 선박에 해당하지 아니한 모든 선박을 의미한다.

2) 현호

현호는 현측에 있는 갑판에서의 선박의 중앙부에 있는 현호선을 통하여 용골에 평행하게 그은 직선까지 측정하는 것으로 한다. 경사한 용골을 갖도록 설계된 선박에 있어서는 현호는 계획만재흘수선에 평행하게 그은 직선에서 측정한다. 평갑판선 및 부분선루를 가지고 있는 선박에 있어서의 현호는 건현갑판에서 측정하여야 한다. 상부 선측에 계단 또는 브레이크가 있는 특수 형상의 상부현측을 가지고 있는 선박에 있어서의 현호는 선박의 중앙부에 있어서의 동등의 깊이를 기준으로 고려하여야 한다. 건현갑판의 전장에 걸친 표준높이의 선루를 가지고 있는 선박에 있어서의 현호는 선루갑판에서 측정하여야 한다.

폐위된 선루의 갑판이 적어도 노출된 건현갑판과 동일한 현호를 가지고 있을 경우, 건현갑판의 폐위된 부분의 현호는 고려되어서는 아니한다. 현호의 형상의 후반부가 표준보다 크고 또한 전반부가 표준보다 작을 경우, 초과한 부분은 인정하지 아니하고 부족되는 부분만을 측정하여야 한다.

현호형상의 전반부가 표준을 넘고 현호형상의 후반부가 표준의 75% 이상일 경우, 초과한 부분을 인정하여야 한다. 후부가 표준의 50% 보다 작을 경우에는 전부의 초과한 현호는 인정하여서는 아니된다. 후부의 현호가 표준의 50%와 75%의 중간에 있을 경우, 전부의 초과한 현호에 대한 중간값을 허용할 수 있다.

3) 최소 건현

가) 하기 건현

하기에 있어서의 최소 건현은 부속서 1의 제28규칙의 표에서 구한 건현에 제27, 29, 30, 31, 32, 37, 38규칙 및 해당되는 경우 제39규칙에 따라 수정된 것이어야 한다. 상기에 따라 계산하고 또한 제32규칙의 규정에 따라 갑판선에 대한 수정을 행하지 아니하는 해수(salt water)에 있어서의 건현은 50 mm 미만으로 하여서는 아니된다. 상기 위치의 창구에 제16규칙의 (1)항에서 (5)항까지 또는 제26규칙의 요건에 적합하지 아니한 창구덮개를 가지고 있는 선박에 대하여 건현은 150 mm 미만으로 하여서는 아니된다.

나) 열대 건현

열대(熱帶)대역에 있어서 최소 건현은 용골의 상면에서 만재흘수선 표시의 원의 중심까지 측정한 하기 흘수의 48분의 1을 하기 건현에서 공제(控除)하여 구한 건현으로 한다. 상기에 따라 계산하고 또한 제32규칙의 규정에 따라 갑판선에 대한 수정을 행하지 않은 해수에 있어서의 건현은 50 mm 미만으로 하여서는 아니된다. 최초 하기건현의 창구에 제16규칙 (1)항부터 (5)항까지 또는 제26규칙의 요건에 적합하지 아니한 창구덮개를 가지고 있는 선박에 대하여 건현은 150 mm 미만으로 하여서는 아니된다.

다) 동기 건현

동기에 있어서의 최소 건현은 용골의 상면에서 만재흘수선 표시의 원의 중심까지 측정한 하기 흘수의 48분의 1을 하기 건현에 더하여 구한 건현으로 한다.

라) 동기 북대서양 건현

동기기간중 제52규칙(부속서 2)에 정의한 북대서양의 구역내를 항행하는 길이 100 m 이하 선박에 대한 최소 건현은 동기 건현에 50 mm를 더한 것으로 한다. 기타의 선박에 대하여는 동기 북대서양 건현은 동기 건현으로 한다.

마) 담수 건현

비중이 1인 흘수에 있어서의 최소 건현은 해수에 있어서의 최소 건현에서 특정 값을 공제(控除)하여 구한 건현으로 한다. 하기만재흘수선에 있어서의 배수량이 증명되지 아니할 경우, 공제(控除)는 용골의 상면에서 하기만재흘수표시의 원의 중심까지 측정한 하기 흘수의 48분의 1로 한다.

4) 목재건현을 지정받는 선박에 대한 특별요건

가) 정의

갑판적 목재화물이라 함은 건현갑판의 노출부에 싣는 목재화물을 말한다. 이 용어는 목재펄프 또는 이와 유사한 화물을 포함하지 아니한다. 갑판적 목재화물은 어떤 부가적 부력 및 해양에 대한 고도의 보호(保護)를 선박에 주는 것으로 볼 수 있다. 이러한 이유 때문에 갑판적 목재를 운송하는 선박은 이 부속서 제45규칙의 규정에 따라 계산된 건현의 감소를 허용하고 제6규칙 (3)항 및 (4)항의 규정에 따라 선측에 표시된다. 그러나 이와 같은 특수한 건현이 허용되어 사용되기 위해서는 갑판적 목재화물이 제44규칙에 제시된 일정의 요건에 적합하여야 하며 선박자체도 그 구조에 관하여 제43규칙에 마련된 일정의 요건에 적합하여야 한다.

나) 선박의 구조

(1) 선루

선박은 적어도 표준높이 및 최소 0.07 L 길이의 선수루를 설치하여야 한다. 또한 선박이 길이 100 m 미만의 경우에는 적어도 표준높이의 선미루, 또는 적어도 동일한 합계 높이의 갑판실이 있는 저선미루 갑판을 후부에 설치하여야 한다.

(2) 이중저 탱크

이중저 탱크는 선박의 중앙부에서 선박 길이의 2분의 1에 걸쳐 설치되는 경우에는 적당한 종방향 수밀구획을 가져야 한다.

(3) 불워크

선박은 적어도 1 m 높이의 상설 불워크로서 상단이 특히 보강되고 갑판에 붙은 견고한 불워크 지주에 의하여 지지되며 필요한 방수구를 갖는 것을 설치하거나 또는 이와 동등한 높이의 견고한 구조의 유효한 난간을 갖추어야 한다.

다) 적재

(1) 일반사항

상부에 화물이 적재되는 노출갑판에 있는 개구는 확실히 폐쇄되고 또한 누름대를 대어 밀폐되어야 한다. 통풍통과 공기관은 유효하게 보호되어야 한다. 목재갑판은 적어도 선루간의 웰의 전장에 걸쳐 이용 가능한 길이의 전부에 걸쳐 적재되어야 한다. 후단에 선루의 경계가 없는 경우, 목재는 적어도 최후부의 창구의 후단까지 적재되어야 한다.[189] 갑판적 목재화물은 보호난간, 불워크 스테이, 지주, 도선사용 통로 등과 같은 장애물에 대하여 적당한 허용

189) 만재흘수선협약 제1부속서 제4장 제44규칙.

치를 고려하여 옆방향으로 선측에 가능한 한 가까이 적재하여야 한다. 단, 이렇게 하여 선측에 생긴 틈은 선폭의 평균 4%를 넘지 아니하여야 한다. 목재는 저선미루 갑판을 제외한 선루의 적어도 표준높이까지 가능한 한 견고하게 적재되어야 한다. 동기에 계절동기대(季節冬期帶)에 있는 선박에 있어서 노출갑판상의 갑판 적재화물의 높이는 선박의 최대너비의 삼분의 일을 초과하여서는 아니된다. 갑판적 목재화물은 빽빽이 쌓고 묶어 고정시켜야 한다. 갑판적 목재화물은 어떠한 경우에도 선박의 항해 및 필요한 작업을 방해하여서는 아니된다.

(2) 지주

목재의 성질에 따라 지주가 필요한 경우에 지주는 선박의 폭을 고려한 충분한 강도의 것이어야 한다. 지주의 강도가 불워크의 강도를 초과하여서는 아니되며 지주의 간격은 목재의 길이 및 성질에 대하여 적당하여야 하지만 3m를 초과하여서는 아니된다. 지주를 고정시키기 위하여 견고한 산형재(山形材) 또는 금속재 소켓 또는 이와 동등한 수단이 설치되어야 한다.

(3) 고박

갑판적 목재화물은 적재된 목재의 성질에 대하여 주관청이 인정할만한 고박시스템에 의하여 그 전장에 걸쳐 유효하게 고정시켜야 한다.

(4) 복원성

적용 가능하다면, 수분의 흡수와 착빙으로 발행하는 경우와 같은 중량의 증가 및 연료와 선용품의 소비로 발생되는 경우와 같은 중량의 감소를 고려하여 항해의 모든 단계에서 복원성의 안전한 여유를 가져야 한다.

(5) 선원의 보호, 기관구역으로의 통로 등

이 부속서의 제25규칙 (5)항의 요건에 부가하여 수직으로 350 mm를 넘지 아니하는 간격으로 배치된 보호난간 또는 구명줄을 화물갑판의 양측에서 화물의 상방으로 최소 1 m의 높이로 설치하여야 한다. 구명줄에 추가하여, 되도록이면 조정나사를 사용하여 팽팽하게 세워진 와이어 로프를 실행 가능한 한 종방향 중심선 가까이에 설치하여야 한다. 모든 가드레일과 구명줄을 지지하기위한 지주는 과도한 처짐현상을 방지할 수 있을 정도의 간격을 두어야 한다. 화물이 평탄하지 아니한 경우, 너비가 600 m 이상의 안전한 보행면이 화물위에 설치되어 구명줄 하방 또는 부근에 효과적으로 고정되어야 한다.

(6) 조타설비

조타설비는 화물에 의한 손상을 받지 아니하도록 유효하게 보호되어야 하고 또한 실행 가능한 한 접근할 수 있어야 한다. 주조타 설비가 고장인 경우에도 조타가 가능할 수 있는 유효한 설비가 이루어져야 한다.

라) 건현의 산정

목재건현을 지정받는 선박은 부속서 1의 제45규칙에 따라 수정된 하기건현, 동기 목재건현, 동기 북대서양 목재건현, 열대 목재건현, 담수 목재건현 등을 사용해야 한다.

2.5 대역, 구역 및 계절기간

1) 북부 동기계절대역 및 북부 동기계절구역

가) 북대서양 동기계절대역 Ⅰ 및 Ⅱ

북대서양 동기계절대역 Ⅰ은 그린랜드의 해안에서 북위 45도까지의 서경 50도의 자오선, 거기에서 서경 15도까지의 북위 45도의 위도선, 거기에서 북위 60도까지의 서경 15도의 자오선, 거기에서 「그리니치」자오선까지의 북위 60도의 위도선 및 거기에 서북방으로 그은 자오선의 내부로 한다.[190] 이 대역의 계절기간은 동기가 10월 16일부터 4월 15일 까지, 하기가 4월 16일부터 10월 15일 까지 이다.

북대서양 동기계절대역 Ⅱ는 미국 해안에서 북위 40도까지의 서경 68도30분의 자오선, 거기에서 북위 36도, 서경 73도의 점까지의 항정선, 거기에서 서경 25도까지의 북위 36도의 위도선 및 거기에서 토리나나 갑까지의 항정선의 내부로 한다.[191] 북대서양 동기계절대역 Ⅰ, 북대서양 동기계절구역 및 스카게락해협의 스코의 위도선에 의하여 한정된 발틱해는 이 대역에서 제외된다. 쉐틀런드섬은 북대서양 동기계절대역 Ⅰ 및 Ⅱ의 경계에 있는 것으로 간주하여야 한다. 이 대역의 계절기간은 동기가 11월 1일부터 3월 31일까지이며, 하기가 4월 1일부터 10월 31일까지이다.

190) 만재흘수선협약 제2부속서 제46규칙.
191) 위의 규칙.

나) 북대서양 동기계절구역

북대서양 동기계절구역의 한계는 미국의 해안에서 북위 40도까지의 서경68도30분의 자오선, 거기에서 카나다해안과 서경 61도의 자오선과의 최남단의 교점까지의 항정선 및 카나다와 미국의 동안으로 한다. 이 대역의 계절기간은 길이 100미터(328피트)가 넘는 선박에 대하여는 동기 12월 16일부터 2월 15일 까지로, 하기 2월 16일부터 12월 15일 까지로 정하고 있으며, 길이 100미터(328피트) 이하의 선박에 대하여는 동기 11월 1일부터 3월 31일 까지, 하기 4월 1일부터 10월 31일 까지로 정하고 있다.

다) 북태평양 동기계절대역

북태평양 동기계절대역의 남방한계는 소련의 동안에서 사하린의 서안까지의 북위 50도의 위도선, 거기에서 쿠리리온 최남단까지의 사하린의 서안, 거기에서 일본 북해도의 와까나이까지의 항정선, 거기에서 동경 145 도까지의 북해도의 동안 및 남안, 거기에서 북위 35도까지의 동경 145도의 자오선, 거기에서 서경 150도까지의 북위 35도의 위도선 및 거기에서 알라스카의 돌도의 최남단까지의 항정선으로 한다.[192] 이 대역의 계절기간은 동기가 10월 16일부터 4월 15일까지, 하기가 4월 16일부터 10월 15일까지이다.[193]

2) 남부 동기계절대역의 북방한계

미주대륙 동안의 트레스 푼타스갑에서 남위 34도, 서경 50도의 점까지 항정선, 거기에서 동경 35도까지의 남위 34도의 위도선, 거기에서 남위 36도, 동경 20도의 점까지의 항정선, 그리고 남위 34도, 동경 30도의 점까지의 항정선, 거기에서 남위 35도30분, 동경 118도의 점까지의 항정선, 거기에서 타스마니아 북서안의 그림갑까지의 항정선, 거기에서 타스마니아 북안 및 동안을 따라 브루니도의 남단까지, 스트어트도의 블랙록포인트까 지의 항정선, 거기에서 남위 47도, 동경 170도의 점까지의 항정선 및 거기에서 남위 33도, 서경 170도의 점까지 항정선 및 거기에서 미주대륙 서안의 남위 33도의 위도선으로 한다.[194] 이 대역의 계절기간은 동기 4월 16일부터 10월 15일까지, 하기 10월 16일 부터 4월 15일까지이다.[195]

192) 만재흘수선협약 제2부속서 제46규칙.
193) 위의 규칙.
194) 만재흘수선협약 제2부속서 제47규칙.

3) 열대대역

가) 열대대역의 북방한계

열대대역의 북방한계는 미주대륙동안에서 서경 60도까지의 북위 13도의 위도선, 거기에서 북위 10도, 서경 58도의 점까지의 항정선, 거기에서 서경 20도까지의 북위 10도의 위도선, 거기에서 북위 30도까지의 서경 20도의 자오선 및 거기에서 아프리카서안까지의 북위 30도의 위도 선, 아프리카 동안에서 동경 70도까지의 북위 8도의 위도선, 거기에서 북위 13도까지의 동경 70도의 자오선, 거기에서 인도서안까지의 북위 13도의 위도선, 거기에서 인도의 남안을 돌아 인도의 동안 북위 10도30분까지, 거기에서 북위 9도 동경 82도의 점까지의 항정선, 거기에서 북위 8도까지의 동경 82도의 자오선, 거기에서 말레이지아 서안까지의 북위 8도의 위도선, 거 기에서 북위 10도의 베트남 동안까지의 동남아해안, 거기에서 동경145도까지의 북위 10도의 위도선, 거기에서 북위 13도까지의 동경 145도의 자오선 및 거기에서 미주대륙의 서안까지의 북위 13도의 위도선으로 한다.196) "사이공"은 열대 및 계절열대의 한계선상에 있는 것으로 간주한다.

나) 열대대역의 남방한계

열대대역의 남방한계는 브라질의 산토스항에서 서경 40도의 자오선이 남회귀선과 교차하는 점까지의 항정선, 거기에서 아프리카 서안까지의 남회귀선, 아프리카 동안에서 마다가스칼 서안까지의 남위 20도의 위도선, 거기에서 동경 50도까지의 마다가스칼의 서안 및 북안, 거기에 서남위 10도까지의 동경 50도의 자오선 거기에서 동경 98도까지의 남위 10도의 위도선, 거기에서 호주의 포트 다윈까지의 항정선, 거기에서 동방으로 웨셀갑까지의 호주 및 웨셀도의 해안, 거기에서 요크갑의 서측까지의 남위 11도의 위도선, 요크갑의 동측에서 서경 150도까지의 남위 11도의 위도선, 거기에서 남위 26도, 서경 75도의 점까지의 항정선, 거기에서 남위 32도 47분, 서경 72도의 점까지의 항정선 및 거기에서 남미주의 서안까지의 남위 32도47분의 위도선으로 한다.197) 발파라이소 및 산토스는 열대대역 및 하기대역의 경계선상에 있는 것으로 간주한다.

---

195) 위의 규칙.
196) 만재흘수선협약 제2부속서 제48규칙.
197) 위의 규칙.

다) 열대대역에 포함된 구역

포트 사이드로부터 동경 45도의 자오선까지의 수에즈운하, 홍해 및 아덴만. 아덴과 버베라는 열대대역 또는 계절열대대역의 한계선상에 있는 것으로 간주한다.[198] 동경 59도의 자오선까지의 페르시아만, 오스트레일리아 동안에서 그레이트 배리어리프까지의 남위 22도의 위도선 및 거기에서 남위 11도까지의 그레이트 배리어리프에 의하여 둘러싸인 구역은 열대대역에 포함된 것으로 취급한다.[199]

4) 계절열대구역

계절열대구역은 북대서양, 아라비아해, 벵갈만, 남인도양, 중국해, 북태평양, 남태평양 등에 걸쳐 있으며, 위치는 아래 만재흘수선 대역 및 구역 그림을 참조한다.

〈그림 2-4-41〉 만재흘수선 대역 및 구역

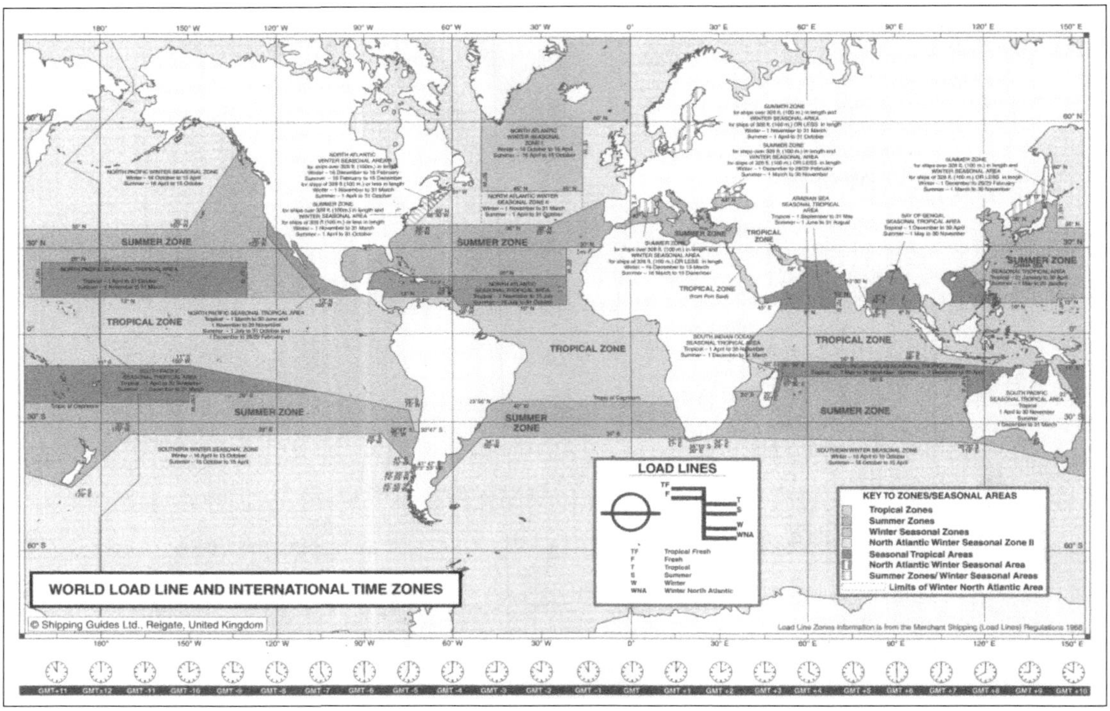

*출처: SCRIBD

198) 만재흘수선협약 제2부속서 제48규칙.
199) 위의 규칙.

5) 하기대역

북부 동기계절대역 및 북부 동기계절구역, 남부 동기계절대역, 열대대역, 계절열대구역으로 지정되지 않은 잔여의 구역은 하기대역으로 한다. 다만 길이 100미터(328피트) 이하의 선박에 대하여는 다음 한계선에 한한 구역을 동기계절대역으로 한다. 북 및 서에 있어서는 미국의 동안; 동에 있어서는 미국의 동안에서 북위40도까지의 서경 68도 30분의 자오선 및 거기에서 북위 36도 서경 73도의 점까지의 항정선; 남에 있어서는 북위 36도의 위도선이 한계가 된다.[200] 이 대역의 계절기간은 동기가 11월 1일부터 3월 31일까지, 하기가 4월 1일부터 10월 31일까지이다.[201]

6) 둘러싸인 해역

가) 발틱해

스카게락해협의 스카우의 위도선에 의하여 한정된 이 해역은 하기대역에 포함된다. 다만 길이 100미터(328피트) 이하의 선박에 대하여는 동기계절대역으로 한다. 이 대역의 계절기간은 동기가 11월 1일부터 3월 31일까지, 하기가 4월 1일부터 10월 31일까지이다.[202]

나) 흑해

이 해역은 하기대역에 포함된다. 다만, 길이 100미터(328피트) 이하의 선박에 대하여는 북위 44도 이북의 구역은 동기계절대역으로 한다. 이 대역의 계절기간은 동기가 12월 1일부터 2월 28/ 29일까지, 하기가 3월 1일부터 11월 30일까지이다.[203]

다) 지중해

이 해역은 하기대역에 포함된다. 다만, 길이 100미터(328피트) 이하의 선박에 대하여는 다음의 한계선에 한정된 구역은 동기계절 대역으로 한다. 북 및 서에 있어서는 프랑스 및 스페인의 해안과 스페인해안에서 북위 40도까지의 동경 3도의 자오선, 남에 있어

200) 만재흘수선협약 제2부속서 제50규칙.
201) 위의 규칙.
202) 만재흘수선협약 제2부속서 제51규칙.
203) 위의 규칙.

서는 동경 3도에서 사르디니아의 서안까지의 북위 40도의 위도선, 동에 있어서는 북위 40도에서 동경 9도까지의 사르디니아의 서안 및 북안, 거기에서 코르시카의 남안까지의 동경 9도의 자오선, 거기에서 동경 9도까지의 코르시카의 서안 및 북안 거기에서 사시에갑까지의 항정선이 이 대역의 한계가 된다.[204] 이 대역의 계절기간 동기가 12월 16일부터 3월 15일까지, 하기가 3월 16일부터 12월 15일까지이다.[205]

라) 동해

북위 50도 이남의 이 해역은 하기대역에 포함된다. 다만, 길이 100미터(328피트) 이하의 선박에 대하여는 북위 50도의 위도선 및 북위 38도에 있어서의 한국의 동안에서 북위 43도12분에 있는 일본의 북해도의 서안까지의 항정선과의 사이의 구역은 동기계절대역으로 한다. 이 대역의 계절기간은 동기가 12월 1일부터 2월 28/ 29일까지, 하기가 3월 1일부터 11월 30일까지이다.[206]

7) 동기북대서양만재흘수

제40규칙 (6)항(부속서 I)의 북대서양의 부분은 서경15도와 서경 50도의 자오선간에 있는 북대서양 동기계절대역 II의 부분과 북대서양 동기계절대역 I 의 전부 쉐트랜드제도를 한계선으로 본다.[207]

204) 만재흘수선협약 제2부속서 제51규칙.
205) 위의 규칙.
206) 만재흘수선협약 제2부속서 제51규칙.
207) 만재흘수선협약 제2부속서 제52규칙.

3. 국제만재흘수선증서

3.1 일반사항

국제 만재흘수선 협약의 적용을 받는 선박은 협약에 따른 검사완료 후 국제만재흘수선 증서를 발급 받는다. 다만, 선박이 2개 이상 국가의 인근 항구들 간의 국제항해에 종사하는 경우에 있어서는 그 항구의 소재국 정부가 그 항구 간 항해의 보호성격 또는 상황에 의하여 이와 같은 항해에 종사하는 선박에 이 협약의 규정을 적용하는 것이 불합리하거나 실행 불가능하다고 인정할 때에는 주관청은 선박이 이러한 항해에 종사하는 한 그 선박에 대하여 이 협약의 규정을 면제할 수 있으며, 이에 따라 이러한 선박은 국제만재흘수선 면제증서를 발급받는다. 또한 주관청은 새로운 특성을 가지는 선박에 대하여는 그 적용상 이러한 특성의 개발연구와 국제항해에 종사하는 선박에의 응용을 현저히 저해할지도 모를 이 협약 중 어떤 규정도 면제할 수 있다. 이러한 경우에도 선박은 국제만재흘수선 면제증서를 발급받는다. 다만 이러한 선박은 종사하고자 하는 업무에 대하여 적합하고 선박전체의 안전을 보호하는 것으로 주관청이 인정하고 또한 선박이 입항할 국가의 정부가 승인하는 안전요건에 적합하여야 한다.

3.2 증서의 유효기간 및 효력

국제만재흘수선증서는 주관청이 정하는 기간에 대하여 발급하며 이 기간은 5년을 넘어서는 아니된다.[208] 이러한 요건에도 불구하고 정기검사가 기존증서의 만료일 전의 3개월 이내에 완료되는 경우 새 증서는 정기검사의 완료일로부터 기존증서의 만료일 후의 5년을 넘지 아니하는 날까지 유효하다.[209] 정기검사가 기존증서의 만료일 후에 완료되는 경우 새 증서는 정기검사의 완료일로 부터 기존증서의 만료일 후의 5년을 넘지 아니하는 날까지 유효하다.[210] 정기검사가 기존증서의 만료일의 3개월전보다 먼저 완료되는 경우 신증서는 정기검사의 완료일로부터 정기검사의 완료일 후의 5년을 넘지 아니하

208) 만재흘수선협약 개정조문 제19조.
209) 위의 규정.
210) 위의 규정.

는 날까지 유효하다.[211] 증서가 5년 미만의 기간에 대하여 발급된다면 주관청은 만료일을 넘어 5년의 최대기간까지 증서의 효력을 연장할 수 있다.[212]

211) 만재흘수선협약 개정조문 제19조.
212) 위의 규정.

제 5 장

TONNAGE

1. 의의
2. 톤수산정을 위한 규칙
3. 국제톤수증서 관련

제5장 TONNAGE

1. 의의

1.1 협약의 개요

협약의 원명은 『선박의 톤수측정에 관한 국제협약(International Convention on Tonnage Measurement of Ships, 1969, 이하 톤수측정협약)』이며, 1969년 6월 23일에 채택되었고, 1982년 7월 18일 발효되었다. 국제항해에 종사하는 선박의 톤수를 계산하고 이를 통일된 방식으로 적용하기 위해 채택된 협약이다.

과거 선박의 적재용량을 알기 위한 톤수는 지역에 따라 다양한 방법으로 측정되어 사용되고 있었다. 특히, 기국들은 대부분 자국만의 톤수 측정 체계를 가지고 자국에 등록된 상선에 적용하고 있었다. 이 시기에는 특히 오슬로협약(OSLO Convention)에서 언급된 노르웨이 톤수 시스템(Norwegian Tonnage System, NIS), 소형선박을 위한 템즈강 측정 시스템(Thames River Measurement System), 파나마 운하 통일 측정 시스템(Panama Canal Universal Measurement System, PC/UMS), 스위스 운하 톤수 측정 시스템(Swiss Canal Tonnage Measurement System) 등이 주로 사용되었다. 이러한 대부분의 톤수 측정방식은 영국 상무부(British Board of Trade)의 조지 무어슨(George Moorsom)이 1854년 개발한 방식에 기반을 두고 있었으나, 결과값에 있어서 상당한 차이를 가지고 있었다. 특히 이러한 상이한 결과값은 국제무역이 증가하는 18세기초 국제무역을 하는 국가들에게 상당한 불합리와 혼동을 가져왔으며, 이에 국제사회는 이러한 상이한 톤수 측정방식을 단일체계로 통일해야 할 필요성을 느끼게 되었고 이러한 필요성은 1969년 톤수측정협약이 채택되는 계기로 작용하였다. 협약은 1982년 발효와 동시에 발효일인 1982년 7월 18일 이후에 건조되는 국제항해에 종사하는 모든 선박에 적용되기 시작했으며, 그 이전에 건조된 선박은 1994년 7월 18일까지 조약 발효 후 약 12년동안 기존 톤수의 사용을 허용하였으나, 이후에는 톤수측정협약에 따른 톤수를 사용하도록 하였다.

1.2 협약의 구조

톤수측정협약은 협약본문 22개와 부속서 1과 2로 나누어져 있다. 2013년 부속서 3이 추가되었으나, 이 부속서는 IMO회원국 감사를 위한 근거 규정으로 IMO회원국 감사에 해당하는 타협약에 추가된 부속서와 동일한 부속서이다. 부속서 1은 톤수측정에 관한 일반사항이며, 부속서 2는 선박 톤수 측정 후 발급받게 되는 국제톤수증서에 관해 정하고 있다. 협약본문은 타협약과 마찬가지로 협약의 체결, 개정, 발효와 당사국의 의무 등 협약에 관한 일반사항을 담고 있다.

이 협약에 관한 사항도 교재의 목적상, 톤수산정을 위한 규칙과 국제톤수증서에 관한 사항을 중심으로 살펴본다.

2. 톤수산정을 위한 규칙

2.1 정의 및 적용

1) 정의

톤수측정협약의 가장 중요한 용어는 협약본문 제2조에서 정하고 있는 "총톤수"와 "순톤수"이며, 이들 외에도 톤수 계산을 위한 기술적인 용어들을 부속서 1에서 정의하고 있다. 먼저 "총톤수"라 함은 협약의 규정에 따라서 결정된 선박의 전체 크기에 대한 측정을 의미하며, "순톤수"라 함은 협약의 규정에 따라서 결정된 선박의 유효 용적에 대한 측정을 의미한다. 이들 외에도 부속서 1에서는 상갑판, 형 깊이, 너비, 폐위 구역, 제외 구역, 여객, 화물구역, 풍우밀 등에 대한 정의를 두고 있다. "상갑판"이란 기상 및 해상에 노출된 최상부의 전통 갑판을 말하며, "형 깊이"란 용골의 상면으로부터 선측에서 상갑판의 하부까지 측정한 수직거리를 말 한다. "너비"라 함은 선박의 최대 폭을 말하며, 이는 금속제 외판을 가진 선박의 경우 선박의 중앙부에서 그 프레임의 형선까지 그리고 기타 재료의 외판을 가진 선박의 경우 선체의 외면까지 측정된다. "폐위 구역"이라 함은 선체에 의하여, 고정식 또는 이동식의 칸막이 또는 격벽에 의하여, 또는 상설이거나 가설의 차양외의 갑판 덮개 또는 갑판에 의하여 둘러싸인 모든 장소를 말한다. 갑판에 불연속부가 있더라도, 선체의 외각에, 갑판에 또는 구역의 덮개부분에, 또는 구역의 칸막이 또는 격벽에 개구가 있더라도, 또한 칸막이나 격벽이 없는 경우에도, 이러한 구역은 폐위 구역에 포함되어야 한다. "제외 구역"은 폐위 구역의 용적에 포함되지 않는 구역으로, 화물 또는 선용품을 고박하기 위한 선반 또는 기타의 수단이 설치되어 있는 장소, 폐쇄장치가 설치되어 있는 개구, 구조물에 의하여 이러한 개구를 폐쇄시킬 수 있는 장소 등을 이야기 한다. "여객"이라 함은 선장 및 선원 또는 어떠한 자격으로 선박에 승선하여 그 선박의 업무에 고용되거나 종사하는 기타의 자 또는 1세 미만의 어린이 외의 인원을 말한다. "화물 구역"은 순톤수의 계산에 포함시켜야 할 화물 구역으로 선박에서 하역되어야 할 화물의 운송을 위하여 할당된 폐위 구역을 말한다. 마지막으로 "풍우밀"이라 함은 어떠한 해면 상태에서도 물이 선내로 침입하지 않는 것을 말한다.

2) 적용

톤수측정협약은 국제항해에 종사하는 선박 중 협약당사국 정부의 국가에 등록된 선박과 협약 본문 제20조에 의거 본 협약이 확대 적용되는 영토에 등록된 선박 그리고 협약 당사국 정부의 국가의 국기를 게양하고 있는 등록되지 아니한 선박에 적용되며, 이렇게 등록된 선박 중 협약 발효 후 건조된 신조선, 선박의 현존 총톤수 상에 실질적인 변경이 있는 것으로 주관청이 간주하는 변경 또는 개조를 시행하는 현존선, 선주가 적용을 요청하는 현존선, 그리고 본 협약의 발효일로부터 12년 후의 모든 현존선에 적용된다. 이러한 요건에도 불구하고 톤수측정협약은 군함, 길이 24미터 미만의 선박에는 적용되지 않는다. 또한 캡 데스 로지에로부터 앤티코스티 섬의 워스트 포인트까지 그리고 앤티코스티 섬 의 북측에서 서경 63도의 자오선 까지 연결하는 항정선을 최동단으로 북아메리카의 5대호 및 세인트 로렌스강만을 항해하는 선박, 캐스피안 해만을 항해하는 선박, 아르헨티나의 푼타 로사(카도 산 안토니오)와 우루구아이의 푼타 델 에스테 사이에 그은 항정선의 최동단으로 플라테 강, 파라나 강 및 우루구아이 강만을 항해하는 선박에도 톤수측정협약은 적용되지 않는다.

2.2 총톤수와 순톤수

선박의 총톤수는 선박의 모든 폐위구역의 총용적에 특정 상수를 곱한 값으로 구해지며 선박의 전체 크기를 측정한 값을 의미한다. 선박의 순톤수는 화물구역의 총용적에 특정상수를 곱한 값에 형깊이를 형흘수로 나눈 값을 곱하여 얻어진 값으로 선박에서 화물의 적재하기 위한 유효한 용적을 의미한다. 총톤수 및 순톤수의 계산에 포함된 모든 용적은, 방열재 또는 이와 유사한 것의 취부에 관계없이, 금속으로 건조되는 선박의 경우 외판 또는 구조상 경계 플레이팅재의 내측까지 측정되어야 하며, 기타 다른 재료로 건조되는 선박의 경우 외판의 외면까지 또는 구조상 경계 표면 재의 내측까지 측정되어야 한다. 부가물의 용적은 총 용적에 포함되어야 하며, 해상에 개방된 구역의 용적은 총 용적에서 제외될 수 있다.

3. 국제톤수증서 관련

3.1 증서의 발행

국제톤수증서는 톤수측정협약에 따라 총톤수와 순톤수가 측정된 모든 선박에 발행되어야 한다. 이러한 증서는 주관청 또는 주관청의 위임을 받은 인원 또는 단체에 의하여 발행되어야 하며, 모든 경우에 주관청은 그 증서에 대하여 전적인 책임을 져야 한다.[213]

3.2 증서의 양식, 취소, 인정

증서는 증서를 발급하는 국가의 공식 언어로 작성되어야 한다. 사용된 언어가 영어 또는 프랑스어가 아닌 경우에는, 증서의 본문은 이들 언어 중의 하나의 번역문을 포함하여야 한다. 증서의 양식은 톤수측정협약 부속서 2에 주어진 모델과 일치하여야 한다.

규칙에 규정된 예외를 조건으로, 총톤수 또는 순톤수의 증가를 요구하게 될 장치, 구조, 용적, 구역의 사용, 선박의 여객증서에 등재된 허용 여객 총원, 지정된 만재흘수선 또는 선박의 허용된 흘수상에 변경이 발생한 경우, 국제톤수증서는 주관청에 의하여 효력을 상실 되어 철회되어야 한다.[214] 선박의 국기가 다른 국가의 국기로 이전되는 경우, 주관청에 의하여 발행된 증서는 효력이 정지되어야 한다.[215] 그러나 선박의 국기가 다른 협약 체약국 정부의 국기로 이전되는 경우, 국제톤수증서는 3개월 이내의 기간동안 또는 증서를 교체하기 위하여 새로운 주관청이 다른 국제톤수증서를 발행할 때까지, 둘 중에서 빨리 도래하는 기간동안 효력이 유지된다.[216] 이전까지 선박이 게양한 국기의 협약 당사국 정부는 이러한 이전의 발생후 가능한 조속히 이전 당시에 선박이 소지했던 증서의 사본 및 관련 톤수 계산서의 사본을 주관청에 송부 하여야 한다.[217]

본 협약의 요건에 따라서 협약 당사국 정부 당국이 발행한 증서는 타 당사국 정부에 의하여 인정되어야 하며 본 협약의 적용을 받는 모든 목적상 타 당사국 정부가 발행한 증서와 동일한 효력을 갖는 것으로 간주되어야 한다.[218]

213) 톤수측정협약 제7조.
214) 톤수측정협약 제10조.
215) 위의 규정.
216) 위의 규정.
217) 위의 규정.
218) 톤수측정협약 제11조.

제 6 장

MLC

1. 의의
2. 선원의 선내근로를 위한 최저요건
3. 근로조건
4. 거주설비, 오락시설, 식량 및 조달
5. 건강보호, 의료관리, 복지 및 사회보장보호

제6장 MLC

1. 의의

1.1 해사노동협약의 채택배경

국제노동기구(ILO ; International Labour Organization, 이하 "ILO"라 한다)는 1920년 이후 선원의 근로 및 생활조건을 개선하기 위하여 68개의 ILO 협약과 29개의 권고를 채택하여 해상에서의 국제적인 노동기준을 정립하고자 노력하였다. 그러나 ILO가 그 동안 채택한 국제 협약과 권고는 특정한 문제와 필요성에 따라 수시로 채택되어 그 내용의 일관성이 결여되고 중복되는 사항이 많았으며, ILO 협약과 권고의 내용을 신속하게 개정하여 최신화하지 못하다보니 실효성에 대한 끊임없는 비판이 제기되었다.[219]

결국, ILO는 2001년 1월에 개최된 제29차 합동해사위원회(JMC ; Joint Maritime Commission, 이하 "JMC"라 한다)의 ILO 협약 통합작업 제안을 시작으로 다음의 "해사노동협약 통합작업 8대 원칙"을 채택하여 3자간 작업반 회의(2001년 12월~2004년 2월), 예비기술 해사총회(2004년 9월), 중간 특별작업반회의(2005년)를 거쳐 2006년 2월에 개최된 국제노동총회 해사총회에서 「2006년 해사노동협약(Maritime Labour Convention, 2006, 이하 "협약"이라 한다)」을 채택하였다.[220]

① 최신화된 국제해사노동 기준의 전체 규정을 우선적으로 통합하되 가능한 것으로 입증되는 범위까지 통합한다.

② ILO가 채택한 기준의 총체적 부분의 일부로 보이고 타 국제해사문건과 부합되도록 노동기준의 실질적 내용이 단일의 일관성 있는 협약으로 통합한다.

219) 부산지방해양수산청, 제2판 해사노동협약 이해 안내서, 2016, 1~2쪽.
220) 위의 안내서, 2016, 1~2쪽.

③ 통합된 협약은 국제해사노동 기준의 핵심원칙을 설정하는 다수의 편으로 구성한다.
④ 각 편은 세부적 요건을 규정하는 부속서를 두어 보완한다.
⑤ 부속서에는 규정을 최신화하여 신속하게 발효시키기 위한 단순화된 개정절차를 마련한다.
⑥ 협약에는 각종 권고의 실질적 내용과 기타 비강행규정도 포함한다.
⑦ 정부, 선박소유자 및 양호한 근로의 원칙을 지지하는 선원 간에 가장 폭넓게 수락될 수 있도록 하는 방법으로 초안을 작성한다.
⑧ 협약은 모든 국가에게 자국 영역에 들어오거나 자국 영역 내에 있는 모든 선박에 성실한 근로조건이 적용되도록 할 책임을 부여하는 규정을 포함한다.[221)]

1.2 해사노동협약의 체계

1) 해사노동협약의 구성

2006년 해사노동협약은 통합작업시에 1995년 개정 STCW 협약의 구조를 참고하였기 때문에 협약전문(Preamble)과 본문(Articles), 규정(Regulations), 코드 A(Code A; 기준(Standards)), 코드 B(Code B; 지침(Guidelines))의 4단계 구조로 되어 있다.[222)]

전문은 각 협약에 따라 그 내용과 형식이 다양하지만, 대체로 협약의 제정과정, 협약 채택의 목적과 의미, 협약의 지도이념 내지 지도원리 등을 기술하고 있다. 따라서 2006년 해사노동협약도 선원의 양호한 근로조건증진, 선원에게 기본권과 자유로서 확립된 기타의 권리의 보장, 해운산업의 범세계적인 특성상 선원의 특별한 보호, 선원의 근로조건과 관련한 기국의 의무와 책임을 강화하기 위하여 현행의 국제해사노동협약과 권고를 가능한 한 최신화하고, 모든 기준을 통합하여 단일화·통일화할 것을 목적으로 한다는 점을 전문에서 밝히고 있다. 이 협약은 노사정이 가장 폭넓게 수용할 수 있도록 고안되고, 용이하게 최신화할 수 있어야 하며, 효과적으로 이행할 수 있고, 집행하기에 적합하도록 한다는 기본원칙을 또한 전문에서 밝히고 있다.[223)]

본문에서는 일반적 의무(제1조), 용어의 정의 및 적용범위(제2조), 기본권 및 기본원

221) 위의 안내서, 2016, 1~2쪽.
222) 홍성화, "2006년 해사노동협약 국내 수용을 위한 주요 쟁점사항에 관한 연구-선원 근로조건 관련 규정을 중심으로-,「해양정책연구」제24권 제1호, 한국해양수산개발원(2009.6), 185~190쪽.
223) 위의 논문, 185~190쪽.

칙(제3조), 선원의 근로권 및 사회권(제4조), 이행 및 법집행 책임(제5조), 규정 및 코드 A와 B(제6조), 선박소유자단체 및 선원단체와의 협의(제7조), 발효요건(제8조), 폐기요건(제9조), 발효의 효과(제10조), 기탁의 기능(제11조), 특별3자간위원회(제13조), 협약의 개정(제14조), 코드의 개정(제15조), 공식언어(제16조) 등을 규정하고 있다.[224)]

규정에서는 원칙 및 권리에 해당하는 요소를 규정하고 있으며, 코드 A에서는 세부요건을 분야별로 묶어서 규정하고, 코드 B에서는 권고사항을 분야별로 묶어서 규정하고 있다. 규정과 코드 A 및 코드 B의 조문은 동일한 번호체계를 사용하고 있으며, 규정과 코드 A 및 코드 B의 조문번호가 같을 경우에는 동일한 사안을 강행규정, 강행기준 및 권고지침의 수준으로 규정하고 있는 것이다.[225)] 부록 A5-Ⅰ에서는 해사노동적합증서를 발급하기 전에 기국이 점검하고 승인해야 할 선원의 근로 및 생활 조건 관련 항목[226)]을 열거하고 있다. 부록 A5-Ⅱ에서는 해사노동적합증서(Maritime Labour Certificate)와 해사노동적합선언서(Declaration of Maritime Labour Compliance)의 모델양식을 제시하고 있으며, 부록 A5-Ⅲ에서는 항만국통제관이 실시하는 세부점검항목들을 열거하고 있다. 마지막으로 부록 B5-Ⅰ에서는 해사노동적합선언서 견본을 제시하고 있다.

협약개정절차와 관련하여 본문과 규정은 명시적 개정절차에 의해서만 개정될 수 있으나, 코드 A와 코드 B는 명시적 개정절차 또는 간략 개정절차에 의하여 개정될 수 있다.

〈표 2-6-1〉 해사노동협약의 구성

구 분	법적효력	개 정 절 차
본문(Articles)	강행규정	명시적 개정절차
규정(Regulations)	강행규정	명시적 개정절차
코드 A(Standards)	강행규정	명시적 개정절차 또는 간략 개정절차
코드 B(Guidelines)	임의규정	명시적 개정절차 또는 간략 개정절차

224) 위의 논문, 185~190쪽.

225) 예컨대 최저연령에 관한 사항에 대하여 규정, 코드 A 및 코드 B는 다음과 같은 형식으로 규정하고 있다.

규정 제1.1조(최저연령) 최저연령 이하인 자는 선내에서 고용되거나 종사하거나 근로를 제공하여서는 아니 되며, 최저연령은 16세로 하며, 코드에서 규정하는 상황에서는 보다 높은 연령이 요구되어야 한다.

기준 제A.1.1조(최저연령) 16세 이하인 자를 선내에서 고용되거나 종사하거나 근로를 제공하여서는 아니 되며, 18세 미만인 선원의 야간근로는 금지되어야 한다.

지침 제B.1.1조(최저연령) 근로 및 생활조건을 규제할 때 회원국은 18세 미만인 연소자의 필요성에 대하여 특별히 주의를 기울여야 한다.

226) 최저연령, 건강진단서, 선원의 자격, 선원근로계약, 사설 선원직업소개소의 이용, 근로 또는 휴식시간, 선박에 대한 승무기준, 거주설비, 선내오락시설, 식량 및 조달, 건강·안전 및 사고방지, 선내의료관리, 선내불만처리 절차, 임금의 지급.

2) 해사노동협약의 내용구성

2006년 해사노동협약의 내용은 선원의 선내근로를 위한 최저요건(제1장), 근로조건(제2장), 거주설비 · 오락시설 · 식량 및 조달(제3장), 건강보호 · 의료관리, 복지 및 사회보장보호(제4장), 준수 및 집행(제5장) 등의 총 5분야로 구성되어 있다.

〈표 2-6-2〉 해사노동협약의 주요내용

구 분	주 요 내 용
제1장 선원의 선내근로를 위한 최저요건	◦ 최저연령 ◦ 건강진단서 ◦ 훈련 및 자격증명 ◦ 직업소개
제2장 근로조건	◦ 선원근로계약 ◦ 임금 ◦ 근로시간 및 휴식시간 ◦ 휴가에 대한 권리 ◦ 송환 ◦ 선박의 멸실 또는 침몰시 선원보상 ◦ 승무수준 ◦ 선원을 위한 경력과 기술개발 및 선원고용기회 증진
제3장 거주설비, 오락시설, 식량 및 조달	◦ 거주설비 및 오락시설의 설치기준 ◦ 양질의 식량과 식수의 제공 ◦ 선박조리사의 자격기준
제4장 건강보호, 의료관리, 복지 및 사회보장보호	◦ 선내 및 육상에서의 의료관리 ◦ 선박소유자의 책임 ◦ 건강 및 안전보호와 사고방지 ◦ 육상복지시설의 이용 ◦ 선원사회보장
제5장 준수와 집행	◦ 기국책임 ◦ 일반원칙 ◦ 인정 단체에 대한 권한위임 ◦ 해사노동적합증서와 해사노동적합선언서 ◦ 검사와 집행 ◦ 선내불만처리절차 ◦ 해양사고 ◦ 항만국책임 ◦ 항구에서의 검사 ◦ 육상에서의 선원불만처리절차 ◦ 선원공급국책임

2. 선원의 선내근로를 위한 최저요건

2.1 최저연령(기준 제1.1조)

1) 16세 미만인 모든 사람을 선내에서 고용하거나 종사시키거나 근로를 하게 하는 것은 금지된다.
2) 18세 미만인 선원의 야간근로는 금지된다. 이 기준의 목적상 "야간"은 국내법과 관행에 의해 정의된다. 야간은 자정 이전에 시작하여 익일 오전 5시 이후에 종료하는 최소한 9시간의 기간이 포함된다.
3) 책임당국은 다음의 경우에 야간근로의 제한을 엄격하게 준수하는 것에 대한 예외를 허용할 수 있다.
   ① 설정된 프로그램 및 계획에 따른 관련 선원에 대한 효과적인 훈련에 악영향을 미칠 경우
   ② 업무의 구체적 특성 또는 승인된 훈련프로그램이 예외가 적용되는 선원으로 하여금 야간에 업무를 수행할 것을 요구하고, 권한당국이 관련 선박소유자 단체 및 선원 단체와 협의 후, 해당 작업이 선원의 건강 또는 복지에 위해하지 않다고 결정한 경우
4) 작업이 선원의 건강 또는 안전을 위협하는 경우에는 18세 미만인 선원을 고용, 종사 또는 근로하는 것을 금지한다. 이러한 작업의 유형은 관련 국제기준을 준수하면서 국내법이나 규칙 또는 관련 선박소유자 단체 및 선원 단체와 협의 후, 책임당국이 결정해야 한다.

2.2 건강진단서(기준 제1.2조)

1) 책임당국은 선원이 선박에서 근로를 시작하기 이전에 그들이 해상에서 실시하여야 할 직무를 수행하기에 의학적으로 적합하다는 것을 증명하는 유효한 건강진단서를 소지하도록 요구한다.
2) 책임당국은 선원이 수행할 직무의 관점에서 선원의 건강상태가 건강진단서에 성실하게 반영되도록 하기 위하여 관련 선박소유자 단체 및 선원 단체와 협의한 후, 코

드 B에서 규정하는 적용 가능한 국제지침을 상당히 고려하여 건강검진 및 건강진단서의 내용을 정한다.

3) 건강진단서는 정식으로 자격을 갖춘 전문의 또는 시력에 관한 별도의 진단서의 경우에는 책임당국이 그러한 진단서를 발급할 자격을 갖춘 것으로 인정한 사람에 의하여 발급된다. 전문의는 건강검진절차를 수행하는 동안 자신의 의료적 판단을 행사함에 있어서 철저히 직업적 독립성을 가진다.

4) 건강진단서의 유효기간은 발급일로부터 최대 2년(색각은 최대 6년)이며, 18세 미만의 경우에는 최대 1년이다.

5) 항해 중 건강진단서의 유효기간이 만료되었을 경우에는 3개월을 초과하지 않는 것을 조건으로 건강진단서를 취득할 수 있는 차기 항구까지 그 효력이 지속된다.

6) 국제항해에 통상적으로 종사하는 선박에서 근로하는 선원의 건강진단서는 최소한 영문으로 작성되어야 한다.

2.3 훈련 및 자격증명(기준 제1.3조)

1) 선원은 자신의 직무수행을 위해 적합하도록 훈련을 받거나 자격증명을 받거나 또는 달리 자격을 갖추지 아니하는 한 선내에서 근로하지 못한다.

2) 선원은 선내 인명안전을 위한 훈련을 원만하게 이수하지 않는 한 선내에서 근로를 하도록 허가되지 아니한다.

2.4 직업소개(기준 제1.4조)

1) 공공 선원직업소개소를 운영하는 각 회원국은 해당 선원직업소개소가 이 협약에서 규정하고 있는 선원의 고용권을 보호하고 향상시키는 규율 있는 방식으로 운영되도록 보장한다.

2) 주된 목적이 선원직업소개이거나 현저한 수의 선원에 대한 직업소개를 하는 자국의 영역 내에서 운영되고 있는 사설 선원직업소개소가 회원국에 있는 경우, 사설 선원직업소개소는 표준화된 면허제도, 인증제도 또는 그 밖의 형식의 규제에 적합한 경우에만 운영되도록 한다. 이러한 제도는 관련 선박소유자 단체 및 선원 단체와 협

의 후에 수립, 수정 또는 변경된다. 이 협약이 사설 직업소개소에 적용되는지 의문이 있는 경우에는 책임당국이 관련 선박소유자 단체 및 선원 단체와 협의 후에 결정한다. 사설 선원직업소개소는 과도하게 확산되지 않도록 한다.

3) 책임당국은 관련 회원국의 영역 내에서 운영 중인 모든 선원직업소개소를 철저히 감시하고 통제한다. 자국 영역 내에서 사설 선원직업소개업체를 운영하기 위한 모든 면허나 인증 또는 유사한 허가는 관련 선원직업소개소가 국내 법령의 요건을 충족하는지를 검증한 후에만 부여 또는 갱신되어야 한다.

4) 협약이 적용되지 아니 하는 국가 또는 영역에 근거를 두고 있는 선원직업소개소를 이용하는 선박소유자는 실행 가능한 한 해당 선원직업소개소가 협약의 요건을 충족하도록 조치하여야 한다.

3. 근로조건

3.1 선원근로계약(기준 제2.1조)

1) 선원근로계약서는 선박소유자와 선원이 각각 1부씩 소지하여야 하며, 선박소유자는 선원에게 계약서를 검토 및 자문할 기회를 부여하여야 한다.
2) 협약에서 선원근로계약서에 포함토록 규정하는 사항 ① 선원 성명, 출생일 또는 연령 및 출생지, ② 선박소유자의 명칭 및 주소, ③ 선원근로계약이 체결된 장소 및 일자, ④ 선원이 고용될 직무, ⑤ 임금액 또는 임금을 계산하기 위하여 사용된 산식, ⑥ 유급휴가 일수 또는 유급휴가 일수를 계산하기 위하여 사용된 산식, ⑦ 선원근로계약의 종료 및 조건, ⑧ 선박소유자가 선원에게 제공하는 건강 및 사회보장 보호급여, ⑨ 선원의 송환 수급권, ⑩ 국내법이 요구하는 기타 사항은 반드시 포함되어야 한다.
3) 선원근로계약의 조기 종료를 위하여 선박소유자 및 선원이 예고하여야 할 최단 예고기간은 해당 선박소유자 단체 및 선원 단체와 협의한 후에 결정되어야 하며, 그 기간은 7일보다 짧아서는 아니 된다.

3.2 임금(기준 제2.2조)

1) 임금은 매월의 간격을 넘지 않도록 지급되어야 하며, 선박소유자는 적용환율과 부가적인 보수를 포함한 월급명세서를 제공하여야 한다.
2) 선원은 가족 등에게 일정 주기로 은행 송금 또는 그와 유사한 방법으로 송금할 수 있는 제도 등을 요구할 수 있다.
3) 송금과 관련하여 환율은 국내법령에 따른 통상환율 또는 공표환율을 적용하여 선원에게 불리하지 아니하여야 한다.

3.3 근로시간 및 휴식시간(기준 제2.3조)

1) 각 회원국은 협약의 요건에 합치하도록 일정 기간에 대한 최대근로시간 또는 최소휴식시간을 설정하여야 한다.

2) 통상 근로시간의 기준은 1일 8시간, 주1일 휴식 및 공휴일 휴식을 기반으로 하되, 동 기준보다 유리한 조건일 경우 단체협약 등으로 정할 수 있다.
3) 최대근로시간은 1일 24시간 중 14시간, 7일의 기간 중 72시간을 초과해서는 아니 되며, 최소휴식시간은 1일 24시간 중 10시간, 7일의 기간 중 77시간을 하회해서는 아니 된다.
4) 휴식시간은 한 차례만 분할할 수 있으며, 그 중 한번은 최소 6시간이어야 하고, 연속적인 휴식시간 사이의 간격은 14시간을 초과하여서는 아니 된다.
5) 선박에는 최대근로시간 또는 최소휴식시간을 포함하는 선내작업 배치표를 보기 쉬운 곳에 게시하여야 하며, 선원의 일일근로시간 또는 휴식시간에 관한 기록을 유지하여야 한다.

3.4 휴가에 대한 권리(기준 제2.4조)

선원유급휴가는 고용 매월 당 최소 2.5일을 기준으로 계산되어야 하며, 이 기준에서 규정한 최소 연차유급휴가를 보류하는 일체의 협정은 금지되어야 한다.

3.5 송환(기준 제2.5조)

1) 각 회원국은 선원이 정당하게 송환되도록 보장하기 위하여 자국의 국기를 게양하는 선박으로 하여금 재정 보증을 마련할 것을 요구하여야 한다.
2) 선원이 외국에 있는 동안 선원근로계약이 실효될 경우 또는 선박소유자나 정당한 사유로 선원이 근로계약을 해지할 경우 또는 선원이 더 이상 근로계약상의 직무를 수행할 수 없는 경우 또는 특정한 상황에서 직무를 수행할 수 없다고 예상되는 경우, 선원에게 송환될 권리가 부여되도록 보장되어야 하며, 국내법령 및 기타 조치 또는 적용 가능한 단체협약에 따라 선원이 근로의무에 관한 중대한 과실이 있는 것으로 밝혀진 경우를 제외하고는 선원을 무상으로 송환하여야 한다.
3) 기국의 책임당국이 선원의 송환의무를 게을리 한 경우, 선원이 소재하고 있는 국가 또는 선원의 국가에서 송환할 수 있으며, 기국의 책임당국으로부터 그 비용을 구상할 수 있다.
4) 송환비용을 지급한 회원국은 선박의 기국으로부터 송환비용에 대한 보상이 이루어질 때까지 해당 선박의 출항을 정지하거나 출항정지를 요청을 할 수 있다.

3.6 선박의 멸실 또는 침몰시 선원보상(기준 제2.6조)

1) 각 회원국은 선박이 멸실 또는 침몰된 경우, 선박소유자가 선내의 각 선원에게 해당 선박의 멸실 또는 침몰에 기인한 실업에 대한 보상금을 지급하도록 하는 규칙을 제정하여야 한다.
2) 실업보상에 관한 규칙은 선박의 멸실 또는 침몰로 인한 사망 또는 상해에 대하여 해당 회원국의 국내법에 따라 선원이 가지는 그 밖의 모든 권리를 침해해서는 아니 된다.

3.7 승무수준(기준 제2.7조)

1) 각 회원국은 자국의 모든 선박이 안전하고 효율적이며 보안에 대한 상당한 고려를 하여 운항되도록 충분한 수의 선원을 승무하도록 한다. 모든 선박은 모든 운항조건에서 책임당국이 발급한 최소안전승무정원증서 또는 이와 동등한 증서에 따라서 선박과 선박 내의 인원의 안전과 보안을 보장하고 이 협약의 기준을 준수할 수 있도록 승무규모와 자격의 관점에서 적정한 선원을 승무하도록 한다.
2) 승무수준을 결정, 승인 또는 수정 시, 권한당국은 승무수준에 관한 적용 가능한 국제문서상의 원칙, 특히 국제해사기구의 원칙뿐만 아니라 충분한 휴식을 확보하고 피로를 제한하기 위하여 과도한 근로시간을 회피 또는 최소화할 필요성을 고려한다.

3.8 선원을 위한 경력과 기술개발 및 선원고용기회 증진(기준 제2.8조)

1) 각 회원국은 해사분야에 안정되고 유능한 인력을 제공하기 위해 경력과 기술개발 및 고용기회의 증진을 위한 국가정책을 수립하여야 하며, 이러한 국가정책의 목표는 해기능력, 자격 및 고용기회의 강화를 위해 선원을 지원하는 데 있다.
2) 각 회원국은 관련 선박소유자 단체 및 선원 단체와 협의 후, 계속 교육을 포함하여 선내에서 선박의 안전운항 및 항해에 주로 관계되는 직무를 하는 선원에 대한 직업안내, 교육 및 훈련에 대한 명확한 목표를 수립한다.

4. 거주설비, 오락시설, 식량 및 조달

4.1 거주설비 및 오락시설의 설치기준(기준 제3.1조)

1) 거주구역에 관한 일반적 요건

가) 천정높이는 모든 선원 거주구역에서 적절하여야 한다. 충분하고 자유로운 이동이 필요한 모든 선원 거주구역 내의 최소허용 천정높이는 203cm 이상이어야 한다. 책임당국은 거주구역내의 일체의 구역 또는 구역의 일부분이 다음의 사항에 적합하다고 인정되는 경우에 그 높이를 완화할 수 있다.

① 높이의 감소가 적절하다고 인정될 경우

② 선원이 불편함을 느끼지 아니하는 경우

나) 거주구역은 적절하게 단열되어야 한다.

다) SOLAS 협약의 규정 제2조 제(e)항 및 제(f)항에서 정의된 바의 여객선을 제외한 모든 선박의 침실은 선박의 중앙 또는 선미의 만재흘수선보다 높은 곳에 위치하여야 한다. 다만, 예외적인 경우로서 선박의 크기, 형태 또는 용도에 따라 상기 장소에 침실을 설치하는 것이 실행 불가능할 경우에는 선수부에 배치할 수 있으나, 어떠한 경우에도 충돌격벽의 전방이어서는 아니 된다.

라) 여객선 및 「1983년 국제해사기구 특수목적선에 대한 안전 코드 및 개정규정」에 따라 건조된 특수한 선박에 대하여 책임당국은 채광 및 통풍이 만족스러울 경우, 선원거주구역을 만재흘수선 아래에 설치하는 것을 허용할 수 있다. 그러나 어떠한 경우에도 작업통로의 바로 밑에 설치하여서는 아니 된다.

마) 침실에는 화물 및 기관구역 또는 주방, 저장고, 건조실 또는 공동위생시설로부터 직접 통하는 개구를 설치하여서는 아니 된다. 침실 및 외부격벽과 상기의 장소를 격리하는 격벽은 강 또는 기타 승인된 재료를 이용하여 효율적으로 건조되어야 하며 또한 수밀 및 기밀이 된 것이어야 한다.

바) 내부격벽, 판재, 내장재, 바닥재 및 이음재로 사용되는 재료는 사용목적에 적합하고 건강한 환경을 조성하는데 도움이 되는 것이어야 한다.

사) 적절한 조명과 충분한 배수설비를 갖추어야 한다.

아) 거주구역 및 오락 및 식량 조달 시설은, 선내에서 위험한 수준의 소음, 진동, 기

타 환경요소 및 화학제품에 대한 노출 위험을 방지하고 선원에게 수용 가능한 산업 및 선내 생활환경을 제공하는 것과 관련하여 건강, 안전 보호 및 사고예방에 관한 규정 제4.3조의 요건과 해당 코드상의 관련 규정을 충족하여야 한다.

2) 통풍과 난방에 관한 요건

가) 침실 및 식당구역은 적절히 환기되어야 한다.

나) 냉방시스템이 필요하지 아니하는 온화한 기후의 해역에서 정기적으로 항해하는 선박을 제외한 선박의 선원 거주구역, 격리된 무선실 및 중앙집중식 기관제어장소에는 냉방장치를 설치하여야 한다.

다) 모든 위생구역은 거주구역의 다른 부분과 독립적으로 외부공기로 통풍되어야 한다.

라) 열대지방만을 항해하는 선박 이외의 선박에는 적절한 난방시스템으로 충분한 난방이 되어야 한다.

3) 조명에 관한 요건

여객선과 같이 특별한 배치가 허용되는 경우를 조건으로, 침실과 식당구역은 자연 채광되고 적절한 인공조명이 설치되어야 한다.

4) 침실에 관한 요건

가) 여객선 이외의 선박에는 각 선원에 대하여 개별 침실이 제공되어야 한다. 다만, 책임당국은 총톤수 3,000톤 미만의 선박 또는 특수목적선에 대하여 관련 선박소유자 단체 및 선원 단체와 협의 후, 해당 요건의 면제를 허가할 수 있다.

나) 남성용과 여성용의 분리된 침실이 제공되어야 한다.

다) 침실은 충분한 크기이어야 하고 안락하고 정돈이 용이하도록 설비되어야 한다.

라) 어떠한 상황에서도 각 선원에 대한 별도의 침대가 제공되어야 한다.

마) 침실의 내측 규격은 최소한 198×80cm이어야 한다.

바) 1인용 선원 침실의 바닥면적은 다음의 기준 이상이어야 한다.

① 총톤수 3,000톤 미만 선박에 있어서는 4.5평방미터

② 총톤수 3,000톤 이상 10,000톤 미만 선박에 있어서는 5.5평방미터

③ 총톤수 10,000톤 이상 선박에 있어서는 7평방미터

사) 책임당국은 총톤수 3,000톤 미만의 선박, 여객선 및 특수목적선에 일인용 침실을 설치하기 위해서는 바닥면적의 감소를 허가할 수 있다.

아) 여객선 및 특수목적선 이외의 총톤수 3,000톤 미만의 선박에 설치되는 선원 침실은 최대 2명의 선원이 사용하게 할 수 있다. 그 바닥 면적은 7평방미터 이상이어야 한다.

자) 여객선 및 특수목적선에 있어서 선박직원의 직무를 수행하지 않는 선원에 대한 침실 바닥 면적은 다음의 기준 이상이어야 한다.

① 2인용 침실에 있어서는 7.5평방미터

② 3인용 침실에 있어서는 11.5평방미터

③ 4인용 침실에 있어서는 14.5 평방미터

차) 특수목적선의 침실은 4명이상을 수용할 수 있으며 이러한 침실의 바닥면적은 일인당 3.6평방미터 이상이어야 한다.

카) 여객선 및 특수목적선 이외의 선박에 있어서 개인용 거실 및 휴게실이 없는 선박직원의 직무를 수행하는 선원용 침실 바닥면적은 다음의 기준 이상이어야 한다.

① 총톤수 3,000톤 미만 선박에 있어서는 7.5평방미터

② 총톤수 3,000톤 이상 10,000톤 미만 선박에 있어서는 8.5평방미터

③ 총톤수 10,000톤 이상 선박에 있어서는 10평방미터

타) 여객선 및 특수목적선에 있어서 개인용 거실 또는 휴게실이 없는 경우에 하급선박직원용 침실바닥 면적은 1인당 7.5 평방미터 이상이어야 하며, 상급선박직원용 침실바닥 면적은 1인당 8.5 평방미터 이상이어야 한다. 여기서 하급선박직원이란 운항급의 직원을 말하며, 상급선박직원은 관리급의 직원을 말한다.

파) 선장, 기관장 및 1등 항해사에 대하여는 침실 이외에 침실에 딸린 거실·휴게실 또는 적절한 공간이 추가로 제공되어야 한다. 주관청은 총톤수 3,000톤 미만의 선박에 대하여 관련 선박소유자 단체 및 선원 단체와 협의 후, 해당 요건을 면제할 수 있다.

하) 가구는 각 사용자를 위한 충분한 공간(최소 475리터)의 옷장과 56리터 이상의 서랍 또는 적절한 공간이 포함되어야 한다. 서랍이 옷장에 결합된 경우 옷장의 최소 용적은 각 사용자당 500리터이어야 한다. 여기에는 선반이 비치되어야 하며 사생활 보호를 위하여 사용자가 잠글 수 있어야 한다.

거) 각 침실에는 필요에 따라 의자가 있는 고정식, 접이식 또는 인출 형식의 탁자 또는 책상과 안락한 좌석설비가 설치되어야 한다.

5) 주방에 관한 요건

가) 식당은 침실과 떨어져 있어야 하며, 가능한 한 주방과 가까운 거리에 위치하도록 하여야 한다. 책임당국은 총톤수 3,000톤 미만의 선박에 대하여 관련 선박소유자 단체 및 선원 단체와 협의 후 해당 요건을 면제할 수 있다.

나) 식당은 모든 선원이 어느 일시에 이용하는 것을 감안하여(식음료를 계속 제공하는 시설 포함) 충분한 크기와 안락함을 제공할 수 있어야 하며, 적절히 배치·설비되어야 한다. 이 식당설비는 적절히 별개로 하거나 공동으로 사용하는 것이어야 한다.

6) 위생시설에 관한 요건

가) 위생시설은 남성용과 여성용으로 구분된 것으로서 건강 및 위생에 관한 최저기준을 만족하고 적절히 안락감을 주며, 선원이 편리하게 출입할 수 있는 것이어야 한다.

나) 위생시설은 항해 선교 및 기관구역 또는 기관실 제어장소에서 쉽게 접근할 수 있는 범위 내에 있어야 한다. 책임당국은 총톤수 3,000톤 미만의 선박에 대하여 관련 선박소유자 단체 및 선원 단체와 협의 후 해당 요건을 면제할 수 있다.

다) 모든 선박에는 개인시설이 제공되지 않는 6명 이하의 인원 당 최소한 한 개의 수세식 화장실, 하나의 세면기 및 하나의 욕조 또는 샤워기 또는 양자가 편리한 위치에 설치되어야 한다.

라) 여객선 이외의 선박에 있어서 세면기가 있는 개인 욕실이 딸린 침실을 제외한 각 침실에는 온수와 냉수를 사용할 수 있는 세면기가 설치되어야 한다.

마) 책임당국은 항해 시간이 4시간 이하인 여객선에 대하여는 필요한 설비의 특별한 배치 및 그 수의 완화를 고려할 수 있다.

바) 냉수와 온수는 모든 세면 장소에서 이용 가능해야 한다.

7) 병실에 관한 요건

15명이상의 선원이 승선하고 3일을 초과하여 항해에 종사하는 선박은 전적으로 의료 목적으로 사용되는 분리된 병실을 설치하여야 한다. 책임당국은 연안항해에 종사하는 선박에 대하여 해당 요건을 경감할 수 있다. 병실의 승인에 관하여 책임당국은 병실이 모든 기상조건에서 접근이 용이하고, 병실의 사용자에게 편안함을 제공해 주며, 즉각적이고 적절한 치료를 받는데 도움이 되는 것을 보장하여야 한다.

8) 기타 요건

가) 적절한 위치에 설비가 갖추어진 세탁시설이 마련되어야 한다.

나) 모든 선박은 선박의 크기와 승선 선원수를 고려하여 근무를 마친 선원이 이용할 수 있는 개방 갑판상의 하나의 공간 또는 공간들을 마련하여야 한다.

다) 모든 선박은 갑판부 및 기관부가 이용하기 위한 별도의 사무실 또는 공동 사무실이 마련되어야 한다. 책임당국은 총톤수 3,000톤 미만의 선박에 대하여 관련 선박소유자 단체 및 선원 단체와 협의, 해당 요건을 면제할 수 있다.

라) 모기가 많은 항구에 정기적으로 입·출항하는 선박은 책임당국이 요구하는 적절한 장치가 설치되어야 한다.

마) 건강, 안전보호 및 사고예방에 관한 규정 제4.3조와 관련 코드의 규정을 고려하여, 적절한 선원 오락시설과 선내에서 생활하고 근로를 하는 선원의 특별한 요구를 만족시키기 위하여 적합한 문화시설 및 서비스가 제공되어야 한다.

바) 상이하고 특별한 종교적, 사회적 관습을 가지고 있는 선원들의 이익에 대한 차별없는 배려가 필요한 선박의 경우에는 책임당국은 관련 선박소유자 단체 및 선원단체와 협의 후 모든 시설이 해당 기준에 규정된 것 이하로 되지 않는 것을 조건으로 해당 기준과 관련하여 적용상 상당한 융통성을 부여할 수 있다.

사) 각 회원국은 선박소유자와 선원 관련 기관과 협의 후 승선인원과 선박의 크기를 고려하여, 그리하는 것이 합리적이라면, 다음의 요건과 관련하여 총톤수 200톤 이하의 선박에 적용하는 것을 면제할 수 있다.

① 냉방시스템, 여객선 외의 선박의 침실 세면기, 세탁시설

② 선원 침실의 바닥면적

아) 협약의 요건과 관련한 일체의 면제는 기준에서 명시적으로 허용되는 경우에만 그리고 그러한 면제가 강력한 근거를 바탕으로 명백히 정당화되는 특수한 상황에서만 그리고 선원의 건강과 안전을 보호하는 것을 조건으로 허용할 수 있다.

4.2 식량 및 조달(기준 제3.2조)

1) 양질의 식량과 식수의 제공

가) 승선 중인 선원들은 고용기간 중에는 선박의 요건, 선원의 다양한 문화 및 종교

적인 배경을 고려하여 적절한 품질, 영양가 및 양의 식량, 식수를 무료로 제공받아야 한다.

나) 공급되는 식량과 식수는 선박 내에 근무하는 선원의 수, 식량과 관계된 종교적 요구사항 및 사회적 관례 그리고 항해기간 및 특징을 고려하여 양, 영양가, 품질 및 다양성의 점에서 적절하여야 한다.

다) 선장 또는 선장이 지정하는 자는 다음에 관한 서류검사를 자주 수행하여야 한다.

① 식량 및 식수의 공급

② 식량 및 식수의 저장 및 취급에 사용하는 모든 장소 및 설비

③ 식사를 준비하고 제공하는 취사실 및 기타 설비

2) 선박조리사의 자격기준

가) 조리부의 조직 및 장비는 적절하고, 다양하며, 영양가 있는 식사를 위생적인 상태에서 마련하여 선원에게 제공하기에 충분한 것이어야 한다.

나) 음식을 준비하는 책임을 지는 선내조리사로 고용된 선원은 선내 자신의 직책에 맞는 훈련을 받고 자격을 갖추어야 한다.

다) 책임당국은 10명 미만의 선원으로 운항되는 선박에 대하여 선원수와 항해 형태를 감안하여 완벽한 자격의 조리사를 요구하지 아니할 수 있으며, 이 경우 주방에서 식량을 처리하는 자는 선내에서 식량의 처리 및 저장뿐만 아니라 음식 및 개인위생을 포함하는 분야에서 훈련 또는 지도를 받아야 한다.

라) 18세 미만의 선원은 선박조리사로 고용되거나, 종사하거나 또는 근로를 하여서는 아니 된다.

5. 건강보호, 의료관리, 복지 및 사회보장보호

5.1 선내 및 육상에서의 의료관리(기준 제4.1조)

1) 선원이 선내에서 근로하는 동안 건강을 보호하기 위한 적절한 조치 및 필수적 치아 관리를 포함한 신속하고 충분한 의료관리를 이용할 수 있도록 보장되어야 한다.
2) 선원에게 필요한 약품, 진단 및 치료용 의료장비 및 의료설비 그리고 의료정보 및 의료전문가를 신속하게 이용하는 것을 포함하여 육상근로자가 일반적으로 이용할 수 있는 것과 동등한 건강보호와 의료관리가 제공되어야 한다.
3) 국내법령 및 관행에 따라 건강예방과 관리는 국내법 및 관행에 따라 선원에게 무상으로 제공되어야 한다.
4) 선박소유자는 선원에게 실행 가능한 경우, 기항 항구에서 지체 없이 자격을 갖춘 의사 또는 치과의사를 방문할 수 있는 권리를 제공해야 한다.
5) 건강보호 및 의료관리는 질병 또는 상해 선원의 치료에 한정되지 아니하고 건강증진 및 건강교육 프로그램과 같은 예방적 특성의 조치를 포함하는 것이어야 한다.
6) 육상 및 선내 의료담당자가 사용하기 위한 채택한 표준의료보고서가 작성되어야 하며, 그 양식과 내용은 비밀이 유지되어야 한다.
7) 모든 선박에는 의료함, 의료장비 및 의료지침서를 비치하여야 하고, 세부사항은 정기적인 점검을 받아야 한다.
8) 100명 이상의 인원을 운송하고, 3일을 초과하는 기간의 국제항해에 통상적으로 종사하는 선박은 의료관리를 제공할 책임을 담당할 자격을 갖춘 의사를 승무시켜야 한다.
9) 의사가 승무하지 않는 선박은 최소한 자신의 통상적 직무의 일부로서 의료관리 및 약품관리를 담당할 선원 1명 또는 의료응급처치를 제공할 능력이 있는 최소한 1명의 선원이 승무하도록 하여야 한다. 의사가 아닌 자로서 선내에서 의료관리를 담당하는 자는 STCW 협약의 요건을 충족하는 의료관리에 관한 훈련을 원하게 이수하여야 한다. 의료응급처치를 제공하도록 지명된 선원은 같은 협약의 요건을 충족하는 의료응급처치에 관한 훈련을 원만하게 이수하였어야 한다.
10) 책임당국은 미리 준비된 제도에 의하여 해상에 있는 선박에게 무선 또는 위성통신에 의하여 전문적 조언을 포함한 의료조언을 1일 24시간 이용할 수 있도록 보장하여야 한다. 선박과 조언을 제공하는 사이의 무선 또는 위성통신에 의한 의료서신의

향후 전송을 포함한 의료조언은 선박이 게양한 국기와 관계없이 모든 선박에 의해 무료로 이용이 가능하여야 한다.

5.2 선박소유자의 의무(기준 제4.2조)

1) 선박소유자는 자신의 선박에서 근로하는 선원의 직무개시 일자와 정당하게 송환될 것으로 간주되는 일자 사이에서 발생하거나 또는 이들 일자 사이의 선원고용에 기인하는 선원의 질병 및 부상에 관련한 비용을 부담하여야 한다.
2) 선박소유자는 국내법령, 선원근로계약 또는 단체협약에서 규정하는 바에 따라 업무상 상해, 질병 또는 위험에 기인하는 선원의 사망 또는 장기적인 장애가 발생한 경우에 보상을 보장하기 위한 재정보증을 제공하여야 한다.
3) 선박소유자는 질병 또는 상해 선원이 회복되었을 때까지 또는 질병 혹은 근로불능이 영구적이라고 선고되었을 때까지 진료, 필요한 약품 및 치료기구의 보급 그리고 집에서 떠나 있는 동안의 식비 및 숙박비를 포함한 의료관리 비용을 부담할 책임이 있다.
4) 선박소유자는 계약기간 동안 선내 또는 육상에서 발생한 사망의 경우, 매장비용을 지불할 책임이 있다.
5) 국내법령은 상해의 발생일자 또는 질병의 개시일자부터 최소 16주의 기간 동안 의료관리, 식사 및 숙박을 위한 비용을 부담하도록 선박소유자의 책임을 제한할 수 있다.
6) 질병 또는 상해가 근로불능의 결과를 초래하였을 경우, 선박소유자는 질병 또는 상해 선원이 선내에 체류하거나 또는 송환될 때까지의 임금 전액과 선원이 송환되거나 하선한 때로부터 회복될 때까지 또는 만약 더 빠른 경우 국내법령에 따라 현금 급여를 지급받을 권리가 발생할 때까지 임금의 전액 또는 일부 금액을 지불하여야 한다.
7) 국내법령은 상해의 발생일자 또는 질병의 개시일자부터 최소 16주의 기간 동안 하선한 선원에 대하여 임금의 전액 또는 일부 금액을 지불하도록 선박소유자의 책임을 제한할 수 있다.
8) 국내법령은 다음에 관련하여 선박소유자의 책임을 면제할 수 있다.
   ① 해당 선박의 업무와 관계없이 발생한 상해
   ② 질병, 상해 또는 사망한 선원의 고의적 악행에 기인한 상해 또는 질병
   ③ 계약이 체결될 때 고의적으로 은폐된 질병 또는 질환

9) 국내법령은 선박소유자의 의료관리, 식사, 숙박 및 매장 비용에 대한 책임을 공공 기관이 부담하는 경우에는 그러한 책임을 면제할 수 있다.
10) 선박소유자 또는 그들의 대표는 질병, 상해 또는 사망한 선원이 선내에 남긴 재산을 안전하게 보관하고 그것을 선원 또는 그들의 가장 가까운 친족에게 되돌려 주기 위한 조치를 취하여야 한다.

5.3 건강 및 안전보호와 사고방지(기준 제4.3조)

1) 선내의 근로, 생활 및 훈련환경은 안전하고 위생적이어야 하며, 선내 직무상 안전 및 건강보호와 사고예방을 위한 국내법령 및 기타 조치에 부합하여야 한다. 선내 직무상 사고, 상해, 질병, 선내 장비 및 기계의 사용으로 인하여 발생할 수 있는 상해 또는 질병의 위험뿐만 아니라 환경요인 및 화학물질의 유해한 수준에 노출될 위험을 예방하기 위한 선상에서의 합리적인 주의사항이 마련되어야 한다.
2) 선박에 산업안전 및 건강에 대한 정책과 선내 직무상 사고, 상해 및 질병을 예방하기 위한 프로그램이 수립되어야 하며, 특히, 18세 미만인 선원의 안전 및 건강에 특별한 배려가 있어야 한다.
3) 선내의 산업 안전, 건강 정책 및 프로그램을 이행하고 준수하기 위한 특정의 책임을 고려하여 선장 또는 선장이 지정한 자 또는 양자의 직무를 명시하여야 한다.
4) 선내 안전위원회의 회의에 참석할 목적으로 안전대표로서 지명 또는 선출된 선내 선원의 권한을 명시하여야 한다. 그러한 위원회는 5명 이상의 선원이 승선하고 있는 선박에 구성되어야 한다.
5) 책임당국은 다음 사항을 보장하여야 한다.
   ① 업무상 사고 및 질병의 보고 및 기록에 관한 ILO가 제공한 지침을 고려하여 직무상 사고, 상해 및 질병이 적절히 보고되도록 할 것
   ② 그러한 사고 및 질병의 광범위한 통계가 유지, 분석 및 출판되며, 적절한 경우 일반적인 경향과 식별된 위험에 대한 후속 연구를 실시하는 것
   ③ 업무상 사고를 조사하는 것
6) 책임당국은 산업안전 및 건강의 관리와 관련하여 위험성 평가를 실시하는 선박소유자가 자기 선박으로부터 그리고 책임당국이 제공한 일반적인 통계로부터 획득한 적절한 통계정보를 참조하도록 요구한다.

5.4 육상복지시설의 이용(기준 제4.4조)

1) 각 회원국은 복지시설이 자국 영역 안에 있는 경우, 국적, 인종, 피부색, 성별, 종교, 정치적 견해 또는 사회적 계급과 그 선원이 고용되거나 종사하거나 근로를 하는 선박의 기국에 무관하게 모든 선원이 이용할 수 있게 한다.
2) 각 회원국은 자국의 적절한 항구에 복지시설의 개발을 장려하고, 관계 선박소유자 단체 및 선원 단체와 협의 후 적당하다고 간주되는 항구를 결정한다.
3) 각 회원국은 해운산업에 있어서 기술적, 운항적 및 그 밖의 발전의 결과로 인한 선원의 필요의 변화의 차원에서 복지시설과 서비스가 적절하다는 것을 보장하기 위하여 복지시설과 서비스를 정기적으로 검토하는 복지위원회의 설치를 장려한다.

5.5 선원사회보장(기준 제4.5조)

1) 각 회원국의 사회보장법률이 적용되는 선원과 회원국의 법률에 의해 규정된 범위의 부양가족은 육상근로자가 향유하는 사회보장보호 보다 불리하지 않는 혜택을 받아야 한다.
2) 점진적이고 포괄적인 사회보장보호를 성취하기 위해 의료관리에 관한 규정, 선박소유자의 책임에 관한 규정 및 기타 규정(의료관리, 질병급여, 실업급여, 노령급여, 업무상 부상급여, 가족급여, 출산급여, 장애급여 및 유족급여)을 고려하여야 한다.
3) 비준 시점에 각 회원국이 제공하여야 할 보호항목은 의료관리, 질병급여, 실업급여, 노령급여, 업무상 부상급여, 가족급여, 출산급여, 장애급여 및 유족급여 9개 항목 중 최소한 3개 항목을 포함한다.
4) 양자 또는 다자간 협정과 지역경제통합기구 체제에서 채택한 규정을 통하여 선원에게 적용되는 사회보장법규에 관한 다른 규칙을 규정할 수 있다.
5) 각 회원국은 분쟁의 해결을 위한 공정하고 효과적인 절차를 수립한다.

참고문헌

고봉기, 솔로몬 해사법규, 용감한북스, 2021.

김광수, 국제해사협약 개론, 종이나라, 2020.

김대근, 해사법규, 캠버스, 2021.

법제처 국가법령정보센터, 해사법규-해사관계 법령집, 해광출판사, 2016.

부산지방해양수산청, 제2판 해사노동협약 이해 안내서, 2016.

이윤철 외 2인, 2021년 전면개정 해사법규, 다솜출판사, 2021.

이윤철, 국제해사협약과 미래운항선박, 다솜출판사, 2020.

임채현, 해사법규, 다솜출판사, 2020.

전영우 외 3인 번역, 2006년 해사노동협약, 해인출판사, 2007.

전영우 외 4인 번역, 2006년 해사노동협약과 개정규정(MLC) 2021년 통합본, 해인출판사, 2021.

전일우, 최신 해양경찰 해사법규, 해광출판사, 2021.

정영석, 해사법규 강의, 텍스트북스, 2016.

하원재 외3인, (해기사를 위한) 국제해사협약 해설, 다솜출판사, 2017.

류명윤, "선원근로계약의 특징과 선원의 정리해고", 「법학연구」 제4호, 한국해사법학회, 1992. 12.

홍성화, "2006년 해사노동협약 국내 수용을 위한 주요 쟁점사항에 관한 연구-선원 근로조건 관련 규정을 중심으로-, 「해양정책연구」 제24권 제1호, 한국해양수산개발원, 2009. 6.

한국선급, KR-CON V20, 2022

한국선급 번역, 1966년 국제만재흘수선협약 (1988년 의정서에 대한 2018 개정 통합본), 한국해사문제연구소, 2018.

한국선급 번역, FSS Cod 2017 (국제화재안전장치 코드 - 2017 통합본) 영한대역, 해인출판사, 2017.

한국선급 번역, International Code for the Security of Ships and of Port Facilities (ISPS Code), 해인출판사, 2003.

한국선급 번역, LSA Cod 2017 (국제구명설비 코드 - 2017 통합본) 영한대역, 해인출판사, 2017.

한국선급 번역, MARPOL (해양오염방지협약) 2019년 통합본, 해인출판사, 2019.

한국선급 번역, SOLAS (해상인명안전협약) 2019년 통합본, 해인출판사, 2019.

해인편찬위원회, 1969 선박의 톤수 측정에 관한 국제협약(Tonnage Measurement of Ships, 1969), 해인출판사, 1998.

해인편찬위원회, IMO STCW 2011년 통합본 (1978 선원의 훈련 자격증명 및 당직근무의 기준에 관한 국제협약과 1995 개정규정), 해인출판사, 2011.

해인편찬위원회, 소화훈련지침 및 소화운용지침, 해인출판사, 2014.

법제처 국가법령정보센터(https://www.law.go.kr)

한국선급 KR-CON (https://krcon.krs.co.kr)

선박관계법규

2023년 8월 15일 인쇄 발행

저　　자 전해동·홍성화·박성호·민영훈
발 행 인 송기수
발 행 처 도서출판 GS인터비전
인 쇄 처 GS인터비전
등록번호 제 25100-2016-000050 호
I S B N 979-11-5576-451-0(93530)

주　　소 서울 은평구 증산로 15길 69 2층
전　　화 02-976-7898
팩　　스 02-6468-7898
홈 페 이 지 gsintervision.kr
E - M a i l gsinter7@gmail.com

정 가　43,000원